Word Excel PPT 办公应用实操大全

天明教育IT教育研究组 编

U0323584

辽宁大学出版社
Liaoning University Press

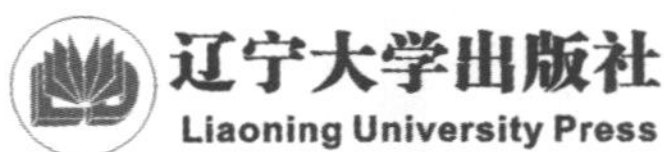

图书在版编目（CIP）数据

Word Excel PPT 办公应用实操大全/天明教育 IT 教育研究组编. —沈阳：辽宁大学出版社，2021.7（2023.3 重印）
ISBN 978-7-5698-0428-7

Ⅰ. ①W… Ⅱ. ①天… Ⅲ. ①办公自动化－应用软件
Ⅳ. ①TP317.1

中国版本图书馆 CIP 数据核字（2021）第 129222 号

Word Excel PPT 办公应用实操大全
Word Excel PPT BANGONG YINGYONG SHICAO DAQUAN

出 版 者：辽宁大学出版社有限责任公司
（地址：沈阳市皇姑区崇山中路 66 号　　邮政编码：110036）
印 刷 者：河南省邮发印刷有限责任公司
发 行 者：辽宁大学出版社有限责任公司
幅面尺寸：185mm×260mm
印　　张：16.5
字　　数：370 千字
出版时间：2021 年 7 月第 1 版
印刷时间：2023 年 3 月第 2 次印刷
责任编辑：郝雪娇
封面设计：翟　曦
责任校对：齐　悦

书　　号：ISBN 978-7-5698-0428-7
定　　价：50.00 元

联系电话：024-86864613
邮购热线：024-86830665
网　　址：http://press.lnu.edu.cn
电子邮件：lnupress@vip.163.com

前言

在日常生活以及办公中，经常需要记录各种资料，或者制作工作报告、宣传海报和流程图等，这时就需要用到 Word 办公软件。有时也需要利用表格录入并处理一些复杂的数据，如制作学生请假登记表、商品销售统计表和测试成绩表等，这时就可以使用 Excel 办公软件来完成。另外，当需要制作企业宣传演示文稿、班级文化演示文稿和电影赏析演示文稿等时，就可以借助 PowerPoint（简称 PPT）办公软件来制作并进行演示。Word、Excel、PPT 是 Office 2021 办公软件中常用的三大组件，也是我们在日常生活和办公中经常接触和使用的软件，能掌握并熟练地使用它们对于每个人都有非常重要的意义。因此，我们编写了这本集文字处理、表格处理、幻灯片制作等为一体的工具书，以便满足初学者的需要。本书适合初入职场并想要学好商务办公软件的用户使用，同时也可以作为自学或培训教材用书。

本书分为三个部分。第一部分为 Word 应用，由易到难地介绍了 Word 文档的基本编辑、为 Word 文档排版、美化 Word 文档、Word 的高级应用等内容。第二部分为 Excel 应用，从 Excel 的基本操作入手，系统地介绍了利用函数和公式处理表格中的数据、利用 Excel 中的图表分析表格中的数据等内容。第三部分为 PPT 应用，主要介绍了幻灯片的基本操作、在演示文稿中添加多媒体与动画、设置演示文稿的演示效果，以及 Word、Excel、PPT 三大组件之间的相互转换、导入导出、交互应用等内容。

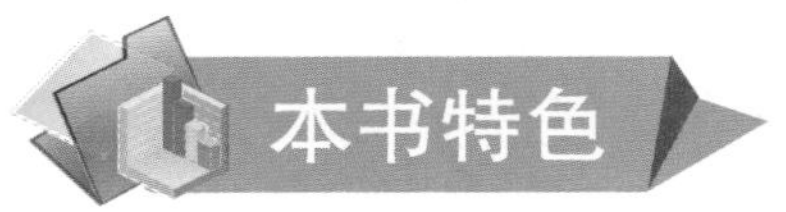

本书特色

1 由易到难，浅显易懂

无论读者的起点如何，都能从本书中循序渐进地学到关于 Word、Excel、PPT 的操作技能，大大提高办公效率。

2 实用案例，活学活用

本书内容均以 Office 2021 办公软件的实际操作为案例，且内容注重实用性，使读者在对实际案例的操作过程中，学以致用，熟练掌握 Word、Excel、PPT 的操作与应用，轻轻松松地从办公新手晋级为办公高手。

3 图文并茂，步步为“赢”

本书的每个操作步骤都配有具体的操作插图。一方面，使读者在学习的过程中，能够直观、清晰地掌握具体的操作步骤和方法；另一方面，这种一步一图的图解式讲解，可使枯燥的知识更加有趣，增强了易读性，也更为广大读者所接受。

4 注重细节，扩展学习

本书在编写的过程中，注重教给读者一些细节和技巧类的知识点。例如，书中对一些快捷键的介绍就很好地体现了这一特色。

本书注重理论知识与实际应用相结合，知识讲解方式灵活，图文并茂，内容丰富，语言流畅，可操作性强。全书行文结构为一步一图，使读者能够直观、迅速地掌握办公软件的基础知识和常用操作。

由于编写时间及编者水平有限，书中难免存在不妥和疏漏之处，恳请广大读者批评、指正。

本书编写组

目录

☞ 第一部分 Word 应用

第一章 使用 Word 2021 对文档进行简单的编辑

第二章 为 Word 文档排版

第三章 美化 Word 文档

第四章 Word 的高级应用

☞ 第二部分 Excel 应用

第五章 Excel 的基本操作

第六章 计算 Excel 数据

第七章 处理 Excel 数据

第八章 使用图表分析数据

☞ 第三部分 PPT 应用

第九章 幻灯片的基本操作

第十章 设置多媒体与动画

第十一章 设置演示文稿的演示效果

第十二章 Office 三软件协同办公

第一部分 Word应用

第一章 使用Word 2021对文档进行简单的编辑

概述

对于用户来说，掌握Word中常用的一些编辑功能是适应当今社会生活、工作、学习的一项重要条件。Word 2021对文档的基本编辑功能主要包括新建文档、编辑文档、保存文档、打印文档、修订文档，以及对文档内容的格式、布局等的设置。掌握这些基本的编辑功能有助于提高工作效率，更好地完成想要达成的任务目标。

1.1 新建与保存

新建文档与保存文档是我们在使用Word时常使用的功能，也是Word中基本的功能，其重要性不言而喻。

✦ 1.1.1 新建空白文档

新建一个空白文档之后，我们便可以在新建的文档中输入我们需要的内容，并对这些内容进行增加、删除以及美化等操作，具体操作步骤如下。

在计算机上找到 Word 2021 软件并打开，打开之后界面如下图。

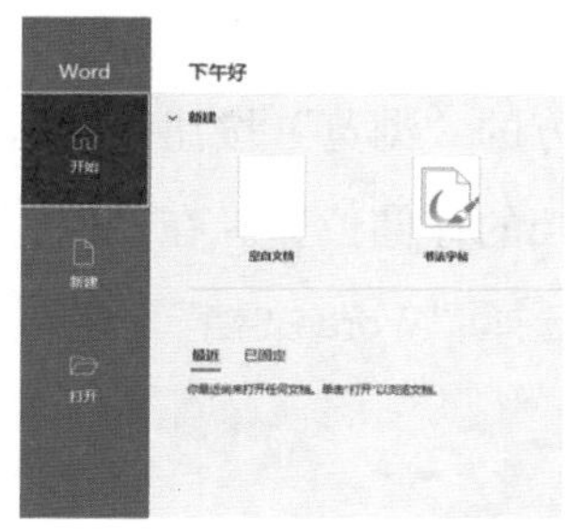

此时，单击“空白文档”即可创建一个新的文档。

如果已经启动 Word 2021，那么再新建空白文档的话，可以通过以下三种方式来完成操作。

1. 使用快捷键

在 Word 2021 中，使用快捷键“Ctrl+N”可以为用户创建一个新的空白文档，非常方便。

2. “文件”选项卡里的新建空白文档

单击 Word 2021 主界面中的“文件”选项卡，在弹出的界面中找到并单击“新建”选项，这时 Word 2021 会为用户打开一个“新建”界面，在新打开的界面中单击“空白文档”按钮即可。

3. 在“快速访问工具栏”中添加“新建空白文档”功能

(1) 单击“自定义快速访问工具栏”按钮，在下拉列表中选择“新建”选项。

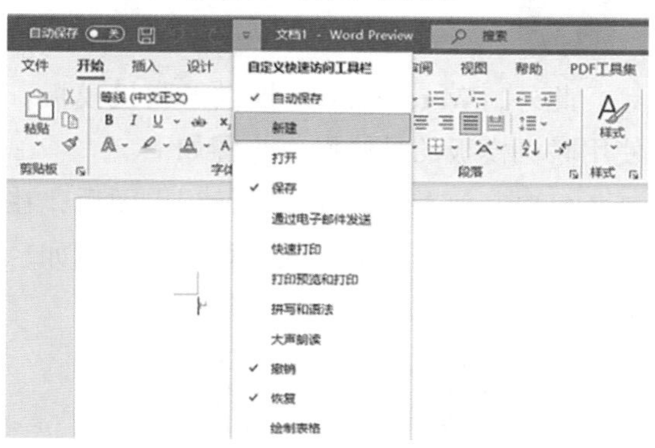

(2) 可以发现此时“新建空白文档”选项已经添加到了“快速访问工具栏”中。

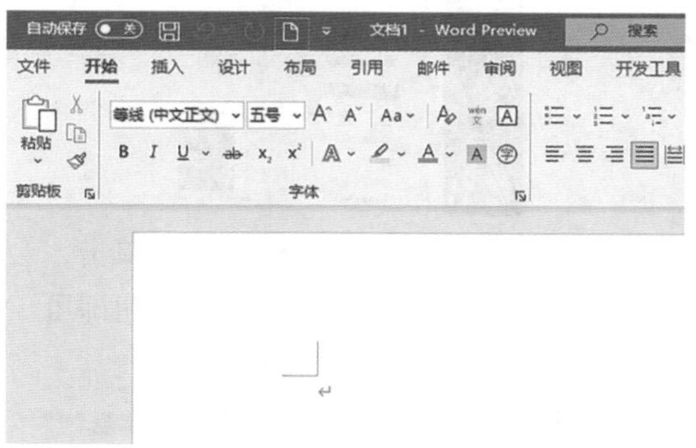

✦ 1.1.2 模板的使用

上面讲述了如何在 Word 2021 中新建一个空白文档。其实 Word 2021 还提供了很多模板供用户选择，合理使用这些模板可以大大减少工作量，提高工作效率，具体操作步骤如下。

单击“文件”选项卡，在打开的界面中单击“新建”按钮，这时可以在右边的“新建”界面中看到很多模板，单击其中一个就可以使用了。

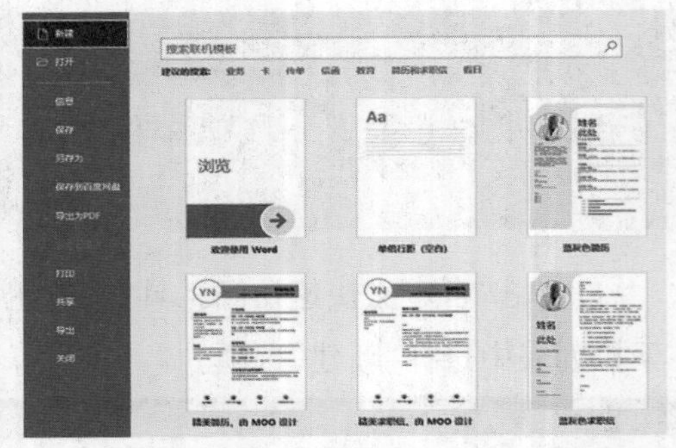

此外，Word 2021 还提供了联机模板。使用联机模板的具体操作步骤如下。

(1) 按上述步骤打开“新建”界面后，在搜索框中输入需要的模板名称即可。例如，输入“邀请”，单击“搜索”按钮。

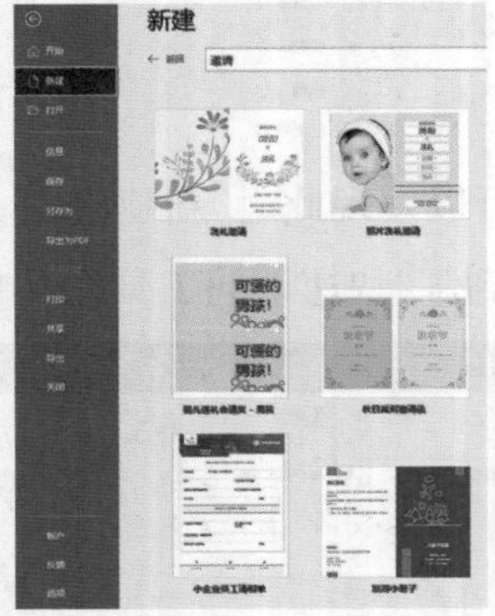

(2) 在搜索结果中选择一个并单击，会出现如下界面，此时单击“创建”按钮即可。

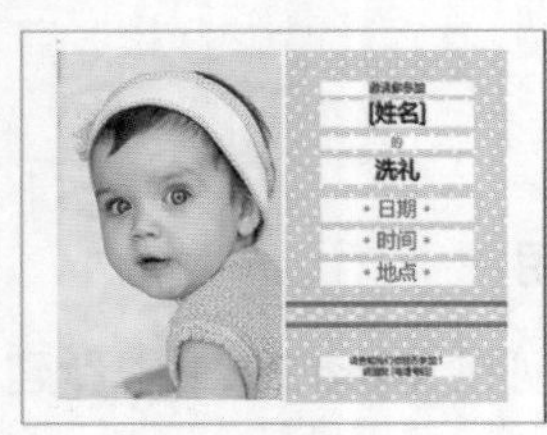

(3) 创建的模板效果如下。

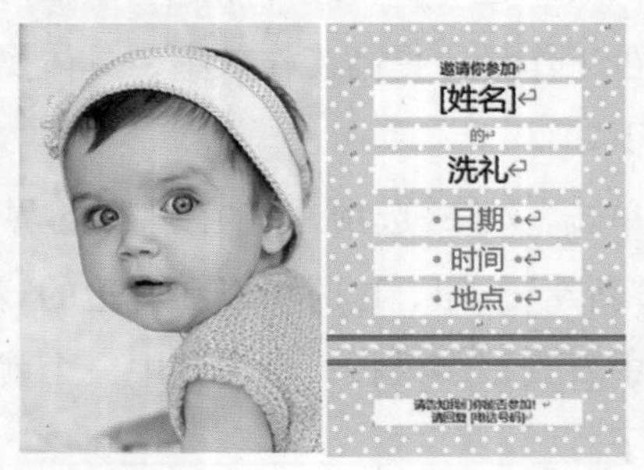

✦ 1.1.3 文档的保存

在编辑文档的过程中，有时会出现死机、停电、软件崩溃等情况，这些情况都会导致文档损坏。为了避免文档损坏，用户应及时保存文档。

1. 新建文档的保存

新建文档的保存，具体操作步骤如下。

(1) 单击“文件”选项卡，在出现的界面中选择“保存”选项，因为这是第一个文档，所以 Word 2021 会启动“另存为”界面。在“另存为”界面中单击“这台电脑”选项，再单击下方的“浏览”按钮，此时用户便可以选择文档的存储位置。在“保存类型”下拉菜单中选择“Word 文档”选项。

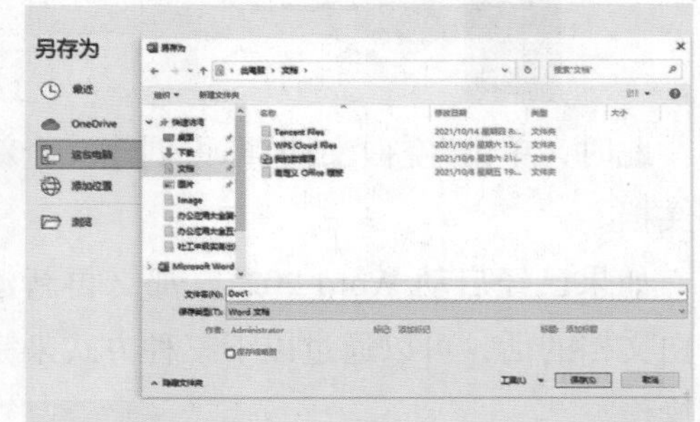

(2) 另外为了方便记忆，我们还可以为文件重命名，在“文件名”文本框中输入名字，最后单击“保存”按钮，即可完成新建文档的保存。

2. 保存已有文档

对于已经保存过的文档进行编辑之后再进行保存的时候，有以下几种方法。

(1) 使用快捷键“Ctrl+S”可以保存文档。

(2) 单击“快速访问工具栏”中的“保存”选项。

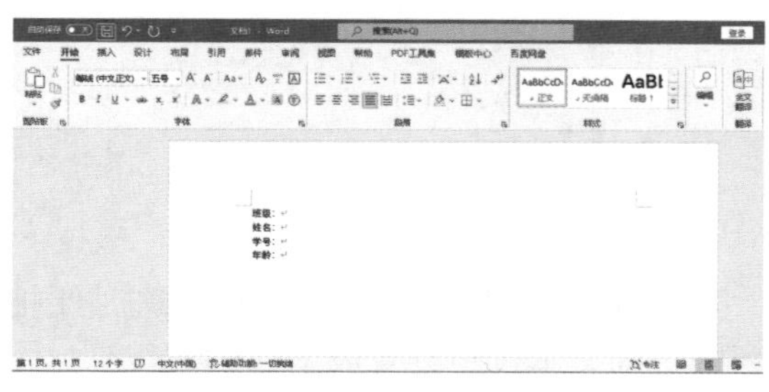

(3) 单击“文件”选项卡，在出现的界面中选择“保存”选项。

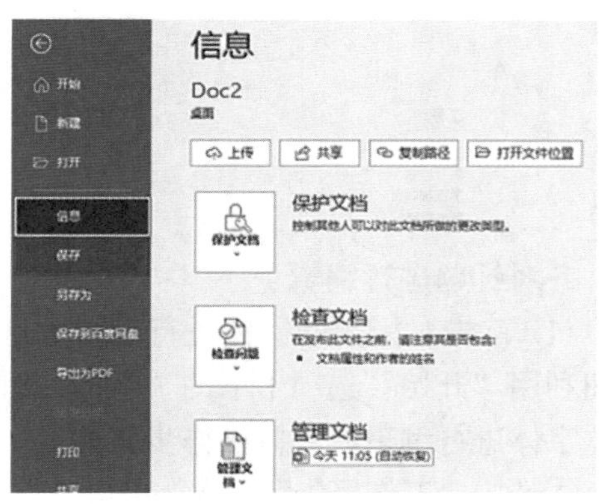

3. 文档的另存为功能

对已有文档进行编辑后，用户可以将其另存为其他类型或者同类型文件，具体操作步骤如下。

(1) 单击“文件”选项卡，在出现的界面中选择“另存为”选项。

(2) 在出现的“另存为”界面中单击“这台电脑”选项，再单击下方的“浏览”按钮。

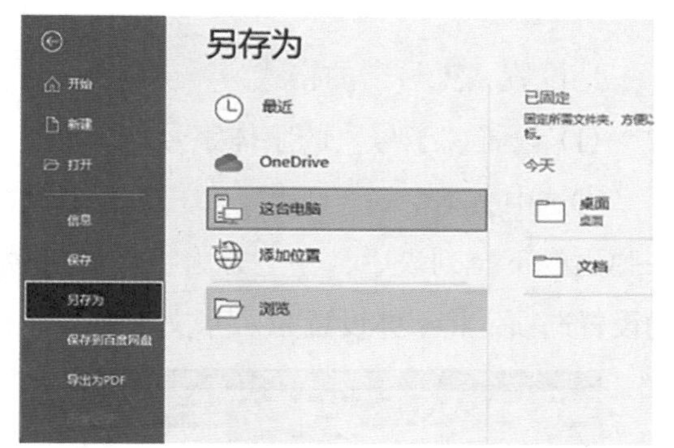

(3) 在弹出的界面中可以选择文件存储的位置，并且可以修改文件的名字以方便记忆。最后，单击“保存”按钮，就完成了文档的另存为。

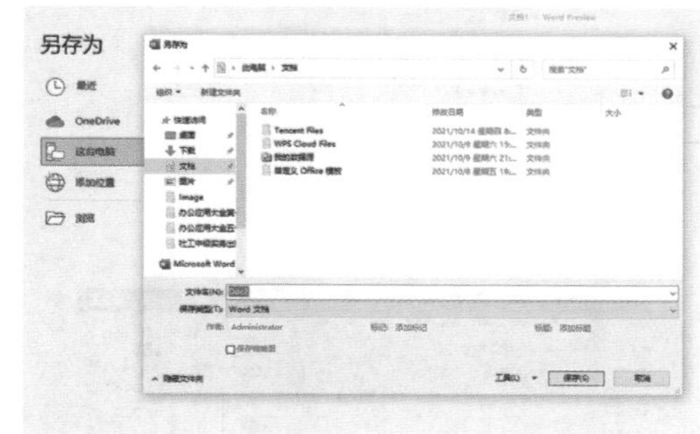

1.2　工作报告的编辑

工作报告是我们向领导以及有关同事汇报自己工作状况的一种形式，根据自身要求进行编写。接下来介绍如何用 Word 2021 制作一篇工作报告。

✦ 1.2.1 工作报告封面编辑

打开 Word 2021 并新建一个空白文档。在 Word 文档编辑区输入所需要的内容，制作一个工作报告封面。

1. 设置“工号”的格式

(1) 设置“工号”的字体字号。

①选中文本中的“工号”，单击鼠标右键，在弹出的下拉列表中，左上方为字体和字号的设置选项，将字体设置为“华文宋体”。

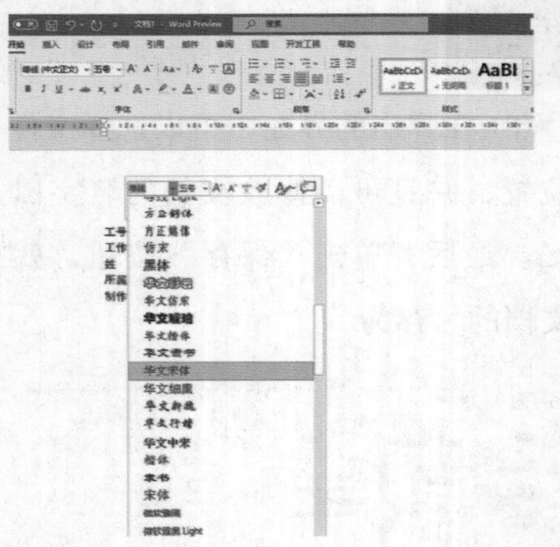

②将字号设置为“小四”。

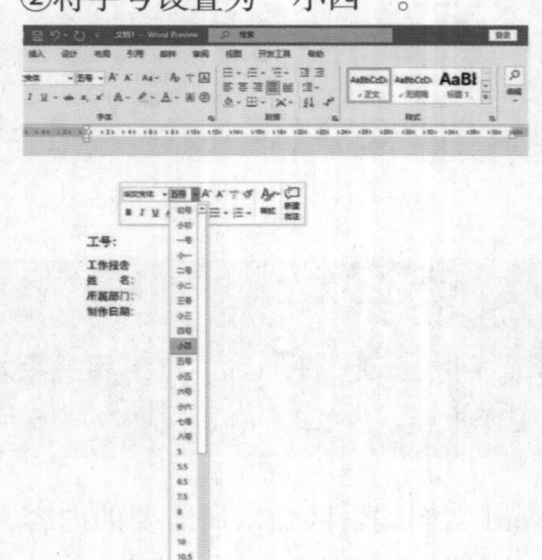

(2) 设置“工号”的段落格式。

①将光标定位在“工号”行，单击“开始”选项卡，在“段落”组中找到“行和段落间距”选项并单击。

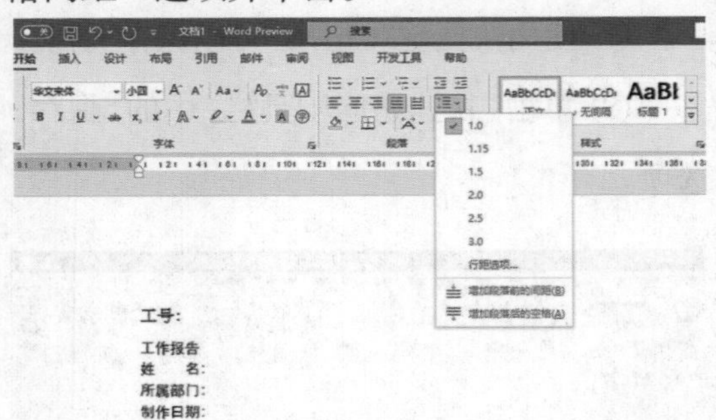

②在下拉列表中选择“2.5”，这时便把所选中的文本行距设置成了2.5倍。

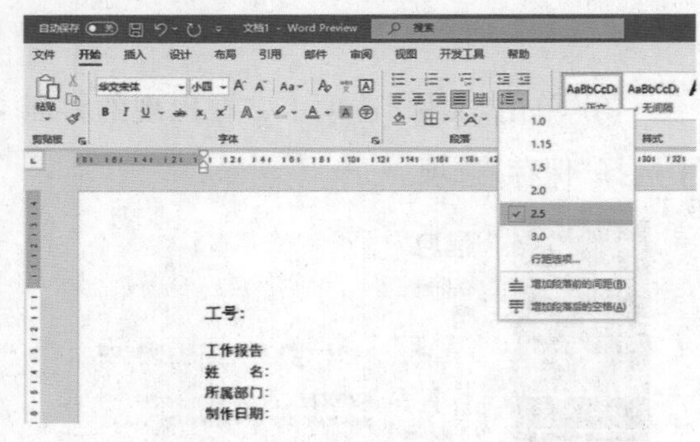

2. 对标题进行编辑

(1) 首先对标题的字体进行编辑。这次我们利用“开始”选项卡下的“字体”组对标题字体进行编辑，具体操作步骤如下。

①选中“工作报告”文本，单击“开始”选项卡，在“字体”组中单击“对话框启动器”按钮。

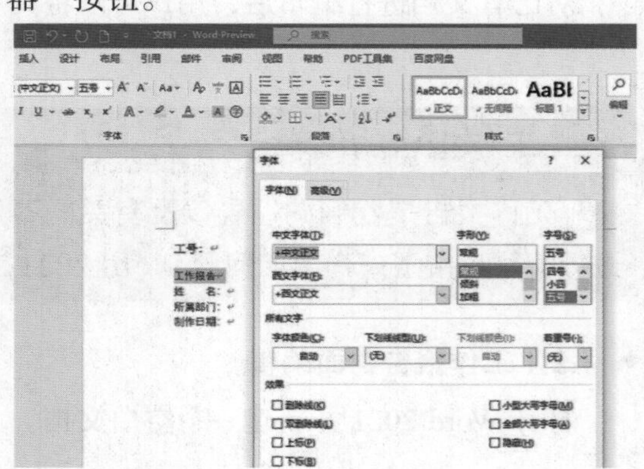

②弹出“字体”对话框，单击“中文字体”找到并选中“黑体”选项。用同样的方法，将“字形”设置为“加粗”，“字号”设置为“小初”，最后单击“确定”按钮即可完成对标题字体的设置。

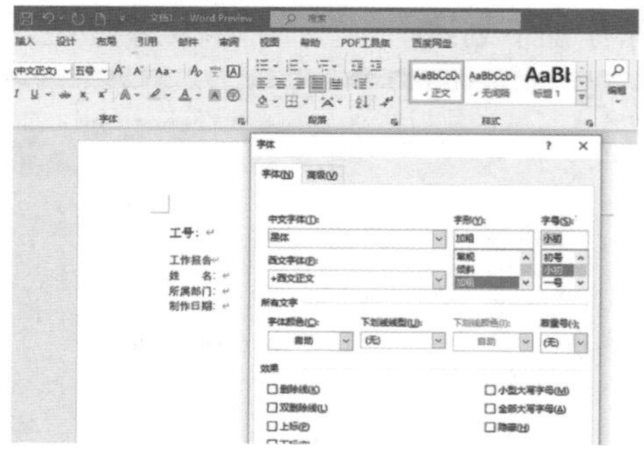

注意：在“开始”选项卡下的“字体”组中有一个带黑色大写字母 **B** 的按钮，单击此按钮也可以使字体加粗。

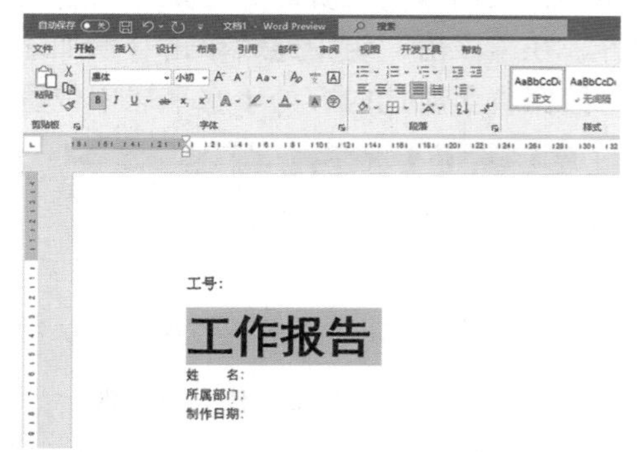

(2) 对标题的行距、间距以及宽度进行调整，具体操作步骤如下。

①选中“工作报告”文本，单击“开始”选项卡，找到并单击“段落”组中的“对话框启动器”按钮，弹出“段落”对话框。

②在“段落”对话框中的“缩进和间距”选项下，把“对齐方式”设置为“居中对齐”，将“间距”设置为“段前 5 行、段后 5 行”，将“行距”设置为“2 倍行距”，确认无误后单击“确定”按钮。

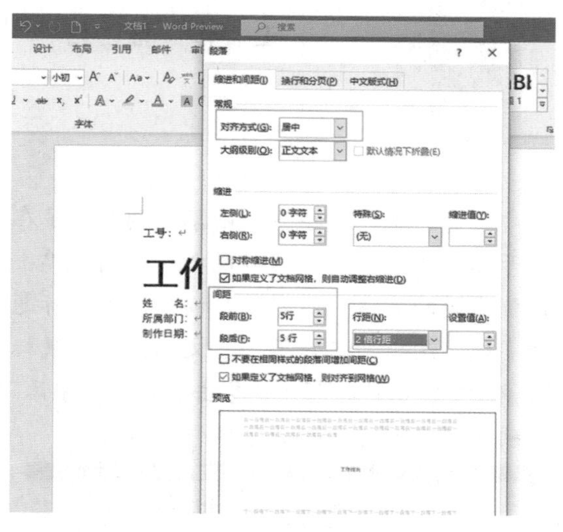

③查看效果。

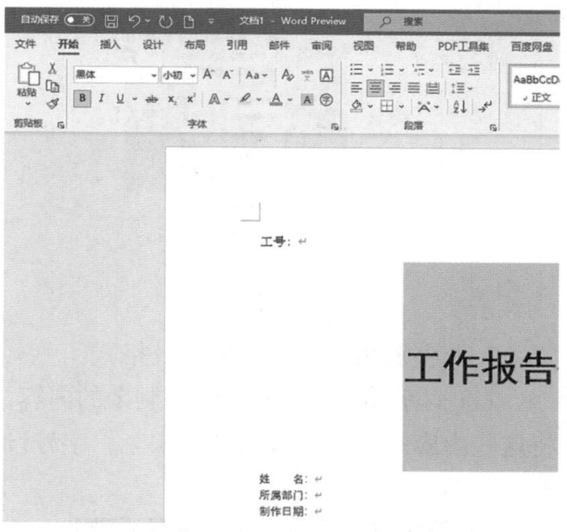

④下面进行对标题宽度的调整。选中“工作报告”文本，单击“开始”选项卡，在“段落”组中找到并单击“中文版式”选项，在弹出的下拉列表中选择“调整宽度”选项。将“新文字宽度”调整为“8 字符”，最后单击“确定”按钮，效果如下图所示。

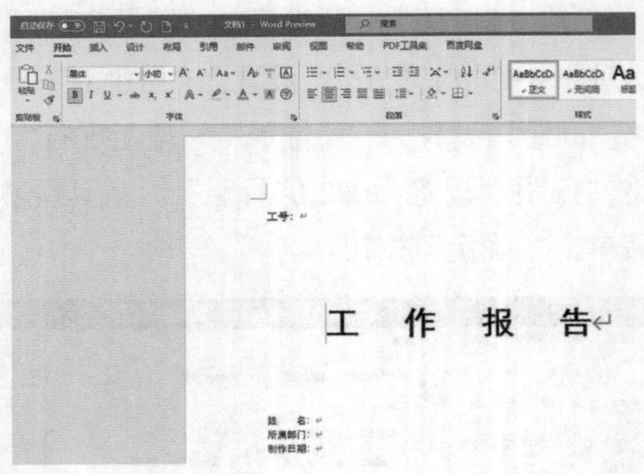

注意：上述对字体和段落的调整除了在“开始”选项卡下可以实现之外，利用单击鼠标右键的方法也能完成。例如，调整标题的字体：选中“工作报告”文本，单击鼠标右键，会弹出快捷菜单，单击其中的“字体”选项同样可以对文本的字体进行调整。

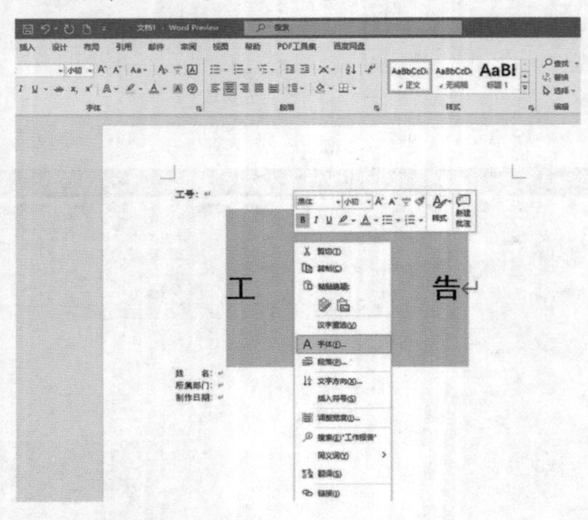

3. 调整剩余内容的字体以及格式

(1) 对字体进行调整。选中剩余的内容，将这些内容的字体设置为“仿宋”，字号设置为“四号”。

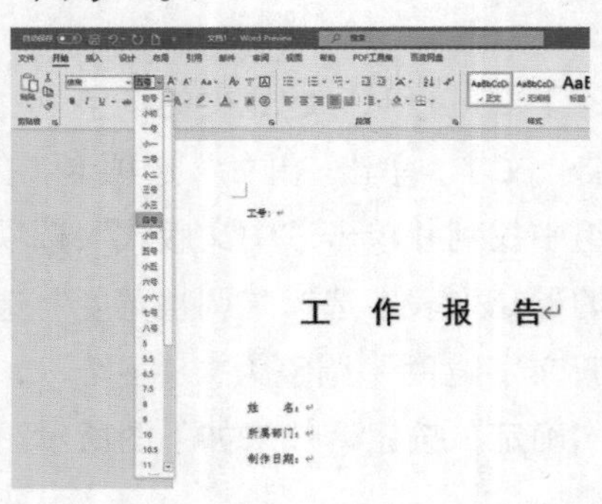

(2) 对格式进行调整，使整个封面看起来更加整洁、美观。

①在“姓名”“所属部门”“制作日期”后添加空格，然后再选中这些空格，在“字体”组中单击“下划线”按钮即可为选中的空格添加下划线。

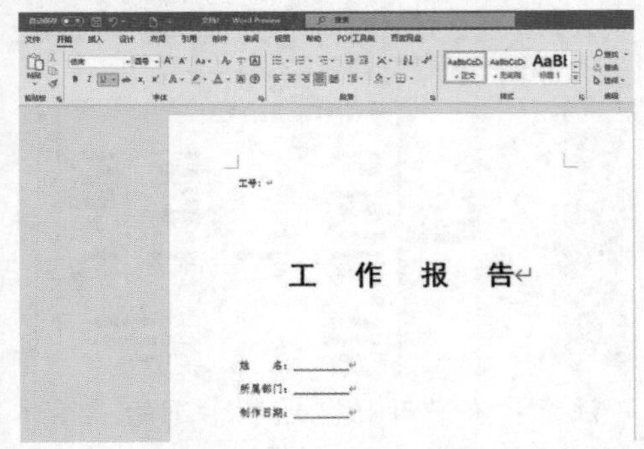

②将“姓名”“所属部门”“制作日期”三项移到文档居中位置。方法是选中这三项内容，在“段落”组中连续单击“增加缩进量”按钮直至所选内容处于水平居中位置。

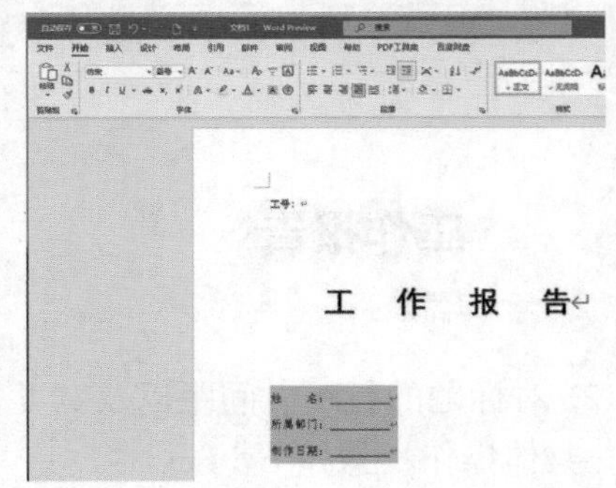

③选中“姓名”，将文字宽度设置为“6字符”。

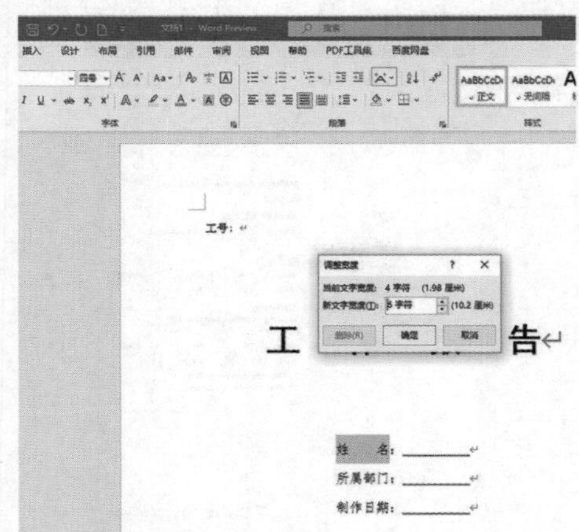

④用同样的方法将“所属部门”“制作日期”的文字宽度调整为“6 字符”，效果如下图所示。

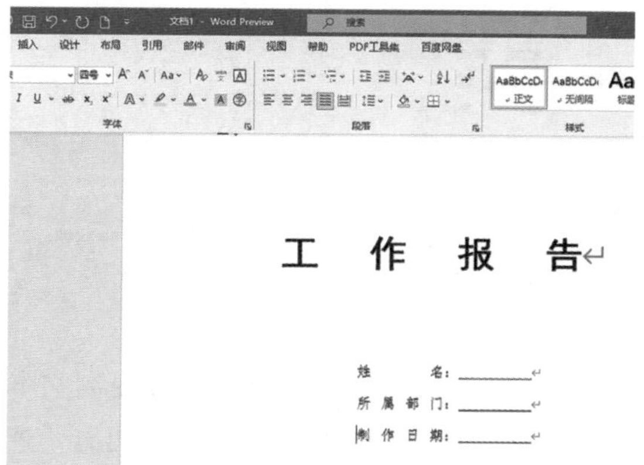

⑤选中“姓名”“所属部门”“制作日期”三项，在“开始”选项卡下的“段落”组中找到并单击“行和段落间距”按钮，在弹出的下拉列表中选择“3.0”，就可以将所选内容的文本行距设置为 3 倍。

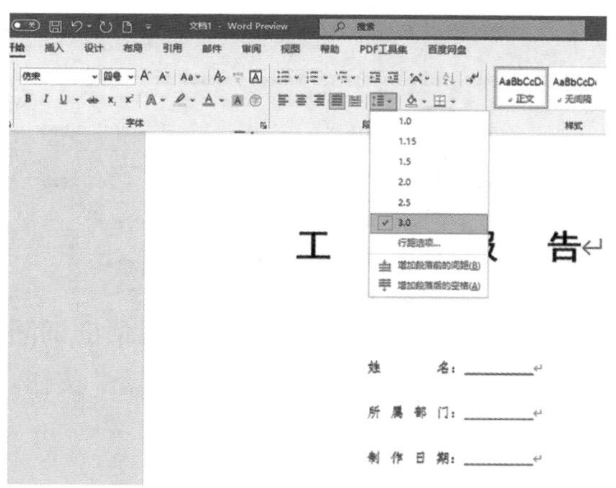

⑥选中“姓名”所在的行，再单击“布局”选项卡，在“段落”组中找到“段前间距”，将“段前间距”设置为“14 行”。

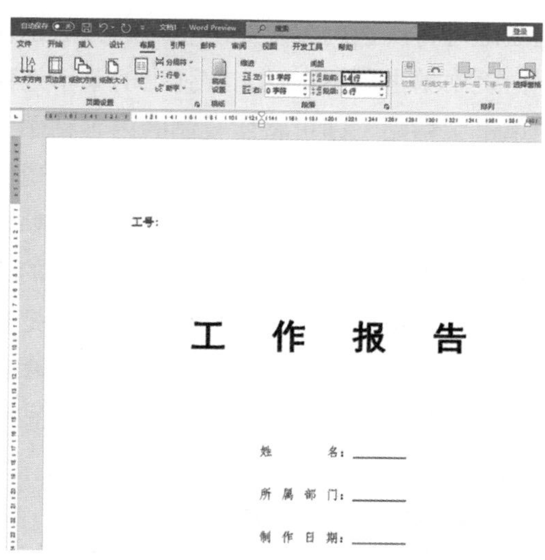

✦ 1.2.2 工作报告内容编辑

在完成封面的编辑之后，接下来要完成的是工作报告内容的编辑。内容的编辑主要涉及查找、替换，字体以及段落的设置等。

1. 插入空白文档

在本页制作完成工作报告的封面之后，将鼠标光标放在本页文本的最后一个位置，单击“插入”选项卡，在“页面”组中单击“空白页”即可插入新的一页。

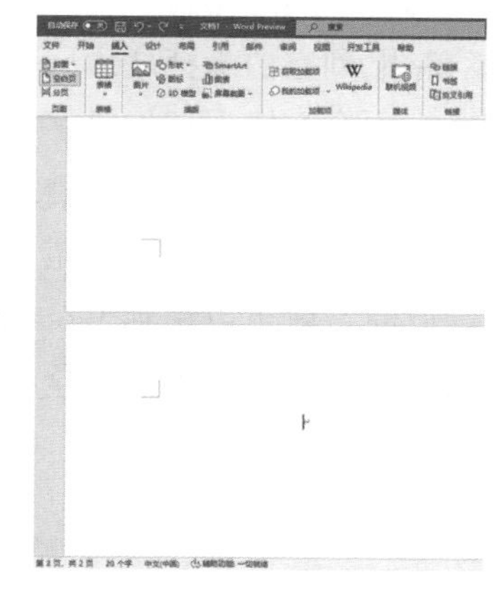

2. 复制和粘贴功能

接下来输入工作报告的内容，主要包括“复制”与“粘贴”的应用。我们可以选择复制外部文件，再粘贴到空白页中，复制的方法是先选中所要复制的文本内容，再单击鼠标右键，在弹出的菜单选项中选择“复制”

选项即可将所选内容复制。粘贴的方法是在空白页中单击鼠标右键，在弹出的菜单选项中单击“粘贴”即可将所复制的内容粘贴到空白页中。在粘贴时，Word 2021 会出现一些关于粘贴的选项，系统会让用户选择粘贴的选项，如“保留源格式”会让粘贴后的文本保持原来的格式，“合并格式”就是把粘贴过来的内容的格式变为和光标目前所在位置一样的格式，“只保留文本”表示只粘贴复制内容的文本文字。

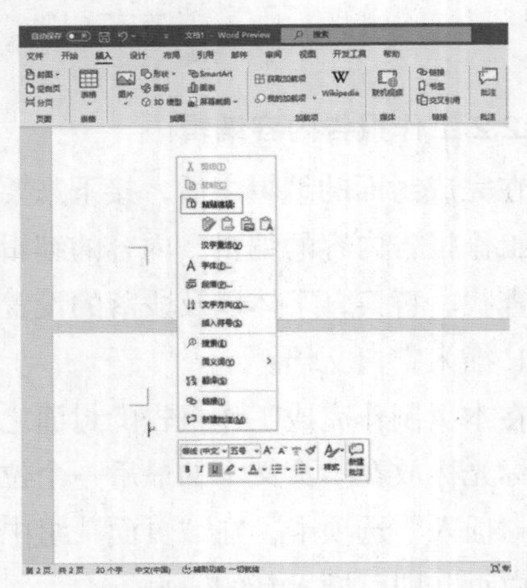

3. 查找与替换的运用

把内容粘贴到空白文档之后，有时会发现粘贴的文本中会有错误，如错字、不符合格式的空格等。如果用户一处一处地来修改的话会耗费太多时间，同时有些错误也不容易被发现。此时，就可以用到 Word 2021 提供的“查找和替换”功能来修改这些错误的地方。

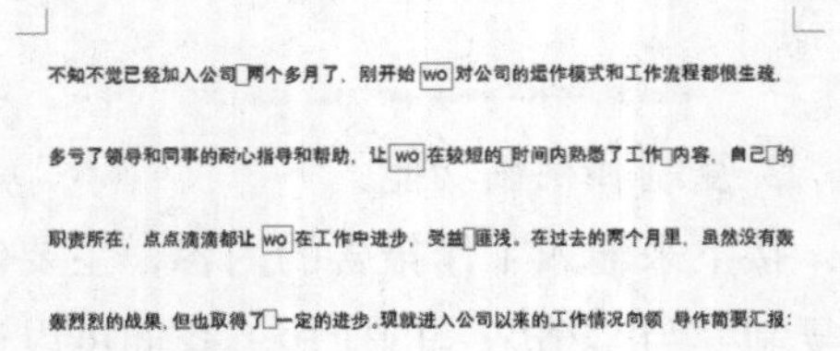

不知不觉已经加入公司□两个多月了，刚开始 wo 对公司的运作模式和工作流程都很生疏。

多亏了领导和同事的耐心指导和帮助，让 wo 在较短的□时间内熟悉了工作□内容，自己□的

职责所在，点点滴滴都让 wo 在工作中进步，受益□匪浅。在过去的两个月里，虽然没有轰

轰烈烈的战果，但也取得了□一定的进步，现就进入公司以来的工作情况向领 导作简要汇报：

(1) 单击“开始”选项卡，在“编辑”组中找到并单击“替换”按钮，弹出“查找和替换”对话框，在“查找内容”一栏中输入“wo”，在“替换为”一栏中输入“我”，即可将文本中的“wo”全部替换为“我”。

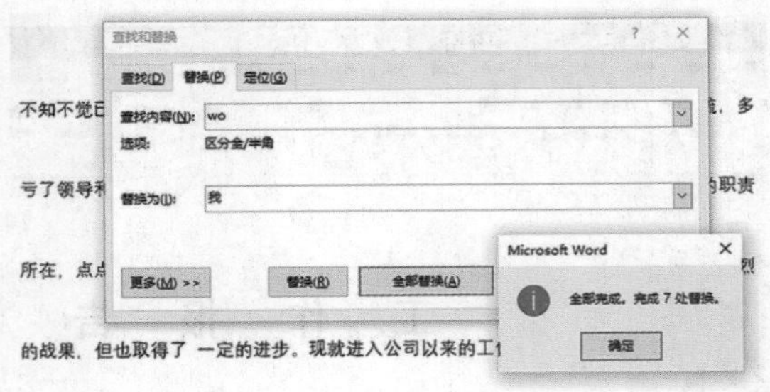

(2) 处理文本中的空格时，先复制文本中的汉字字符空格，用同样的方法打开“查找和替换”对话框，在“查找内容”一栏中粘贴刚才复制的空格，单击“全部替换”按钮。

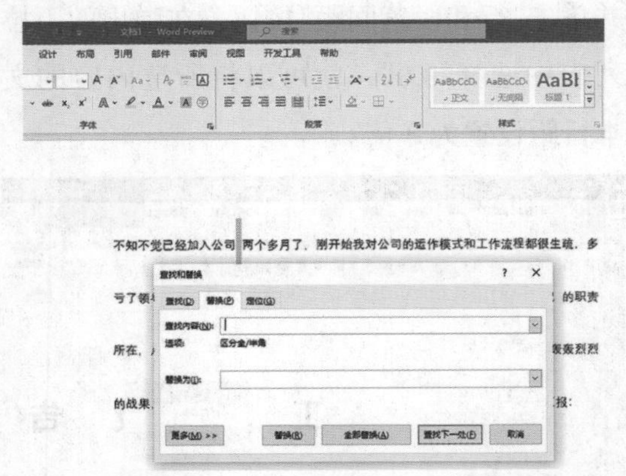

(3) 此时，系统会弹出一个对话框询问用户“是否从头继续搜索”，单击“是”按钮。

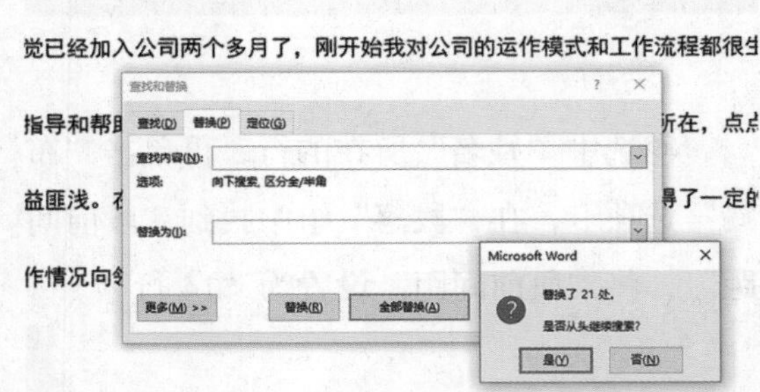

(4) 弹出对话框，提示用户替换工作已经全部完成，单击“确定”按钮。

(5) 有时会发现复制的文本中会有很多多余的空行，同样可以用查找和替换的方法删除这些空行，具体操作步骤如下。

单击“编辑”组中的“替换”按钮，在“查找内容”一栏中输入“^p^p”，在“替换为”一栏中输入“^p”，最后单击“全部替换”按钮，即可完成删除空行的操作。

4. 对文字以及段落进行设置

(1) 有时候文本内容会杂乱无章，这时候就需要对文字以及文本段落进行排版。首先针对字体进行设置。选中文本，在“开始”选项卡下的“字体”组中，将字体设置为“华文宋体”，将字号设置为“小四”。

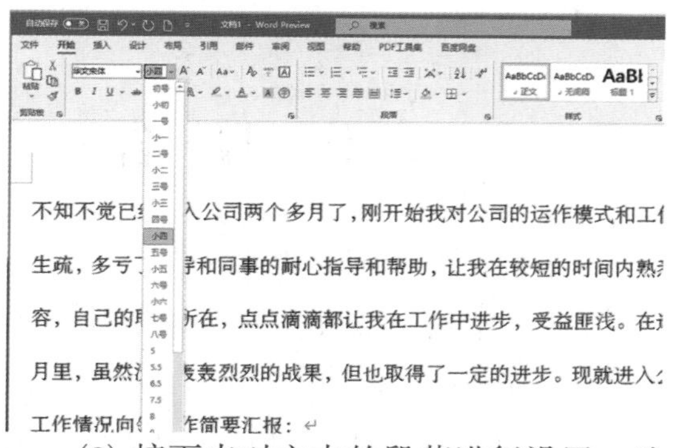

(2) 接下来对文本的段落进行设置，选中文本，在“开始”选项卡下单击“段落”组中的“对话框启动器”按钮。

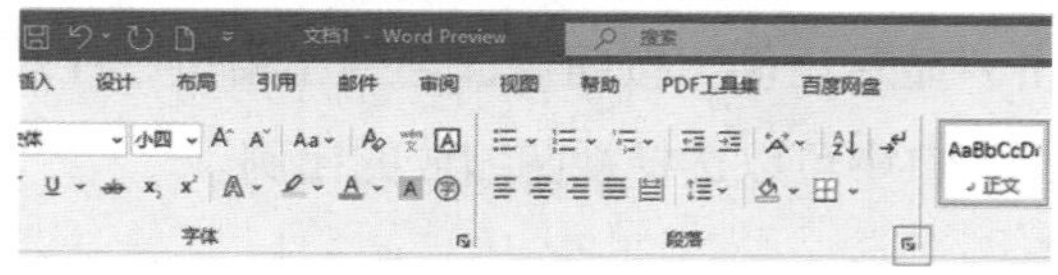

(3) 弹出“段落”对话框，在“缩进和间距”选项下的“缩进”栏中，将“特殊格式”设置为“首行缩进”，将“缩进值”设置为“2 字符”；在“间距”栏中将“行距”设置为“单倍行距”。或者选中文本，将光标放在所选中文本之上单击鼠标右键，在弹出的菜单中选中“段落”选项，这样也可以对文本段落进行设置。

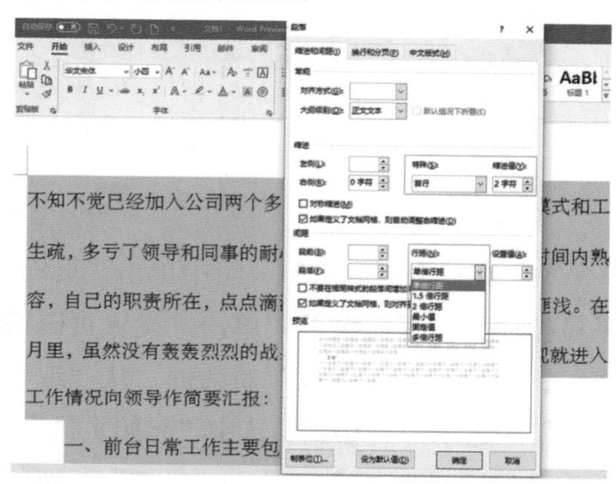

✦ 1.2.3 为工作报告插入页码

当所编辑的文档内容需要用到多个空白文档时，为了方便管理与编辑，我们可以在文档内插入页码。因为封面不需要页码，所以我们不为封面编辑页码，具体操作步骤如下。

(1) 将光标移动到封面的最后一行，单击“布局”选项卡，在“页面设置”组中单击“分隔符”下拉按钮，在弹出的下拉菜单中选择“分节符”中的“下一页”选项。

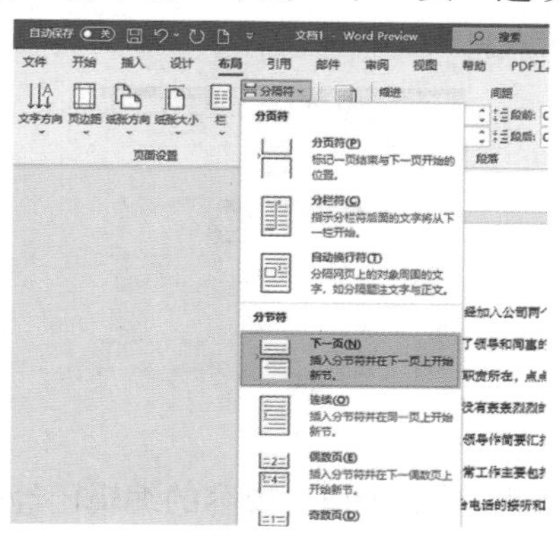

(2) 双击正文的任意一页页脚区域，这时会出现“页眉和页脚工具－设计”选项卡，在“导航”组中取消选中“链接到前一条页眉”按钮。

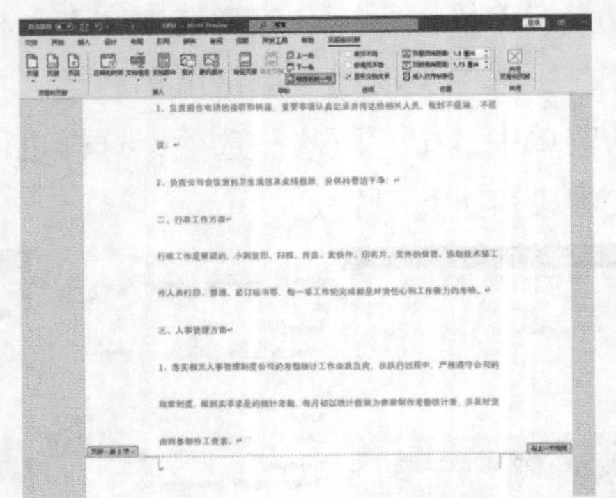

(3) 在“页眉和页脚”组中单击“页码”下拉按钮，在下拉菜单中单击“设置页码格式”，弹出“页码格式”对话框，从“编号格式”中选取一种格式，选中“起始页码”，并将其值设置为“1”，单击“确定”按钮。

、

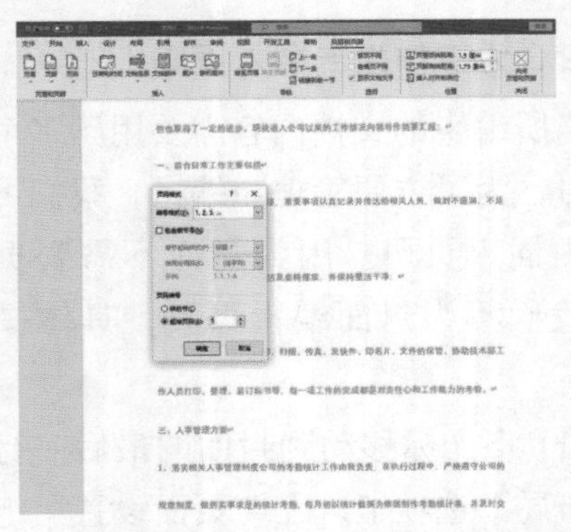

(4) 单击“页码”下拉按钮，在下拉菜单中单击“页面底端”，从中选取一种样式即可插入页码。

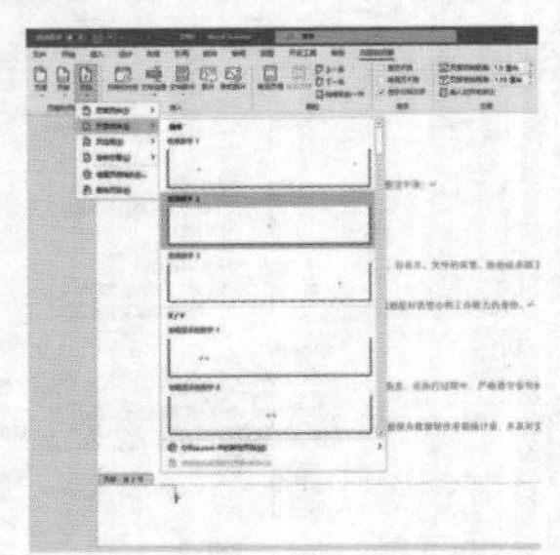

至此，对工作报告内容的编辑已经完成。

✦ 1.2.4 预览打印工作报告

1. 检阅文档

用户制作完成 Word 文档之后，如果想要将文件打印出来的话，先要对文档进行检查无误后方可打印。这里介绍几种检阅文档的方法。

方法一：用 Word 2021 中的“阅读视图”功能对文档进行预览以便查找文档中的不妥之处。方法是单击“视图”选项卡，在“视图”组中选择“阅读视图”选项。

阅读视图显示效果如下，单击左右两边的箭头即可进行前后翻页。

文件 工具 视图

工号：

工 作 报 告

最后按“Esc”键结束阅读。

方法二：在“视图”选项卡下找到并单击“显示比例”选项，上边可以选择我们想要查看视图的比例。例如，“单页”是将文档视图调整为在屏幕上显示一页的比例；“100%”是将视图比例还原为原始比例。单击“显示比例”按钮后，会弹出窗口，在这个窗口中可以选择视图缩放的比例。

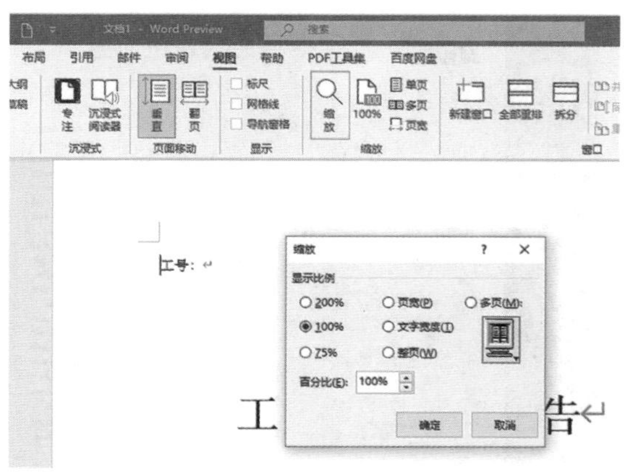

方法三：选中“视图”选项卡中的“导航窗格”，在左侧弹出的“导航”窗格中单击“页面”按钮即可查看Word文档的缩略图。

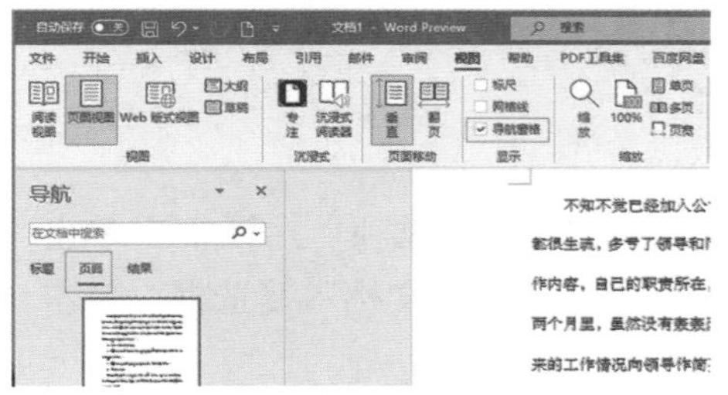

2. 调整页面

检阅文档内容无误后，在打印之前还要对页面进行调整。页面调整主要包括页边距、纸张等内容。页面调整的具体操作步骤如下。

(1) 单击“布局”选项卡，在“页面设置”组中，用户可以单击“页边距”“纸张方向”“纸张大小”等选项分别进行设置，也可以单击“页面设置”的“对话框启动器”按钮，在弹出的“页面设置”对话框中对各项进行设置。单击“页边距”，在出现的下拉菜单中，Word已经为用户提供了几种样式的页边距。此外，用户还可以单击“自定义页边距”进行编辑，在弹出的“页面设置”对话框中单击“页边距”选项，用户可以自己调整页边距的大小，在“纸张方向”中选择“纵向”，然后单击“确定”按钮。

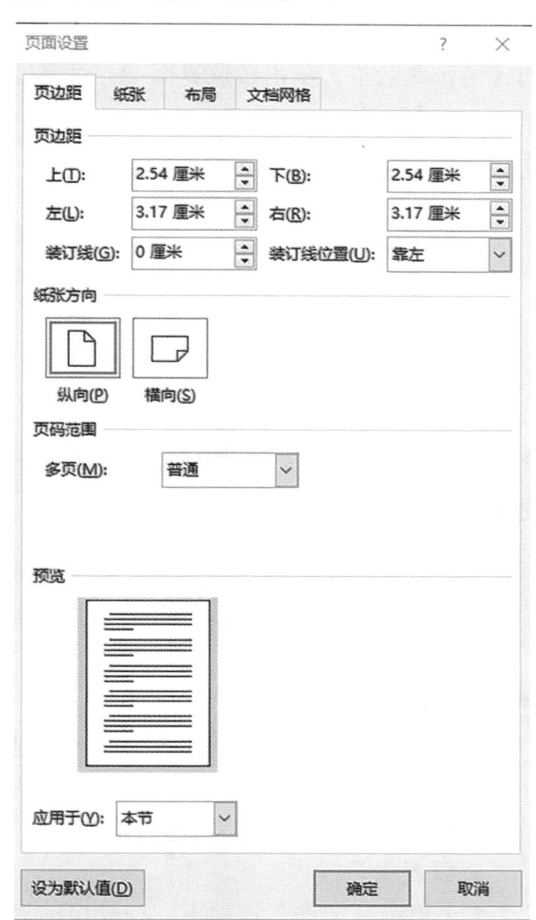

(2) 在“纸张大小”中选择“A4”选项。

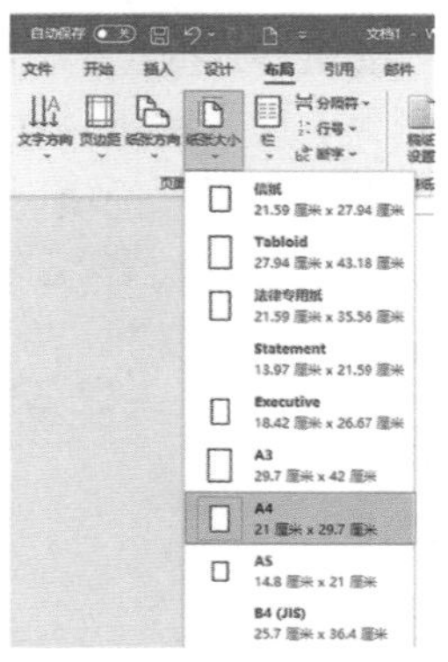

3. 预览和打印

用户完成页面的所有设置之后，便可以进行打印之前的预览工作了，具体操作步骤如下。

单击“文件”选项卡，在打开的界面左侧选择“打印”选项，这时右侧会出现文件打印的预览效果，单击预览界面下方页码处的箭头可以对不同页的文档进行预览。用户可以根据预览效果决定是否打印文档。

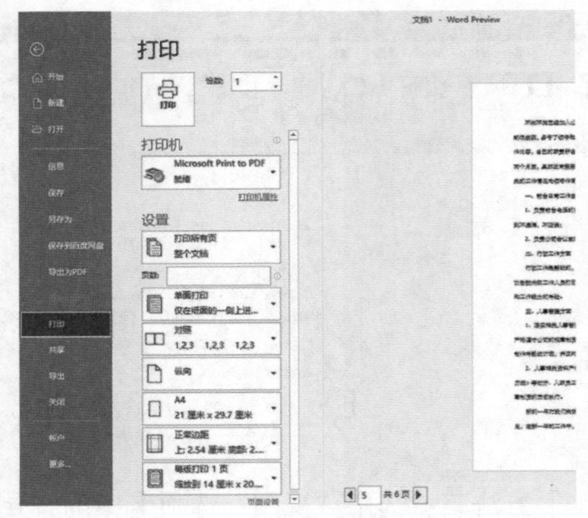

1.3 保护文档

若不想别人修改或者使用文档内容，可将文档设置成只读文档或者设置文档加密、限制编辑等。保护文档的操作多用于商务办公中，尤其是涉及机密或隐私文件时，设置保护文档的作用是防止无权限的人对文件进行修改。

✦ 1.3.1 设置只读文档

Word 文档中，有一种文档的标题会显示“只读”，这种文档我们打开之后只能阅读，不能编辑和修改，这就是只读文档。

1. 设置为只读

(1) 单击“文件”选项卡，在弹出的界面中单击“另存为”选项，在右侧的“另存为”界面中，单击“这台电脑”按钮，之后单击“浏览”按钮。这时会弹出“另存为”对话框，单击“工具”按钮，在打开的下拉列表中选择“常规选项”选项。

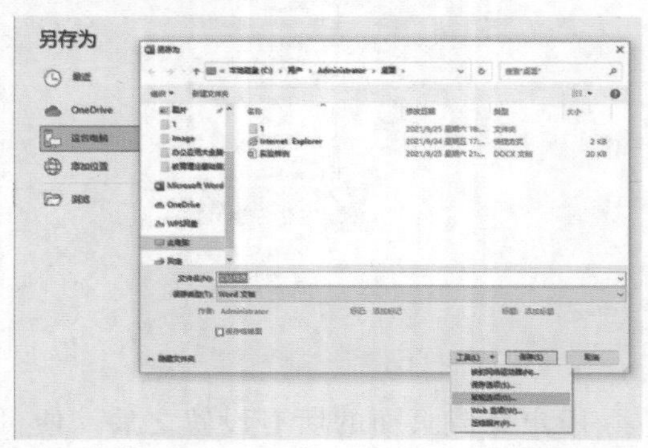

(2) 在“常规选项”对话框中单击“建议以只读方式打开文档”复选框，单击“确定”按钮。

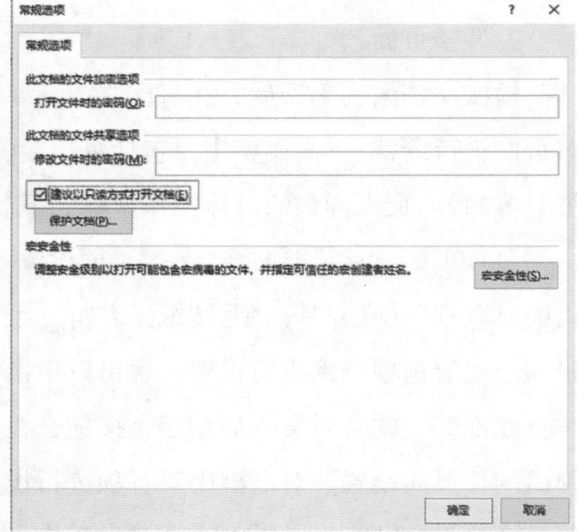

(3) 返回“另存为”对话框，单击“保存”按钮即可。当需要再次启动该文档时，Word 文档会弹出对话框，提示用户“是否以只读方式打开”，单击“是”选项。若要以正常方式打开文档只需单击“否”选项即可。

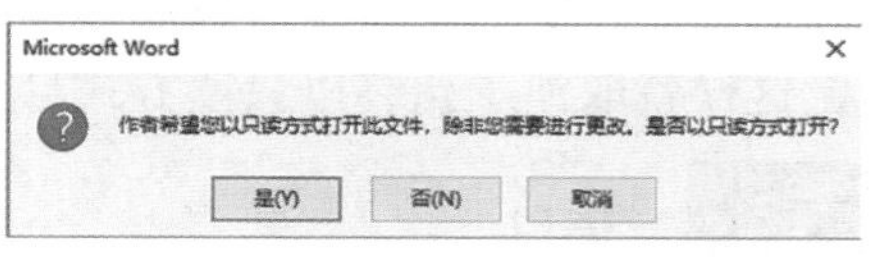

2. 标记为最终状态

标记为最终状态的目的是让阅读者知道该文档是最终版本并且还是只读状态。将文档标记为最终状态的具体操作步骤如下。

(1) 单击“文件”选项卡，在弹出的界面中选中“信息”选项，在右侧界面中单击“保护文档”按钮，在出现的下拉列表中选择“标记为最终状态”选项。

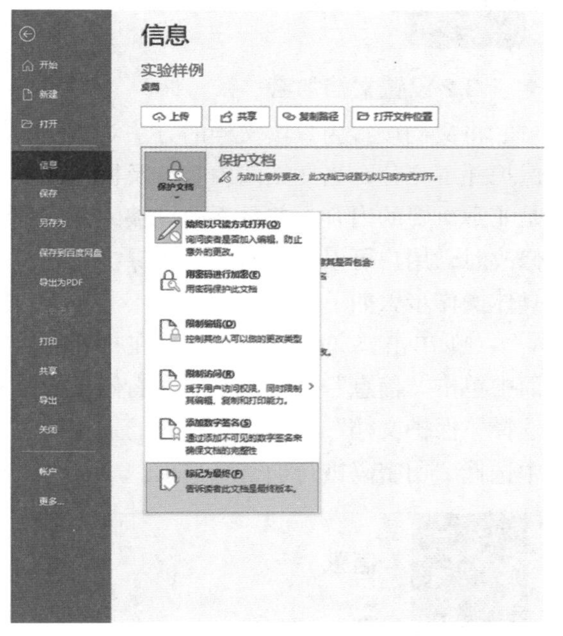

(2) 之后会弹出提示框，单击“确定”按钮。

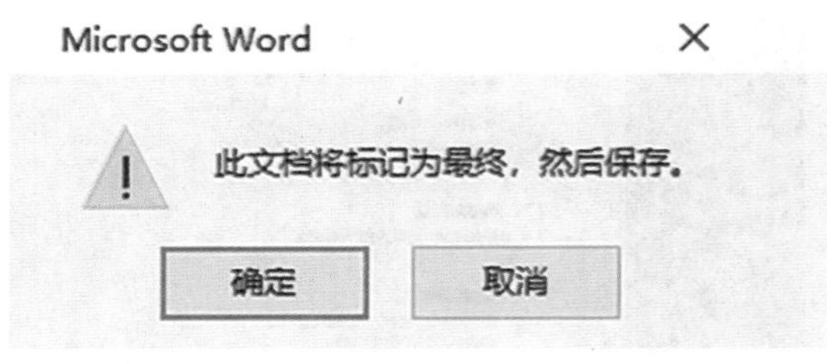

(3) 出现对话框，提示用户“此文档已被标记为最终状态”，单击“确定”按钮。

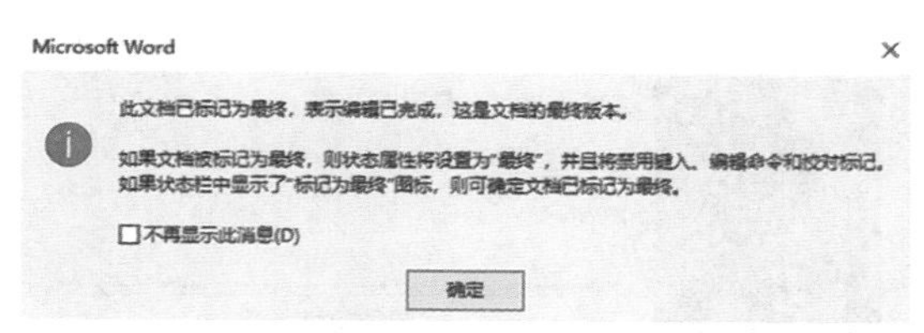

(4) 再次打开该文档时，文档标题会显示“只读”，这时文档是无法编辑的，若需要编辑该文档，单击“仍然编辑”按钮即可。

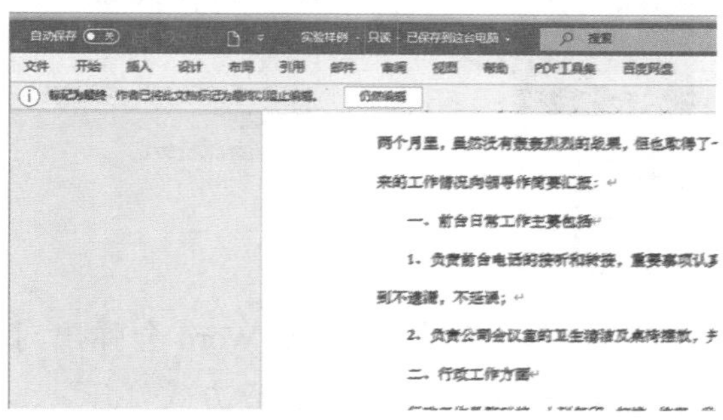

3. 设置为始终以只读方式打开

设置为始终以只读方式打开的目的是询问读者是否加入编辑，防止意外的更改，具体操作步骤如下。

(1) 单击“文件”选项卡，在弹出的界面中选中“信息”选项，在右侧界面中单击“保护文档”按钮，在出现的下拉列表中选择“始终以只读方式打开”选项。

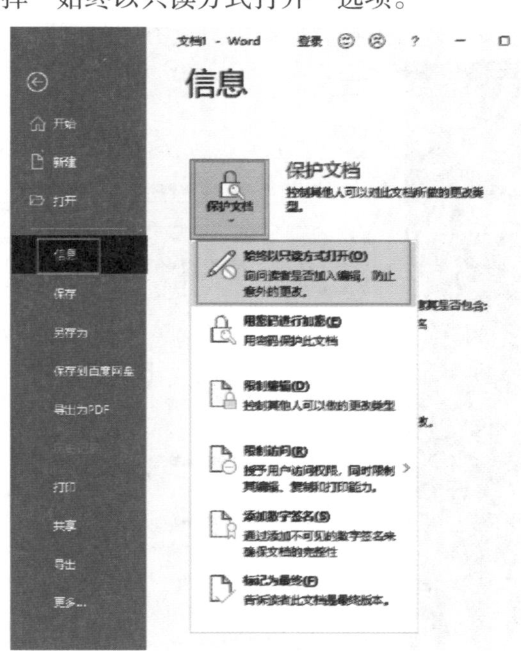

⑵ 之后“保护文档”按钮处，如下图所示。

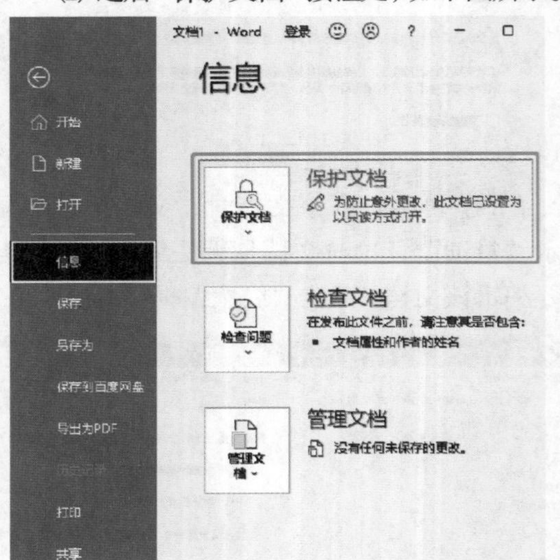

⑶ 再次打开文档时，Word 会弹出对话框，提示用户“是否以只读方式打开”，单击“是”选项。若要以正常方式打开文档只需单击“否”选项即可。

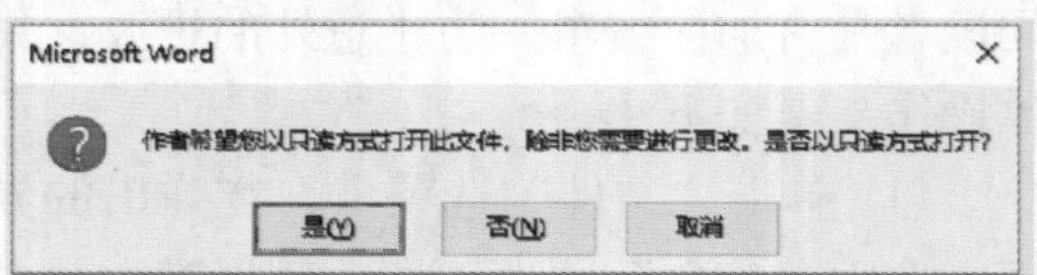

⑷ 想要取消始终以只读方式打开的话，再次单击“保护文档”按钮下方的下拉箭头，然后选择“始终以只读方式打开”。

⑸ 之后“保护文档”按钮处，如下图所示，这样就取消了始终以只读方式打开。

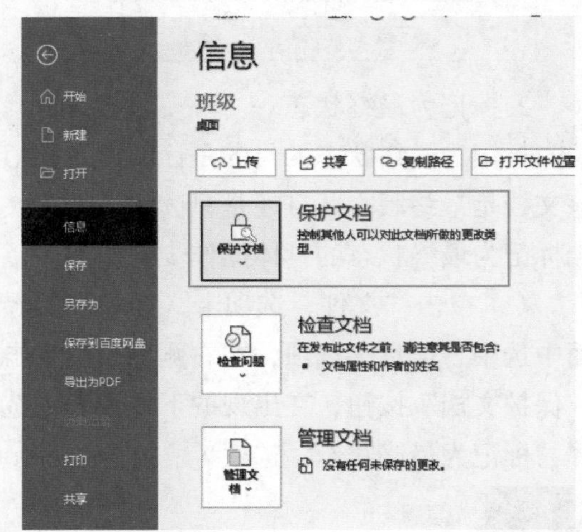

✦ 1.3.2 设置文档加密

将文档设置为只读文档的方法对文档的保护并不充分，当文档的内容涉及机密或者是非常重要的内容，并且不允许被阅读或者修改时，用户可以用加密的方法保护文档，具体操作步骤如下。

⑴ 单击“文件”选项卡，在打开的界面中单击“信息”选项，然后在右侧界面中选择“保护文档”选项，在打开的下拉列表中选择“用密码进行加密”选项。

（2）在弹出的“加密文档”对话框中的“密码”文本框中输入密码，如“123456”，之后单击“确定”按钮。

加密文档 ? ×

对此文件的内容进行加密

密码(R):

警告：如果丢失或忘记密码，则无法将其恢复。建议将密码列表及其相应文档名放在一个安全位置。
（请记住，密码是区分大小写的。）

确定 取消

（3）弹出“确认密码”对话框，在“重新输入密码”文本框中输入刚才所设置的密码，单击“确定”按钮。

确认密码 ? ×

对此文件的内容进行加密

重新输入密码(R):

警告：如果丢失或忘记密码，则无法将其恢复。建议将密码列表及其相应文档名放在一个安全位置。
（请记住，密码是区分大小写的。）

确定 取消

（4）保存文档之后，加密就会生效。在下次打开该文档时，系统就会打开“密码”对话框，在对话框中输入设置的密码，单击“确定”按钮才能打开文档。

✦ 1.3.3 限制编辑

设置限制编辑可以保证文档的内容不被修改，属于保护文档的一种方法，具体操作步骤如下。

（1）单击“文件”选项卡，在打开的界面左侧选择“信息”选项，在右边的界面中单击“保护文档”按钮，在弹出的下拉列表中选择“限制编辑”选项。

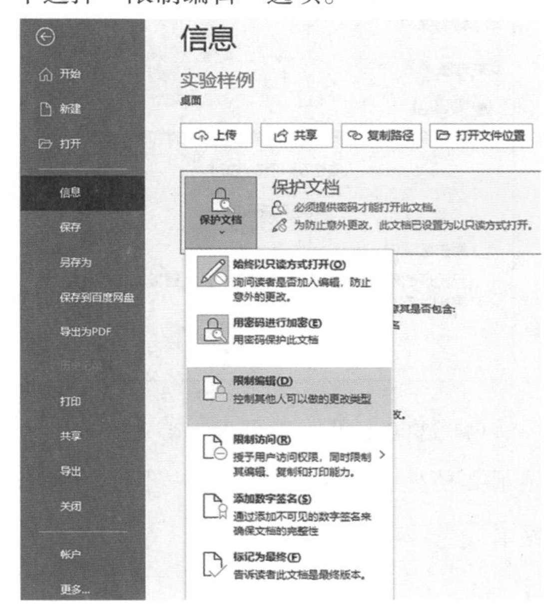

（2）单击“限制编辑”按钮之后，在文档工作界面右侧会出现“限制编辑”窗格。在“限制编辑”窗格中，单击选中“仅允许在文档中进行此类型的编辑”复选框，在其下拉选项中选择“不允许任何更改（只读）”选项。

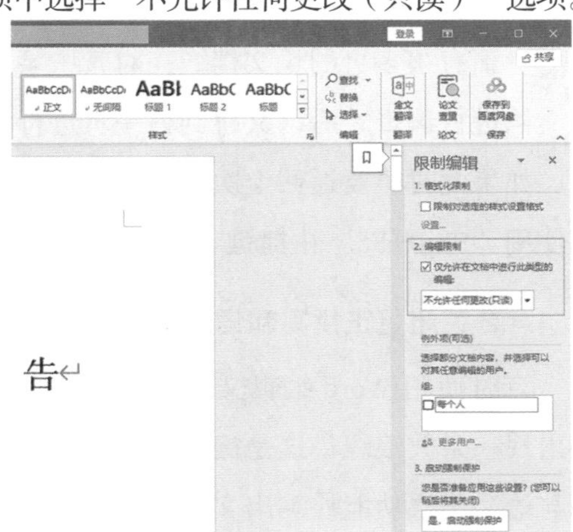

(3) 在“启动强制保护”栏中，单击“是，启动强制保护”按钮，出现“启动强制保护”对话框。在对话框中，单击选中“密码”选项，在“新密码”和“确认新密码”文本框中输入相同的密码，最后单击“确认”即可。

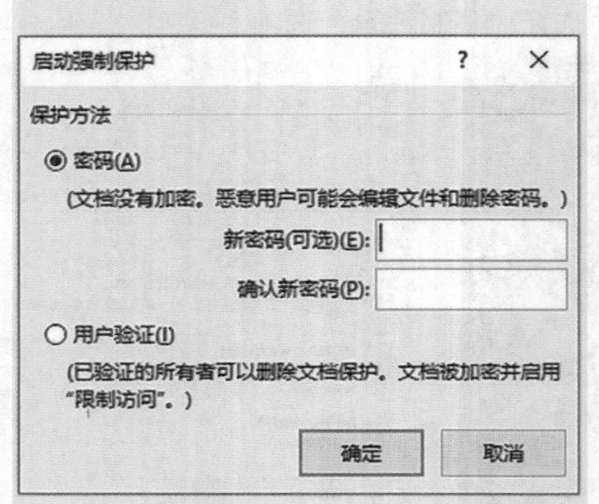

(4) 这时，可以看到 Word 文档中已经显示文档处于保护状态，用户不能进行修改了。

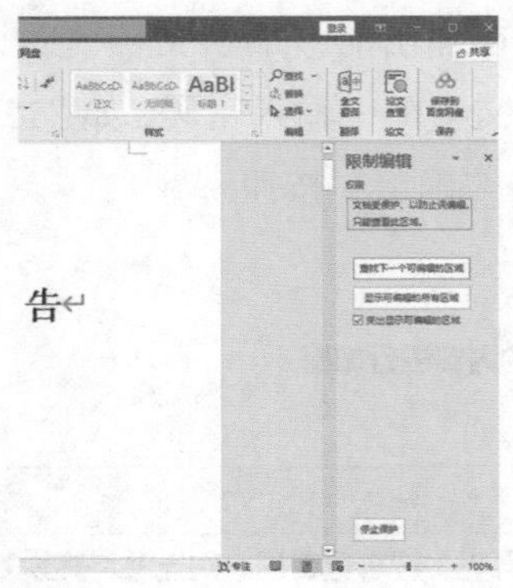

(5) 如果需要取消强制保护的话，单击“停止保护”按钮，在弹出的“取消保护文档”对话框里的“密码”栏中输入设置的密码并单击“确定”按钮即可取消对文档的强制保护。

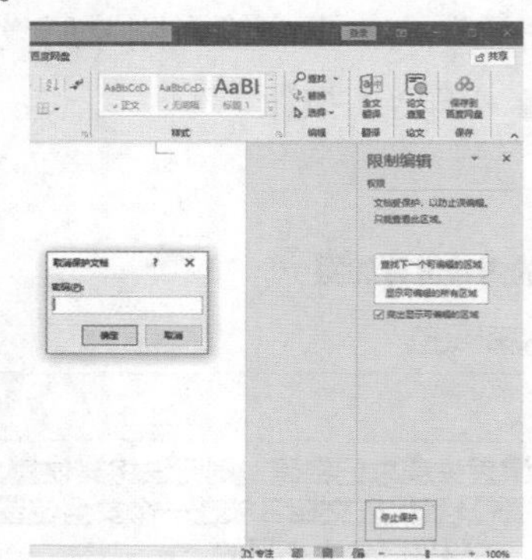

1.4 Word 编辑小技巧

✦ 1.4.1 快速返回上次编辑处

一篇有很多页的长文档，在对其中某页的文档进行编辑之后，又跳到另一页进行编辑，如果此时想要返回上次编辑的地方，可以使用“Shift+F5”快捷键。

✦ 1.4.2 关闭更正拼写和语法功能

有时使用 Word 编辑文档时，文字下方会出现一条波浪线，这是键入时自动检查拼写与语法错误功能检测出文本中可能出现了拼写错误或者语法错误，如果不需要此项功能，可用以下方法关闭。

单击“文件”选项卡，在左侧界面中单击“选项”按钮，弹出“Word 选项”对话框。在对话框中找到并单击“校对”选项，然后在右侧出现的界面中，把“在 Word 中更正拼写和语法时”栏中的“键入时检查拼写”选项撤销选中即可。

Word Excel PPT 办公应用实操大全

✦ 1.4.3 输入带下标或者上标的文本

新建一个空白文档，在文档中输入“F”，单击“开始”选项卡，在“字体”组中单击“下标”按钮，这时输入“a”即可将“F”的下标变为“a”。输入上标的时候只需单击“上标”按钮即可，其余步骤一样。

注意：在输入完上标或者下标之后，先取消上标或者下标的选中状态才可以正常输入文本。

✦ 1.4.4 选择不相邻文本

编辑文本时，先选中一段文本，然后按住“Ctrl”键不放，再选择其他文本，即可同时选定不相邻的多段文本。

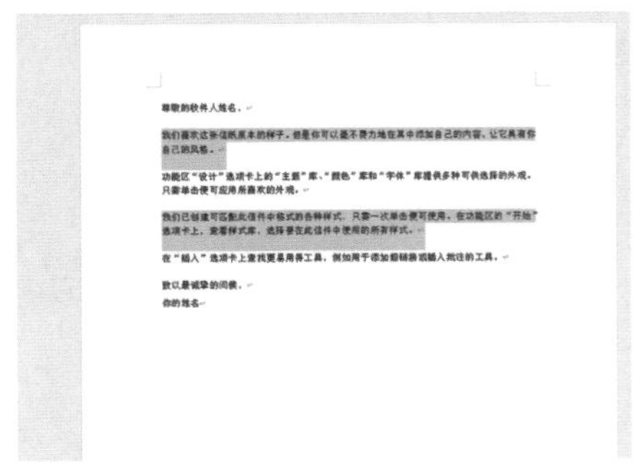

✦ 1.4.5 设置带圈字符

单击“开始”选项卡，在“字体”组中单击“带圈字符”按钮，弹出“带圈字符”对话框，在“样式”栏中有三种样式供用户选择，此外用户还可以选择“文字”和“圈号”，所有选项都设置完毕之后单击“确定”按钮，就可以将带圈字符输入 Word 文档之中。除了圆圈以外，还有其他种类的圈号供选择。

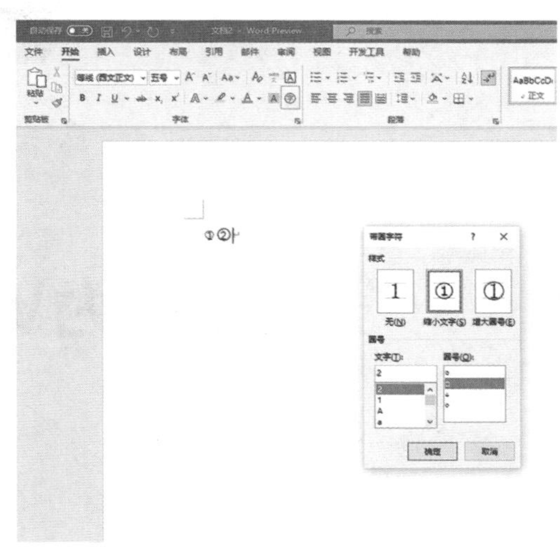

✦ 1.4.6 简繁体转换

选中需要转换的文本，单击“审阅”选项卡，在“中文简繁转换”组中单击“简转繁”按钮即可完成转换。若要把繁体转换为简体，只需要单击“繁转简”按钮即可。

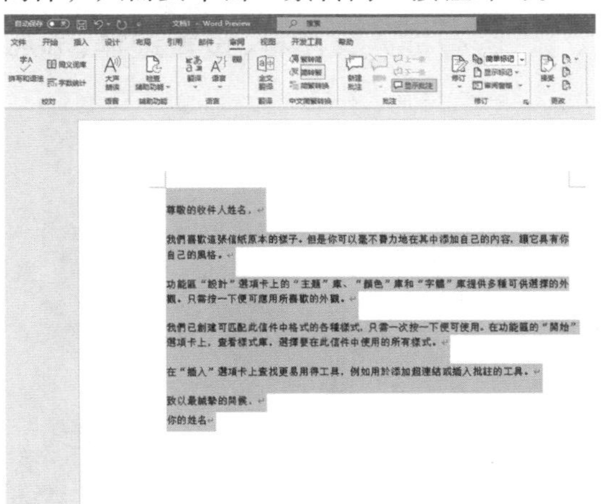

第二章 为Word文档排版

概述

在完成对Word文档内容的输入后，为了使文档看上去更加干净精致，需要用户对Word文档的版面进行美化加工。本章涉及的主要内容有插入文本框、设置边框、添加底纹、设置页面背景等。

2.1 设计一篇短文的版面

✦ 2.1.1 插入文本框

在编辑 Word 文档时，为了突出显示某些内容，会将这些内容放在文本框中，具体操作步骤如下。

(1) 单击“插入”选项卡，在“文本”组中找到并单击“文本框”，在下拉菜单中选择要插入的文本框样式，如“简单文本框”。当然，用户也可以单击“文本框”下拉菜单中的“绘制横排文本框”“绘制竖排文本框”选项，根据自己的需要绘制文本框。

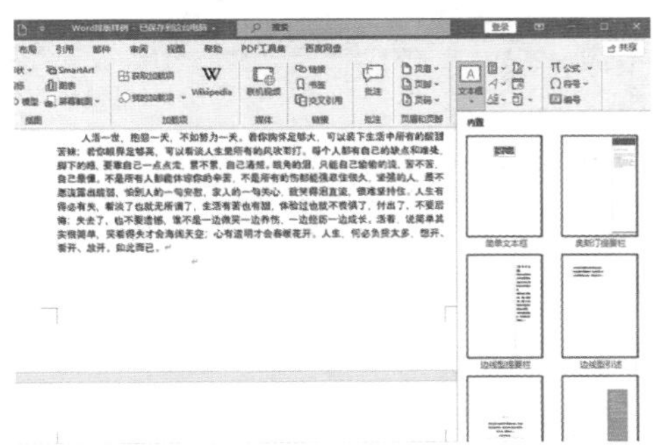

(2) 插入文本框后，菜单栏会自动添加“绘图工具－格式”选项卡，这时用户可以在文本框中输入自己所需要的内容。选中文本框中的文本，切换到“开始”选项卡，在“字体”组中将“字体”设置为“仿宋”，将“字号”设置为“小四”，将“字体颜色”设置为“蓝色”。将文本框放在文档中的合适位置，在“绘图工具－格式”选项卡下，在“排列”组中选择“位置”选项来设置文本框与文本内容的位置关系。用户还可以在“形状样式”组中选择合适的样式来美化文本框。

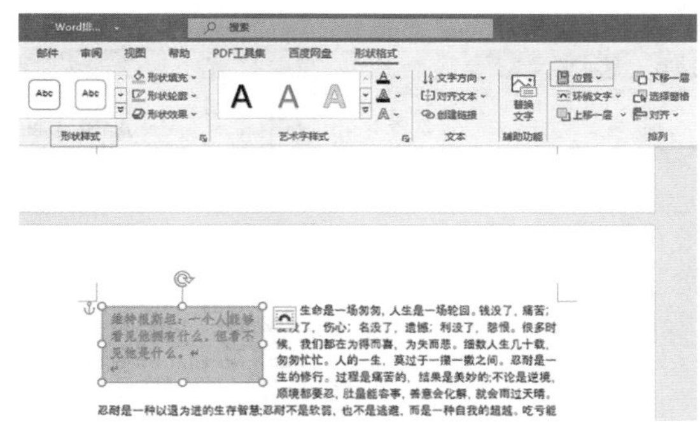

✦ 2.1.2 设置中文版式

1. 设置首字下沉

(1) 打开文档，选择“人生是一场轮回”文本，单击“插入”选项卡，单击“首字下沉”按钮，再单击“首字下沉选项”按钮。

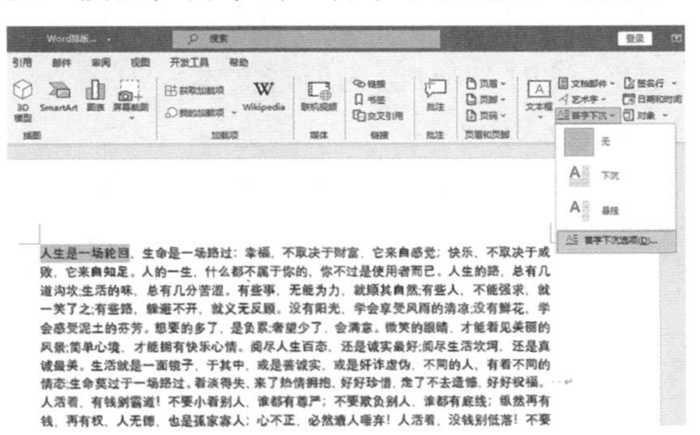

(2) 弹出“首字下沉”对话框，在“位置”一栏中选择“下沉”选项，在“字体”的下拉列表中选择“幼圆”选项，将“下沉行数”设置为“3”，将“距正文”设置为“0.3 厘米”。

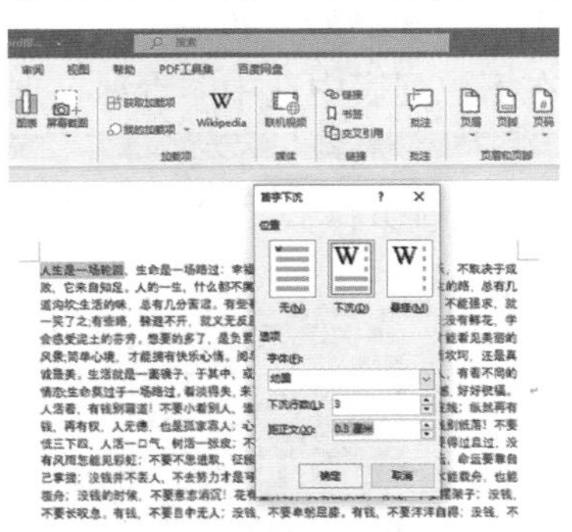

(3) 选中“人”文本，单击“开始”选项卡，在“字体”组中将“字体颜色”设置为“浅蓝”。

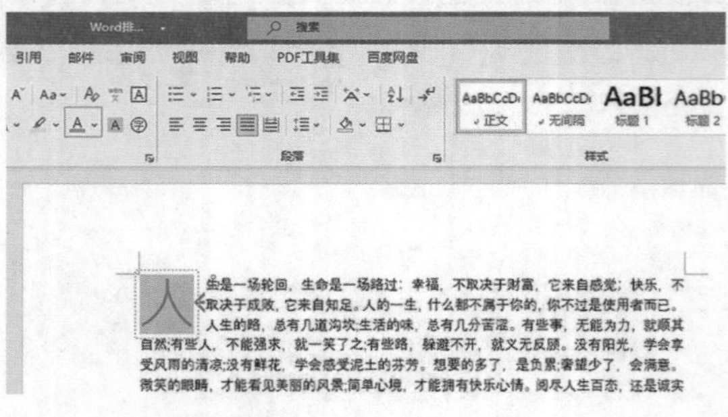

2. 设置字符底纹

在文档中添加字符底纹是为了突出强调某些内容，常用于通知、注意事项等，具体操作步骤如下。

(1) 添加底纹。

选择需要添加底纹的字符，单击“开始”选项卡，在“字体”组中单击“字符底纹”按钮，这时 Word 会为所选文本添加一个默认的底纹。

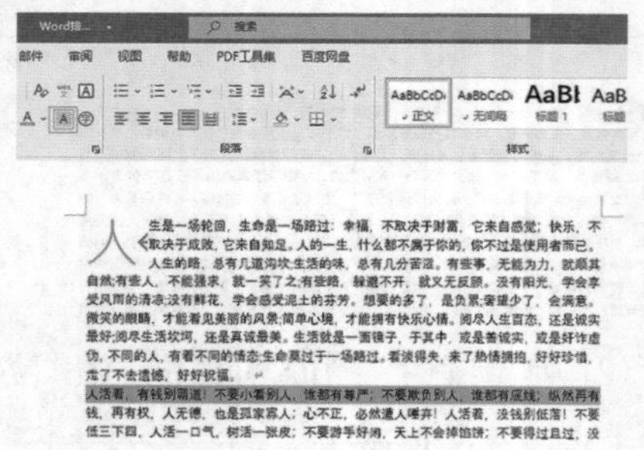

(2) 设置底纹颜色。

首先选中添加底纹的文本，同样在“字体”组中找到并单击“文本突出显示颜色”选项，在下拉列表中选中“青绿”选项。

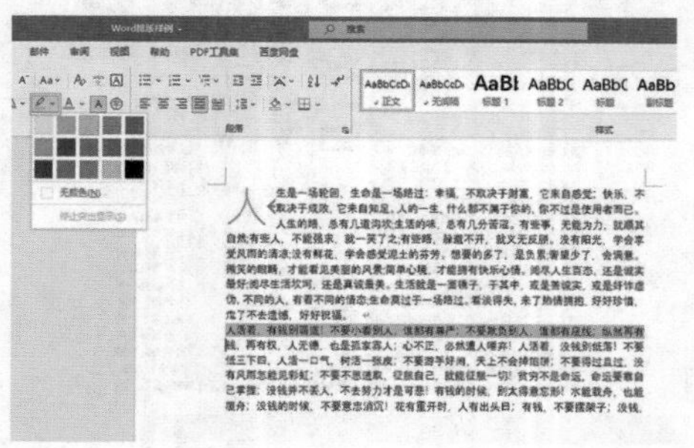

3. 设置段落底纹

段落底纹是为选择的文本段落设置底纹，同样可以对添加的底纹效果进行设置，具体操作步骤如下。

(1) 选择第三段文本内容，单击“开始”选项卡，在“段落”组中单击“边框”下拉按钮，在弹出的下拉列表中选择“边框和底纹”选项。

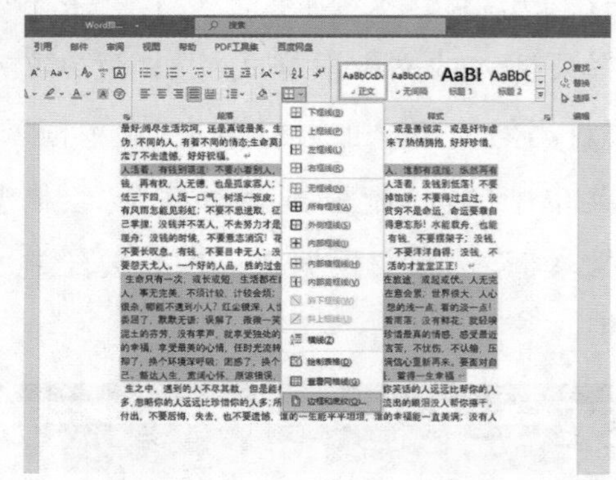

(2) 弹出“边框和底纹”对话框，单击“底纹”按钮，再单击“填充”按钮下拉箭头，在下拉列表中选择一种颜色；在“图案”组中单击“样式”按钮下拉箭头，在下拉列表中选择“10%”选项。

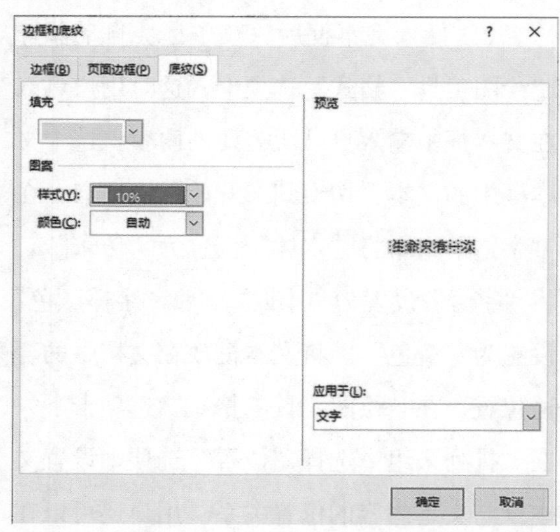

(3) 单击“确定”按钮，完成段落底纹的设置。

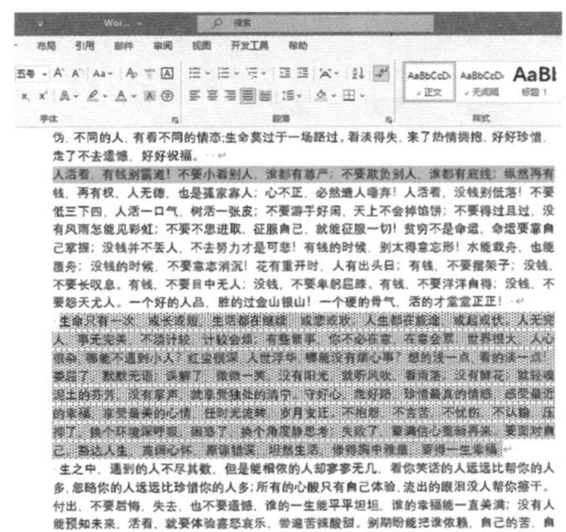

4. 快速对齐文本

在对文本排版时，有时会需要对齐文本，用户可以利用标尺快速对齐文本，具体操作步骤如下。

(1) 单击“视图”选项卡，在“显示”组中选中“标尺”复选框，标尺即可出现在页面的上方。

(2) 选择要对齐的文本，单击水平标尺，按住鼠标左键拖动标尺，可以将选中的内容的行首左右移动到水平对齐位置处。如果按相同方法拖动垂直标尺的话，可将所选内容上下移动到对齐位置处。

✦ 2.1.3 设置页面版式

1. 设置页面边框

设置页面边框是为当前页面设置边框，起到美化页面的作用，具体操作步骤如下。

(1) 单击“设计”选项卡，在“页面背景”组中找到“页面边框”按钮并单击。

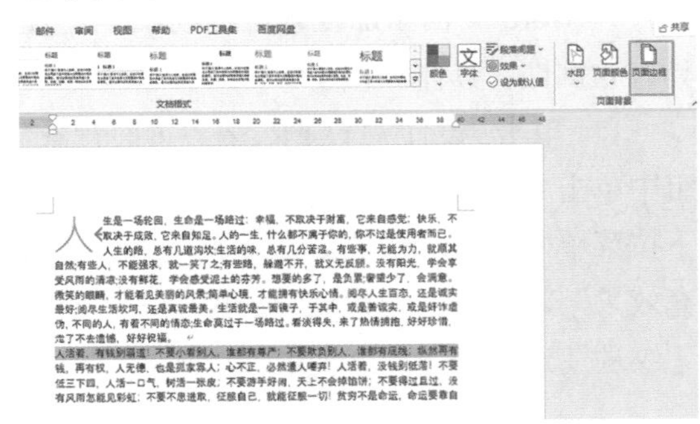

(2) 弹出“边框和底纹”对话框，对话框默认在“页面边框”选项栏，选择“设置”选项下的“方框”，在“样式”栏中选择第七种样式，在“颜色”栏中选择“红色”，剩下的设置选项根据需求选择；右下角的“应用于”功能决定了用户设置的文本框的应用范围，用户根据需要可以选择“整篇文档”“本节”等选项。这里选择“整篇文档”。

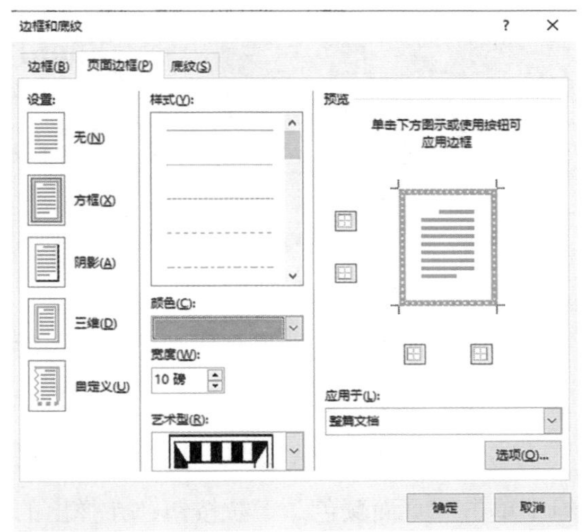

(3) 单击“确定”按钮完成设置。

2. 设置页面背景

为 Word 文档设置背景会使文档看起来更加美观、更有层次感。

(1) 设置页面背景颜色。

页面背景颜色指的是 Word 文档最底层

的颜色，用于美化 Word 文档，具体操作步骤如下。

单击“设计”选项卡，在“页面背景”组中单击“页面颜色”选项，在弹出的下拉列表中选择合适的颜色，这里选择“橙色，个性色 2，淡色 60%”选项。

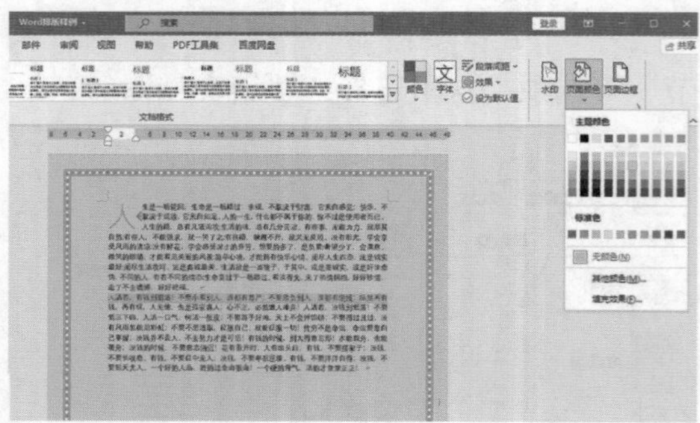

(2) 设置填充效果。

为文档设置填充效果会使文档更有层次感，具体操作步骤如下。

①单击“设计”选项卡，在“页面背景”组中单击“页面颜色”下拉按钮，在弹出的下拉菜单中单击“填充效果”选项。

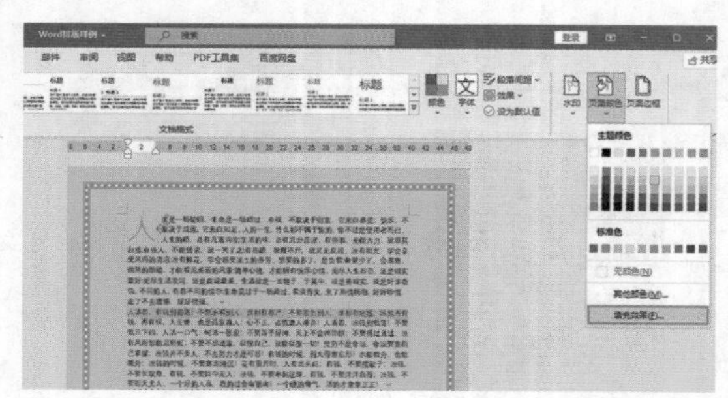

②打开“填充效果”对话框，单击“渐变”选项，在“颜色”一栏中勾选“双色”，在右侧“颜色 1”“颜色 2”中选择两种颜色。

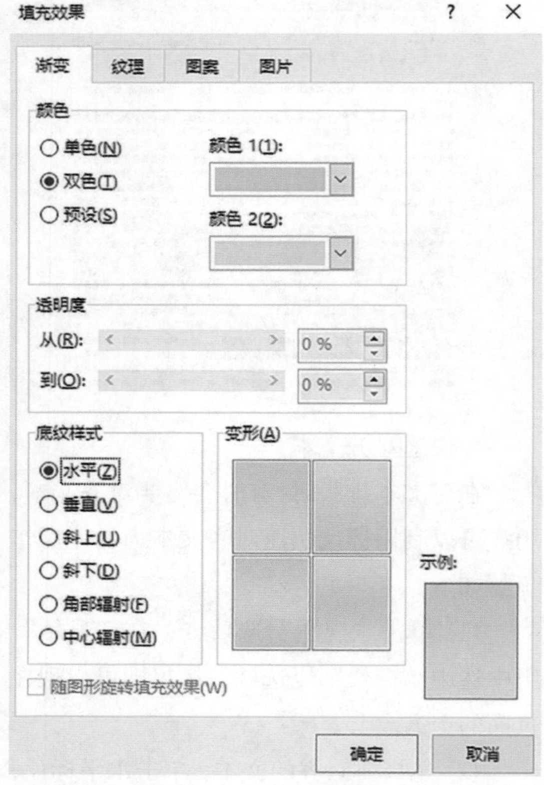

③单击“确定”按钮完成设置。

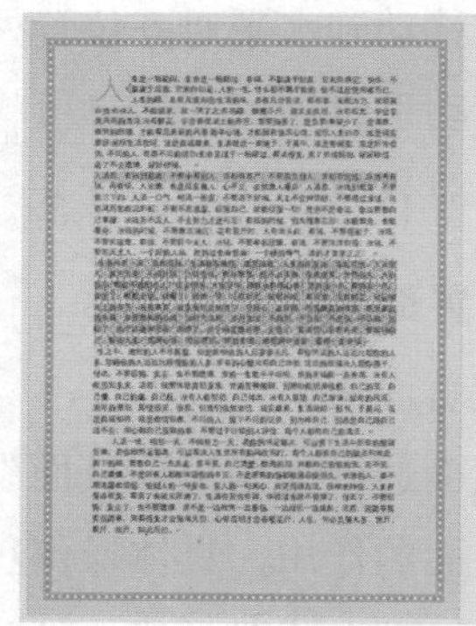

3. 设置纹理效果

为 Word 文档添加纹理，能使文档更加具有欣赏性，具体操作步骤如下。

(1) 单击“设计”选项卡，在“页面背景”组中单击“页面颜色”下拉按钮，在弹出的下拉菜单中单击“填充效果”选项。打开“填充效果”对话框，切换到“纹理”选项，在“纹理”选项中选择一种纹理样式。

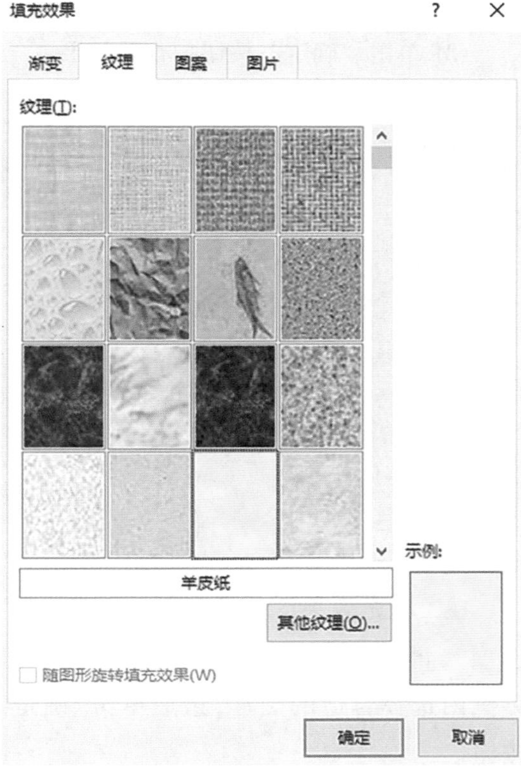

(2) 单击“确定”按钮完成设置。

4. 设置图案效果

为 Word 文档设置图案效果，会使文档更加美观，具体操作步骤如下。

(1) 单击“设计”选项卡，在“页面背景”组中单击“页面颜色”下拉按钮，在弹出的下拉菜单中单击“填充效果”选项。打开“填充效果”对话框，单击“图案”选项，在“图案”选项中选择一种图案样式。

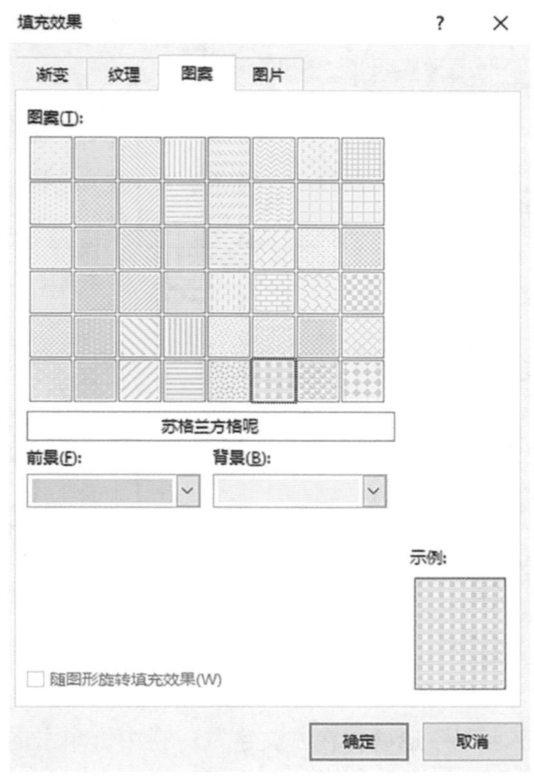

(2) 单击“确定”按钮完成设置。

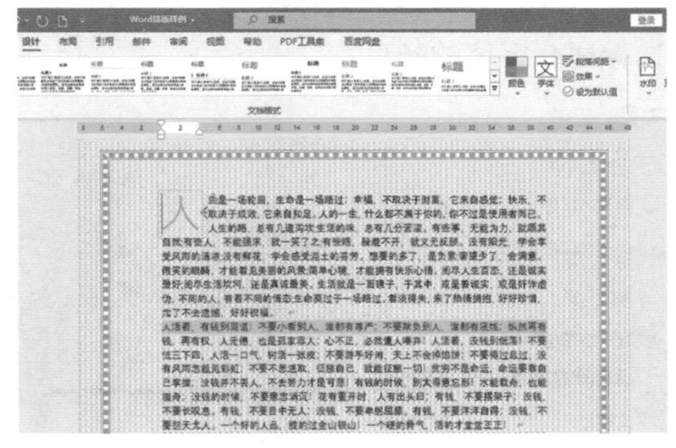

5. 设置水印

为 Word 文档设置水印的具体操作步骤如下。

(1) 单击“设计”选项卡，在“页面背景”组中单击“水印”选项，在出现的下拉菜单中单击“自定义水印”选项。

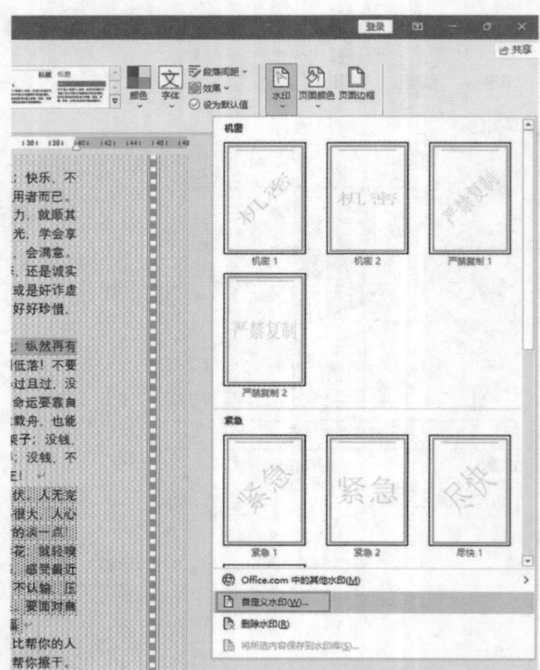

(2) 打开“水印”对话框，单击选择“文字水印”选项，在“文字”一栏中，单击向下箭头，在下拉菜单中输入“美文欣赏”；在“字体”下拉列表中选择“宋体”选项，选择适合字体的颜色。

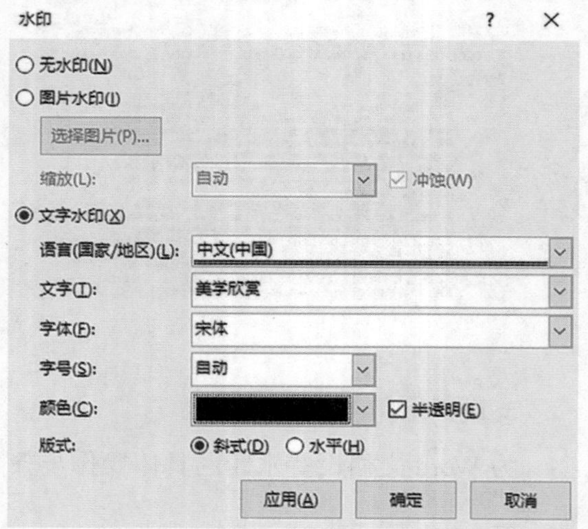

(3) 单击“确定”按钮，查看效果。

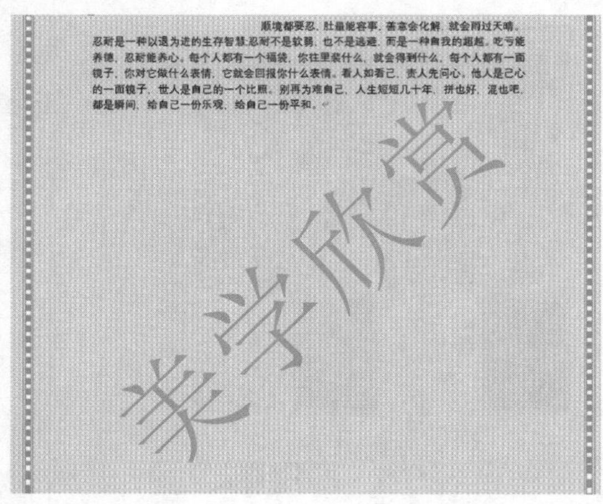

6. 设置图片填充

在“填充效果”对话框中单击“图片”选项，再单击“选择图片”按钮，在计算机内选择合适的图片，最后单击“确定”按钮。

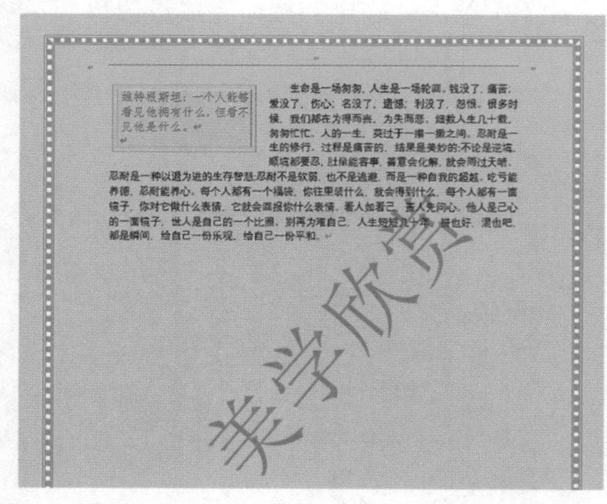

2.2 插入封面和使用主题

我们把文档的页面背景、效果和字体称作 Word 的主题，在前面的章节中已经讲述了用户如何根据需要自己设置主题。在 Word 2021 中，系统为我们提供了丰富的主题与封面。下面介绍如何使用这些主题与封面。

✦ 2.2.1 应用主题

为 Word 文档应用主题的具体操作步骤如下。

在 Word 2021 中新建一个空白文档并输入需要的文本，再分别根据下列步骤进行设置。

(1) 单击“设计”选项卡，在“文档格式”组中单击“主题”选项，在弹出的下拉菜单中选择合适的主题样式，如“画廊”。

(2) 可以看到文本已经将“画廊”主题应用到文档中。

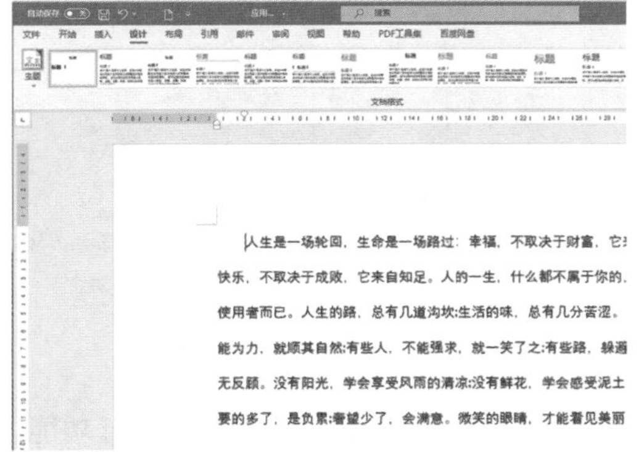

✦ 2.2.2 插入封面

(1) 切换到“插入”选项卡，在“页面”组中单击“封面”下拉按钮，在弹出的下拉选项中选择合适的封面样式。

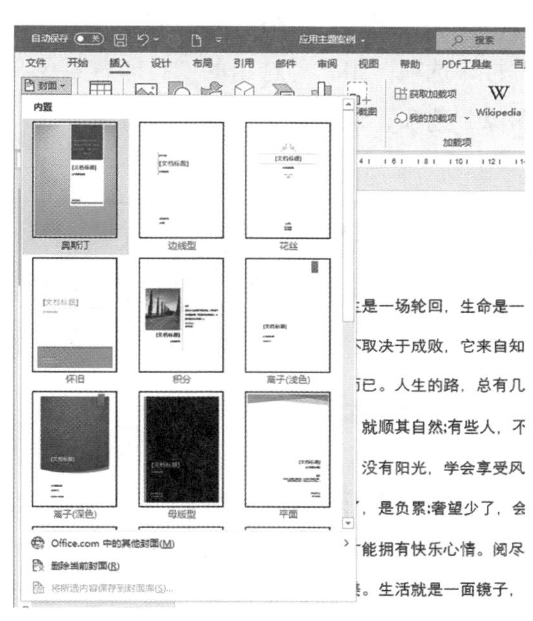

(2) 查看效果。

✦ 2.2.3 打印颜色和图片背景

注意在默认条件下，用户设置的文档中的颜色或者图片背景，是打印不出来的，经过一些设置才能将背景打印出来，具体操作步骤如下。

切换到“文件”选项卡，单击“选项”按钮，在弹出的“Word 选项”对话框中单击“显示”选项，然后在右侧的界面中找到“打印选项”组，勾选组的“打印背景色和图像”选项，最后单击“确定”按钮。

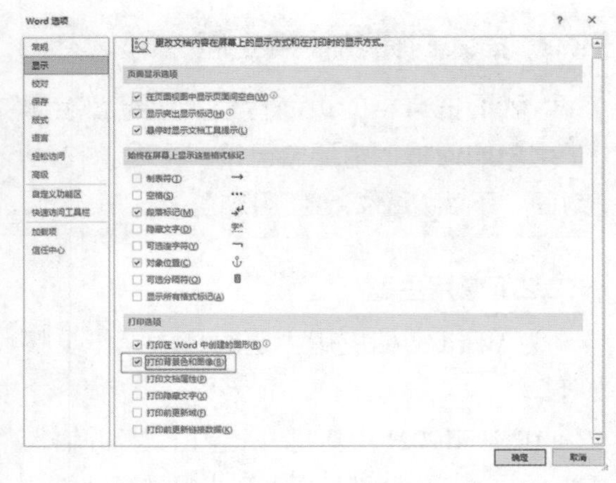

2.3 审阅文档

现实生活中，完成一个文档之后，往往需要多方人员审查，经检验、讨论之后方可执行，这时就需要在这些文件上做一些批注、修订等。

Word Excel PPT 办公应用实操大全

✦ 2.3.1 添加批注

1. 添加批注

打开要进行审阅的文件，选中要添加批注的文本，再单击“审阅”选项卡，在“批注”组中单击“新建批注”选项，随即工作界面右侧会出现一个批注框，批注框显示了添加批注的用户名和添加批注的时间，用户可以在批注框里输入批注的内容。如果需要删除批注，单击“新建批注”选项旁边的“删除”选项，在弹出的下拉菜单中选择“删除”选项即可。

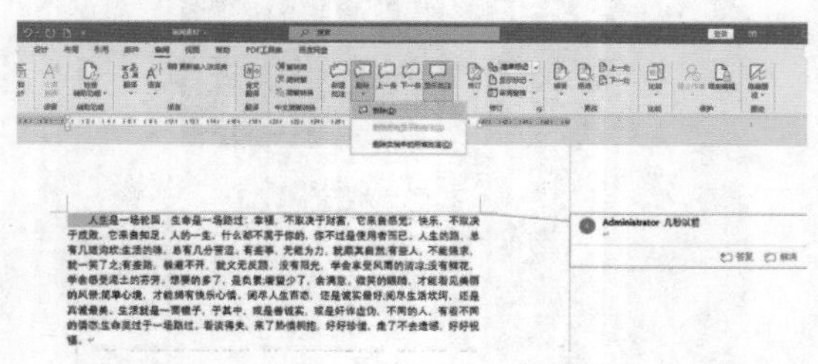

2. 答复批注

此外，Word 2021 批注框中还有“答复”和“解决”功能，用户利用这两个功能可以更好地讨论和更正批注，具体操作步骤如下。

(1) 将鼠标光标放在右侧界面的批注框中，这时批注框会显示“答复”选项。

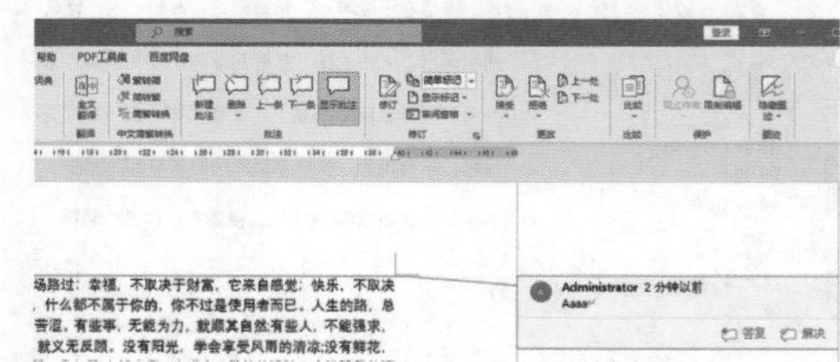

(2) 单击“答复”按钮，原有批注框下方会出现一个新的批注框，直接输入内容即可。

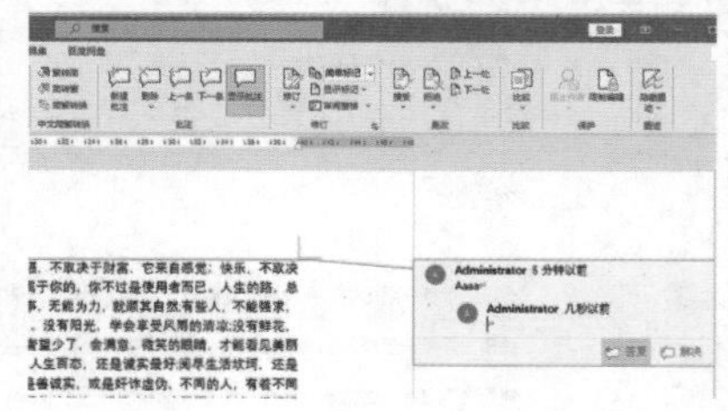

✦ 2.3.2 修订文档

在 Word 2021 中，当打开了修订功能以后，将会自动对文档所有的修改和修改形式做出标记。

1. 更改用户名

因为在文档的修订环节可能会涉及多名用户，因而不同的用户应该采用不同的用户名来进行修订，这样才不容易出错。切换用户名的具体操作步骤如下。

(1) 切换到“审阅”选项卡，单击“修订”组中的“对话框启动器”按钮，弹出“修订选项”对话框，单击“更改用户名”选项。

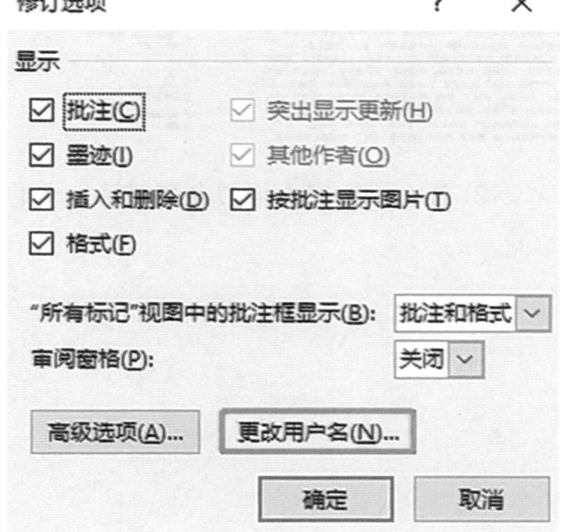

(2) 弹出“Word 选项”对话框，单击“常规”选项，在右侧界面中“对 Microsoft Office 进行个性化设置”组中输入“用户名”和“缩写”的内容，最后单击“确定”按钮。

2. 修订文档

修订文档的具体操作步骤如下。

(1) 单击“审阅”选项卡，单击“修订”组中的“显示标记”选项，在出现的菜单中选择“批注框”选项，在弹出的下拉列表中选中“在批注框中显示修订”选项。

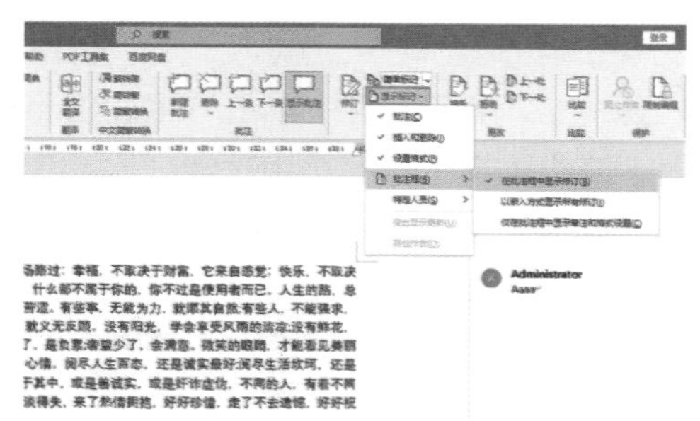

(2) 在“显示以供审阅”栏中，选择“所有标记”选项。

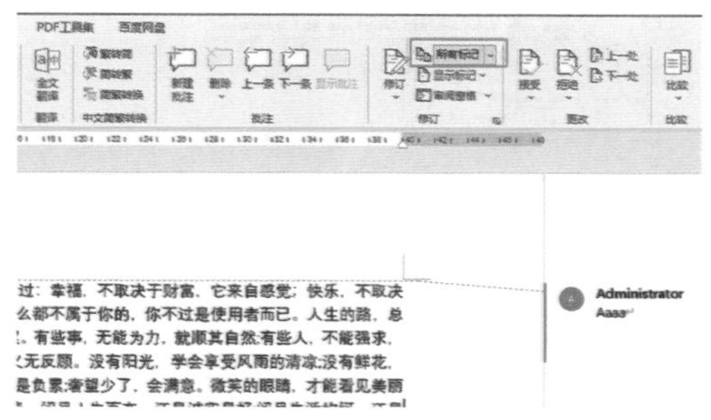

(3) 单击“修订”组中的“修订”向下箭头，在下拉选项中单击“修订”按钮，进入修订状态。

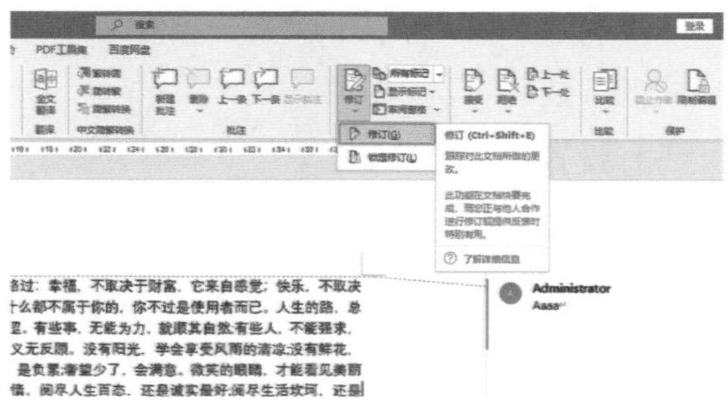

(4) 对文档进行修订，右侧批注界面会显示修订的详细信息。再次单击“修订”按钮，修订状态就会取消。

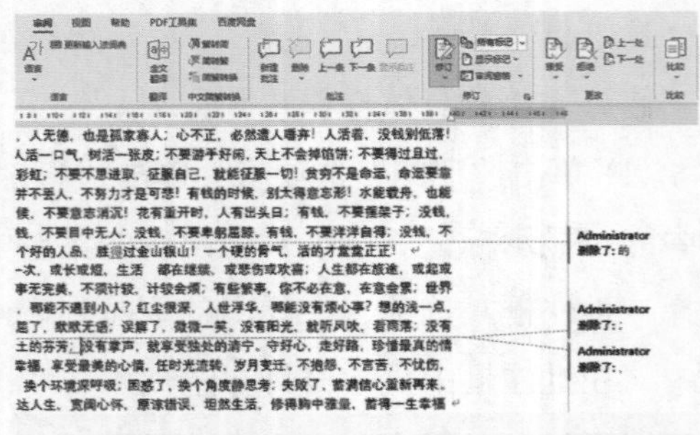

(5) 在“修订”组中单击“审阅窗格”的向下箭头，在下拉菜单中选择“水平审阅窗格”选项。下方出现一个导航窗格，窗格中显示了修订的详细信息。

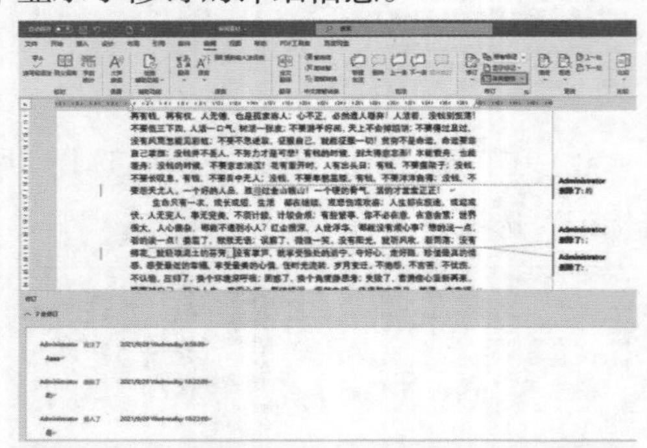

✦ 2.3.3 更改文档

用户可以对修订的内容选择接受或者不接受，具体操作步骤如下。

(1) 选中修订的文本，单击“审阅”选项卡，在“更改”组中单击“接受”按钮，或者单击“接受”的向下按钮，在下拉列表中选择“接受并移到下一处”选项。

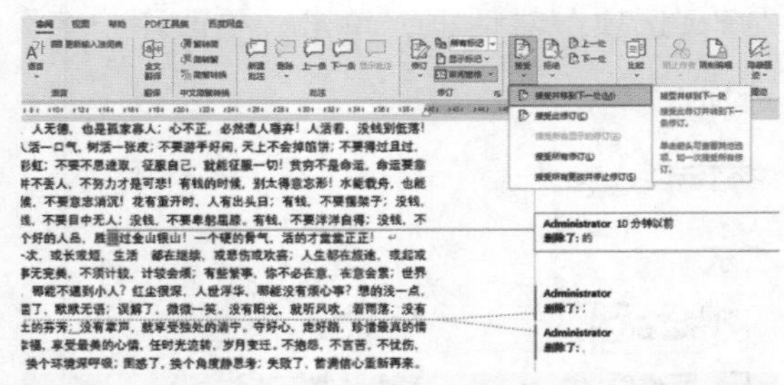

(2) 逐个检查完修订的内容后就完成了审阅。

2.4 Word 文档排版小技巧

✦ 2.4.1 设置中文版式小技巧

下面以一段文字为例介绍一些设置中文版式的小技巧。

1. 设置双行合一

双行合一效果是将多行文本以两行的形式显示在文档的一行中，所选文本内容将被平均分为两部分，第一部分排列在第一行，第二部分排列在第二行，起到美化文档的作用，具体操作步骤如下。

(1) 选中要设置双行合一的文本，切换到“开始”选项卡，在“段落”组中单击“中文版式”下拉按钮，选择“双行合一”选项。

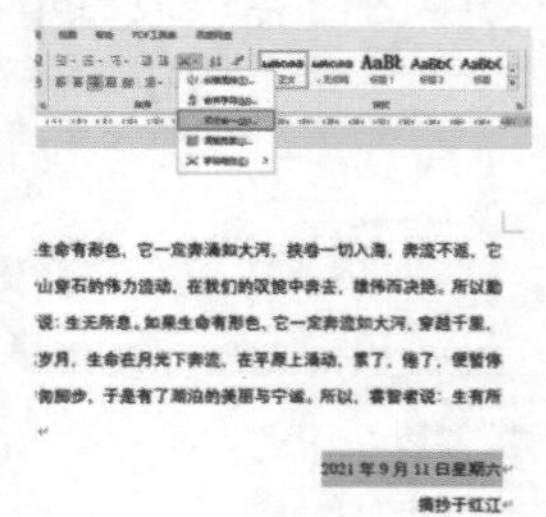

(2) 弹出“双行合一”对话框，勾选“带括号”按钮，单击“括号样式”列表框的下拉按钮，选择合适的样式。

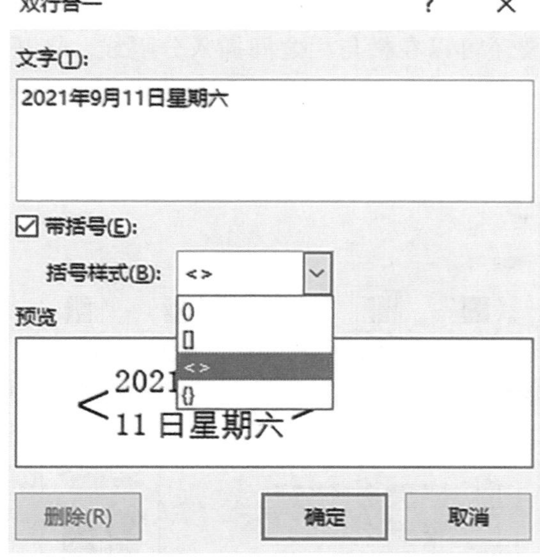

(3) 查看效果，调整设置了双行合一效果的文本字体格式。

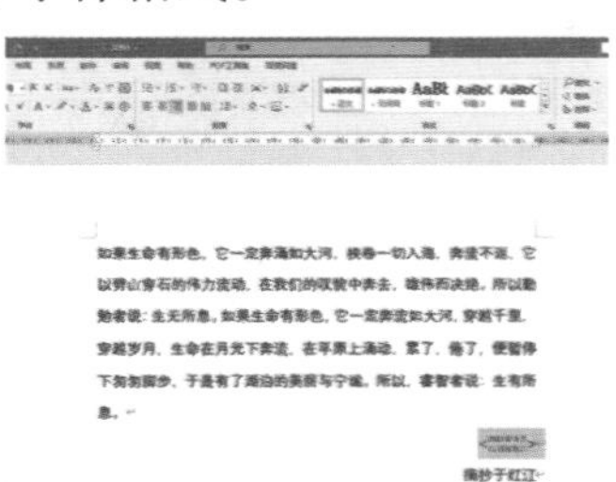

2. 合并字符

合并字符的效果是将一段文字合并为一个字符的样式，此功能通常用于名片制作、海报制作或报纸杂志等。接下来为文本设置合并字符，具体操作步骤如下。

(1) 选中要设置合并字符效果的文本，切换到“开始”选项卡，在“段落”组中单击“中文版式”下拉按钮，选择“合并字符”选项。

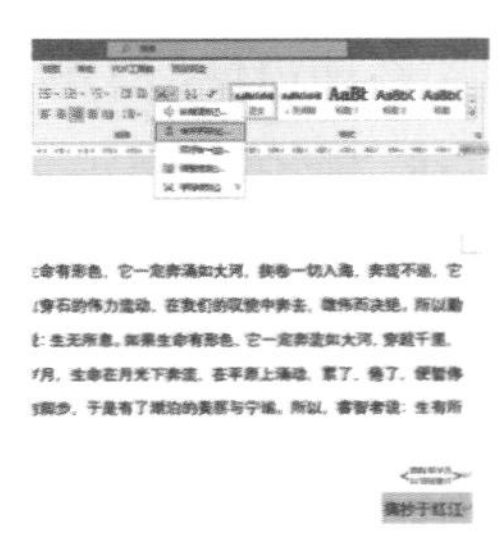

(2) 弹出“合并字符”对话框，在“文字”文本框中的“红江”两字中间插入一个空格；单击“字体”文本框的下拉按钮，选择“仿宋”样式；单击“字号”下拉按钮，选择“10”选项。设置完字体格式后，在右侧“预览”窗口中预览设置效果，单击“确定”按钮。

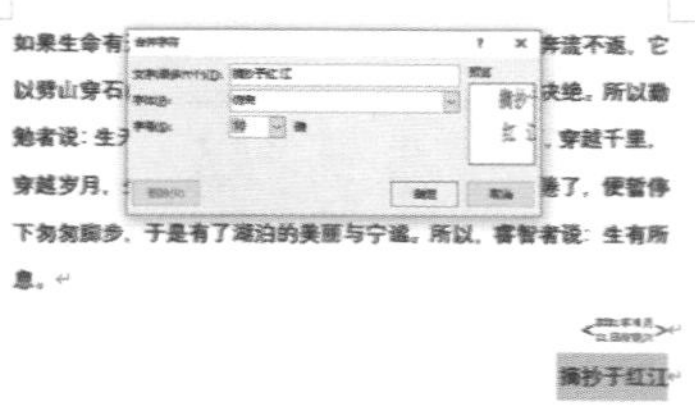

(3) 返回 Word 工作界面查看效果。

如果生命有形色，它一定奔涌如大河，挟卷一切入海，奔流不返，它以劈山穿石的伟力流动，在我们的叹惋中奔去，雄伟而决绝。所以勤勉者说：生无所息。如果生命有形色，它一定奔流如大河，穿越千里，穿越岁月，生命在月光下奔流，在平原上涌动，累了，倦了，便暂停下匆匆脚步，于是有了湖泊的美丽与宁谧。所以，睿智者说：生有所息。

3. 设置分栏

分栏是按照排版需要将所选文本分成若干个栏目，使版面更加美观，使文档的结构、条理更加清晰，分栏功能多用于报纸杂志。设置分栏可以将所选文档分成多个栏目，每个栏目的宽度由用户设置，因而用户可以将栏目设置为等宽的，也可以设置为不等宽的。

(1) 选中要设置分栏的文本，切换到“布局”选项卡，在“页面设置”组中单击“栏”下拉按钮，在下拉列表中选择“更多栏”选项。

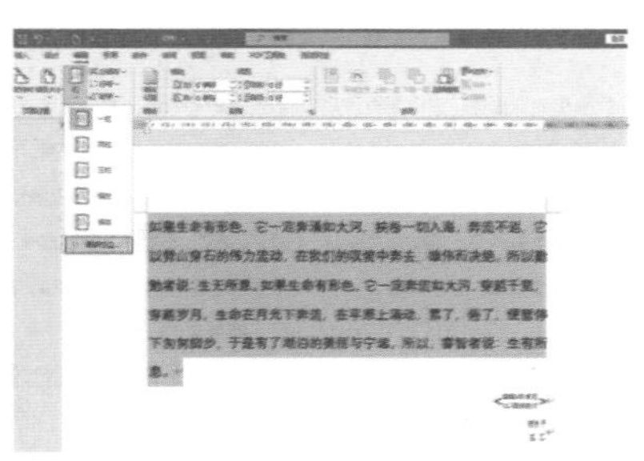

（2）弹出“栏”对话框，在“预设”栏中选中“两栏”选项，如果需要自定义栏数，在“栏数”文本框中输入需要分栏的数目即可；栏的宽度默认是相等的，如果需要设置栏宽，取消选中“栏宽相等”复选框，然后在“宽度和间距”栏中对相应的栏设置宽度即可。

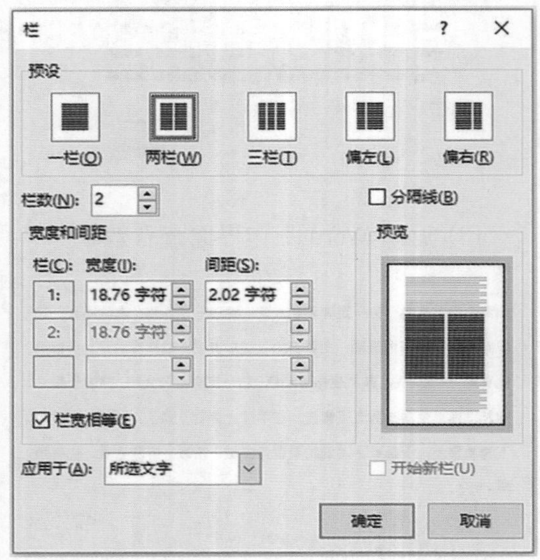

（3）查看效果。

如果生命有形色，它一定奔涌如大河，挟卷一切入海，奔流不返，它以劈山穿石的伟力流动，在我们的叹惋中奔去，雄伟而决绝。所以勤勉者说：生无所息。如果穿越千里，穿越岁月，生命在月光下奔流，在平原上涌动，累了，倦了，便暂停下匆匆脚步，于是有了湖泊的美丽与宁谧。所以，睿智者说：生有所息。

（4）调整文本的字体格式以及段落间距、行间距等。将光标定位在第一栏最后的“如果生命有形色”文本之前，按两下“Enter”键，即可将该文本移动到第二栏中。

如果生命有形色，它一定奔涌如大河，挟卷一切入海，奔流不返，它以劈山穿石的伟力流动，在我们的叹惋中奔去，雄伟而决绝。所以勤勉者说：生无所息。

如果生命有形色，它一定奔流如大河，穿越千里，穿越岁月，生命在月光下奔流，在平原上涌动，累了，倦了，便暂停下匆匆脚步，于是有了湖泊的美丽与宁谧。所以，睿智者说：生有所息。

（5）调整好文本的位置之后，如果有需要还可以在栏与栏之间插入分隔线。打开“栏”对话框，勾选“分隔线”复选框，即可为文档文本插入分隔线。

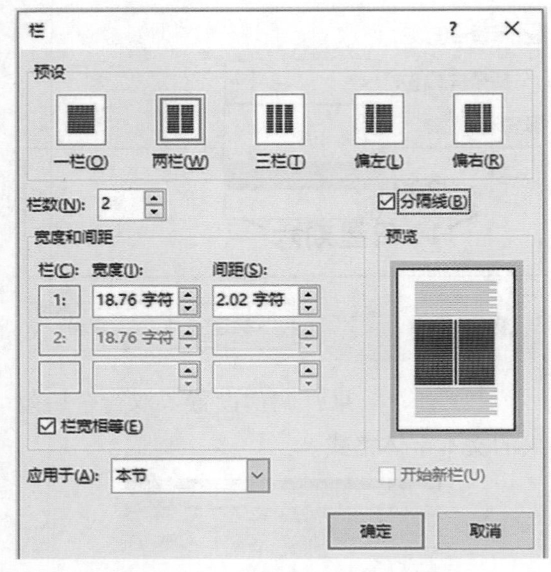

（6）查看插入分隔线后的效果。

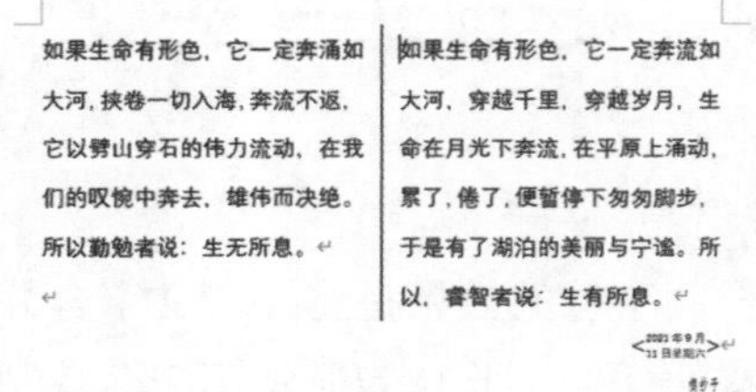

如果生命有形色，它一定奔涌如大河，挟卷一切入海，奔流不返，它以劈山穿石的伟力流动，在我们的叹惋中奔去，雄伟而决绝。所以勤勉者说：生无所息。

如果生命有形色，它一定奔流如大河，穿越千里，穿越岁月，生命在月光下奔流，在平原上涌动，累了，倦了，便暂停下匆匆脚步，于是有了湖泊的美丽与宁谧。所以，睿智者说：生有所息。

✦ 2.4.2 设置字符边框

前面已经介绍过如何为 Word 文档的页面添加边框，接下来介绍如何在文档中为字符添加边框，具体操作步骤如下。

1. 设置字符边框

（1）选中要添加边框的字符，切换到“开始”选项卡，在“字体”组中单击“字符边框”按钮。

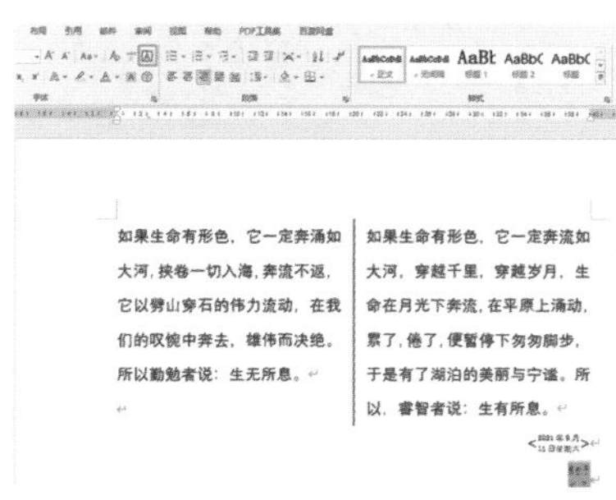

(2) 此时，所选字符已经添加了一个边框。

如果生命有形色，它一定奔涌如大河，挟卷一切入海，奔流不返，它以劈山穿石的伟力流动，在我们的叹惋中奔去，雄伟而决绝。所以勤勉者说：生无所息。

如果生命有形色，它一定奔流如大河，穿越千里，穿越岁月，生命在月光下奔流，在平原上涌动，累了，倦了，便暂停下匆匆脚步，于是有了湖泊的美丽与宁谧。所以，睿智者说：生有所息。

2. 设置段落边框

段落边框是为所选中的文本段落添加一个边框，用户可以设置边框的显示效果，包括边框线条样式、颜色和粗细等，具体操作步骤如下。

(1) 选中要添加边框的文本段落，切换到“开始”选项卡，在“段落”组中单击“边框”下拉按钮，选择“边框和底纹”选项。

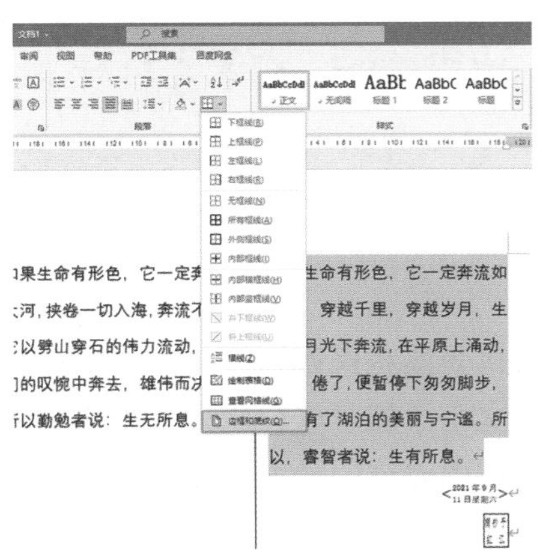

(2) 弹出“边框和底纹”对话框，在“边框”选项下，选择“样式”列表框中的第二种样式；单击“颜色”列表框的下拉按钮，选择“红色”选项；在右侧的“预览”界面中可以预览添加边框的效果；单击“确定”按钮。

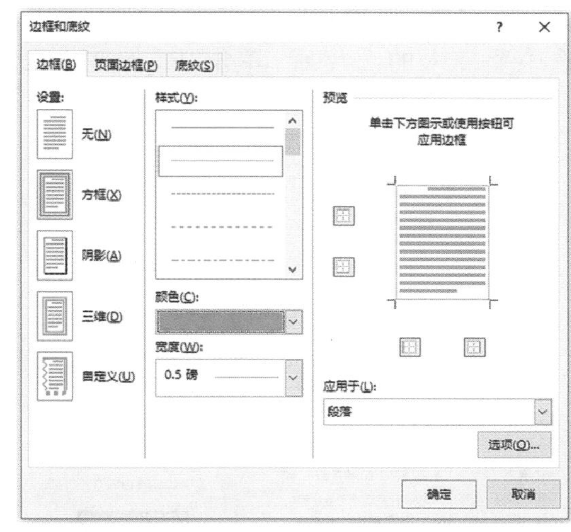

(3) 返回 Word 工作界面调整文本，查看效果。

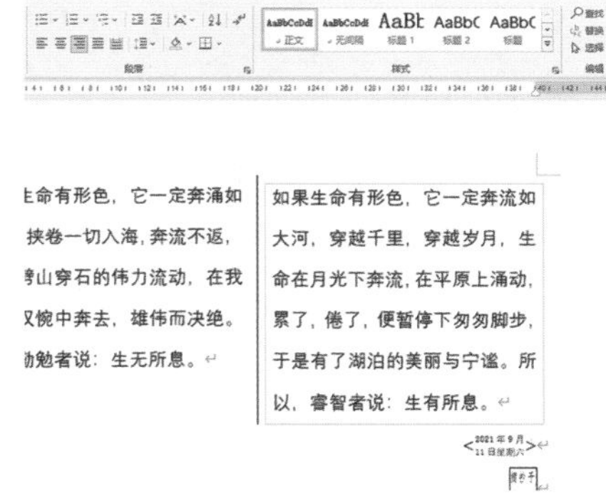

✦ 2.4.3 编辑批注小技巧

1. 在批注中插入图片

(1) 批注框中不仅能输入文字，还可以插入图片，将光标定位在批注框内，然后切换到“插入”选项卡，单击“插图”组中的“图片”按钮。

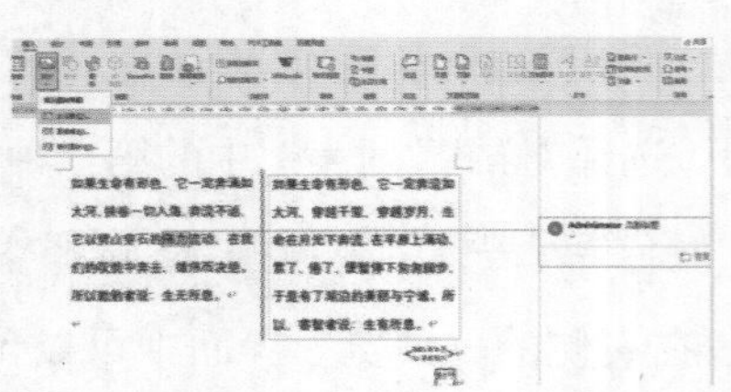

(2) 在下拉列表中选择“插入图片来自-此设备”，弹出“插入图片”对话框，选中要插入的图片后，单击“插入”按钮。

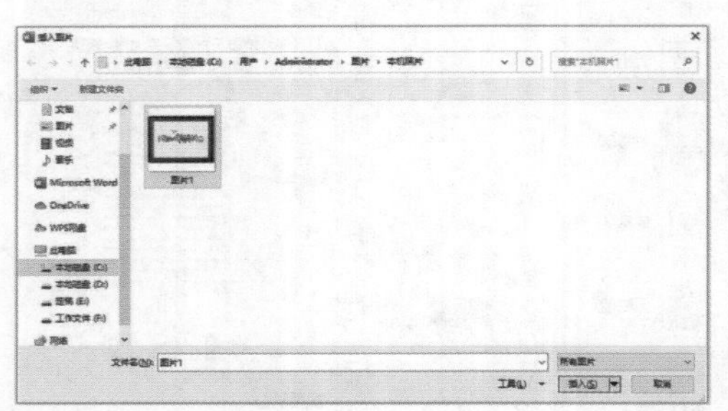

(3) 调整图片的大小，查看效果。

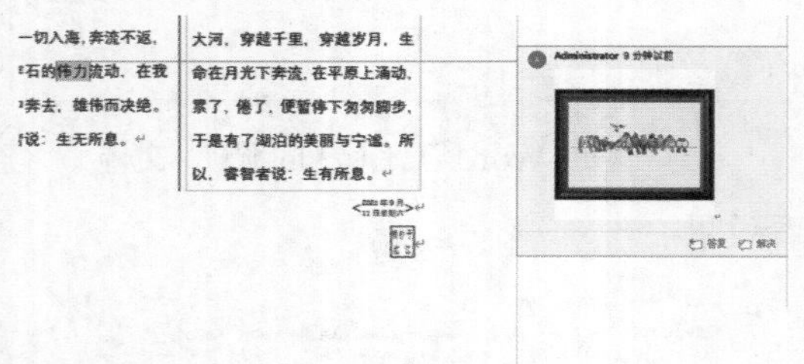

2. 删除全部批注

当文档中存在多个批注，在删除这些批注的时候，一个一个地删除会比较烦琐，这时就需要一次性删除所有批注，具体操作步骤如下。

(1) 在“审阅”选项卡下，单击“批注”组中的“删除”下拉按钮，选择“删除文档中的所有批注”选项即可完成删除。

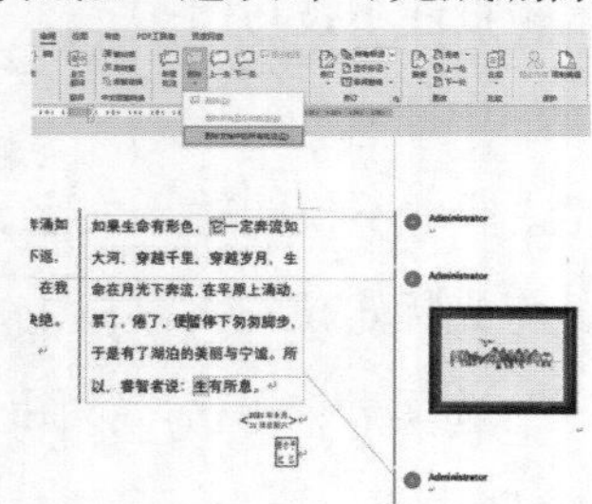

(2) 查看效果，此时文档中的所有批注都被删除。

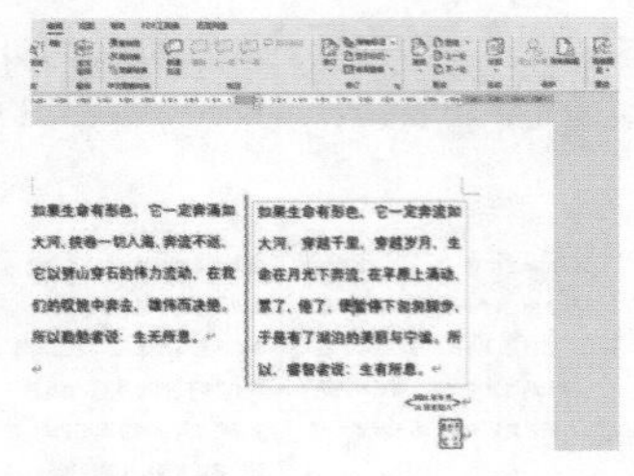

3. 隐藏批注

除了删除批注外，用户也可以将添加的批注隐藏，具体操作步骤如下。

(1) 切换到“审阅”选项卡，在“批注”组中取消选中“显示批注”复选框，即可将添加的批注隐藏。

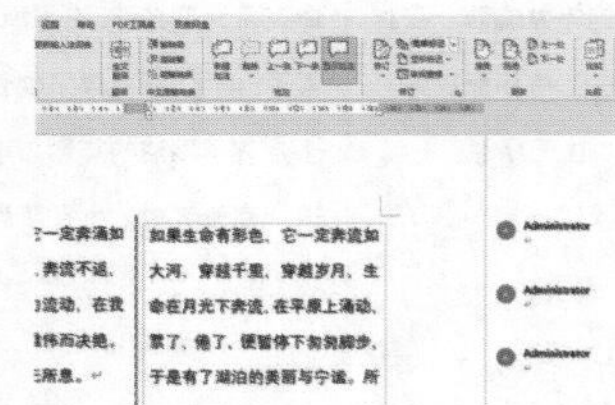

(2) 查看效果，此时在文档中插入批注的地方会显示有标记，将光标放在标记上，会弹出提示信息“查看批注”。

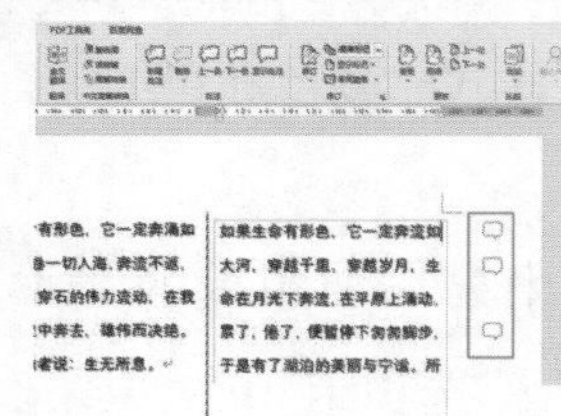

(3) 单击标记，将弹出此处批注的详细信息。

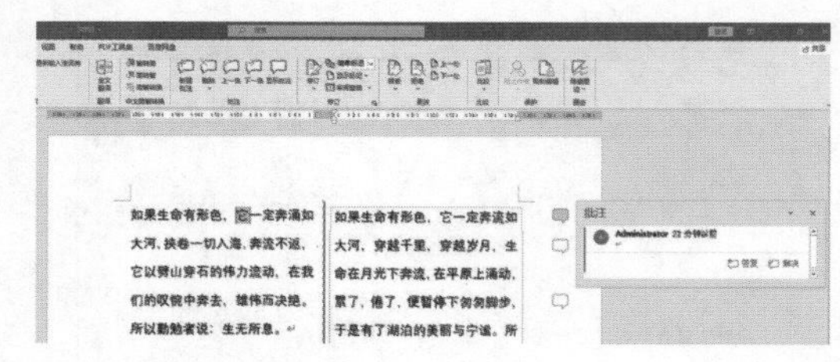

4. 接受或者拒绝修订

当文档添加了修订之后，用户可以选择接受文档中修订的地方，也可以拒绝修订，具体操作步骤如下。

(1) 选中相应的修订条目，单击“更改”组中的“接受”或者“拒绝”按钮。

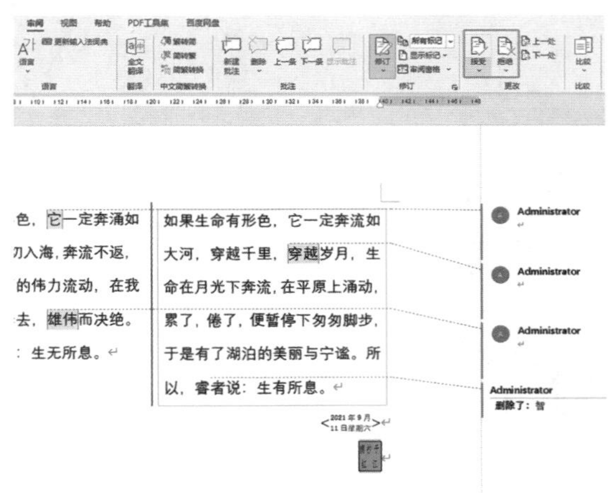

(2) 单击“接受”按钮，查看效果。

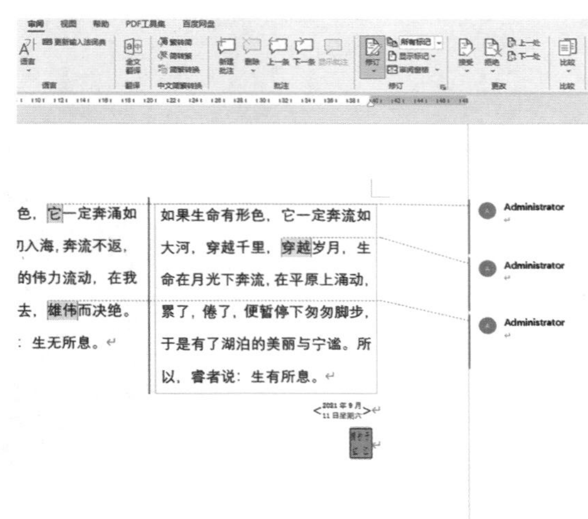

第三章 美化Word文档

概述

为了使Word文档更加美观，可以使用Word的插入图片、绘制形状、插入艺术字、插入表格等功能来美化文档。本章主要介绍的内容有设置图片背景、插入艺术字、SmartArt图形的使用、Word文档中表格的简单应用等操作。

3.1 制作活动海报

海报是一种随处可见的宣传形式，利用 Word 2021 可以制作一些简单精美的海报。下面以活动海报为例介绍海报的具体制作方法。

✦ 3.1.1 制作海报的背景

海报的背景应该简洁明了，向宣传对象清楚地表达出宣传的内容与目的。首先选择合适的图片作为海报的背景。

1. 设置页面尺寸

根据需求对当前页面的尺寸进行设置，具体操作步骤如下。

(1) 设置纸张大小。单击“布局”选项卡，在“页面设置”组中单击“纸张大小”的下拉箭头，在下拉列表中选择“A4”选项。

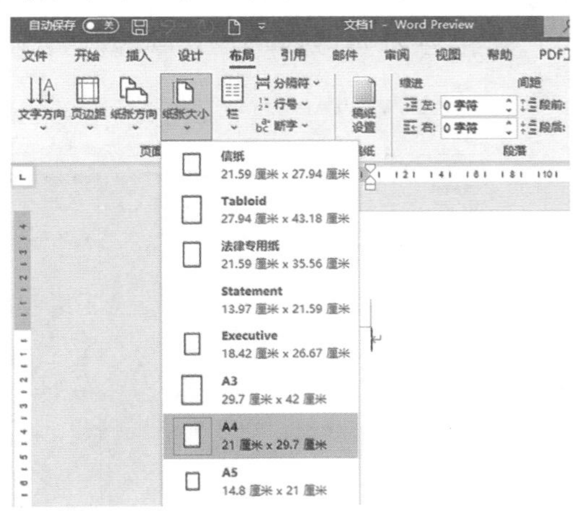

(2) 设置纸张方向。单击“纸张方向”的下拉箭头，在下拉列表中选择“纵向”选项。

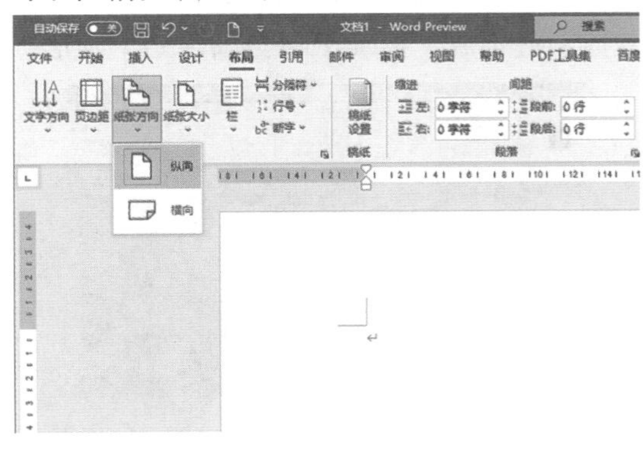

(3) 设置页边距。单击“页边距”的下拉箭头，在下拉列表中选择“自定义页边距”选项，在弹出的“页面设置”对话框中单击“页边距”选项，将页面的上、下、左、右页边距均设置为“2 厘米”。

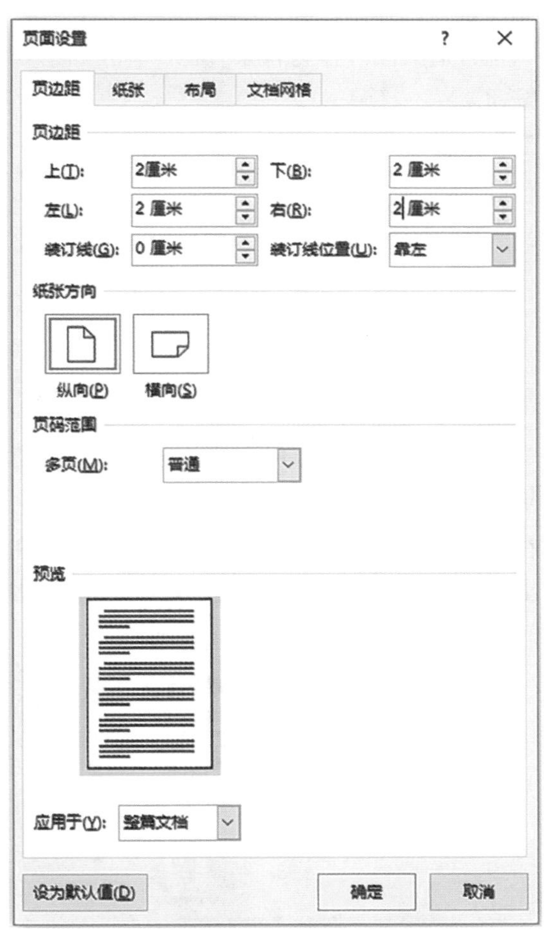

2. 添加背景

为海报添加图片背景，具体操作步骤如下。

(1) 单击“插入”选项卡，在“插图”组中单击“图片”按钮。

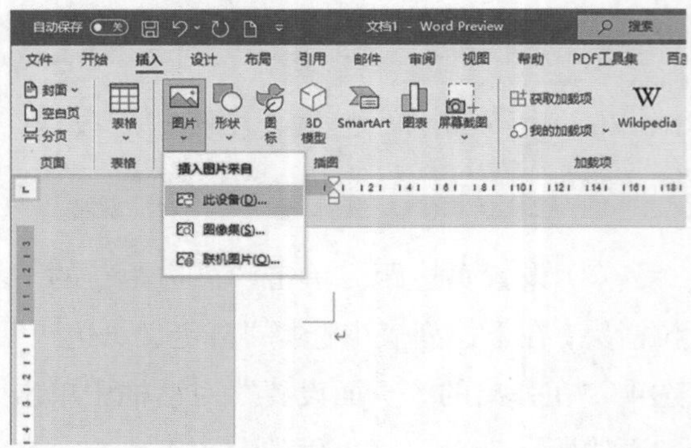

(2) 在下拉列表中选择“插入图片来自–此设备”，弹出“插入图片”对话框，选择一张合适的图片作为背景，最后单击“插入”按钮。

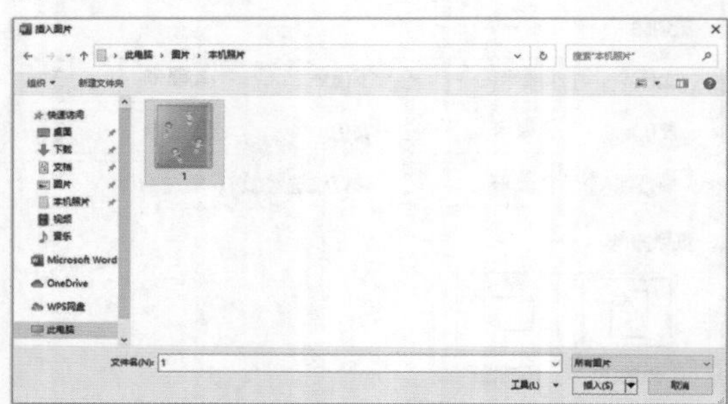

(3) 设置图片排列方式。选中插入的背景图片，单击“图片工具–格式”选项卡，在“排列”组中单击“位置”向下箭头，在出现的下拉列表中选择“文字环绕”中的“中间居中，四周型文字环绕”选项。

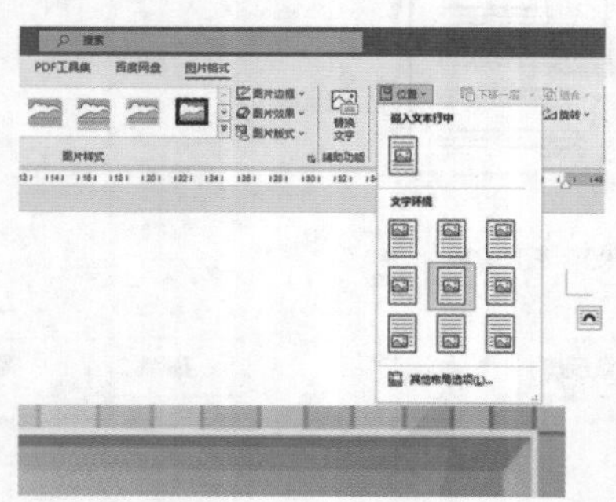

(4) 调整图片大小。选中图片之后，可以看到图片四周会出现标记，将鼠标放在这些标记上光标会变成双向箭头状，按住鼠标左键并拖动鼠标即可将图片调整至需要的大小。

(5) 插入形状。单击“插入”选项卡，在“插图”组中单击“形状”按钮，在出现的下拉列表中选择“椭圆”工具。

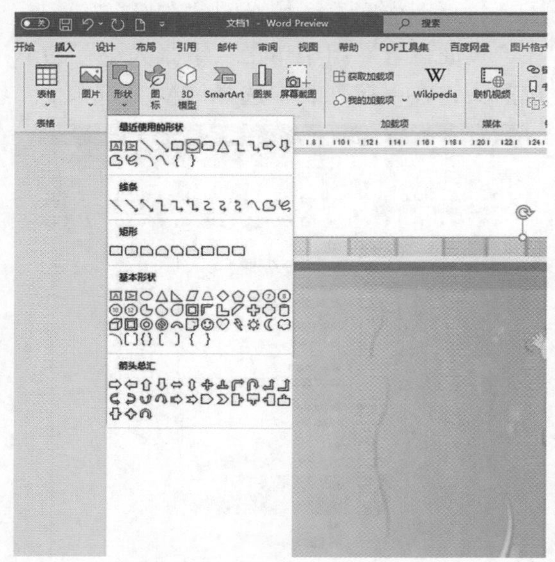

(6) 单击“椭圆”工具后，光标在工作界面会变成十字形，这代表用户此时可以在文档中画一个椭圆。按住“Shift”键，按住鼠标左键不放，拖动鼠标会画出一个圆形。

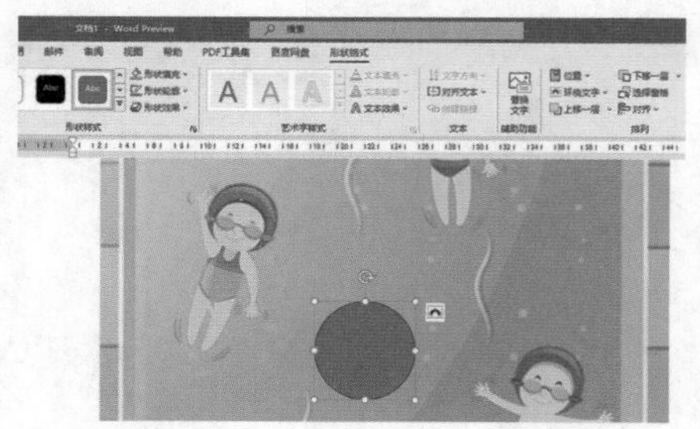

(7) 设置插入形状的填充颜色和形状的边框颜色。

双击圆形形状，菜单栏会自动切换到“绘图工具－格式”选项卡，单击“形状样式”组中的“形状填充”选项，在出现的下拉菜单中选择合适的颜色。

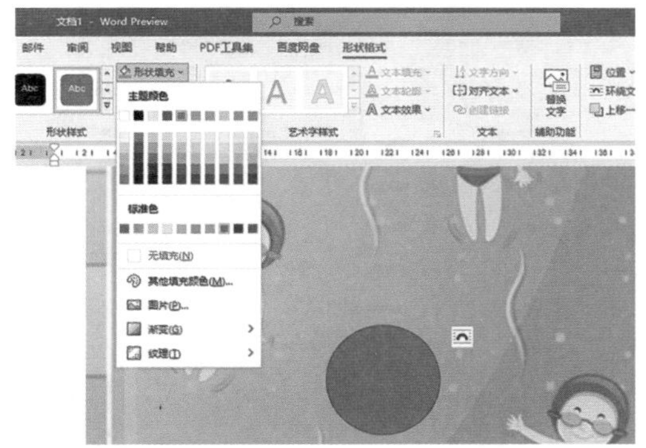

(8) 设置完成形状的填充颜色之后，单击“形状轮廓”选项，在出现的下拉列表中选择合适的颜色。

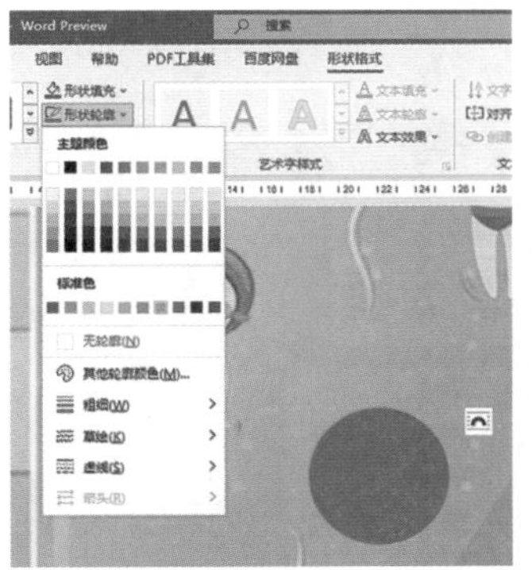

(9) 绘制第二个圆形。用上述方法绘制第二个圆，并使第二个圆与第一个圆相交，双击第二个圆，在“绘图工具－格式”选项卡下的“排列”组中单击“下移一层”选项，这时便将第二个圆的位置放在第一个圆的下边。

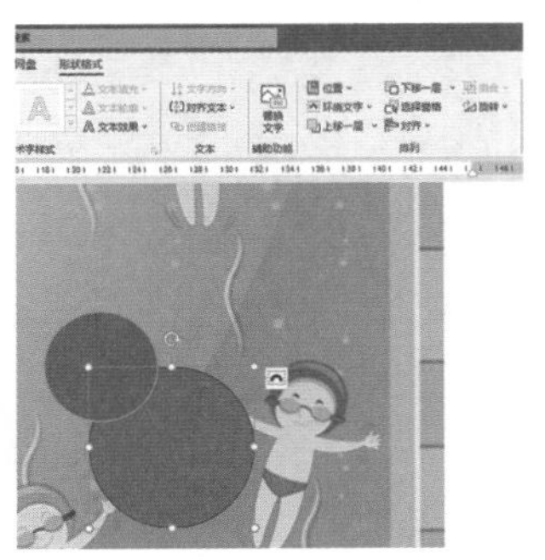

(10) 设置第二个圆的填充颜色与轮廓颜色，方法可参考第一个圆。

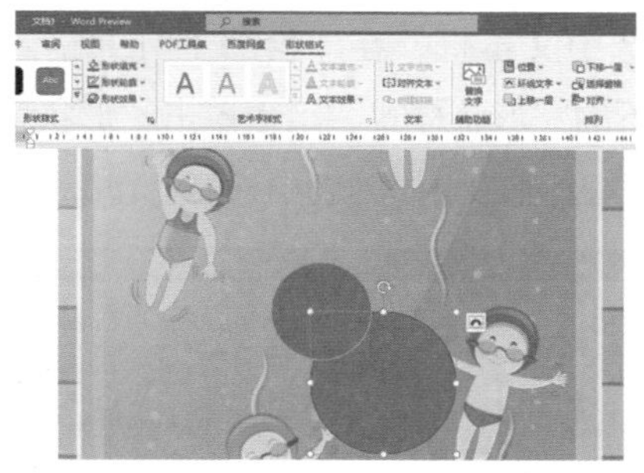

(11) 组合图形。按下“Ctrl”键的同时选中两个圆形，在“绘图工具－格式”选项卡下的“排列”组中单击“组合”按钮的向下箭头，然后选择“组合”选项。

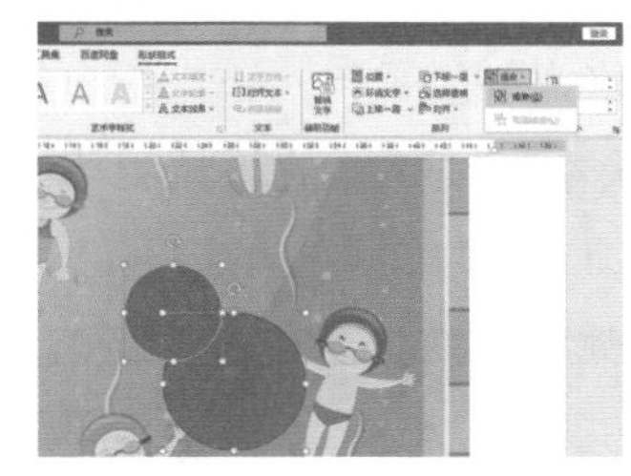

✦ 3.1.2 制作海报文本

在海报上添加文本，可以使用文本框添加或者可以利用形状工具来输入文本，具体操作步骤如下。

1. 利用文本框为海报添加艺术字标题

使用文本框输入文本的具体操作步骤如下。

(1) 文本框的使用方法前面已经介绍过了，此处不再详细叙述。单击“文本框”下拉菜单中的“绘制横排文本框”选项，在 Word 文档中绘制一个文本框，接着在文本框中输入内容。

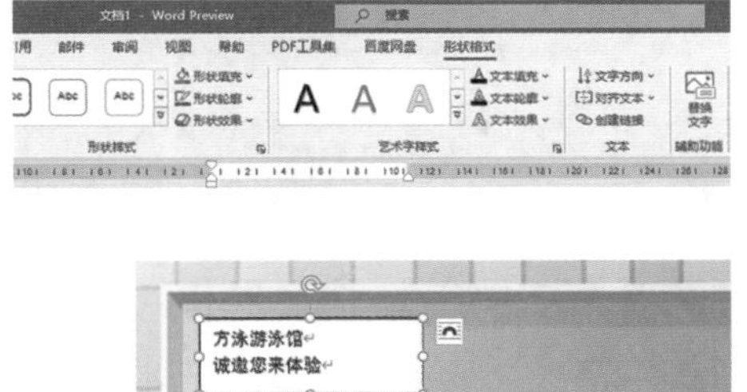

(2) 插入文本框之后要设置文本框内的颜色与海报保持一致，具体操作步骤如下。

选中文本框，在“绘图工具－格式”选项卡下的“形状样式”组中单击“形状填充”选项，在出现的下拉列表中选择“无填充”选项。

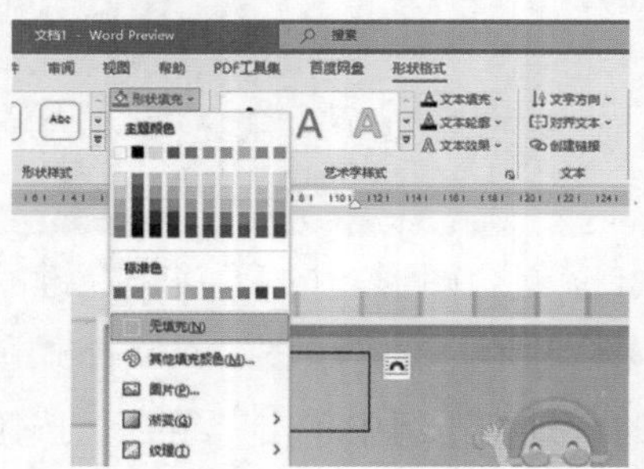

(3) 双击“文本框”，菜单栏切换到“绘图工具－格式”选项卡，单击“形状样式”组中的“形状轮廓”选项，在下拉菜单中选择“无轮廓”选项，这时文本框的边框已经去掉。

(4) 将字体设置为艺术字。将海报的标题设置为艺术字会更加吸引顾客，带来意想不到的效果，具体操作步骤如下。

①选中文本，单击“插入”选项卡，在“文本”组中单击“艺术字”选项，在弹出的下拉菜单中选择合适的艺术字样式。

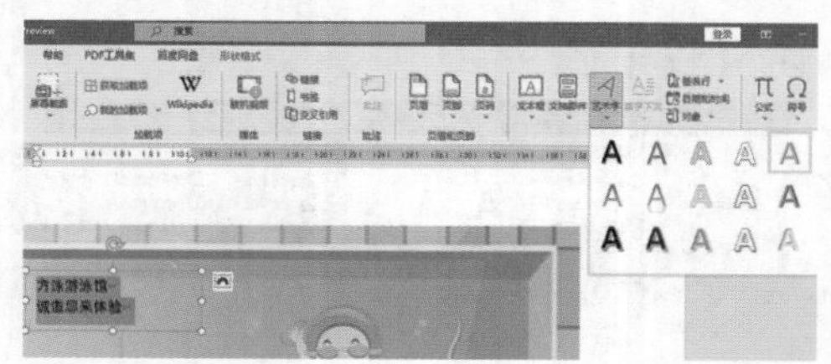

②插入艺术字后，选中艺术字，单击“绘图工具－格式”选项卡，在“艺术字样式”组中，单击“文本填充”按钮可以更改艺术字的颜色；单击“文本轮廓”按钮可以设置艺术字的字体轮廓；单击“文本效果”按钮，可以选择艺术字的形状。

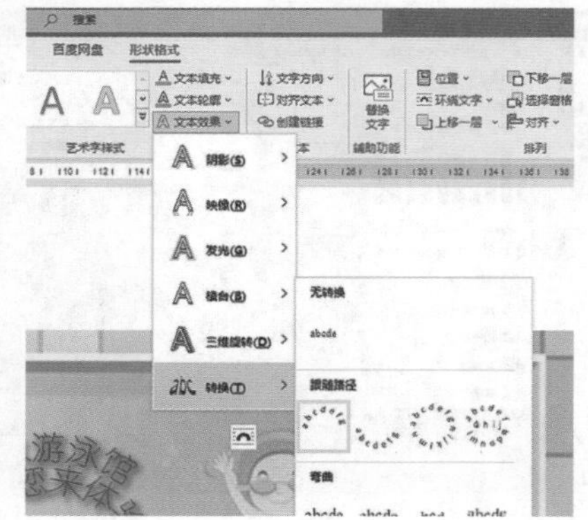

2. 在形状工具上添加文本

(1) 选中将要添加文本的形状，单击鼠标右键，弹出选项菜单，选择“编辑文字”选项。

(2) 在形状中输入所需要的文本内容。

3.2 使用 SmartArt 图形制作流程图

上节讲述了如何在文档中插入形状以及在形状中添加文字。利用形状也可以制作简单的流程图，缺点是耗费的时间长、工作量也很大。但是，利用 Word 2021 中提供的 SmartArt 图形就可以非常方便地制作流程图。

✦ 3.2.1 插入 SmartArt 图形

在开发软件的过程中，设计软件开发流程图是必不可少的一个环节，使用 SmartArt 图形可以将软件开发的过程清晰地展现出来，具体操作步骤如下。

1. 插入 SmartArt 图形

(1) 新建一个空白文档，单击“插入”选项卡，再单击“插图”组中的“SmartArt”选项，弹出“选择 SmartArt 图形”对话框。

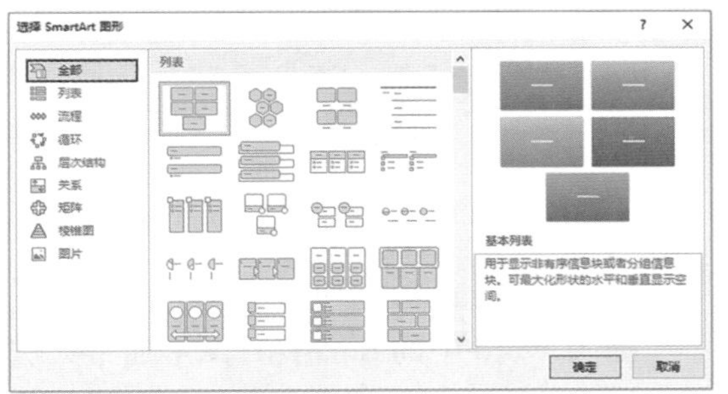

(2) 选择“流程”选项，在右侧的界面中选择合适的流程图。

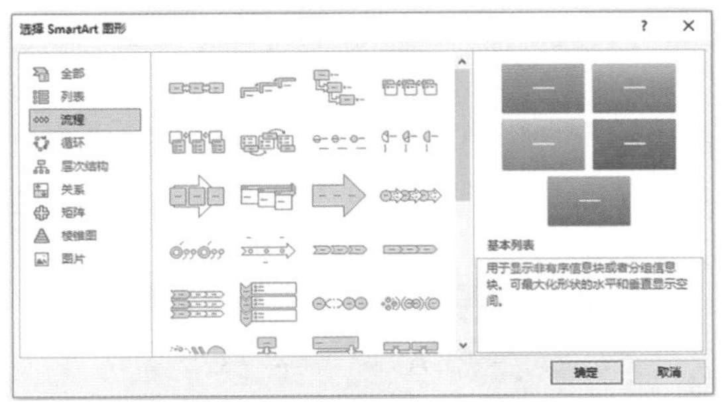

2. 添加形状

如果添加的 SmartArt 图形中的形状不够用的话，可以继续添加形状，具体操作步骤如下。

(1) 选中流程图最后一个形状，在“SmartArt 工具 – 设计”选项卡下的“创建图形”组中单击“添加形状”的下拉箭头，在弹出的下拉菜单中选择“在后面添加形状”选项。

(2) 将流程图中的形状数量添加至合适数目。

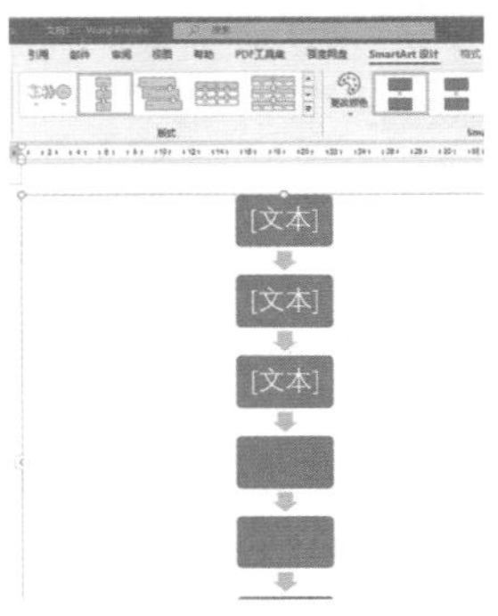

(3) 在流程图中插入文本。单击流程图中的“文本”字样，输入内容。输入完文本内容之后，将光标移动到边框角控制点，可以调整流程图的大小。

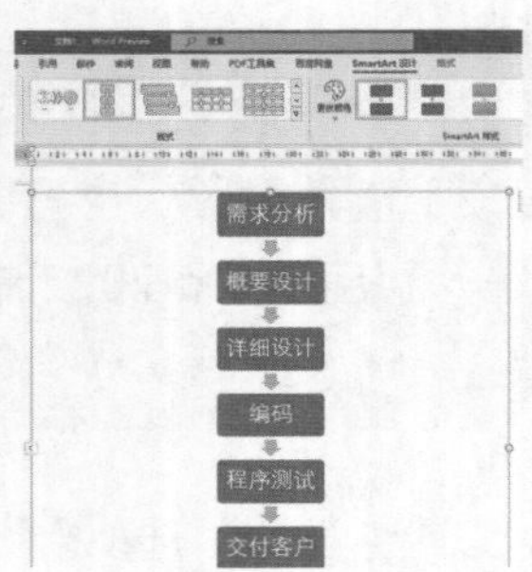

✦ 3.2.2 设置 SmartArt 图形格式

SmartArt 图形的格式设置包括颜色设置、样式设置等。

1. 设置 SmartArt 图形颜色

选中流程图，在“SmartArt 工具 – 设计”选项卡下的“SmartArt 样式”组中，单击“更改颜色”选项，在弹出的下拉菜单中选择合适的颜色。

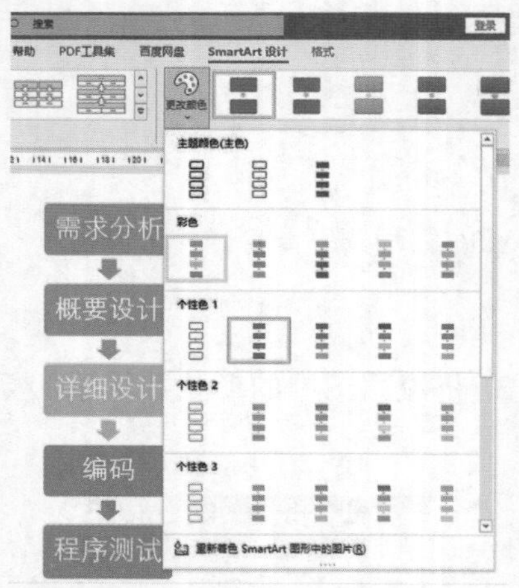

2. 设置样式

在“SmartArt 样式”组中单击向下箭头，在弹出的下拉菜单中选择合适的样式，如下图所示。

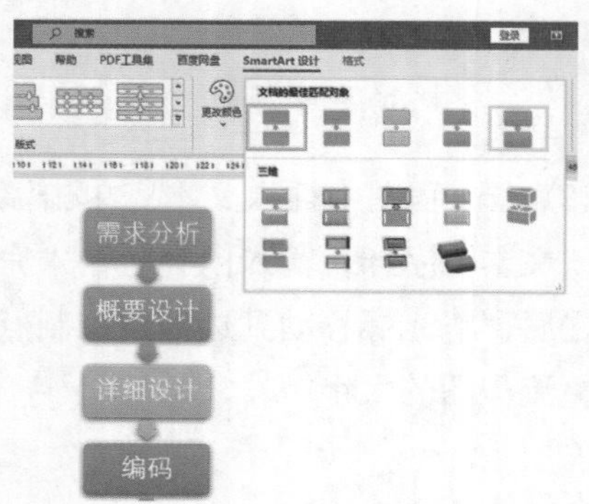

3. 设置文本字体格式

(1) 选中流程图，单击“SmartArt 工具 – 格式”选项卡，在“艺术字样式”组中可以将字体设置为艺术字，并可以设置字体的轮廓样式和字体的填充颜色等。

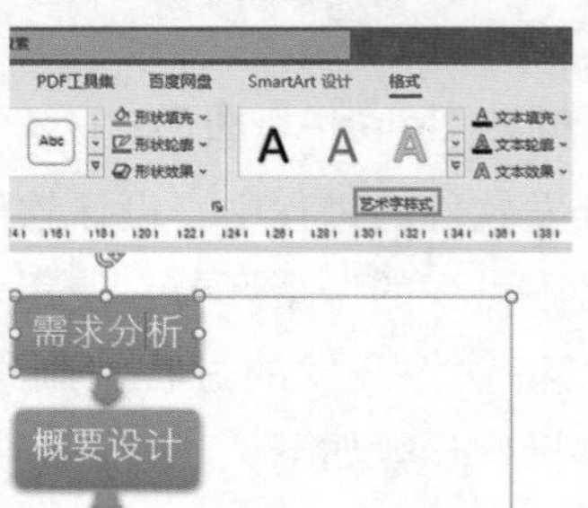

(2) 选中流程图中的一个形状，在“形状样式”组中可以对流程图中的各个图形进行设计。

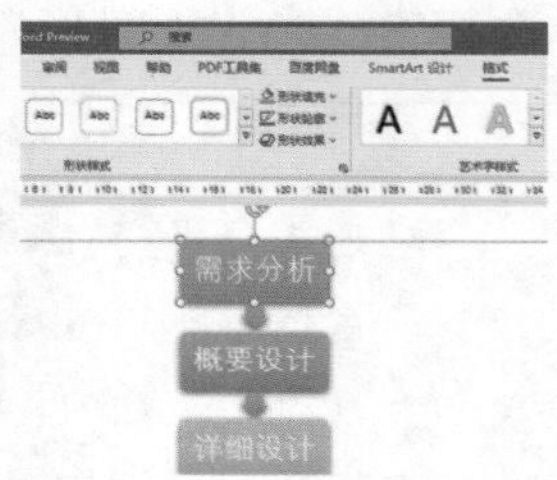

4. 调整 SmartArt 图形的位置

插入 Word 中的 SmartArt 图形通常无法随意调整位置，如果用户需要调整图形的位置就需要先设置 SmartArt 图形的环绕方式。下面将介绍调整软件开发流程图的位置的方法，具体操作步骤如下。

(1) 设置环绕方式。单击 SmartArt 图形的边框，选中整个图形，单击图形边框右上角的“布局选项”按钮，选择“浮于文字上方”选项。

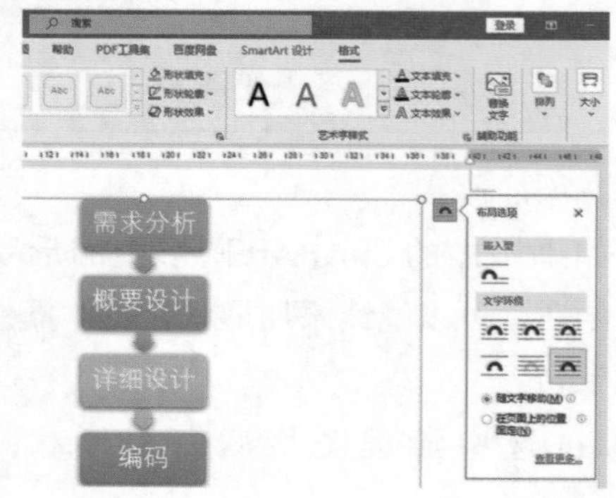

(2) 设置图形环绕方式的另一种方法是选中 SmartArt 图形后，切换到“SmartArt 工具 – 格式”选项卡，单击“排列”组中的“环绕方式”下拉按钮，选择“浮于文字上方”选项。

(3) 将光标放在 SmartArt 图形的边框上按住鼠标左键拖动，即可调整图形的位置。

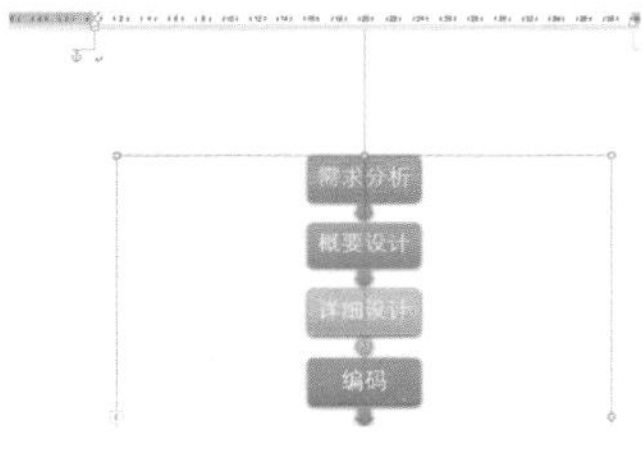

(4) 将 SmartArt 图形调整好位置后，单击图形边框，将光标放在图形边框的控制点上拖动鼠标，即可调整图形的大小。

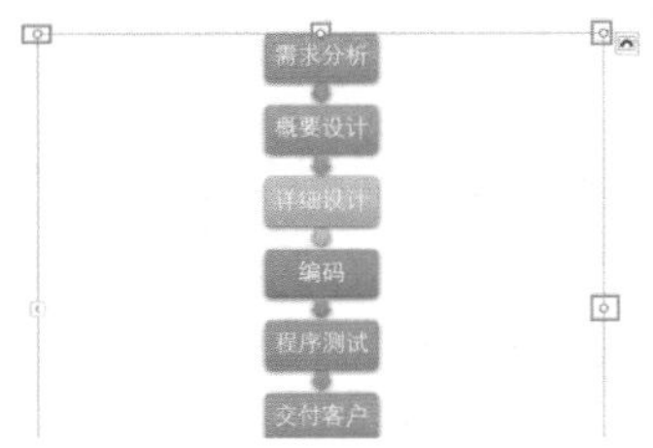

(5) 将 SmartArt 图形调整为合适的大小。

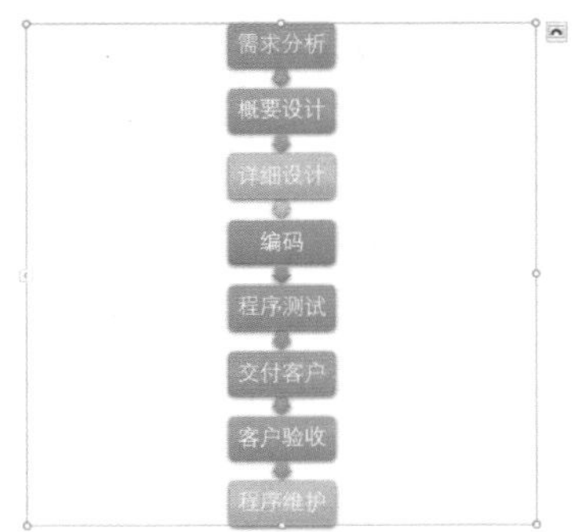

5. 更改 SmartArt 图形布局

SmartArt 图形布局包括整个图形形状的结构和各个分支的结构，如果对现有布局不满意的话可以在“SmartArt 工具 – 设计”选项卡下对其进行更改。

(1) 切换到“SmartArt 工具 – 设计”选项卡，单击“版式”组的下拉按钮。

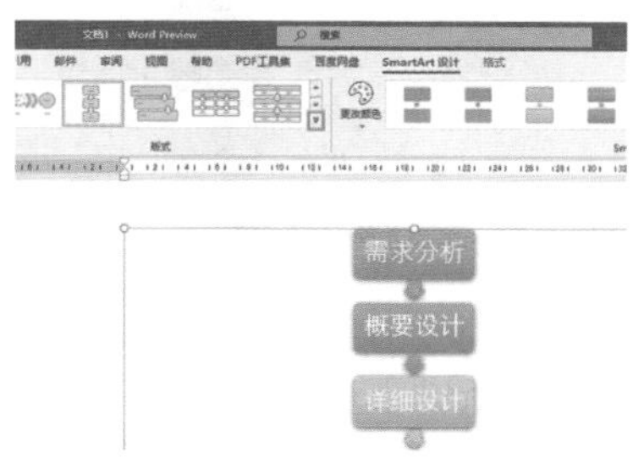

(2) 在下拉列表中选择想要的图形布局。

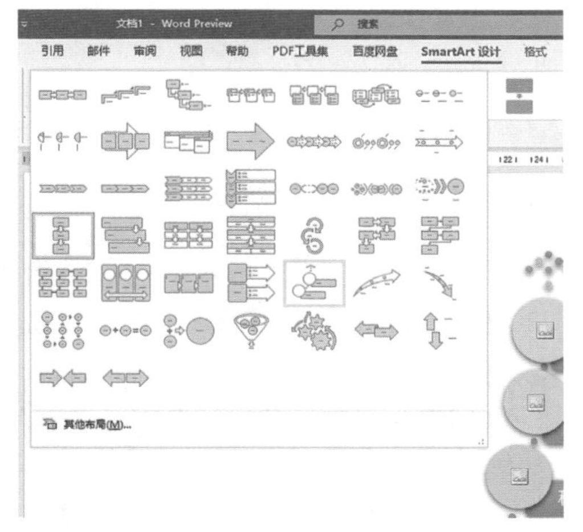

(3) 查看更改后的布局。

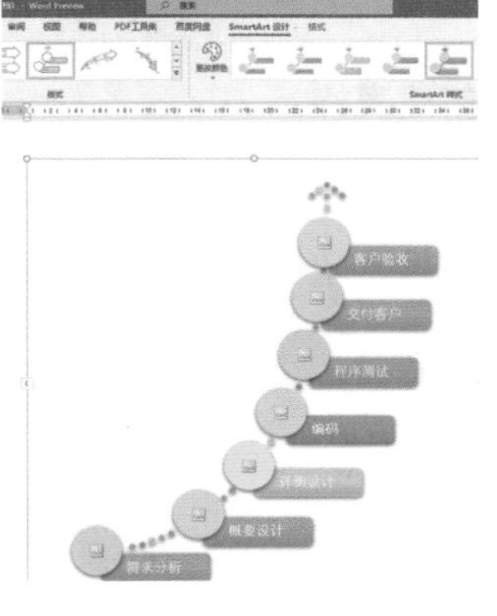

6. 利用文本框添加标题

(1) 插入文本框，为 SmartArt 图形设置标题。

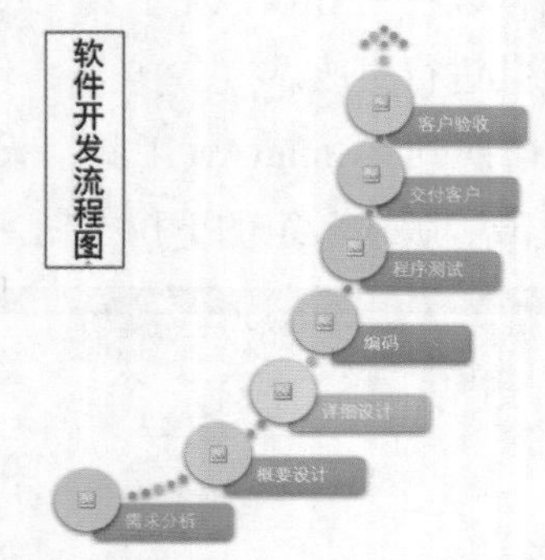

(2) 选中文本框边框，在“绘图工具－格式”选项卡下，单击“形状样式”组中的“形状轮廓”下拉按钮，选择“无轮廓”选项。

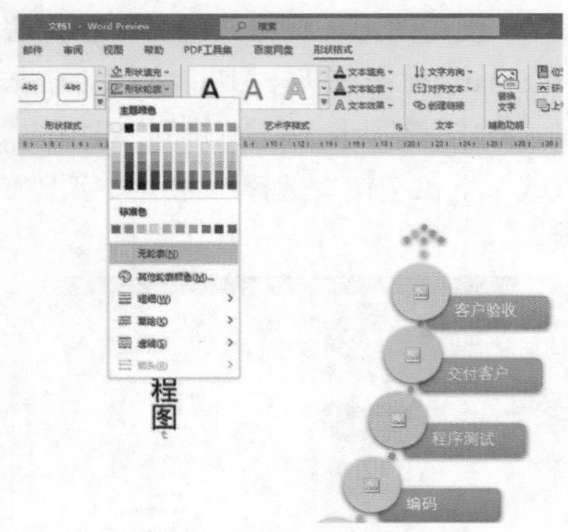

(3) 查看效果。

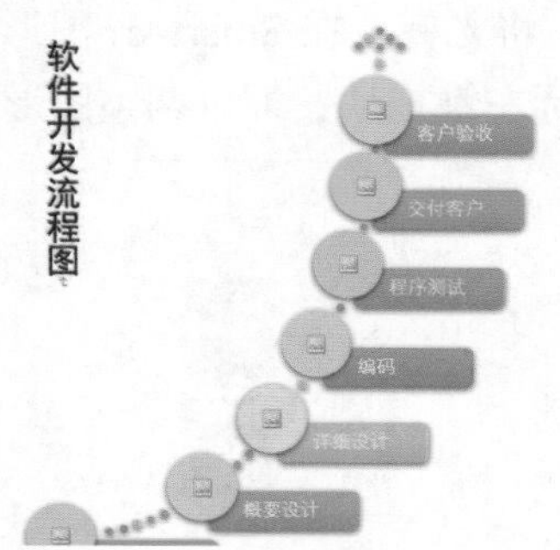

3.3 Word 中表格的简单应用

在日常生活以及工作中，有时会根据要求以及文档内容的需要，插入表格，从而使文档的内容更加直观清晰、文档的表现形式更加多样化。本节将介绍如何在 Word 中制作表格，涉及的操作功能包括插入表格、美化表格，以及表格中数据的处理等。

业绩是一个公司评定该公司员工工作成果的最主要依据，它关系到一个公司的利润，也关系到员工的薪资。当用户在做一个关于公司员工业绩的 Word 文档时会涉及很多数据，这时运用表格工具将会为工作提供很多帮助。本节将以销售业绩文档为例介绍表格的一些基本操作。

✦ 3.3.1 创建表格

在 Word 中插入表格有以下几种方法。

1. 快速插入表格

单击“插入”选项卡，在“表格”组中单击“表格”选项，在弹出的下拉菜单中绘制所需要的表格。

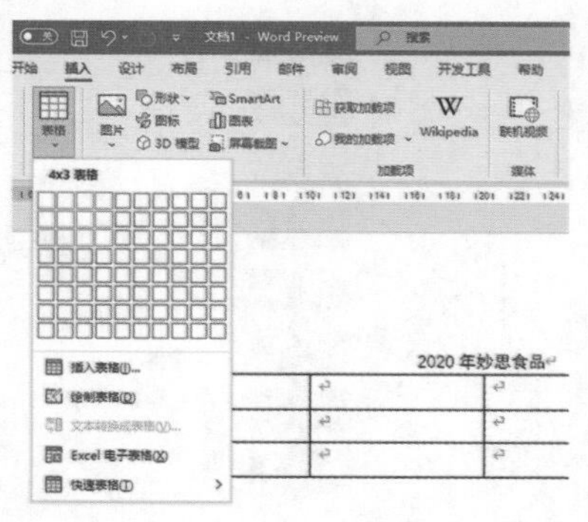

2. 插入表格

在“表格”的下拉菜单中，单击“插入表格”选项，弹出“插入表格”对话框，在对话框中输入所要创建表格的行数及列数。

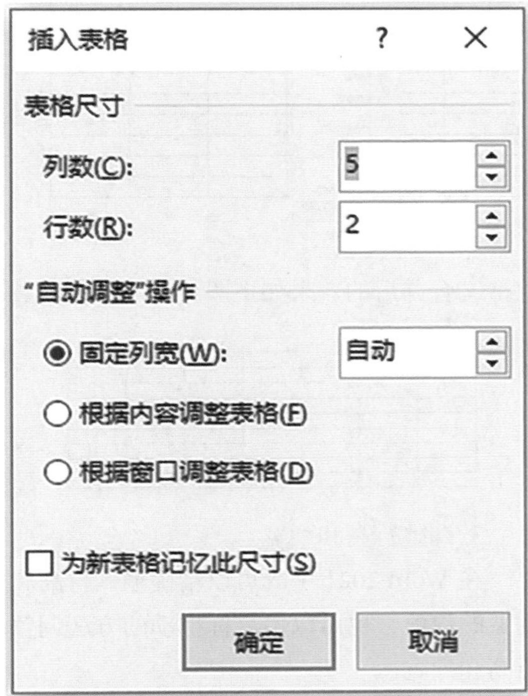

3. 绘制表格

相比于前两种方法，绘制表格可以在表格中绘制斜线，具体操作步骤如下。

(1) 单击“表格”下拉菜单中的“绘制表格”选项。

(2) 绘制表格功能示例，如下图所示。

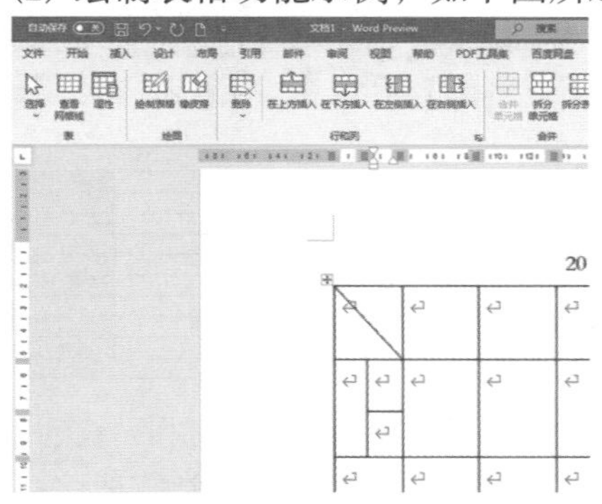

✦ 3.3.2 表格的基本操作功能

以制作个人信息登记表为例介绍表格的基本操作，包括插入行和列、合并单元格等，具体操作步骤如下。

1. 插入行和列

在 Word 中新建一个空白文档，用上节中介绍的任意一种方法创建一个表格。

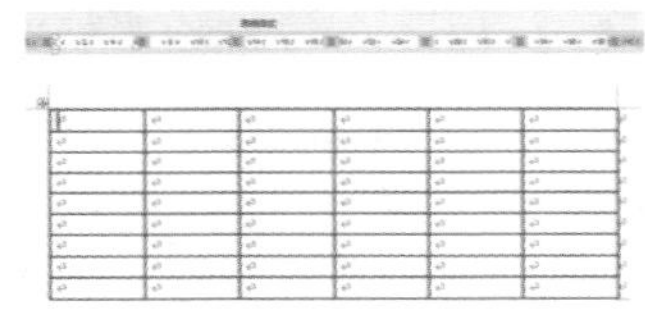

(1) 插入行。

鼠标单击选中表格中任意一行，切换到“表格工具－布局”选项卡，在“行和列”组中单击“在下方插入”选项，鼠标选中的这一行下边就添加了新的一行。

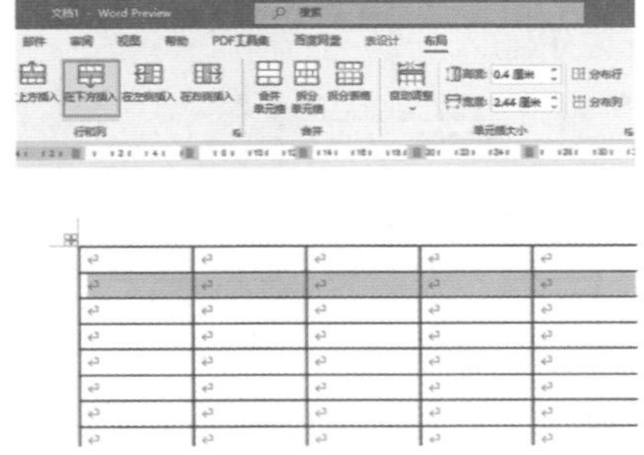

(2) 插入列。

鼠标单击选中表格中任意一列，如最后一列，单击“表格工具－布局”选项卡，在“行和列”组中单击“在右侧插入”选项，在选择列的右侧添加了一个空白列。

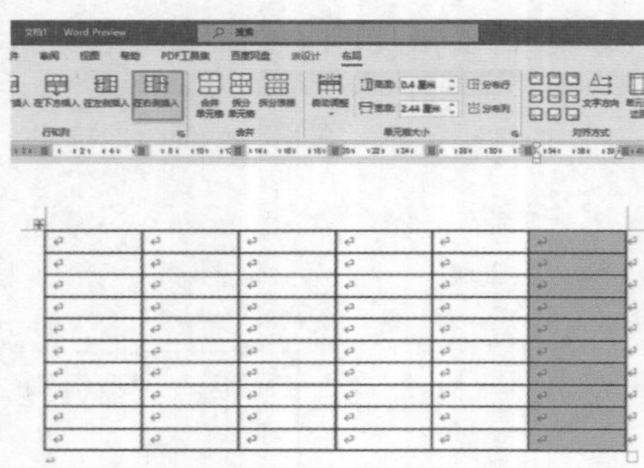

2. 拆分与合并单元格

在制作表格的过程中经常需要将一个单元格拆分为多个单元格，或者需要将多个单元格合并为一个单元格，这些情况就需要用到表格的拆分与合并功能，具体操作步骤如下。

(1) 拆分单元格。

①将光标定位在要拆分的单元格中，单击“表格工具 – 布局”选项卡，单击“合并”组中的“拆分单元格”选项。

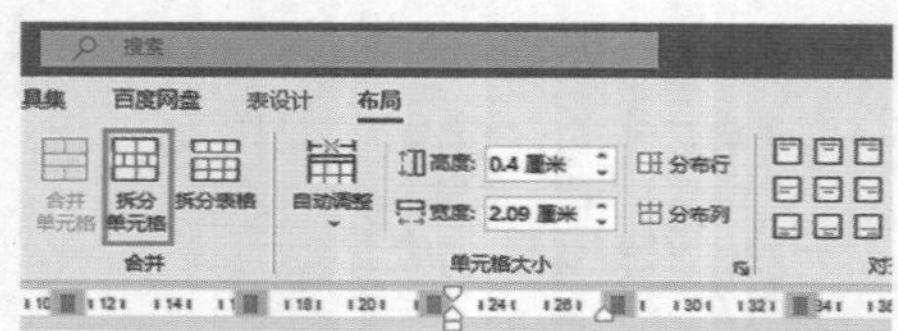

②弹出“拆分单元格”对话框，在“列数”一栏中输入“2”。

③单击“确定”按钮，将选中的单元格拆分为 2 列。

(2) 合并单元格。

①选中要合并的单元格，单击鼠标右键，弹出快捷菜单，在菜单中单击“合并单元格”选项。

②合并后的效果如下图。

3. 调整行高和列宽

在 Word 2021 中既可以精确输入行高和列宽的数值，也可以用鼠标拖动的方法调整行高和列宽。

(1) 精确设置行高或列宽。

单击表格左上角的“选择表格”按钮，选中整个表格。单击“表格工具 – 布局”选项卡，在“单元格大小”组中，找到“表格行高”一栏，在输入栏中输入要设置的行高数值。列宽的设置方法同行高的设置方法一样。

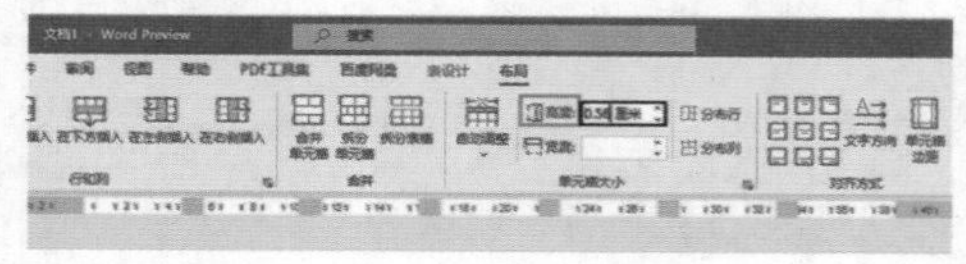

(2) 利用鼠标调整行高或列宽。

以调整行高为例，将光标移动到要调整行的边框上，光标会变成双向箭头形状，这时按住鼠标上下拖动即可调整行高。如果需要调整整个表格的行高和列宽，将光标移动到表格右下角，按住鼠标左键拖动表格，此时，光标变成十字形，调整表格的行高、列宽。

4. 在表格中输入内容

利用合并与拆分还有调整行高及列宽的方法对表格进行调整，并在调整好的表格中输入内容。

姓名		性别		年龄		
政治面貌		民族		学历		
身份证号				从事职业		
户籍所在地				现居住地		
特长				爱好		
手机号				邮箱		
受教育经历						
时间		学校		奖惩情况		学历
自我评价						

✦ 3.3.3 修饰表格

1. 设置表格内文本对齐方式

选中整个表格内容，单击“表格工具－布局”选项卡，在“对齐方式”组中选择“水平居中”选项。

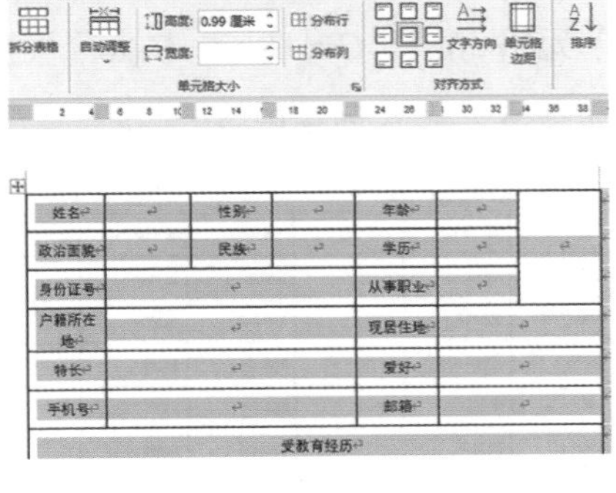

姓名		性别		年龄		
政治面貌		民族		学历		
身份证号				从事职业		
户籍所在地				现居住地		
特长				爱好		
手机号				邮箱		
受教育经历						

2. 设置表格样式

单击表格左上角的“选择表格”按钮，选中整个表格，切换到“表格工具－设计”选项卡，在“表格样式”组中单击下拉箭头，在下拉菜单中选择合适的表格样式。

姓名		性别		年龄		
政治面貌		民族		学历		
身份证号				从事职业		
户籍所在地				现居住地		
特长				爱好		
手机号				邮箱		
受教育经历						
时间		学校		奖惩情况		学历
自我评价						

3. 设置边框和底纹

除了为表格设置边框和样式，同样可以为单元格设置边框和底纹。

(1) 为单元格设置底纹的具体操作步骤如下。

①选中“名字”所在的单元格，单击“表格工具－设计”选项卡，在“表格样式”组中单击“底纹”按钮，选择合适的颜色。

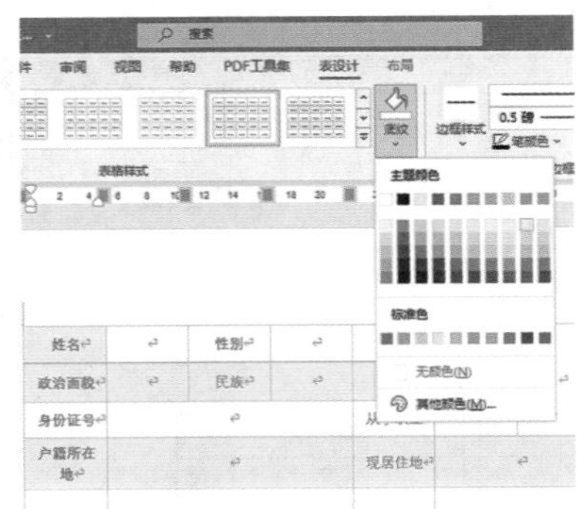

②选中“政治面貌”右边没有文本内容的空白单元格，同样单击“底纹”按钮，在出现的下拉菜单中选择“无颜色”选项。

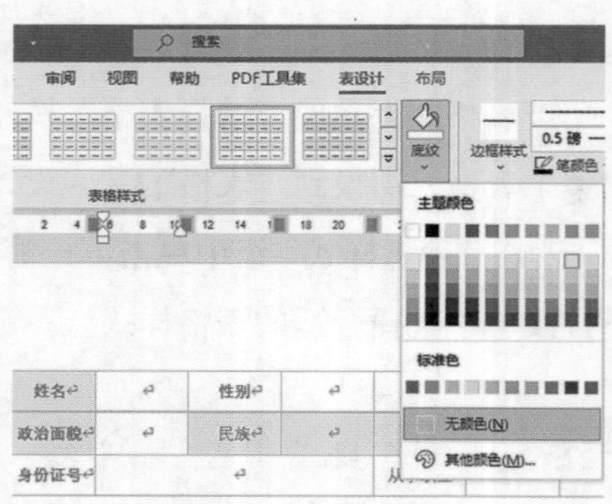

③将表格中有文本的单元格设置为相同的颜色，将空白单元格设置为无颜色。

姓名		性别		年龄		
政治面貌		民族		学历		
身份证号				从事职业		
户籍所在地				现居住地		
特长				爱好		
手机号				邮箱		
受教育经历						
时间		学校		奖惩情况		学历
自我评价						

(2) 为表格设置边框的具体操作步骤如下。

①选中整个表格，单击“表格工具－设计”选项卡，在“边框”组中单击“笔样式”下拉按钮，选择一种边框样式。然后再单击“边框”下拉按钮，选择“所有边框”选项。

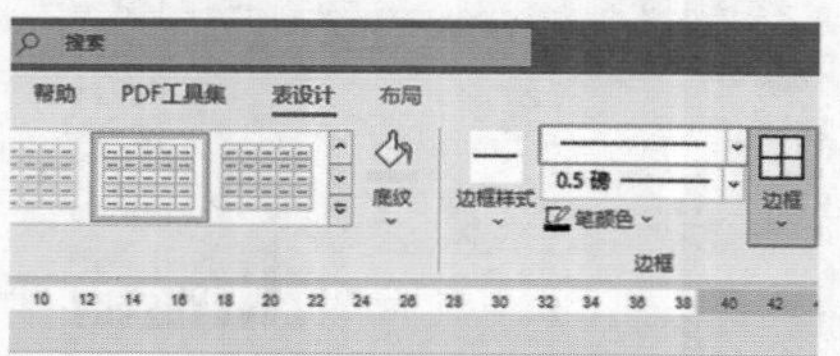

性别		年龄	
民族		学历	
		从事职业	
		现居住地	
		爱好	
		邮箱	

②查看效果。

姓名		性别		年龄		
政治面貌		民族		学历		
身份证号				从事职业		
户籍所在地				现居住地		
特长				爱好		
手机号				邮箱		
受教育经历						
时间		学校		奖惩情况		学历
自我评价						

✦ 3.3.4 处理表格数据

用户在制作 Word 文档时，会经常使用表格处理数据，包括数据之间的加、减、乘、除运算等，这时候用户就可以利用 Word 2021 提供的数学公式以及运算功能完成数据的处理。本节以妙思食品公司 2020 年度销售业绩表为例，介绍处理表格数据的一些功能。

1. 为表格设置标题

(1) 打开“妙思食品公司 2020 年度销售业绩”文档。

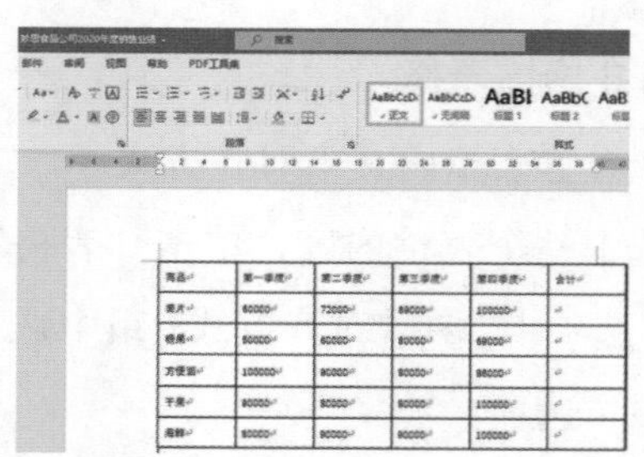

(2) 将光标定位在表格第一行第一列所在的单元格，按下“Ctrl+Shift+Enter”快捷键，插入标题行，输入标题内容。

妙思食品公司 2020 年度销售业绩

商品	第一季度	第二季度	第三季度	第四季度	合计
薯片	60000	72000	89000	100000	
糖果	50000	60000	80000	69000	
方便面	100000	90000	80000	86000	
干果	90000	80000	80000	100000	
海鲜	80000	90000	90000	100000	

(3) 将标题字体设置为“黑体”，字号设置为“二号”，并设置居中显示。同时，将表格调整到合适大小。设置表格内文本的对齐方式为“水平居中”。

妙思食品公司 2020 年度销售业绩

商品	第一季度	第二季度	第三季度	第四季度	合计
薯片	60000	72000	89000	100000	
糖果	50000	60000	80000	69000	
方便面	100000	90000	80000	86000	
干果	90000	80000	80000	100000	
海鲜	80000	90000	90000	100000	

2. 对表格中的数据进行计算

用插入公式的方法对表格中的数据进行计算，具体操作步骤如下。

(1) 把光标定位在要插入公式的单元格中，切换到“数据”组中，单击“公式”按钮。

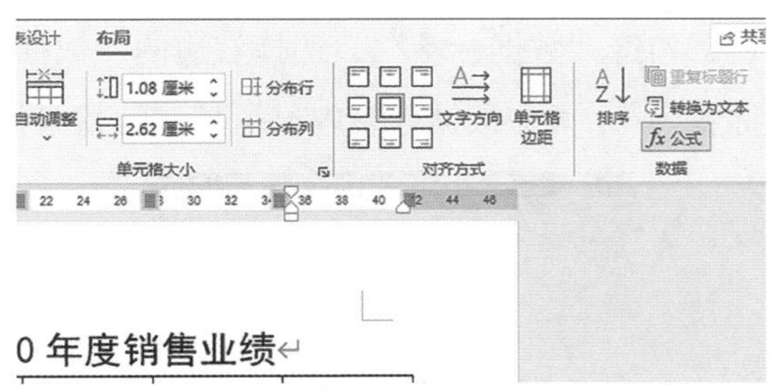

(2) 弹出公式对话框，在公式栏中默认为“=SUM(LEFT)”，单击“确定”按钮。

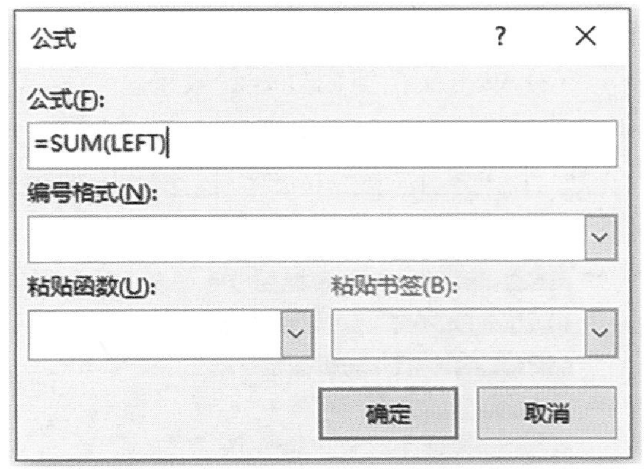

(3) 查看结果是否正确。

妙思食品公司 2020 年度销售业绩

商品	第一季度	第二季度	第三季度	第四季度	合计
薯片	60000	72000	89000	100000	321000
糖果	50000	60000	80000	69000	
方便面	100000	90000	80000	86000	
干果	90000	80000	80000	100000	
海鲜	80000	90000	90000	100000	

(4) 将求和的结果复制粘贴到下方的几个单元格中。

妙思食品公司 2020 年度销售业绩

商品	第一季度	第二季度	第三季度	第四季度	合计
薯片	60000	72000	89000	100000	321000
糖果	50000	60000	80000	69000	321000
方便面	100000	90000	80000	86000	321000
干果	90000	80000	80000	100000	321000
海鲜	80000	90000	90000	100000	321000

(5) 选中整篇文档，单击鼠标右键，在弹出的快捷菜单中选择“更新域”选项。

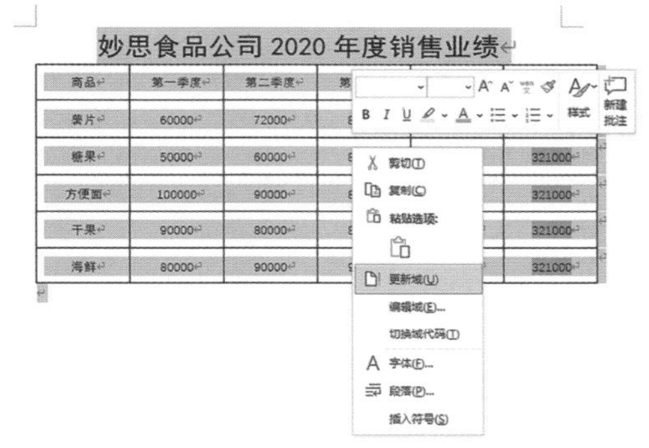

(6) 选中“更新域”之后，之前复制的数据将自动更新。

妙思食品公司 2020 年度销售业绩

商品	第一季度	第二季度	第三季度	第四季度	合计
薯片	60000	72000	89000	100000	321000
糖果	50000	60000	80000	69000	259000
方便面	100000	90000	80000	86000	356000
干果	90000	80000	80000	100000	350000
海鲜	80000	90000	90000	100000	360000

✦ 3.3.5 添加季度销售统计图

根据妙思食品公司 2020 年度销售业绩表制作统计图，具体操作步骤如下。

1. 启动插入图表功能

将光标放在图表插入点，单击“插入”选项卡，在“插图”组中单击“图表”选项。

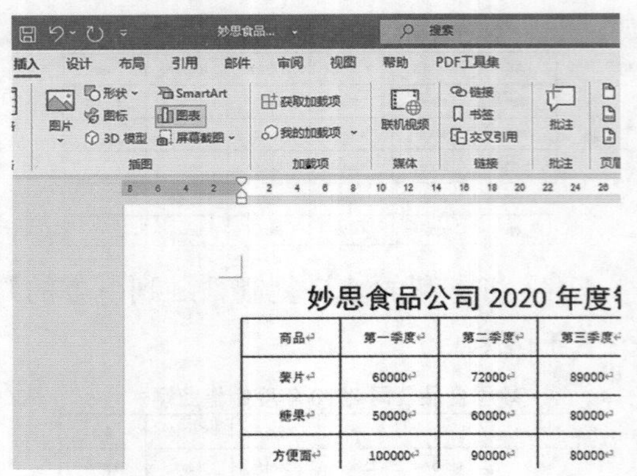

2. 选择图表类型

弹出“插入图表”对话框，选择合适的图表类型，之后单击“确定”按钮。

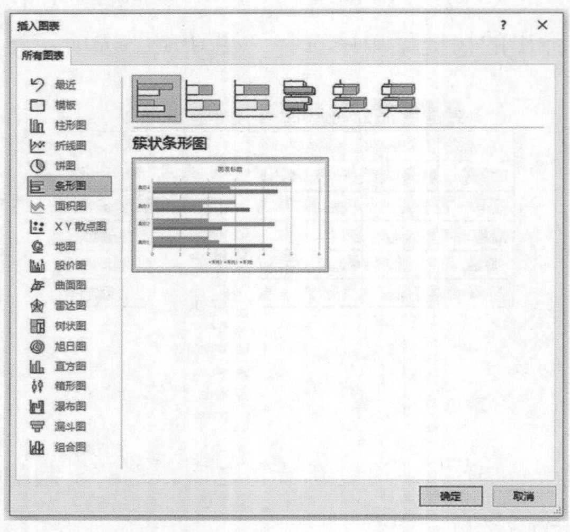

3. 录入表格数据

系统会自动插入图表，并弹出电子表格编辑界面，在该界面中输入表格中的数据。

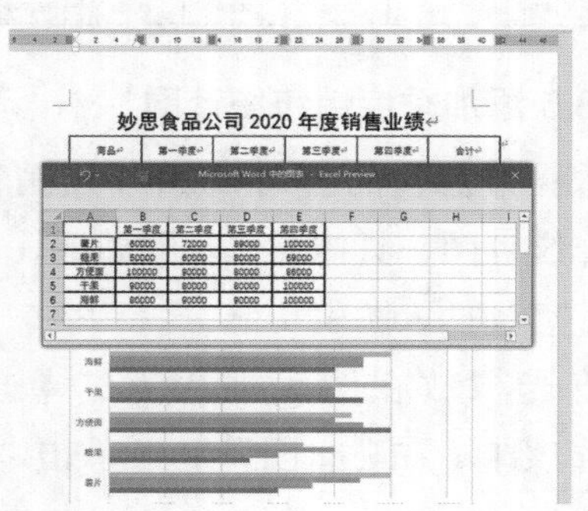

4. 关闭电子表格

在输入完数据后，关闭电子表格，查看效果。

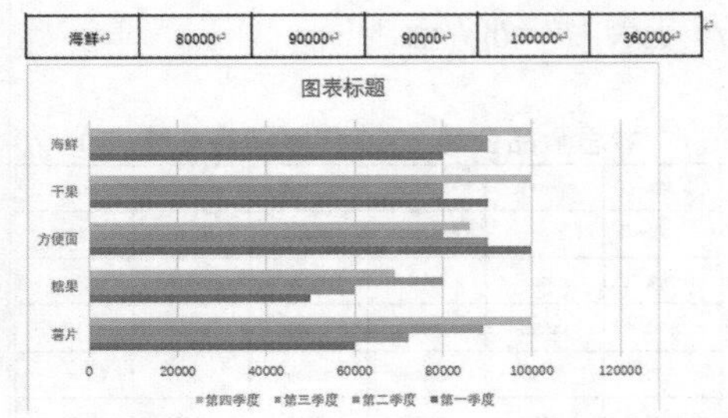

5. 添加标题并设置图表样式

为图表添加标题和设置图表样式的具体操作步骤如下。

(1) 单击图标上方的“图表标题”文本框，输入标题。然后选中图表，在“图表工具－设计”选项卡下的“图表样式”组中选择合适的样式。单击图表右边的“图表元素”按钮，勾选“数据标签”，选择右边的“数据标签内”，可在数据标签内显示具体的数据。

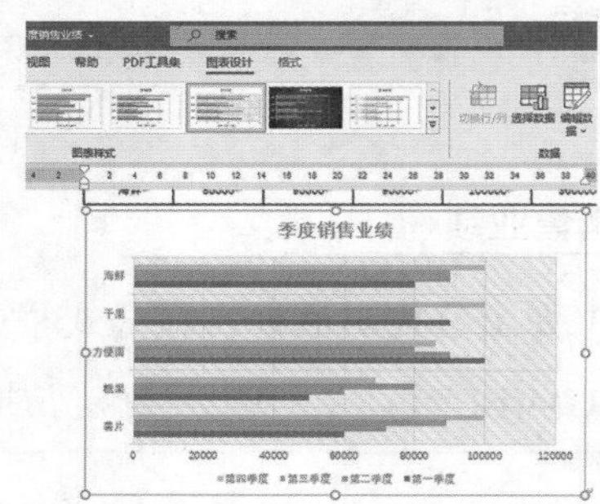

(2) 单击文档空白处查看效果。

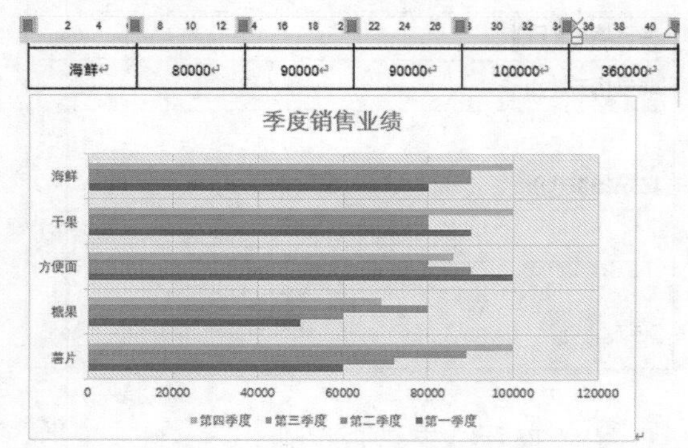

3.4 制作面试邀请信函

在招聘新员工的时候，公司人事部往往需要制作统一的面试邀请信函，然后再通过电子邮件统一发送到应聘者邮箱里。Word 2021 为用户提供了强大的邮件功能，包括普通邮件和电子邮件两个功能。对于普通邮件，具有制作本公司特色化、个性化邮件信封的功能；至于电子邮件，则具有编辑、合并以及发送邮件的功能。

✦ 3.4.1 制作信封

公司的面试邀请信函需要具备的最重要的特点是体现公司的形象，给应聘者留下一个美好的印象。下面将介绍利用 Word 2021 制作传统的办公信封，具体操作步骤如下。

(1) 打开 Word 2021，新建一个空白文档，切换到“邮件”选项卡，在“创建”组中单击“中文信封”按钮。

(2) 弹出“信封制作向导”对话框，单击“下一步”按钮。

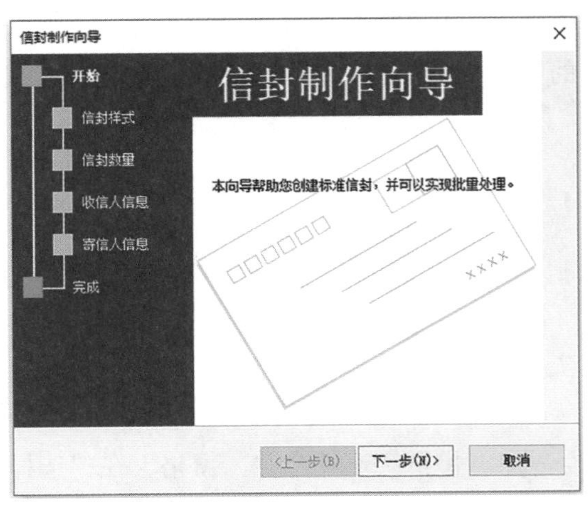

(3) 进入“选择信封样式”界面，打开“信封样式”下拉列表，选择“国内信封 –DL”选项，然后单击“下一步”按钮。

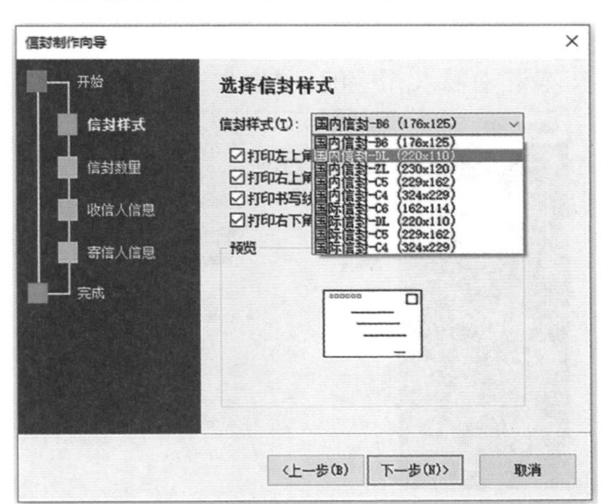

(4) 进入“选择生成信封的方式和数量”界面，单击选中“键入收信人信息，生成单个信封”按钮，然后单击“下一步”按钮。

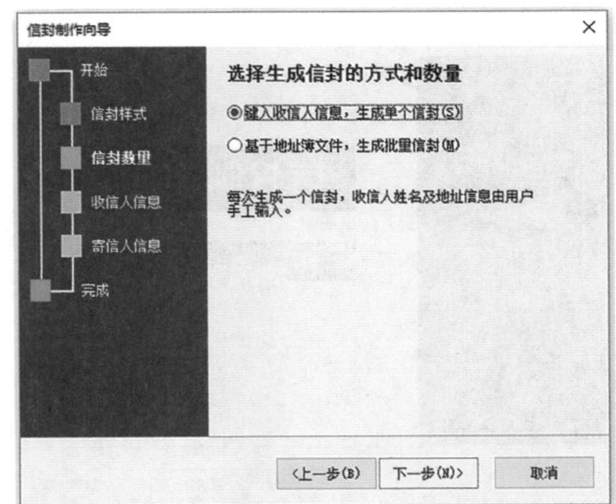

(5) 进入“输入收件人信息”界面，在界面中的文本框中分别输入对应的信息，单击“下一步”按钮。

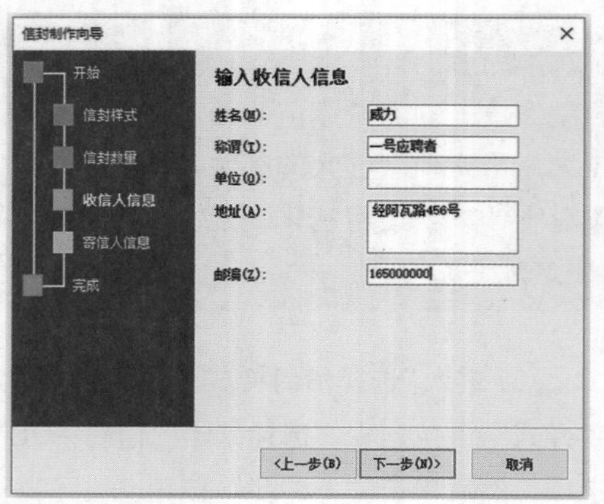

(6) 进入"输入寄信人信息"界面，在文本框中输入相应的信息。

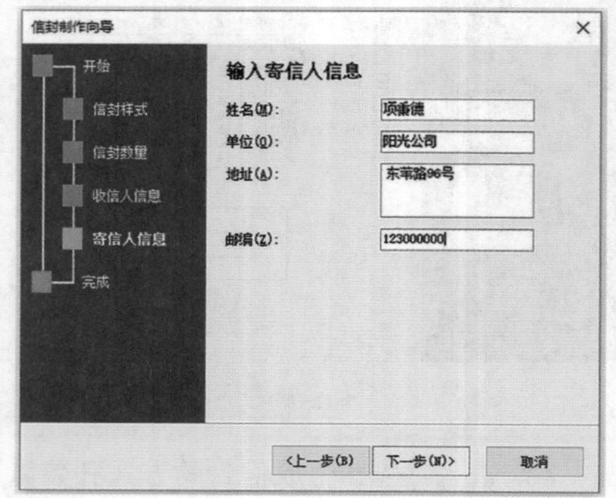

(7) 进入"信封制作向导"界面，提示用户完成信封制作，单击"完成"按钮。

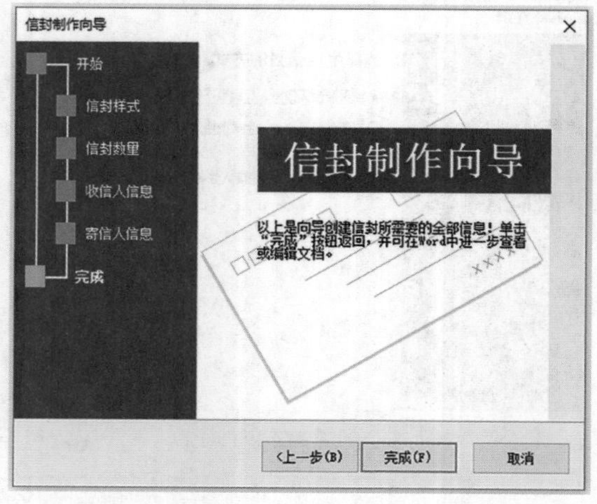

(8) 此时，Word 将在一个新的文档中创建设置的信封，将其保存到计算机中。

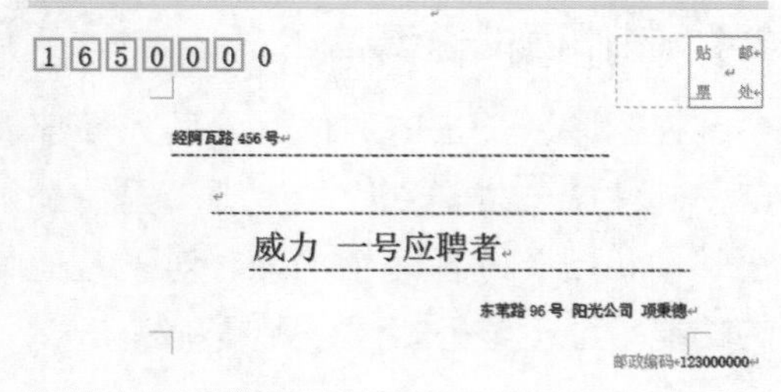

除了通过信封制作向导制作信封外，用户也可以通过自定义的方式制作信封。

✦ 3.4.2 邮件合并

邮件合并可以将内容有变化的部分当作数据源，如姓名、称谓和地址等。将文档中内容相同的部分制作成一个主文档，接着再把数据源中的信息合并到主文档中。利用邮件合并功能可以很方便地制作邀请函等类型的文档。

1. 制作数据源

制作数据源有两种方法：一种是直接使用现成的数据源，另一种是新建用户需要的数据源。两种方法虽然不同，但是都要在合并操作中进行。接下来在"面试邀请信函"文档中制作所需要的数据源，具体操作步骤如下。

(1) 在"面试邀请信函"文档中，切换到"邮件"选项卡，单击"开始邮件合并"组中的"开始邮件合并"下拉按钮，在弹出的下拉列表中选择"邮件合并分布向导"选项。

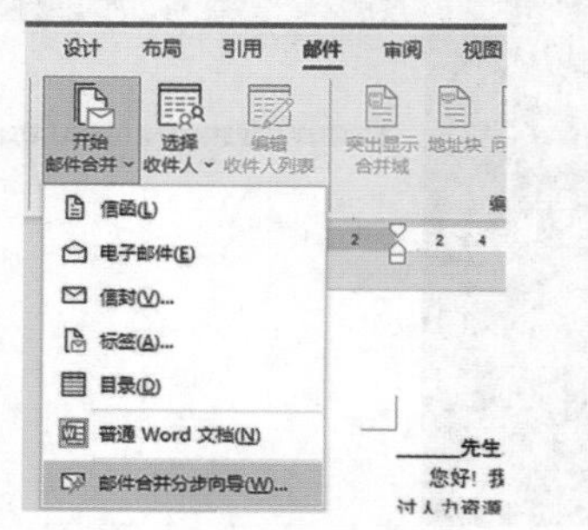

(2) 弹出"邮件合并"窗格，在"选择

文档类型”中勾选“信函”按钮，然后在窗格下方的步骤栏中单击“下一步：开始文档”选项。

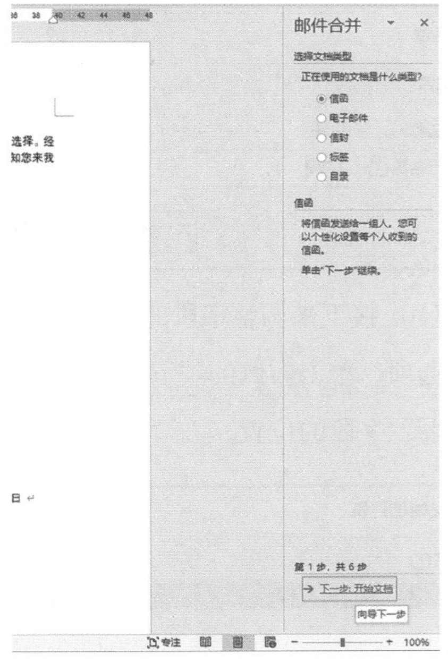

(3) 在“选择开始文档”中勾选“使用当前文档”按钮，然后单击“下一步：选择收件人”选项。

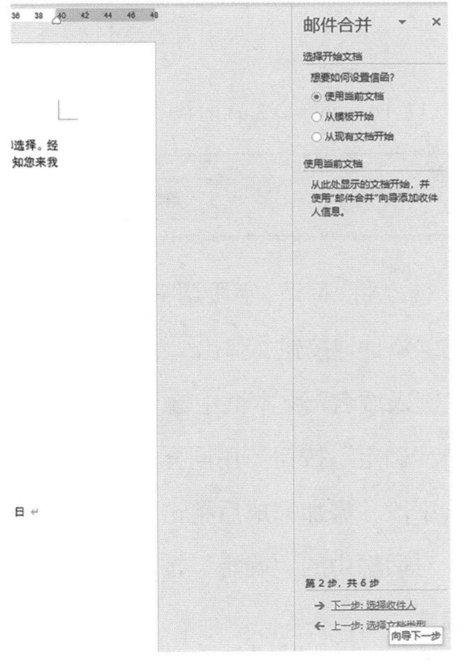

(4) 在“选择收件人”中勾选“键入新列表”按钮，在“键入新列表”中单击“新建收件人列表”按钮。

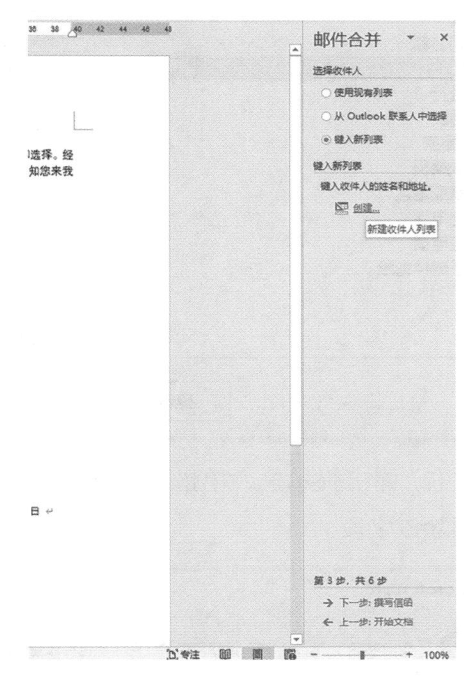

(5) 弹出“新建地址列表”对话框，单击“自定义列”按钮。

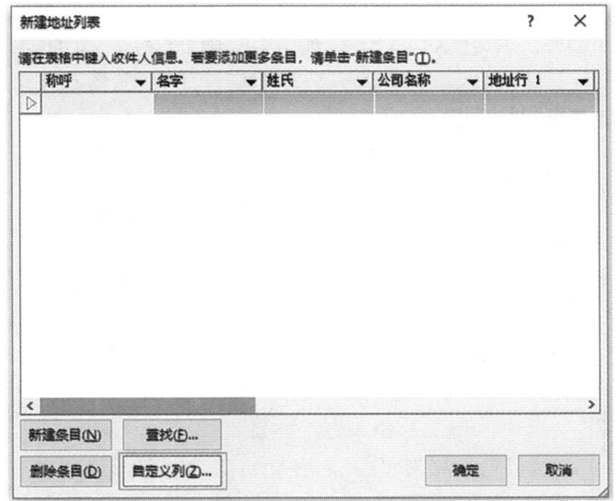

(6) 弹出“自定义地址列表”对话框，在“字段名”列表框中选中“地址行1”选项，再单击“删除”按钮。

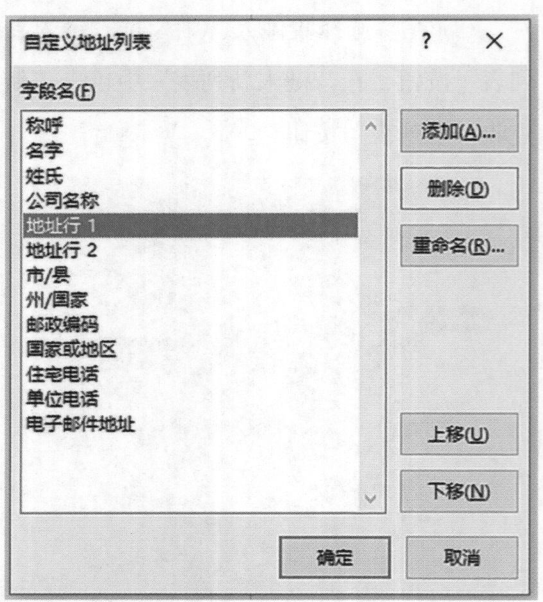

(7) 弹出提示框，单击“是”按钮，即可删除该字段。

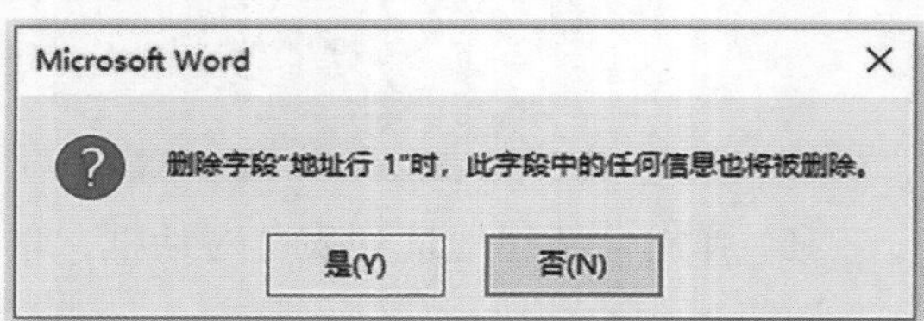

(8) 删除其他多余字段，选中“称呼”选项，单击对话框右侧的“重命名”按钮。

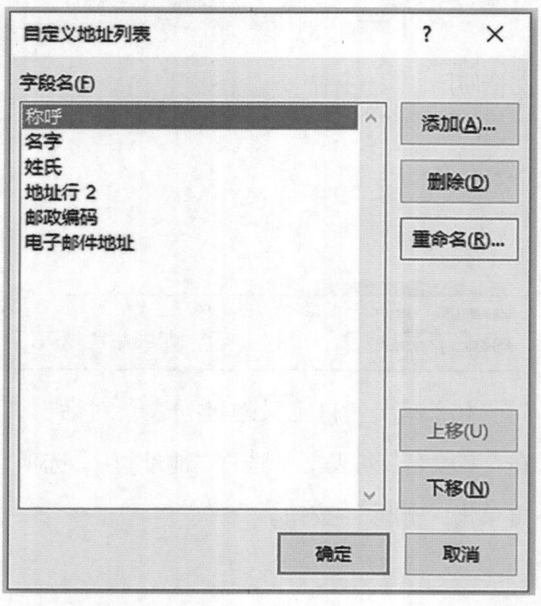

(9) 弹出“重命名域”对话框，在“目标名称”文本框中输入“称谓”，单击“确定”按钮。

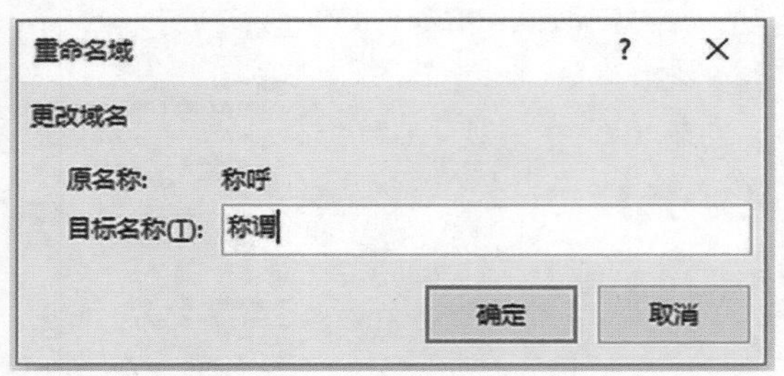

(10) 接下来调整字段的位置。选中“称谓”选项，单击右侧的“下移”按钮，调整“称谓”字段的位置。

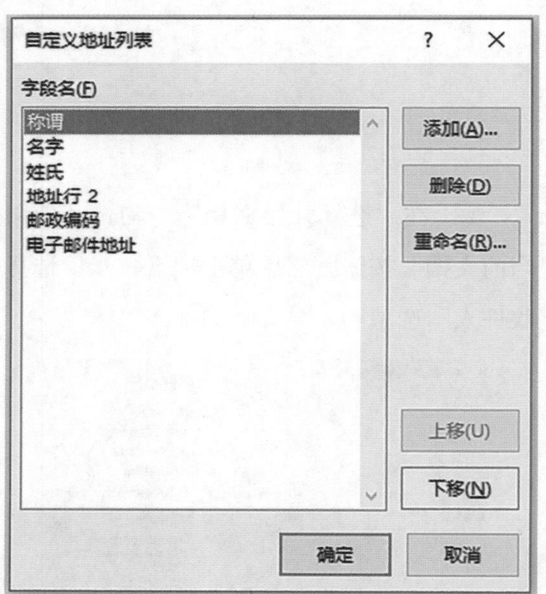

(11) 将“称谓”字段调整到“姓氏”之后，单击“添加”按钮，弹出“添加域”对话框，在“键入域名”文本框中输入“电话号码”，单击“确定”按钮。用同样的方法添加“性别”字段，添加完成后单击“自定义地址列表”对话框中的“确定”按钮，完成对字段的调整。

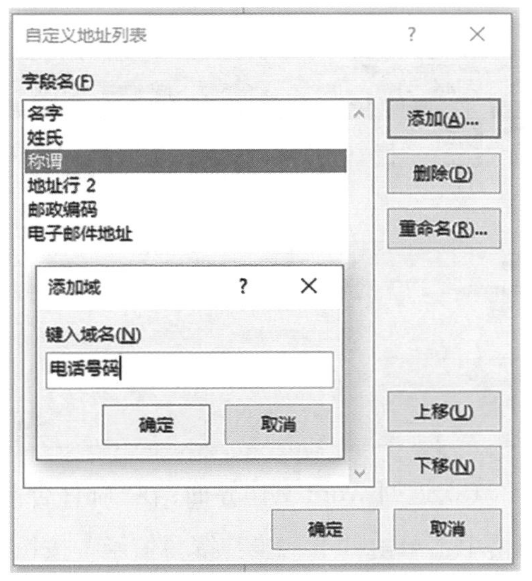

(12) 返回“新建地址列表”对话框，在对应字段下方的文本框中输入相应的内容；然后单击“新建条目”按钮。

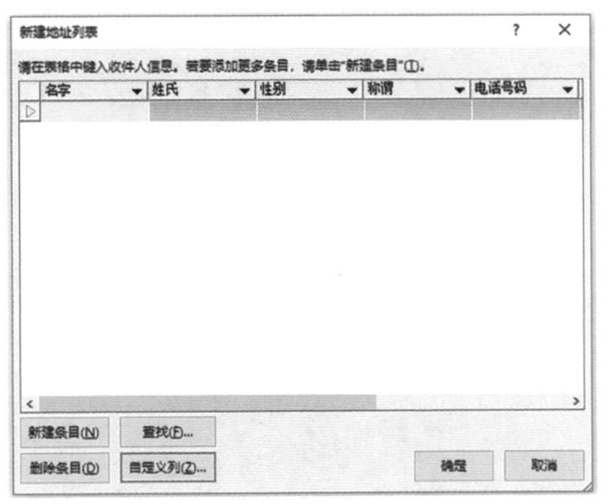

(13) 输入新建条目的信息，利用此方式添加更多的条目信息，单击“确定”按钮。

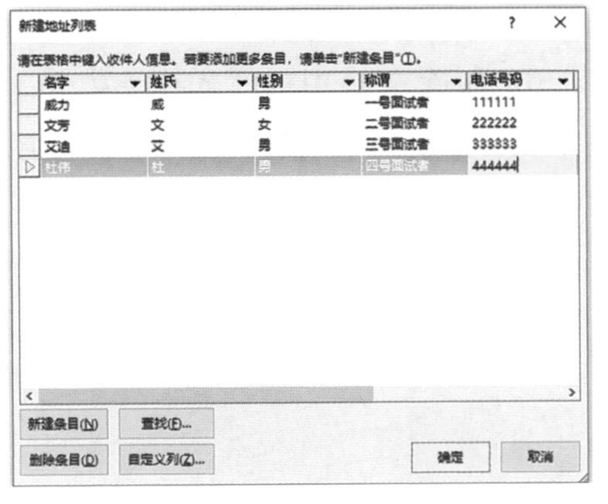

(14) 弹出“保存通讯录”对话框，在“文件名”下拉列表框中输入“面试者数据”，选择好保存位置，单击“保存”按钮。

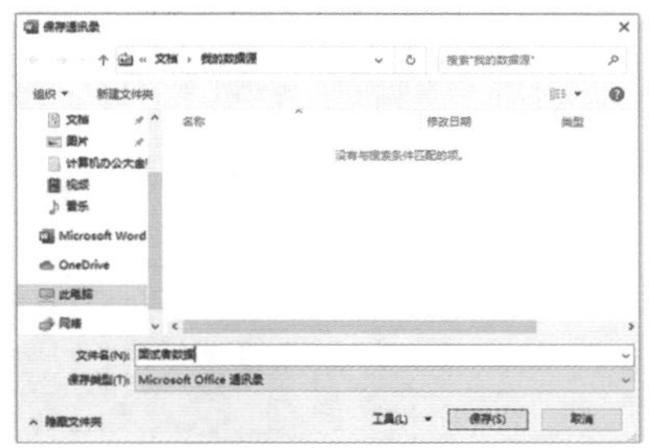

(15) 返回“邮件合并收件人”对话框，对话框中显示了创建的面试者信息，单击“确定”按钮。

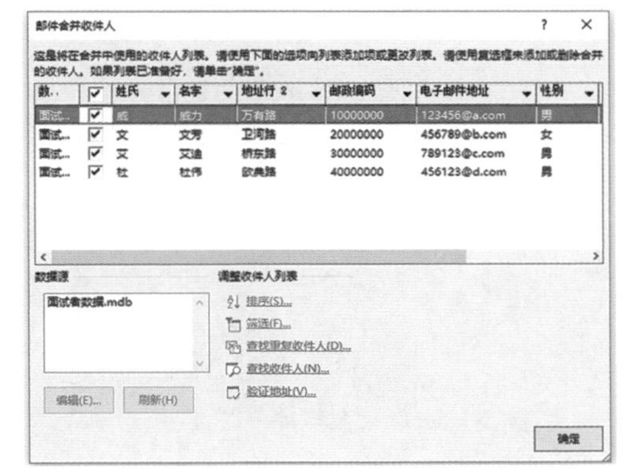

2. 将数据源合并到主文档中

将数据源合并到主文档中的方法主要有两种：一种是操作创建数据源，然后直接打开文档使用；另一种是选择数据源进行合并。接下来在“面试邀请信函”文档中选择之前创建的数据源进行邮件合并，具体操作步骤如下。

(1) 再次打开“面试邀请信函”文档时，系统会弹出提示框，询问用户是否将数据库中的数据放置到文档中，单击“否”按钮。

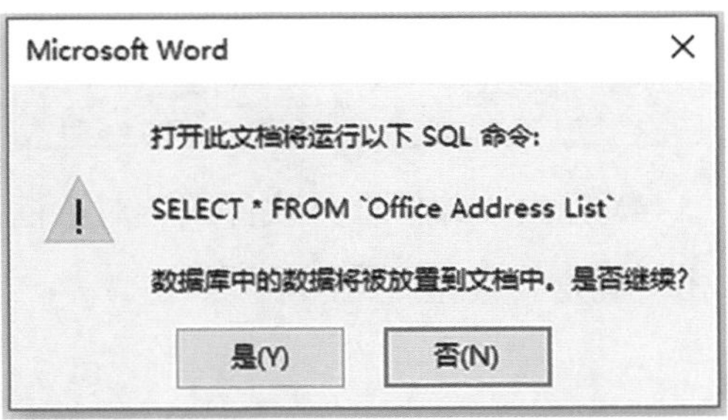

(2) 按照之前讲的制作数据源的步骤打开“邮件合并”窗格，并进入“选择收件人”中，勾选“使用现有列表”按钮，然后单击下方“使用现有列表”中的“浏览”按钮。

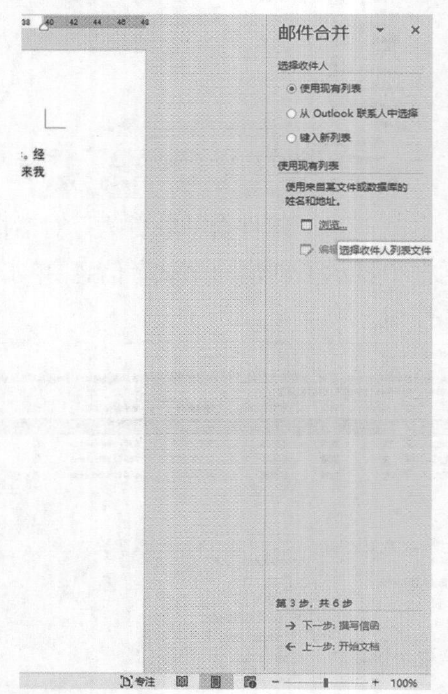

(3) 弹出“选取数据源”对话框，找到之前创建的数据源的保存位置，选中“面试者数据”文件，单击“打开”按钮。

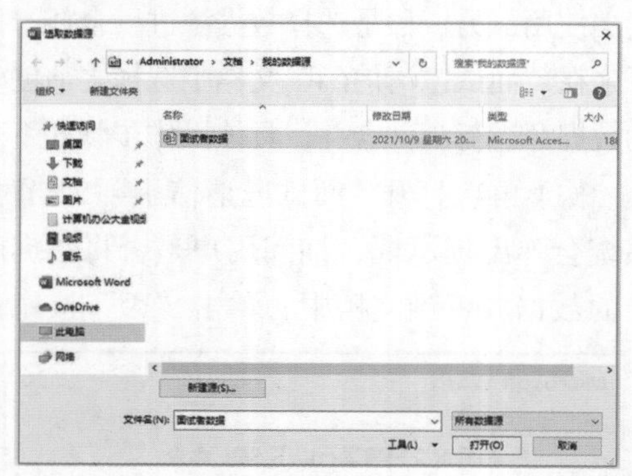

(4) 弹出“邮件合并收件人”对话框，单击“确定”按钮。

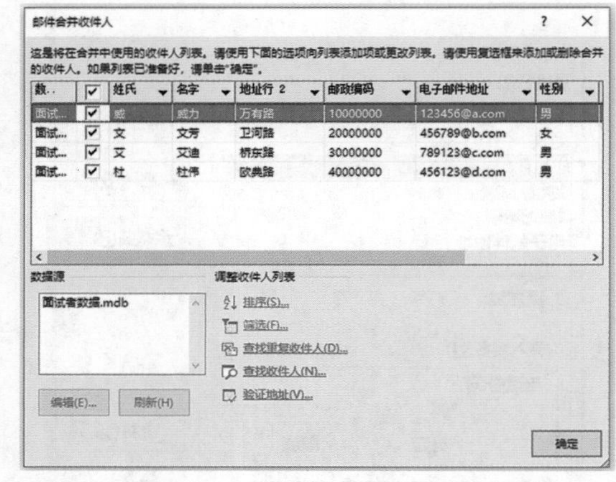

(5) 返回 Word 工作界面，在“邮件合并”窗格中，单击“下一步：撰写信函”按钮。

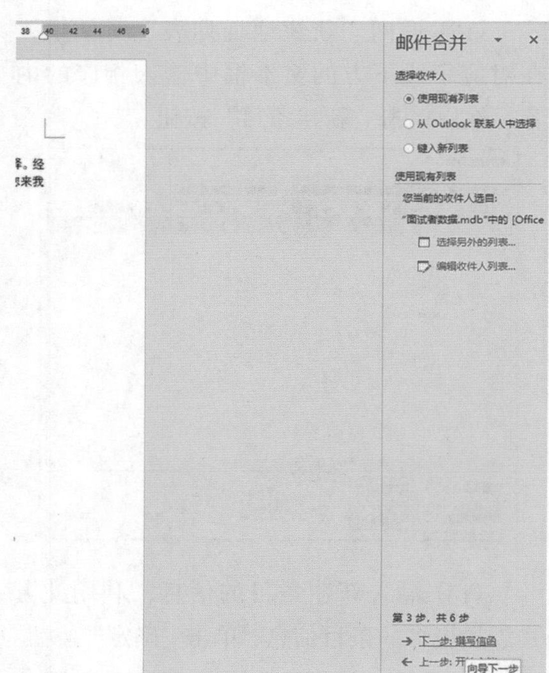

(6) 删除文档中的“先生 / 女士：”文本和文本前的下划线；在“邮件合并”窗格的“撰写信函”中单击“其他项目”按钮。

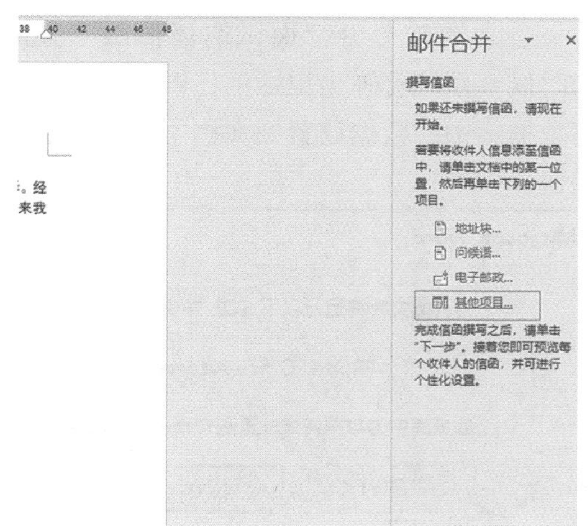

(7) 弹出“插入合并域”对话框，在“域”中选择“名字”选项，单击“插入”按钮，将“名字”域插入文档中。

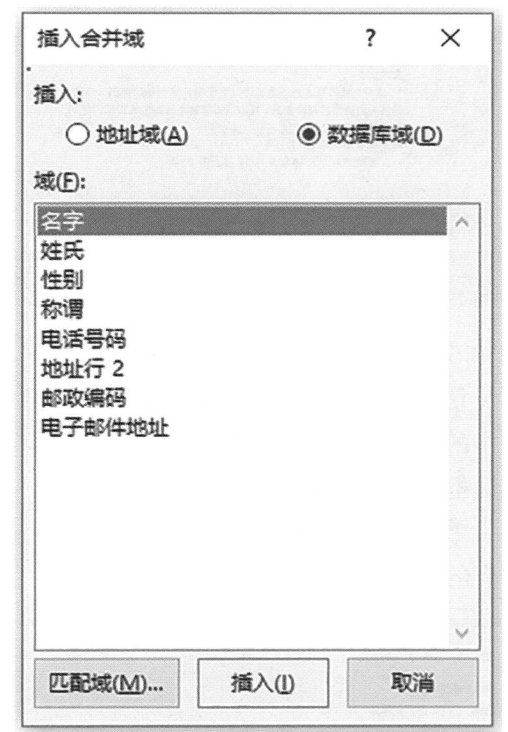

(8) 利用同样的方法将“性别”域插入文档中。

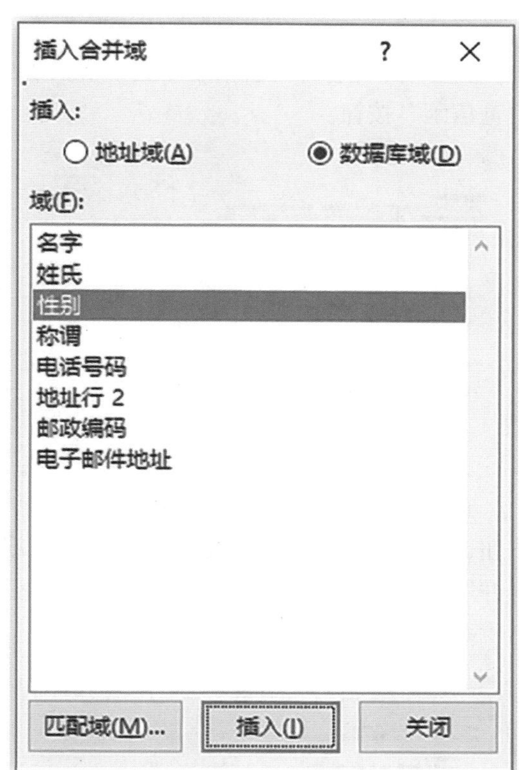

(9) 单击“关闭”按钮，在插入的域后输入“士”字，并用相应的文本代替文档中的下划线。

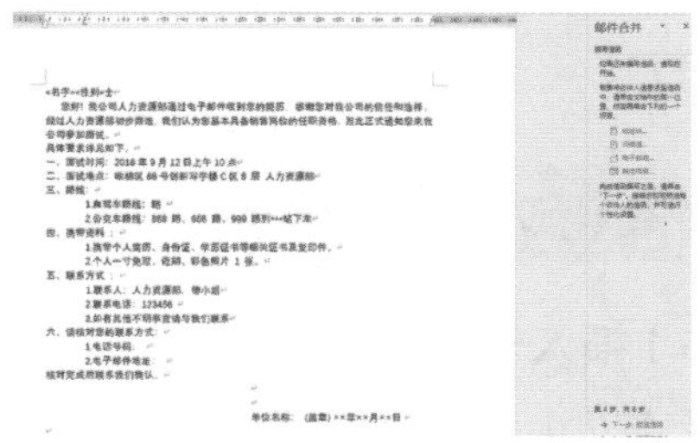

(10) 在文档中“请核对您的联系方式”下的相应位置插入“电话号码”和“电子邮件地址”域。

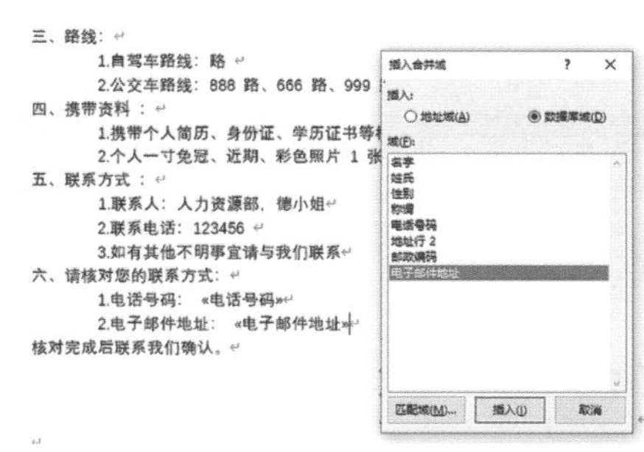

(11) 选中插入的域，将字体设置为“黑体”。在“邮件合并”窗格中单击“下一步：预览信函”按钮。

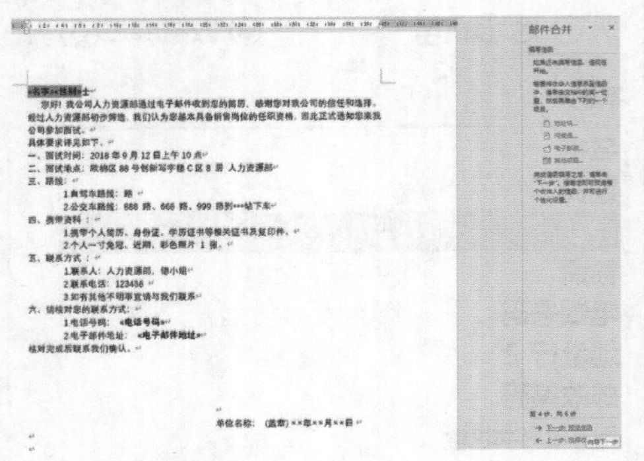

(12) 在“预览信函”中，单击“下一记录”按钮，预览信函效果。单击“下一步：完成合并”按钮，即可完成合并操作。

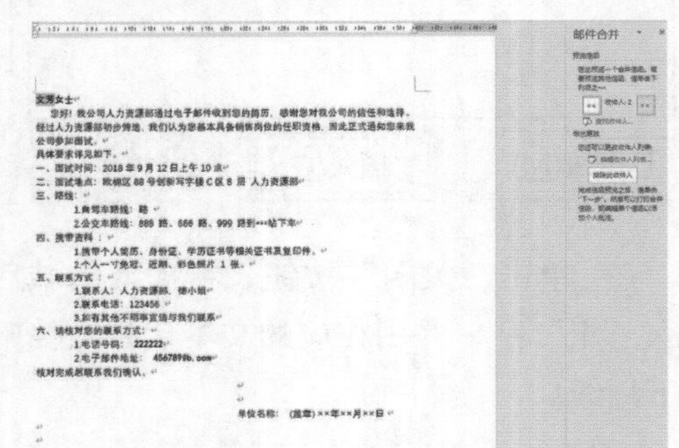

(13) 再次打开“面试邀请信函”文档的时候，系统会弹出提示框，询问用户是否将数据库中的数据放置到文档中，单击“是”按钮。

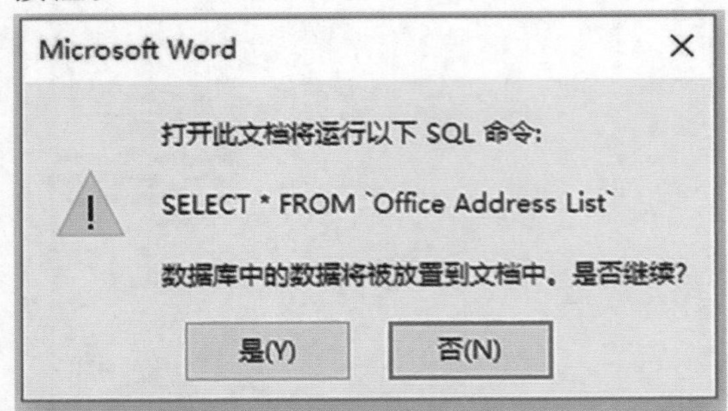

(14) 切换到“邮件”选项卡下，单击“预览结果”组中的“下一记录”按钮，对信函的效果进行查看。

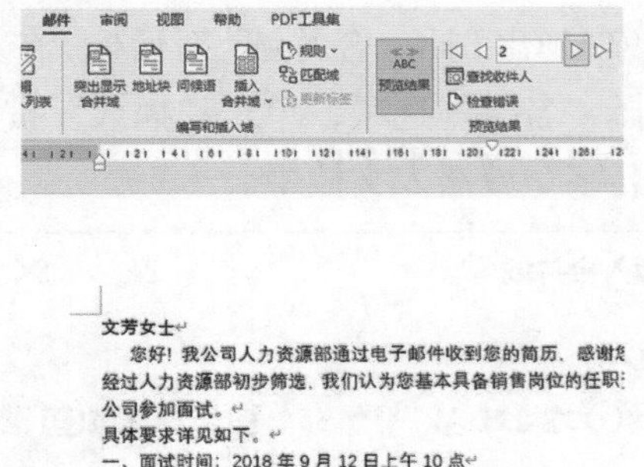

3.5 美化 Word 文档小技巧

✦ 3.5.1 插入艺术字

在 Word 文档中，插入艺术字的具体操作步骤如下。

单击“插入”选项卡，在“文本”组中单击“艺术字”选项，选择合适的艺术字样式，用户也可以自定义艺术字的文本轮廓、文本效果。

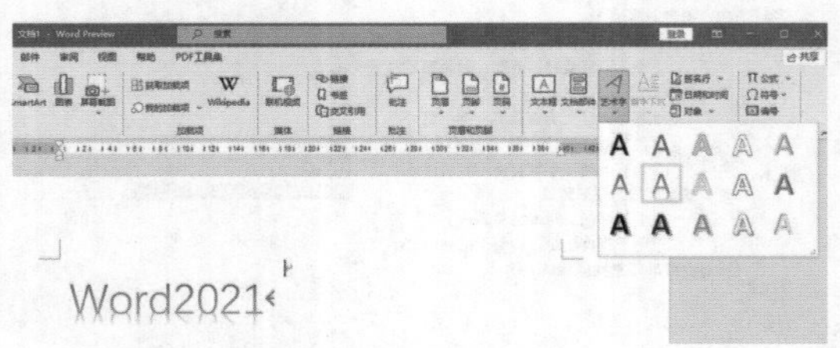

✦ 3.5.2 如何删除文档中的所有图片

切换到“开始”选项卡，单击“编辑”组中的“替换”选项，弹出“查找和替换”对话框，在“查找内容”一栏中输入“^g”，然后单击“全部替换”按钮即可删除文档中所有的图片。

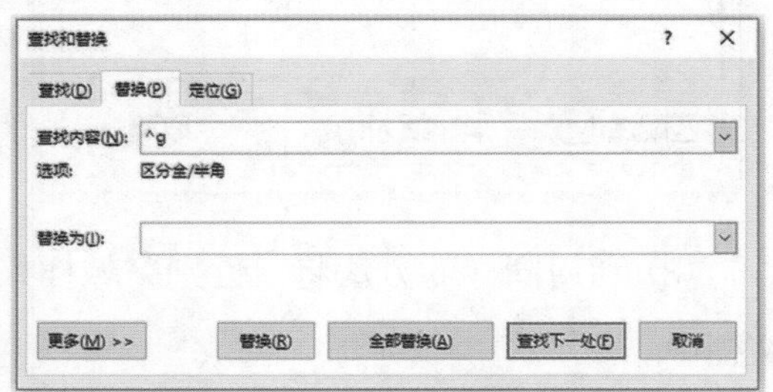

✦ 3.5.3 Word 中表格应用小技巧

1. 为多行设置指定行高

选中要设置行高的表格，切换到“表格工具 – 布局”选项卡，单击“表”组中的“属性”按钮，弹出“表格属性”对话框。在“表格属性”对话框中切换到“行”选项，勾选“指定高度”按钮，在“指定高度”中输入需要设置的行高数值，单击“上一行”或“下一行”按钮对表格的行高依次进行设置。

2. 为多列设置指定列宽

打开“表格属性”对话框，切换到“列”选项，勾选“指定宽度”按钮，在“指定宽度”中输入指定列宽数值，单击“前一列”或“后一列”按钮对表格的列宽依次进行设置。

3. 设置跨页页首自动显示表头

选中表头之后，切换到“表格工具 – 布局”选项卡，打开“表格属性”对话框，切换到“行”选项，勾选“在各页顶端以标题行形式重复出现”复选框，单击“确定”按钮即可。

4. 快速制作三线表

在 Word 中使用表格的时候，经常会用到三线表，尤其是在论文的写作过程中。三线表是指只有上边框、标题行下面的较细边框以及下边框的表格。在 Word 2021 中制作三线表的具体操作步骤如下。

(1) 选中表格，切换到“开始”选项卡，单击“段落”组中的“边框”下拉按钮，在下拉列表中选择“边框和底纹”选项。

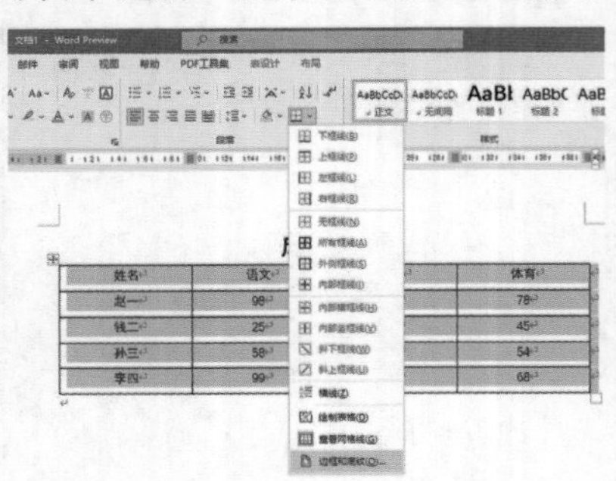

(2) 弹出“边框和底纹”对话框，切换到“边框”选项，在“设置”中选择“无”选项，即可取消表格的边框。

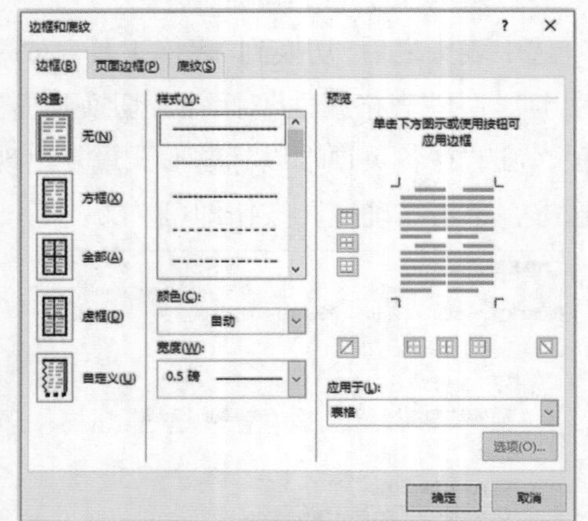

(3) 单击“宽度”下拉按钮，选择“1.5磅”选项，在右侧的“预览”界面中单击“上边框”和“下边框”按钮，单击“确定”按钮。

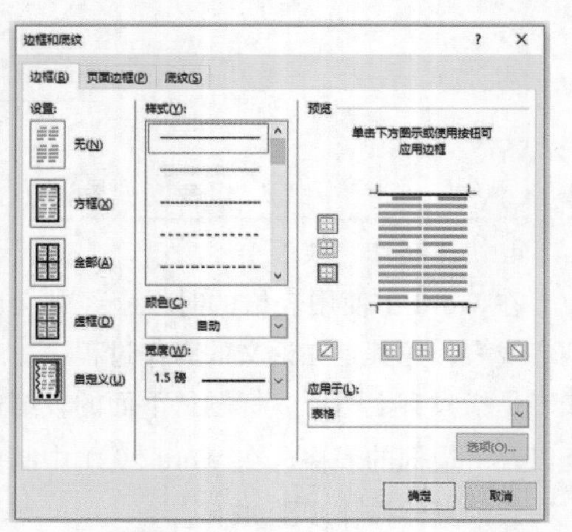

(4) 选中标题行，切换到“开始”选项卡，单击“段落”组中“边框”下拉按钮，在弹出的下拉列表中选择“边框和底纹”选项。

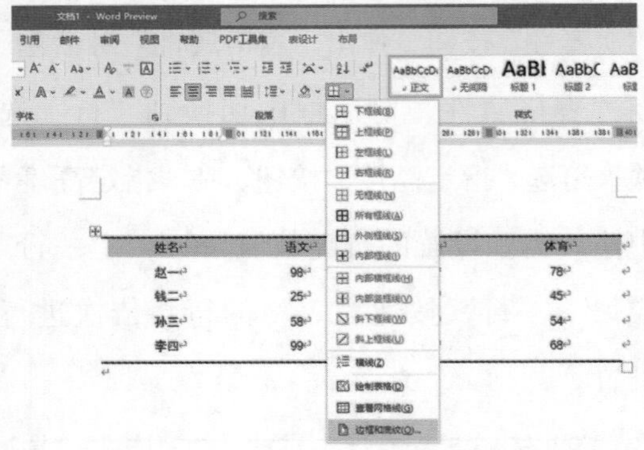

(5) 弹出“边框和底纹”对话框，单击“宽度”下拉按钮，选择“0.5磅”选项，在右侧“预览”界面中单击“下边框”按钮，然后单击“确定”按钮。

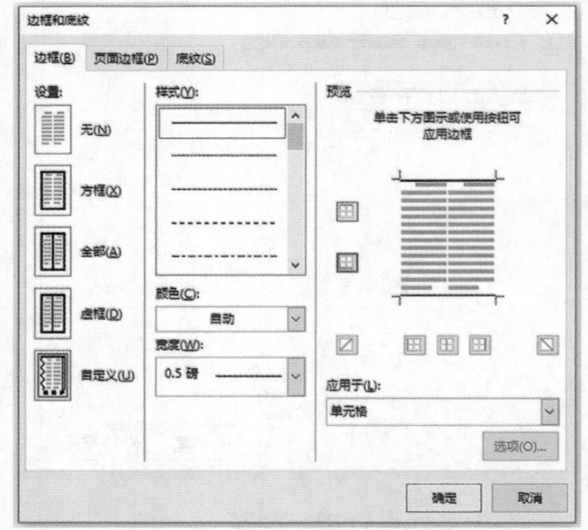

(6) 查看三线表设置效果。

成绩表

姓名	语文	数学	体育
赵一	98	87	78
钱二	25	65	45
孙三	58	99	54
李四	99	99	68

第四章 Word的高级应用

概述

使用Word对文档进行编辑之后，还可以对文档的样式进行设计，如为文档设计页眉页脚、插入目录以及控件的使用等。此外，本章讲述的另一个重要内容是Word中模板的使用。

4.1 Word 中样式的应用

样式是多种格式的集合，在编辑文档时要频繁使用某些格式时，可以将其创建为样式，以便直接使用。Word 自身提供了多种样式，这些内置样式可以直接拿来使用，用户也可以根据需要创建样式。下面以“公司管理制度”文档为例介绍样式的应用。

✦ 4.1.1 使用内置样式

1. 设置标题样式

打开“公司管理制度”文档，选中文档的标题，单击“开始”选项卡，在“样式”组中单击下拉箭头，在下拉菜单中选择“标题”样式，这样“标题”样式就运用到了文档中的标题。

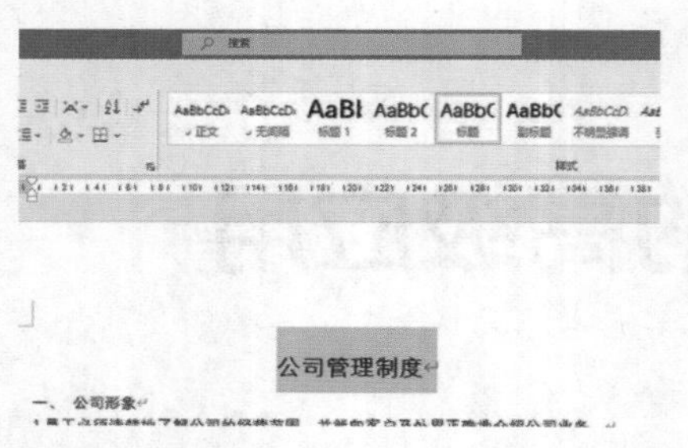

2. 设置显示选项

在“开始”选项卡下，单击“样式”组的“对话框启动器”按钮，弹出“样式”窗格，单击右下角的“选项”按钮，弹出“样式窗格选项”对话框，单击“选择要显示的样式”的下拉箭头，在下拉列表中选择“所有样式”选项，单击“确定”按钮。

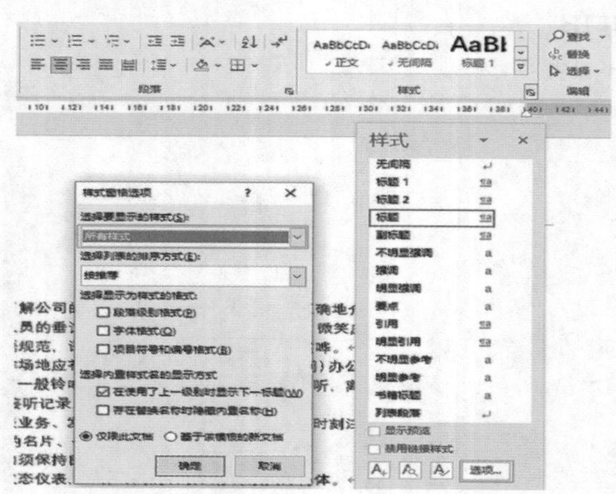

3. 设置多级标题

(1) 选中文档中的一级标题，在“样式”窗格中单击“标题 1”，这时便将“标题 1”样式应用到所选标题。

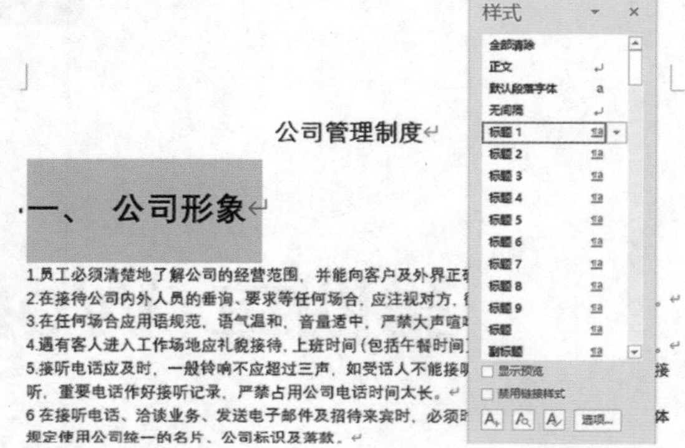

(2) 利用此方法将其他一级标题的样式都设置为“标题 1”。

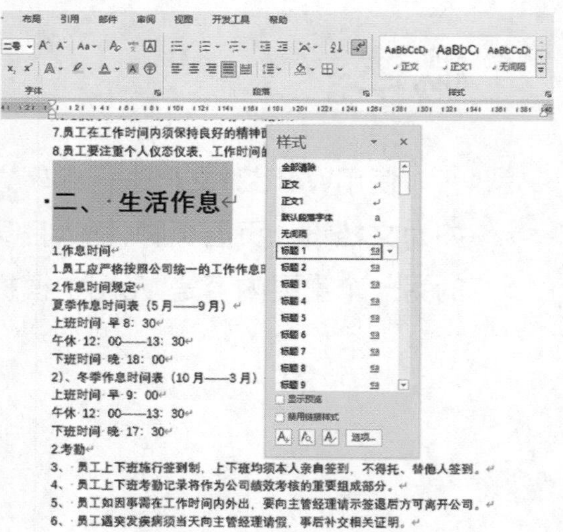

(3) 选中文档中的二级标题，在“样式”窗格中选择“标题 2”选项即可将“标题 2”

样式应用到所选二级标题。

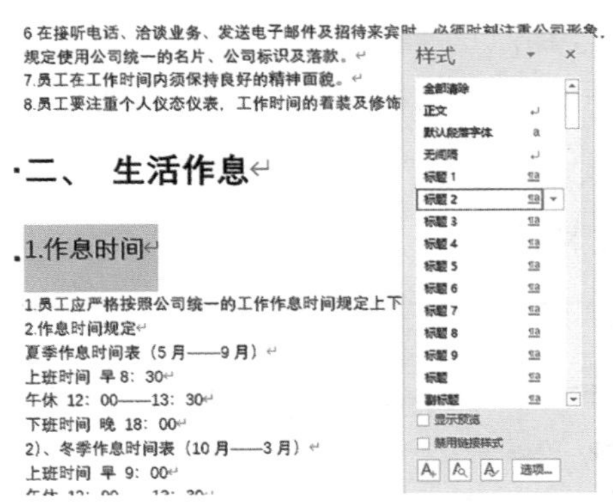

(4) 将文档中所有二级标题的样式都设置为“标题 2”。

✦ 4.1.2 新建样式

用户可以根据需要创建新的样式，具体操作步骤如下。

1. 执行“新建样式”命令

选中正文第一句话，在“样式”窗格中，单击左下角“新建样式”选项。

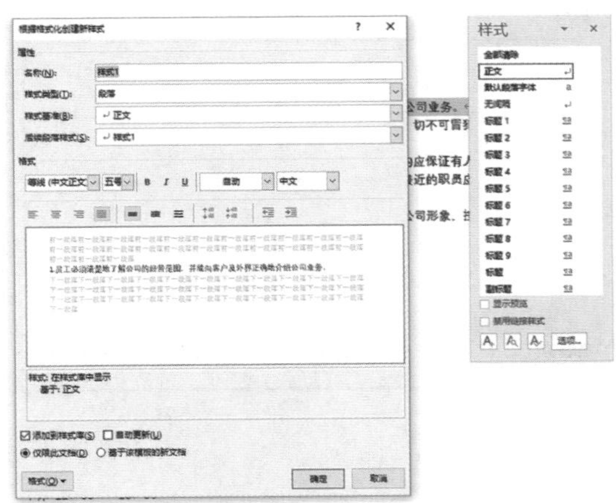

2. 设置新建样式

弹出“根据格式化创建新样式”对话框，在“属性”组中设置“名称”为“正文 1”，在“格式”组中设置字体为“宋体”，字号为“四号”，单击“确定”按钮。

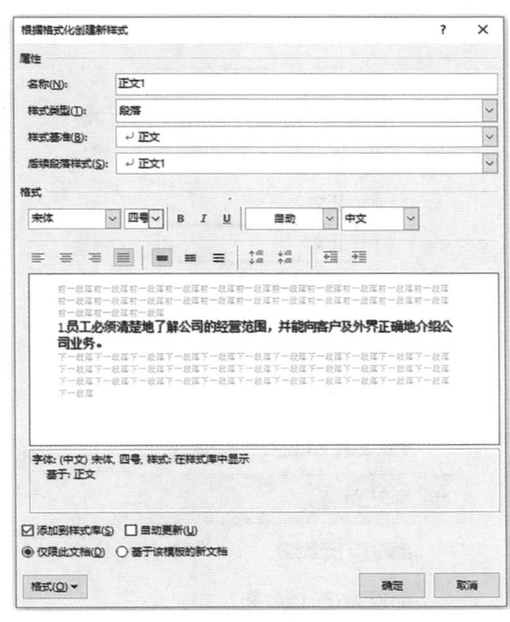

3. 应用新建样式

选中文档中的内容，将正文样式设置为“正文 1”。

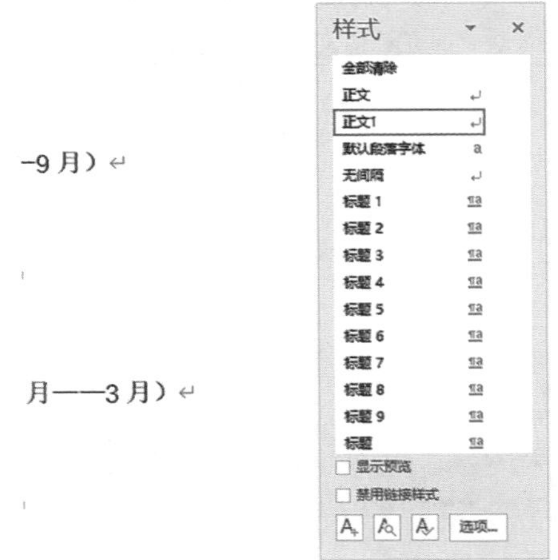

4. 修改样式

无论是 Word 内置样式还是用户新建的样式都可进行修改，具体操作步骤如下。

(1) 在“样式”窗格中，将光标放在需要修改的样式名称上，这时样式名称右侧会出现向下箭头，单击向下箭头，在打开的下拉菜单中选择“修改”选项，即可对样式进行修改。

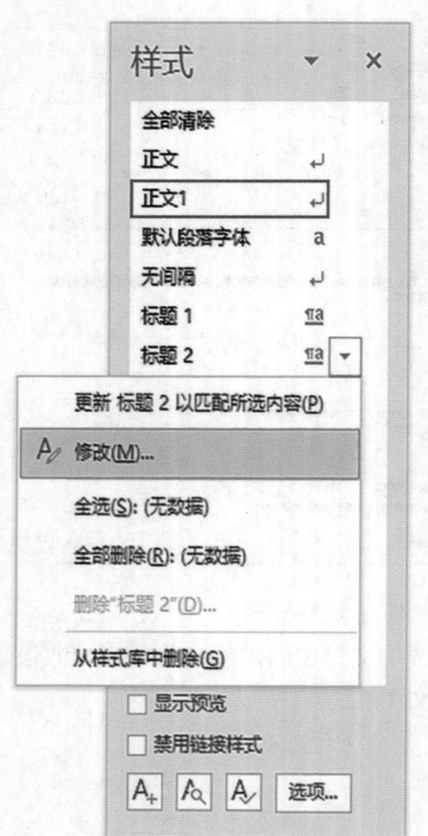

(2) 弹出“修改样式”对话框。

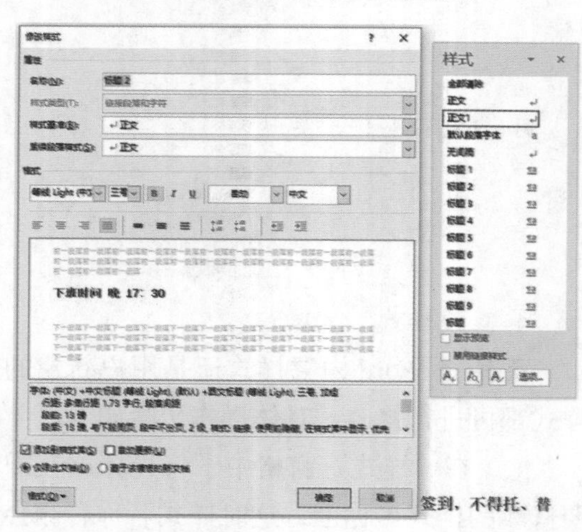

(3) 单击左下角的“格式”选项，在下拉列表中可以对样式的“字体”“段落”等进行修改。以段落为例，单击“段落”后出现“段落”对话框，在“缩进和间距”选项下的“缩进”组中将“特殊”选项设置为“首行”，“缩进值”设置为“2 字符”，单击“确定”按钮。

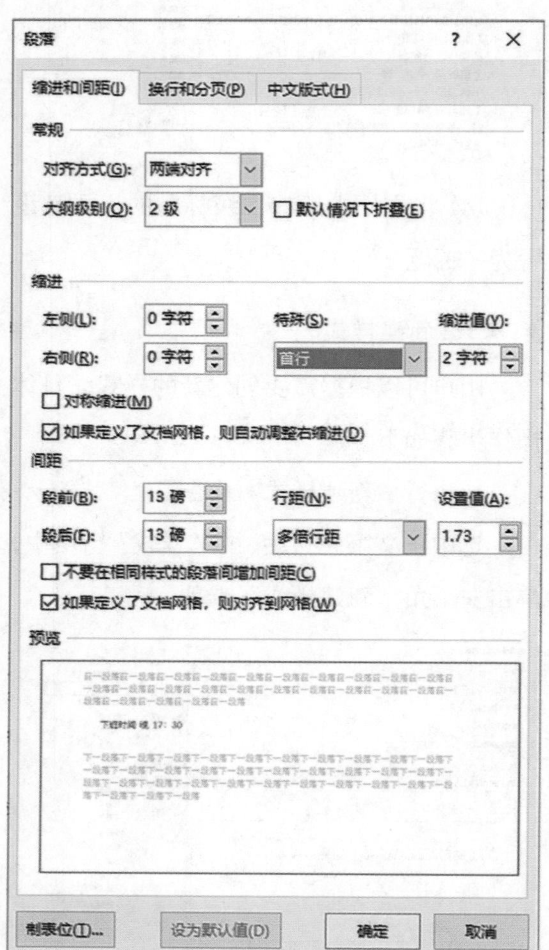

4.2 设置目录

设置目录的目的是使阅读更加方便，使文档层次更加清晰。

✦ 4.2.1 插入页眉与页脚

我们经常可以看到有的页面有页眉和页脚，而有的页面却没有，这是通过插入分节符实现的。分节符可以控制前面文本的格式，删除某分节符会同时删除该分节符之前的文本的格式。页脚和页眉只在分节符之后的一张文本中显示。接下来介绍如何在文档中插入分节符。

1. 插入分节符

(1) 打开上节中的“公司管理制度”文档，将光标定位在“公司管理制度”文本之前，单击“布局”选项卡，在“页面设置”组中单击“分隔符”按钮，在弹出的下拉菜单中的“分节符”组中单击“下一页”选项。

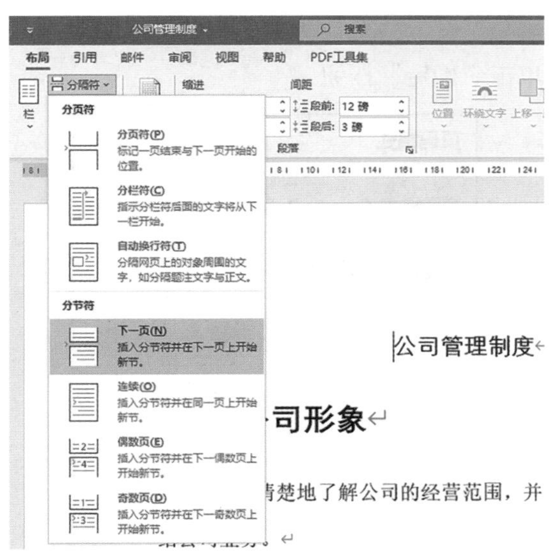

(2) 单击“分隔符”后出现的下拉菜单中还有一个是“分页符”，作用是将光标当前所在的位置之后的内容移到下一页。

2. 插入页眉和页脚

(1) 插入页眉。

①单击“插入”选项卡，在“页眉和页脚”组中单击“页眉”选项，在弹出的下拉菜单中选择合适的样式。

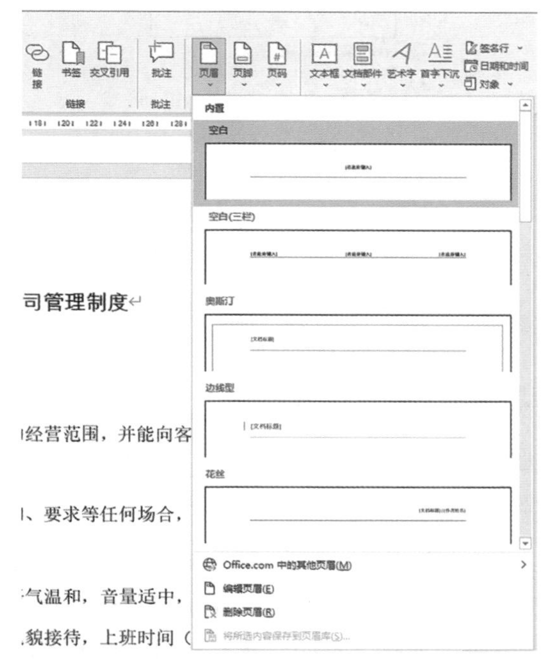

②输入页眉文本。

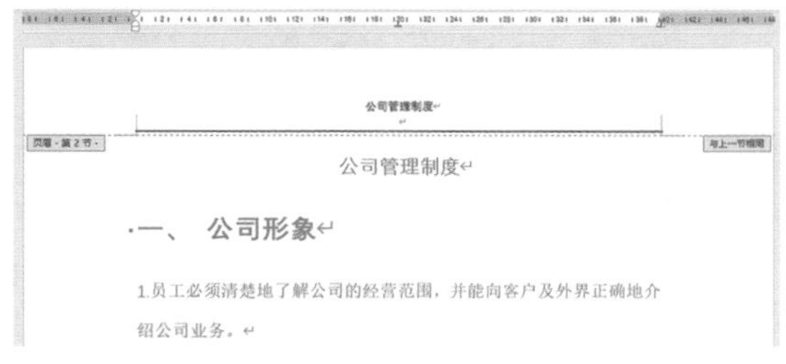

(2) 插入页脚。

①单击“插入”选项卡，在“页眉和页脚”组中单击“页脚”选项，在弹出的下拉菜单中选择合适的样式。

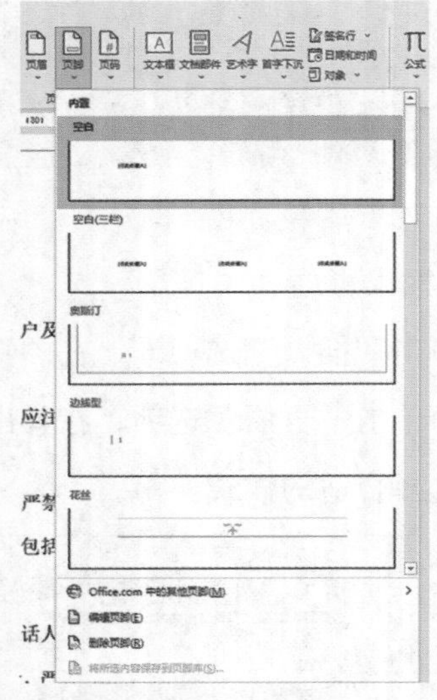

②输入页脚文本。

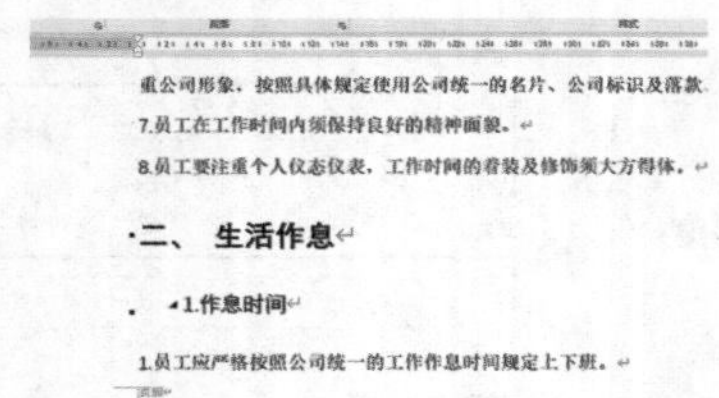

输入页脚文本后，单击“关闭页眉和页脚”按钮后退出页眉和页脚编辑状态。

3. 插入页码

(1) 单击“插入”选项卡，在“页眉和页脚”组中单击“页码”选项，在弹出的下拉菜单中选择“页面底端”选项，弹出新的列表选项，选择合适的页码样式。

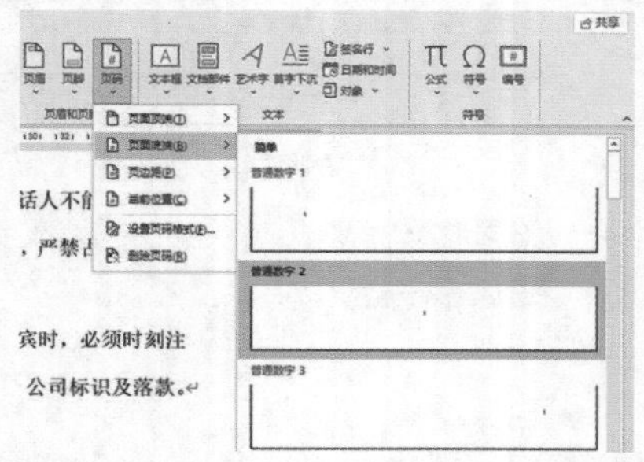

(2) 选择完页码样式之后，返回工作界面可以发现，页码是从插入分节符时产生的空白页开始插入的，并不是从正文第一页开始。

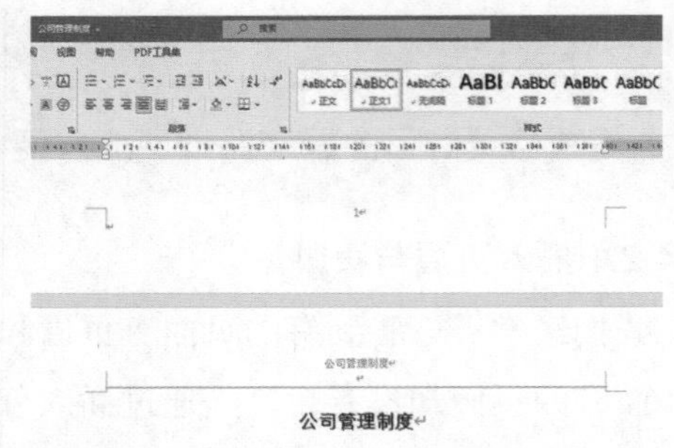

此时我们就需要对页码的格式进行设置，具体操作步骤如下。

①单击“页眉和页脚”组中的“页码”选项，在下拉菜单中单击“设置页码格式”选项。

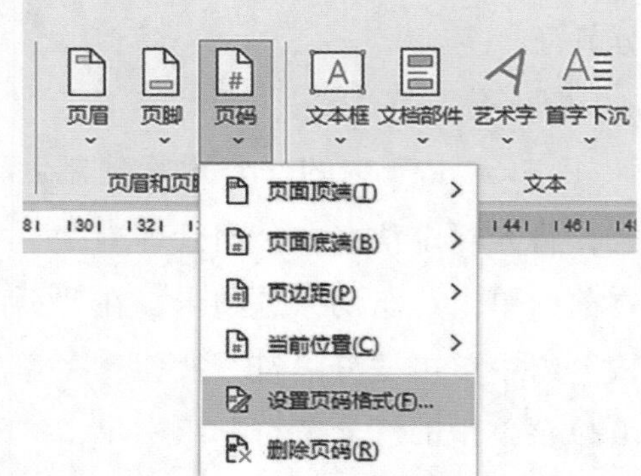

②弹出“页码格式”对话框，在“页码编号”组中，选中“起始页码”前的复选框。单击“确定”按钮。

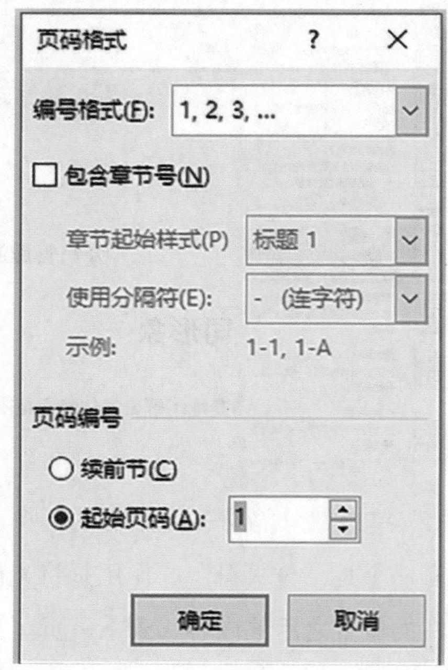

③查看效果内容是否有错，如果没有，单击“关闭页眉和页脚”按钮。

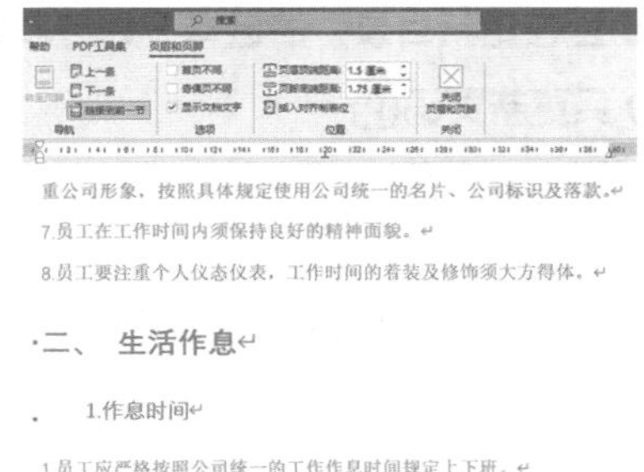

✦ 4.2.2 插入目录

1. 插入自动目录

(1) 将光标定位在文档正文内容之前的空白页，单击“引用”选项卡，在“目录”组中单击“目录”选项，在出现的下拉菜单中选择“自动目录 1”选项。

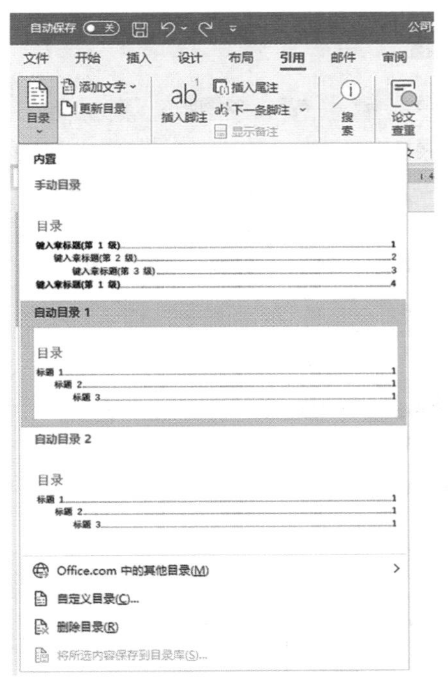

(2) 此时正文内容之前的空白页就插入了目录。

目录

2. 调用导航窗格

导航窗格方便了用户了解文档的大致内容，调用导航窗格的具体操作步骤如下。

(1) 切换到“视图”选项卡，在“显示”组中选中“导航窗格”选项。

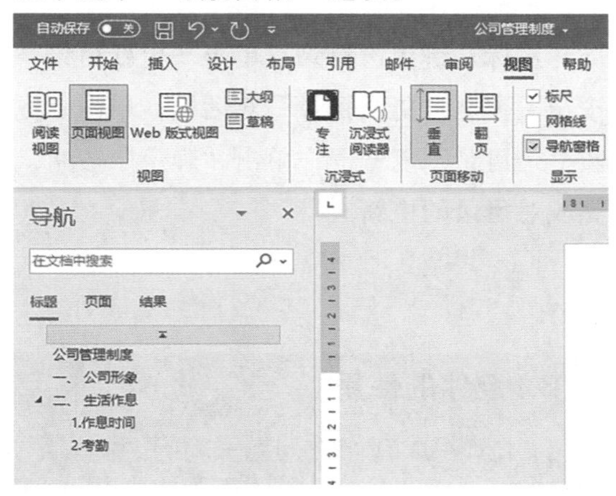

(2) 在左侧“导航”窗格中，可以对文档的标题进行一些简单的操作。将光标放在“导航”窗格任意标题上，单击鼠标右键，在弹出的快捷菜单中选择相应的操作。

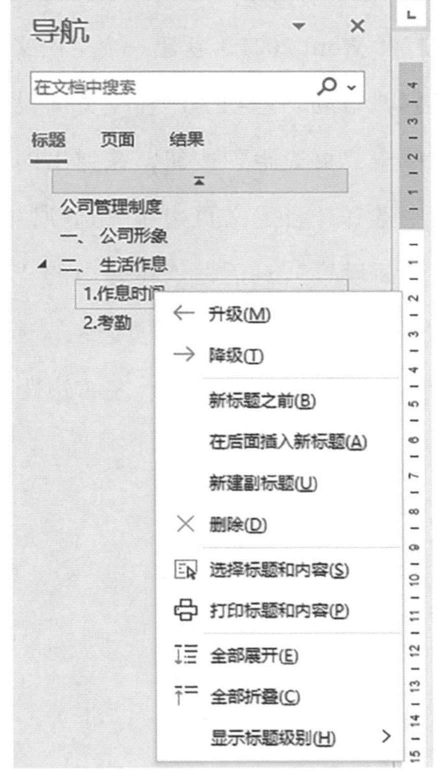

3. 更新目录

有时在插入目录之后，文档仍然需要编辑，如文档中增加了新的标题内容，这时就需要更新目录，以使目录和文本内容一一对应，具体操作步骤如下。

鼠标左键单击目录，单击“更新目录”按钮，弹出“更新目录”对话框，单击“更新整个目录”复选框，单击“确定”按钮，完成对目录的更新。

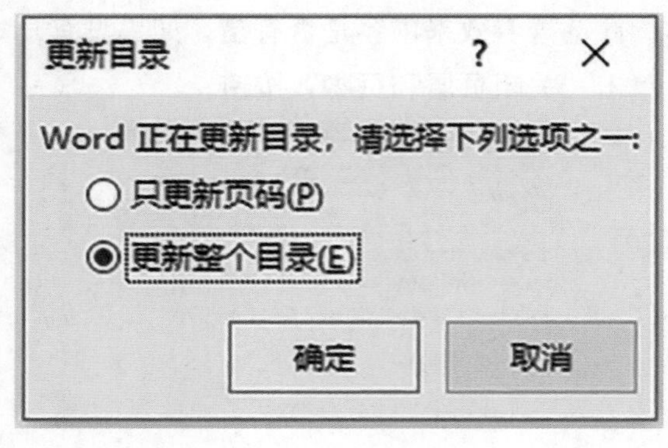

4.3 控件的使用

本节将以制作个人电子简历为例介绍如何使用 Word 2021 的开发工具的控件功能。

✦ 4.3.1 制作简历文本部分

1. 设置文档标题

设置文档标题的具体操作步骤如下。

(1) 设置页边距。

打开 Word 2021，新建一个空白文档，切换到“布局”选项卡，在“页面设置”组中单击“页边距”按钮，在弹出的下拉菜单中选择“自定义页边距”选项，将弹出“页面设置”对话框。在弹出的“页面设置”对话框中，切换到“页边距”选项，在“页边距”组中将上下、左右边距都设置为“3 厘米”。

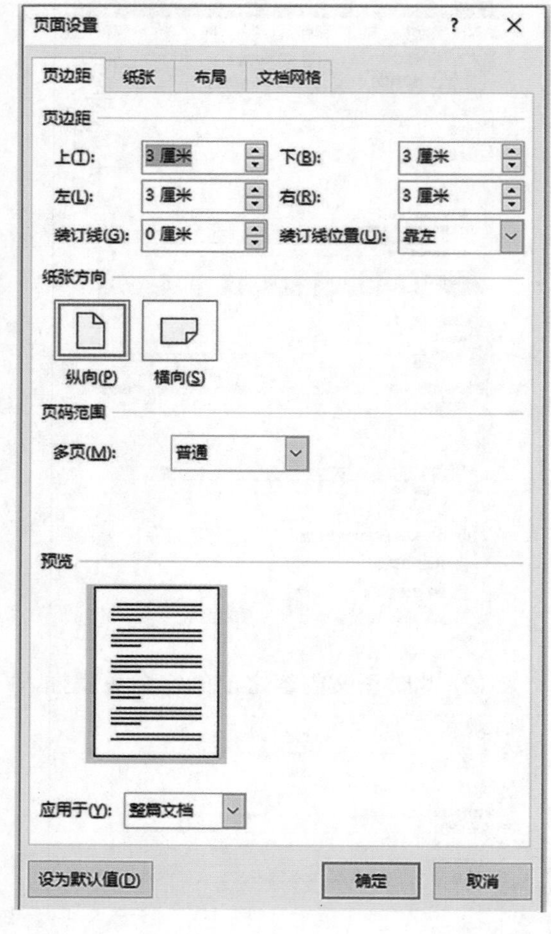

(2) 输入标题文本。

输入标题文本，将标题字体设置为“黑体”，字号设置为“二号”，并设置标题为居中显示。

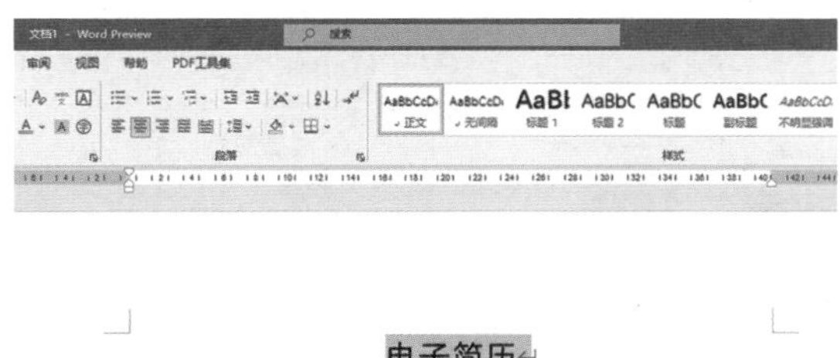

(3) 字体的高级设置。

选中标题文本，单击“字体”组中的“对话框启动器”按钮，在弹出的“字体”对话框中单击“高级”选项，然后设置“间距”为“加宽”，磅值为“10 磅”。

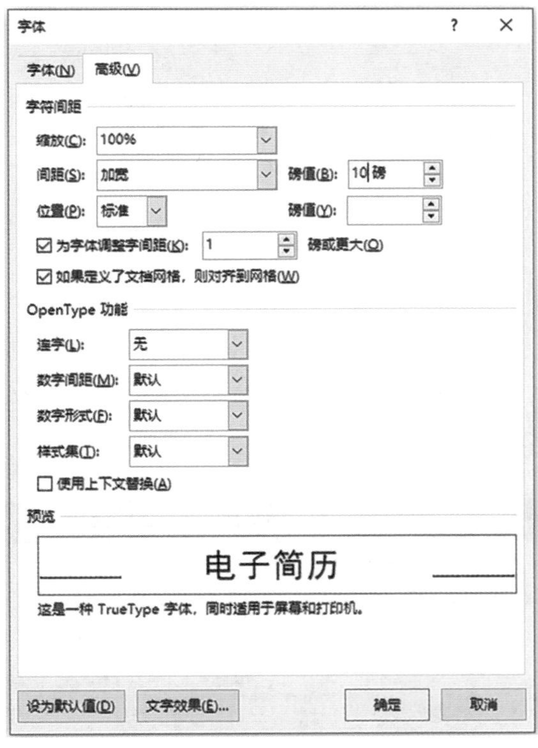

(4) 设置行距。

单击“段落”组中的“对话框启动器”按钮，在弹出的“段落”对话框中单击“缩进和间距”选项，将“间距”组中的“段前”“段后”值均设置为“2 行”。

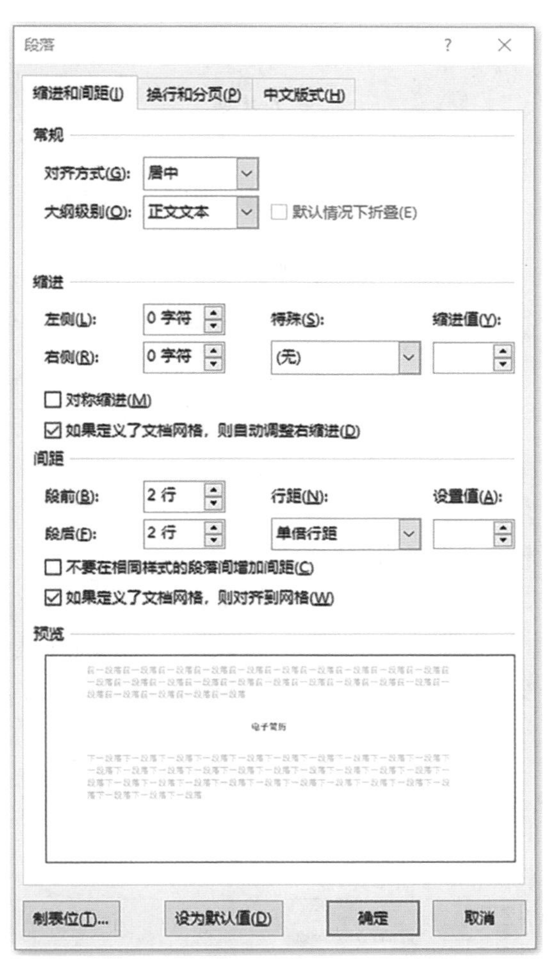

2. 设置正文文本的格式

(1) 设置制表符。

输入正文前，在“字体”组中设置“字体”为“黑体”、字号为“四号”；然后在标尺上单击“22”，把此处设置为制表符位。

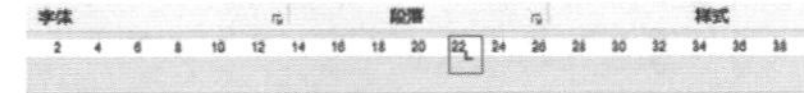

电 子 简 历

(2) 输入正文文本。

输入“姓名：”，使用 Tab 键转到下一制表符位输入“年龄：”。

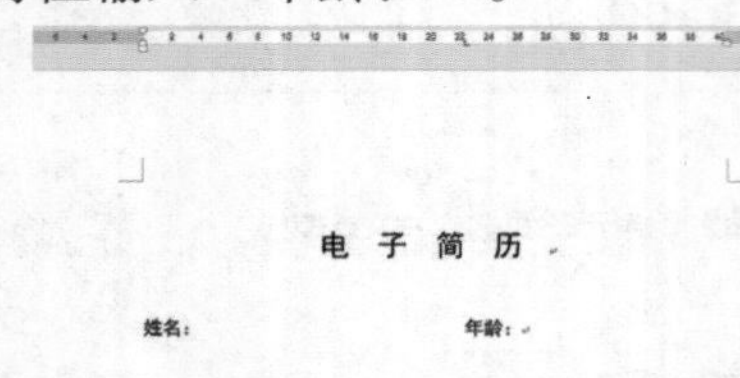

(3) 用此方法依次输入剩余文本内容。

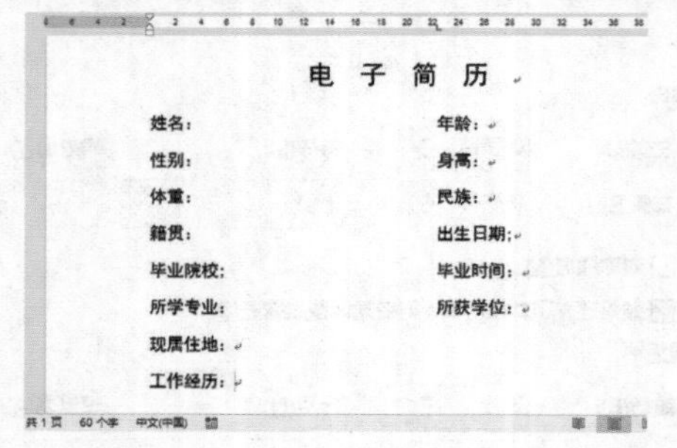

✦ 4.3.2 运用控件制作文档

1. 添加“开发工具”选项卡

打开 Word 2021，会发现上方选项卡内没有“开发工具”，这时需要我们自己添加，具体操作步骤如下。

(1) 单击“文件”选项卡，在打开的界面中单击“选项”，会弹出“Word 选项”对话框。

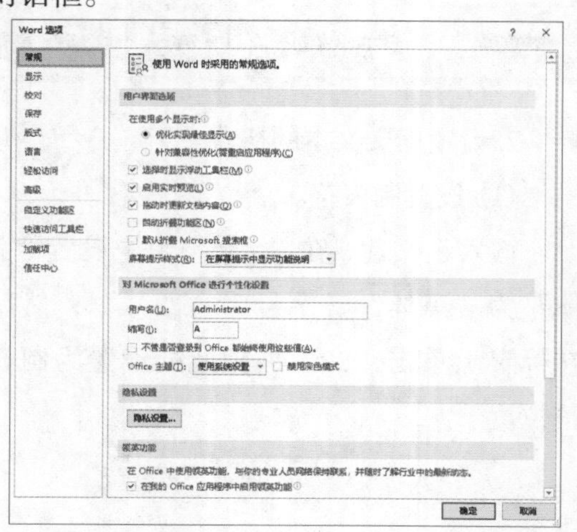

(2) 单击“自定义功能区”选项，在右侧找到“开发工具”并勾选，然后单击“确定”按钮。

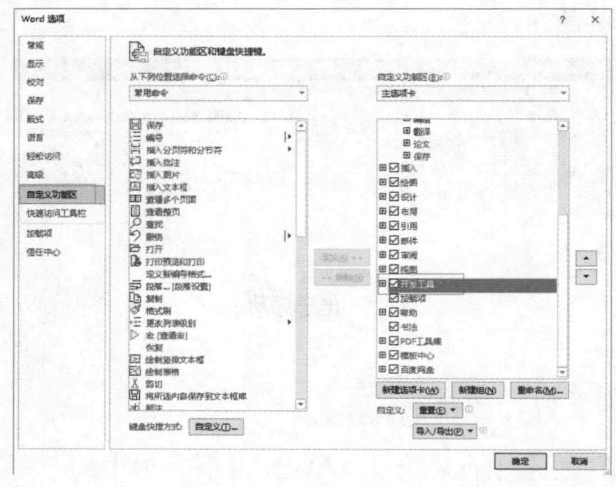

(3) 返回 Word 2021 的工作界面，会发现选项卡内已经添加上了“开发工具”。

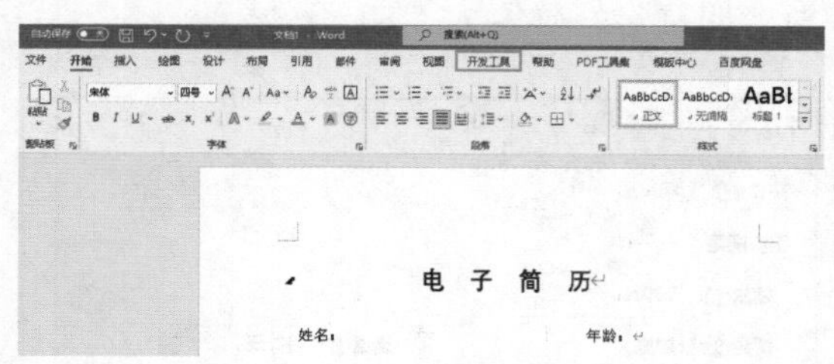

2. 设置“格式文本内容控件”

(1) 插入控件。

①将光标放在“姓名：”之后，切换到“开发工具”选项卡，单击“控件”组中的“格式文本内容控件”按钮。

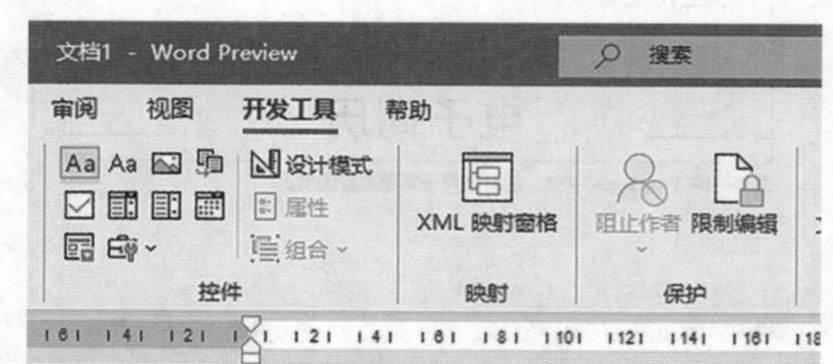

电 子

②效果如下图。

电 子 简 历

年龄：

性别：

身高：

(2) 检查测试。

①单击控件即可直接输入文本。

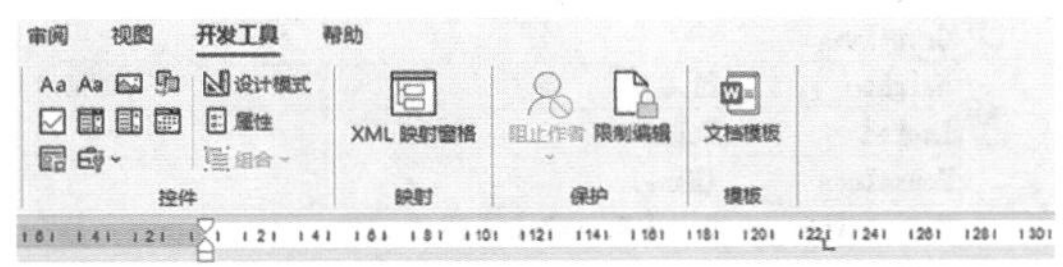

电 子 简 历

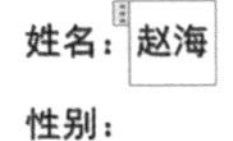

年龄：

性别：

身高：

②若控件可以正常使用，将输入的测试文本删除之后再单击页面空白处即可返回初始状态；若控件不能正常使用，需要删除它，在控件上单击鼠标右键，单击“删除内容控件”按钮即可删除控件。

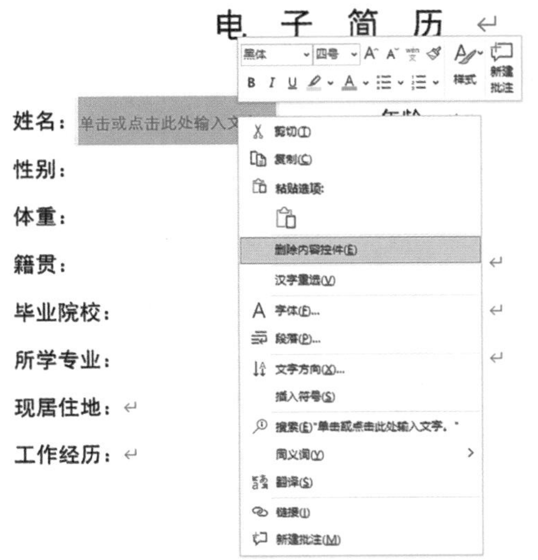

(3) 设置控件文字。

①在“控件”组中单击“设计模式”选项，进入控件设计模式。

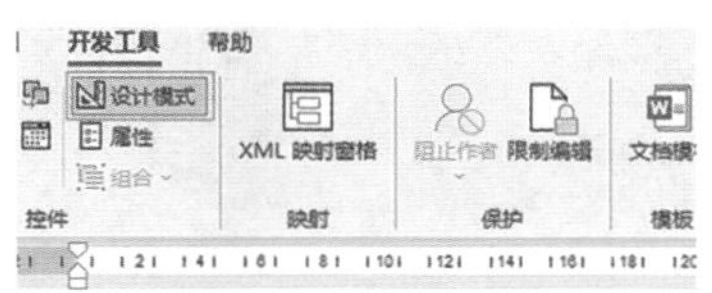

电 子

姓名：单击或点击此处输入文字。

性别：

②进入控件设计模式之后，切换到“开始”选项卡，设置控件文字字体为“宋体”，字号为“五号”。

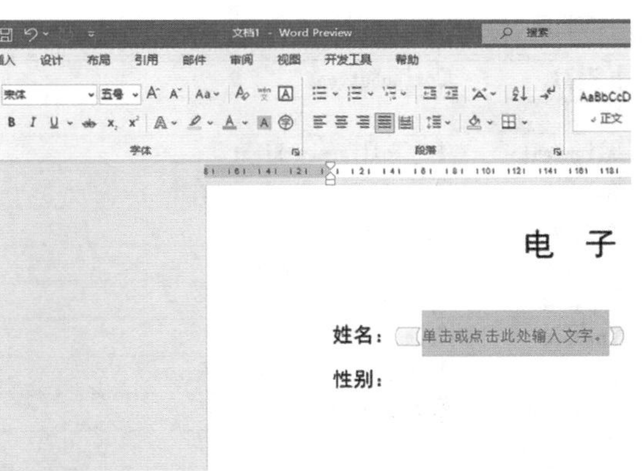

设计完成之后，再次单击“设计模式”即可退出控件设计模式。

3. 设置单选按钮

(1) 将光标定位在“性别：”之后，切换到“开发工具”选项卡，单击“控件”组中的“旧式工具”下拉箭头。

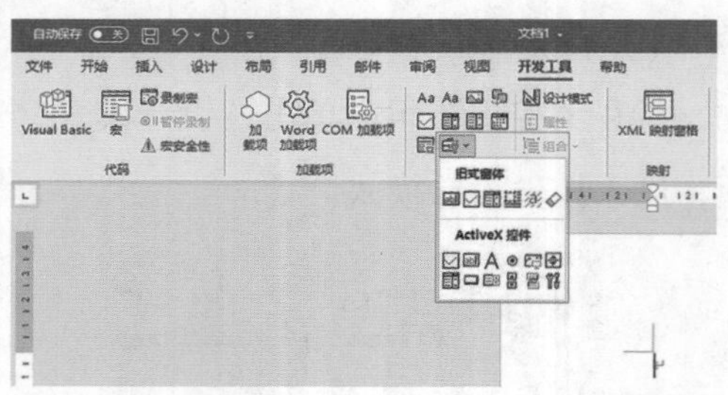

(2) 选中添加的“选项按钮”控件，在“控件”组中单击“属性”按钮，弹出“属性”对话框。

属性

OptionButton3 OptionButton

按字母序 按分类序

(名称)	OptionButton3
Accelerator	
Alignment	1 - fmAlignmentRight
AutoSize	False
BackColor	&H80000005&
BackStyle	1 - fmBackStyleOpaque
Caption	OptionButton3
Enabled	True
Font	黑体
ForeColor	&H80000008&
GroupName	
Height	21.8
Locked	False
MouseIcon	(None)
MousePointer	0 - fmMousePointerDefault
Picture	(None)
PicturePosition	7 - fmPicturePositionAboveCenter
SpecialEffect	2 - fmButtonEffectSunken
TextAlign	1 - fmTextAlignLeft
TripleState	False
Value	False
Width	108.3
WordWrap	True

(3) 将“Caption”一栏的原有值删除，输入“男”，将“Width”值设为“60”。

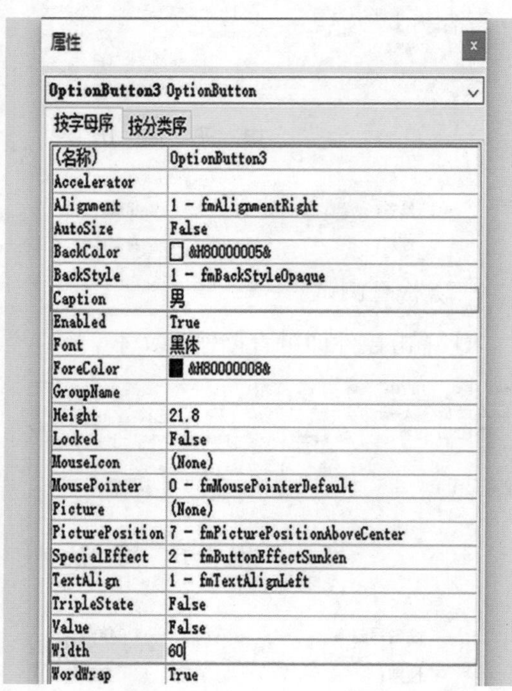

属性

OptionButton3 OptionButton

按字母序 按分类序

(名称)	OptionButton3
Accelerator	
Alignment	1 - fmAlignmentRight
AutoSize	False
BackColor	&H80000005&
BackStyle	1 - fmBackStyleOpaque
Caption	男
Enabled	True
Font	黑体
ForeColor	&H80000008&
GroupName	
Height	21.8
Locked	False
MouseIcon	(None)
MousePointer	0 - fmMousePointerDefault
Picture	(None)
PicturePosition	7 - fmPicturePositionAboveCenter
SpecialEffect	2 - fmButtonEffectSunken
TextAlign	1 - fmTextAlignLeft
TripleState	False
Value	False
Width	60
WordWrap	True

(4) 关闭属性对话框即可查看到已添加的控件。

电 子 简 历

姓名：单击或点击此处输入文字。　　年龄：

性别：○男　　身高：

体重：　　民族：

(5) 用同样的方法添加“女”单选按钮。

电 子 简 历

姓名：单击或点击此处输入文字。　　年龄：

性别：○男　○女　　身高：

体重：　　民族：

4. 设置日期选取控件

(1) 将光标定位在“出生日期：”之后，在“控件”组中单击“日期选取器内容控件”按钮。

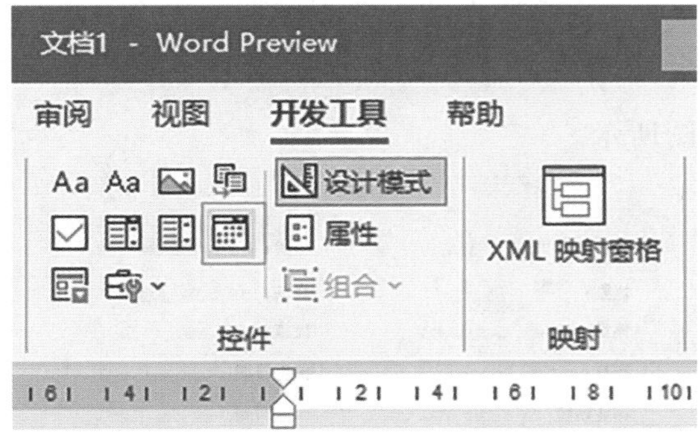

(2) 单击“控件”组中的“属性”按钮，弹出“内容控件属性”对话框，将“日期显示方式”设置为需要的样式，单击“确定”按钮。

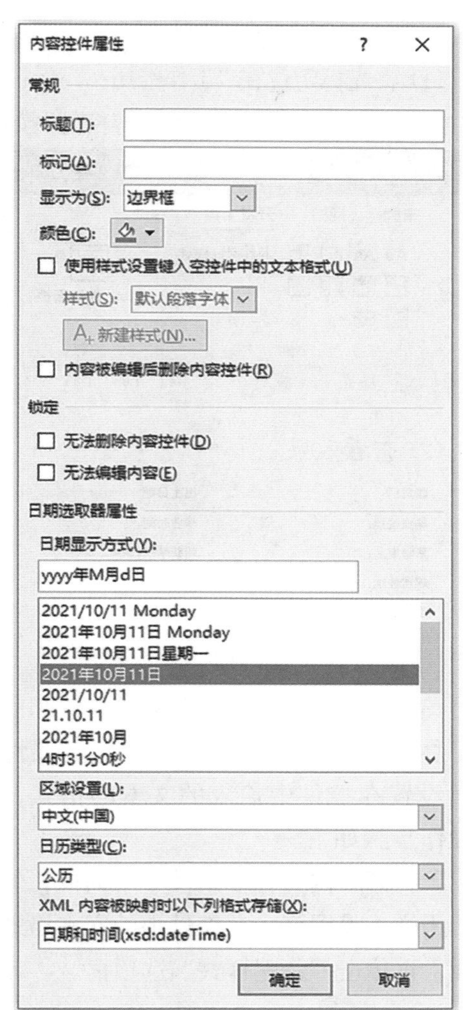

(3) 单击控件下拉箭头即可选择日期。

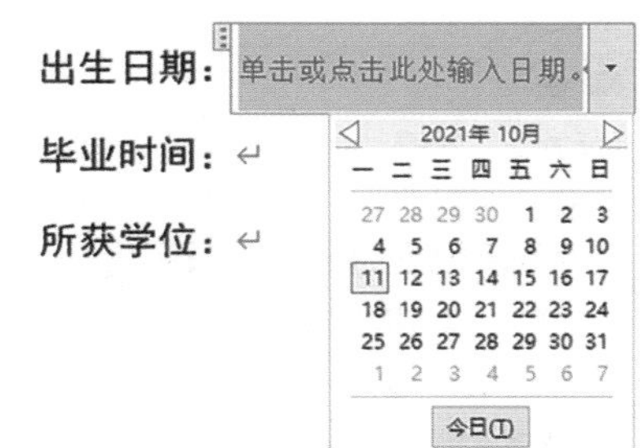

5. 插入纯文本内容控件

(1) 将光标定位在“工作经历：”下一行，在“控件”组中，单击“纯文本内容控件”按钮。

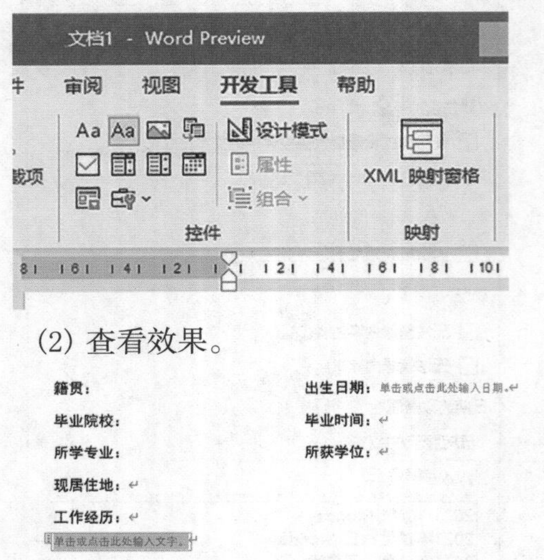

(2) 查看效果。

籍贯： 出生日期：单击或点击此处输入日期。
毕业院校： 毕业时间：
所学专业： 所获学位：
现居住地：
工作经历：
单击或点击此处输入文字。

(3) 控件中输入的文本格式默认和前方的字体保持一致，用户可以通过“属性”界面设置在控件中输入的文本的格式，具体操作步骤如下。

①打开“内容控件属性”对话框，勾选“使用样式设置键入空控件中的文本格式”一项，再单击“新建样式”选项框。

内容控件属性
常规
标题(T):
标记(A):
显示为(S): 边界框
颜色(C):
☑ 使用样式设置键入空控件中的文本格式(U)
样式(S): 默认段落字体
新建样式(N)...
☐ 内容被编辑后删除内容控件(R)
锁定
☐ 无法删除内容控件(D)
☐ 无法编辑内容(E)
纯文本属性
☐ 允许回车(多个段落)(C)
确定 取消

②弹出“根据格式化创建新样式”对话框，将“字体”设置为“黑体”，“字号”设置为“小四”，单击“确定”按钮。

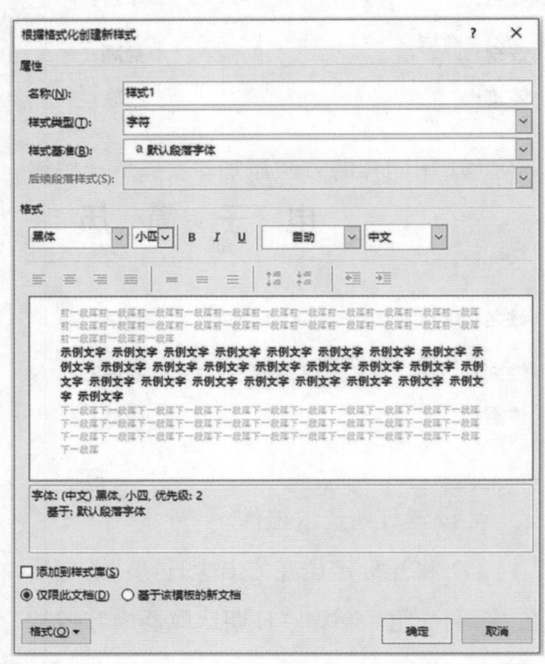

(4) 按照上述方法为其他文本内容添加合适的控件，并修改提示信息，效果如下图所示。

姓名：单击或点击此处输入文字。 年龄：单击或点击此处输入文字。
性别：○男 ○女 身高：单击此处输入数字。
体重：单击或点击此处输入数字。 民族：单击此处输入文字。
籍贯：单击或点击此处输入文字。 出生日期：单击此处输入日期。
毕业院校：单击或点击此处输入文字。 毕业时间：在此处输入日期。
所学专业：单击或点击此处输入文字。 所获学位：单击此处输入文字。
现居住地：单击或点击此处输入文字。
工作经历：
单击或点击此处输入文字。

4.4 Word 高级应用小技巧

✦ 4.4.1 在文档中插入当前时间

用户可以根据需要在文档中插入当前时间，并设置自动更新时间，具体操作步骤如下。

(1) 将光标定位在需要插入时间的位置，切换到“插入”选项卡，单击“文本”组中的“日期和时间”按钮。

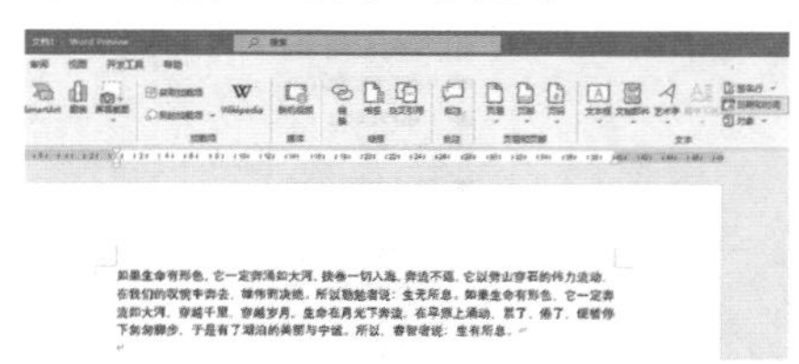

(2) 弹出“日期和时间”对话框，在“可用格式”栏中选择合适的时间和日期格式，勾选“自动更新”按钮，单击“确定”按钮。

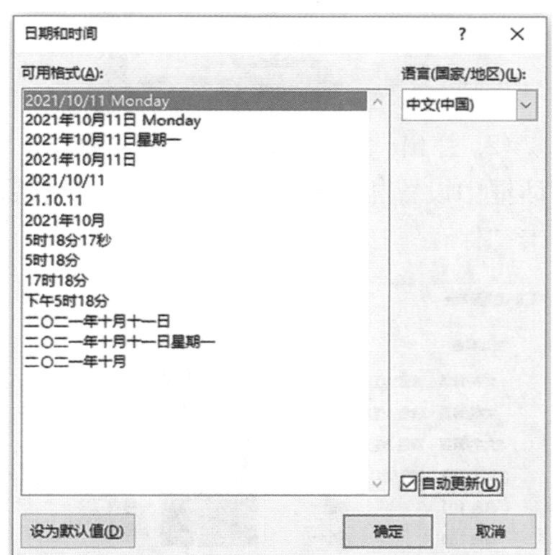

(3) 查看插入日期和时间的效果。

如果生命有形色，它一定奔涌如大河，挟卷一切入海，奔流不返，它以劈山穿石的伟力流动，在我们的叹惋中奔去，雄伟而决绝。所以勤勉者说：生无所息。如果生命有形色，它一定奔流如大河，穿越千里，穿越岁月，生命在月光下奔流，在平原上涌动，累了，倦了，便暂停下匆匆脚步，于是有了湖泊的美丽与宁谧。所以，睿智者说：生有所息。
2021/10/11 Monday

✦ 4.4.2 打印文档的背景

在默认情况下，文档中设置好的颜色或者图片背景是打印不出来的，用户可以进行相应的设置，使其能够被打印出来，具体操作步骤如下。

(1) 在 Word 文档中，单击“文件”选项卡，在打开的界面中选择“打印”选项，单击“打印”中的“页面设置”按钮。

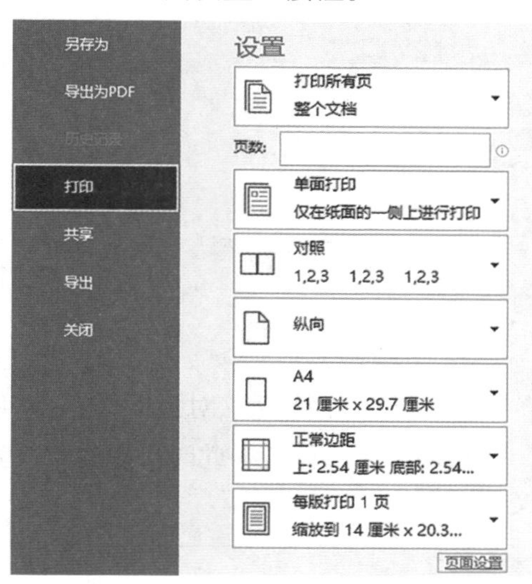

(2) 弹出“页面设置”对话框，切换到“纸张”选项，单击“打印选项”按钮。

（3）弹出“Word选项”对话框，单击“显示”选项，在“打印选项”中勾选“打印背景色和图像”复选框，单击“确定”按钮完成设置。

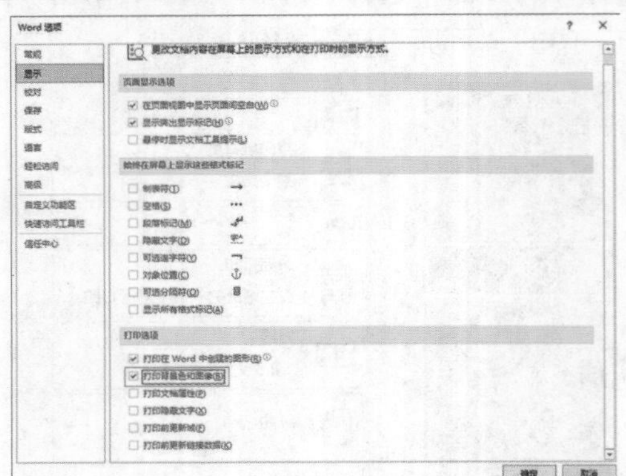

（4）返回“页面设置”对话框，单击“确定”按钮即可完成设置，此时可以打印设置的文档背景。

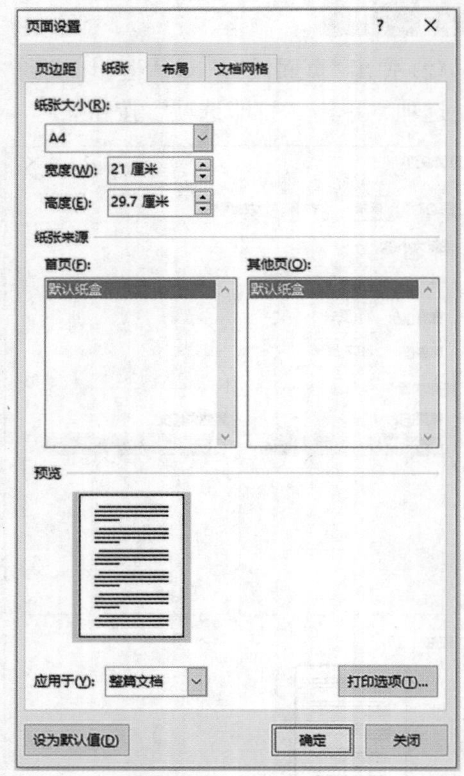

✦ 4.4.3 新建 Word 主题

在制作 Word 文档时，用户经常会用到 Word 内置的主题对文档进行编辑，但有时 Word 内置的主题并不能满足用户所有的要求，这时就需要用户根据自己的需要新建 Word 主题，具体操作步骤如下。

1. 新建主题颜色

（1）在 Word 2021 中新建一个空白文档，切换到“设计”选项卡，在“文档格式”组中，单击“颜色”下拉按钮，选择“自定义颜色”选项。

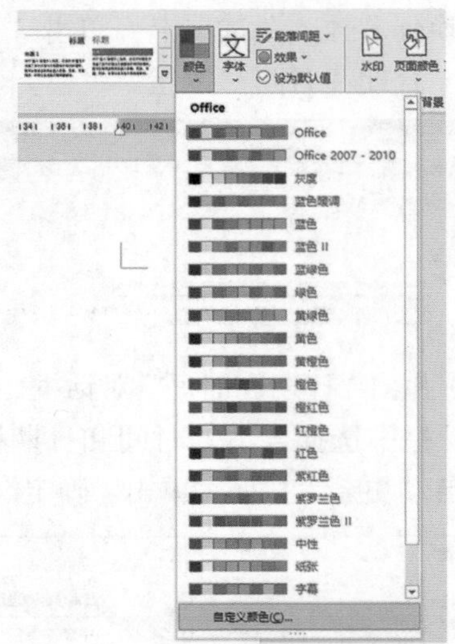

（2）弹出“新建主题颜色”对话框，在对话框中设置相应项目的颜色，设置完成后，单击“保存”按钮。

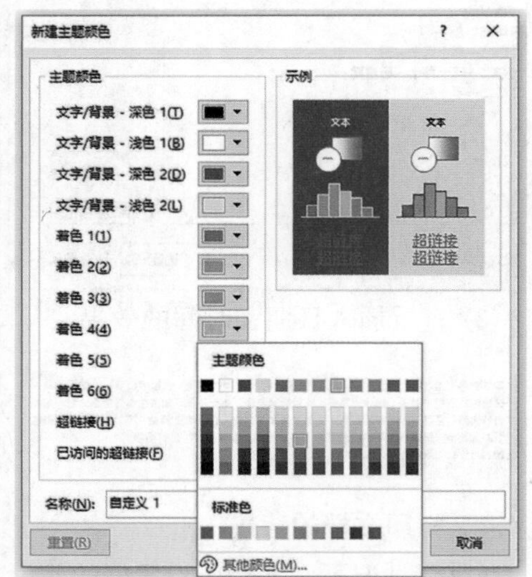

2. 新建主题字体

（1）在“文档格式”组中，单击“字体”下拉按钮，在下拉列表中选择一种字体样式或者单击“自定义字体”按钮。

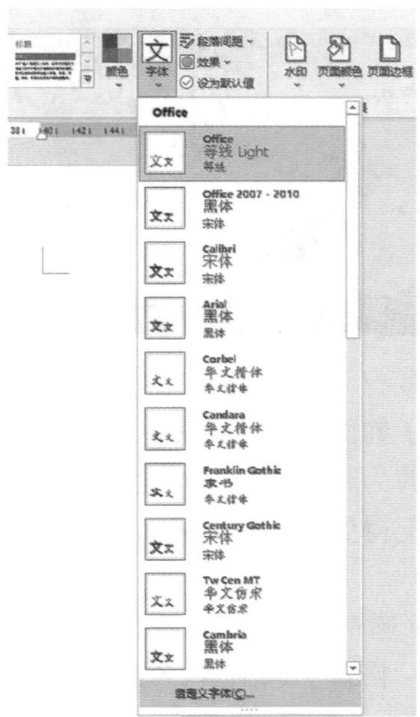

(2) 弹出“新建主题字体”对话框，在相应的栏目中进行设置。

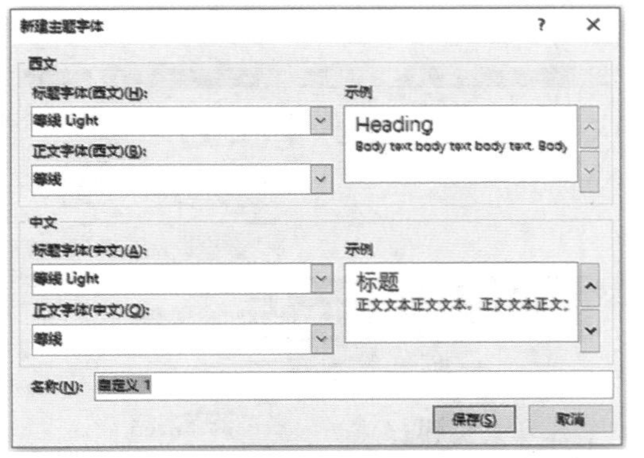

3. 设置主题效果

在“文档格式”组中，单击“效果”下拉按钮，在下拉列表中选择主题使用的效果样式。

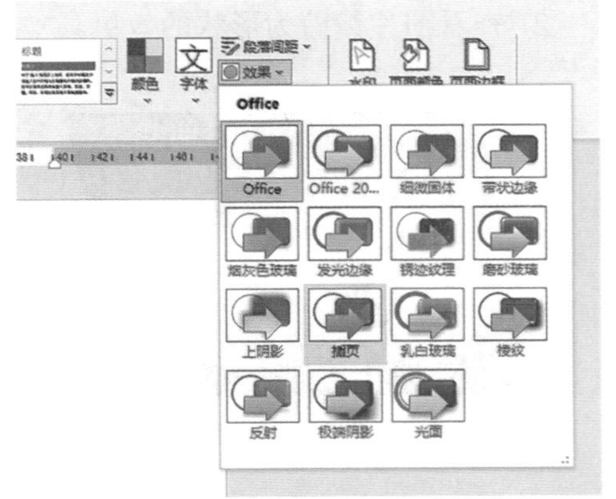

4. 设置主题名称

(1) 在“文档格式”组中，单击“主题”下拉按钮，在下拉列表中选择“保存当前主题”选项。

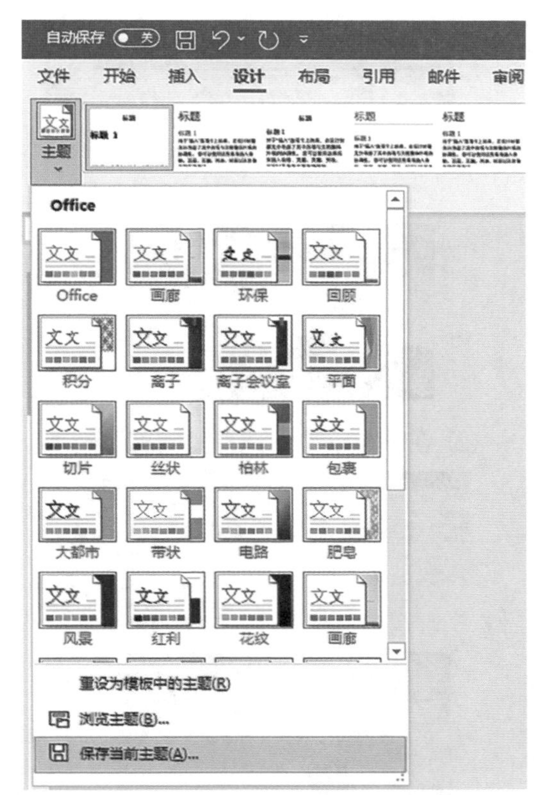

(2) 弹出“保存当前主题”对话框，设置新建主题的名称，单击“保存”按钮。

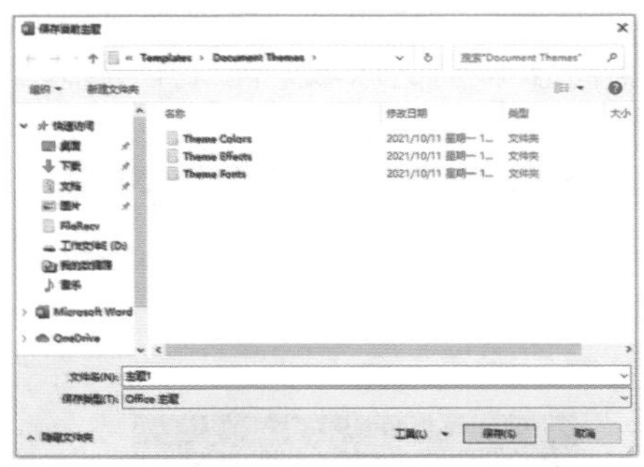

✦ 4.4.4 裁剪图片

裁剪图片是对插入文档中的图片的边缘进行修剪，并将图片修剪出不同的效果。

1. 一般裁剪

一般裁剪是指仅对图片的边缘进行修

剪，此方法裁剪出的图片的纵横比会根据裁剪的范围自动进行调整，具体操作步骤如下。

(1) 选中要进行裁剪的图片，切换到“图片工具－格式”选项卡，在“大小”组中单击“裁剪”下拉按钮。

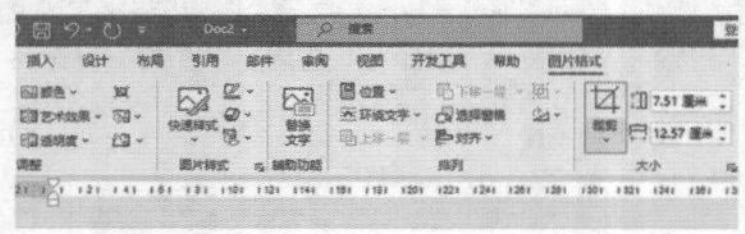

(2) 在下拉菜单中选择“裁剪”选项。

(3) 返回 Word 文档中，此时图片的边缘会出现黑色的控制点，用鼠标拖动这些控制点调整要裁剪的区域，图片中阴影区域为将要被裁剪的部分。

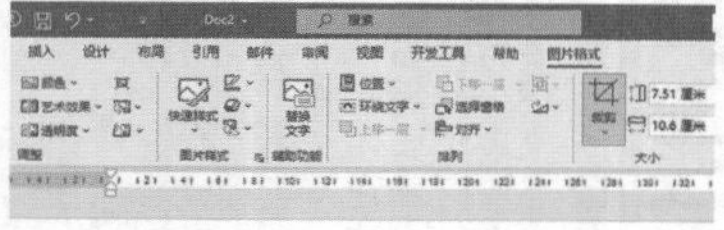

(4) 单击文档中图片外的任意部分即可完成对图片的裁剪。

2. 裁剪为形状

除了前面所讲述的方法，用户还可以将图片裁剪为其他形状，这会使图片与文档的内容搭配得更加得当、美观，具体操作步骤如下。

(1) 选中需要裁剪的图片，切换到“图片工具－格式”选项卡，在“大小”组中单击“裁剪”下拉按钮，在下拉菜单中选择“裁剪为形状”选项，再在弹出的子菜单中选择合适的形状。

(2) 查看图片裁剪为形状的效果。

第二部分 Excel 应用

第五章 Excel的基本操作

概述

Excel电子表格是Office常用的组件之一，它可以进行各种数据的处理、统计分析和辅助决策等操作。熟练使用Excel对处理繁杂的数据信息有非常大的帮助。

5.1 制作学生请假登记表

学校需要对学生的请假情况做一个登记表，加强对学生的管理，保护本校学生的安全。

✦ 5.1.1 工作簿的基本操作

工作簿，即 Excel 文件，也称为电子表格，是用于存储和处理数据的主要文档。工作簿的基本操作包括新建、保存、保护等。

1. 新建工作簿

启动 Excel 2021，在 Excel 开始界面中单击“空白工作簿”按钮即可新建一个名为“工作簿 1”的空白工作簿。

如果已经启动了 Excel 2021，可以单击“文件”选项卡，在弹出的界面左侧选择“新建”选项，单击右侧“新建”界面中的“空白工作簿”选项，即可创建一个空白工作簿。另外，右侧的“新建”界面中有很多工作簿模板，用户可以根据需要选择合适的模板。选中合适的模板后，单击此模板，会弹出一个对话框，单击“创建”按钮，即可创建新的工作簿。

2. 保存工作簿

保存工作簿包括保存新建工作簿和保存已有的工作簿两种情况。

(1) 保存新建工作簿。

①单击“文件”选项卡，在出现的界面左侧中单击“保存”按钮。因为这是新建的工作簿，系统会自动跳转到“另存为”界面，选择“这台电脑”选项，单击“浏览”按钮，选择保存的位置。

②选择好保存的位置，在“文件名”一栏中将文件名改为“学生请假登记表”，单击“保存”按钮即可。

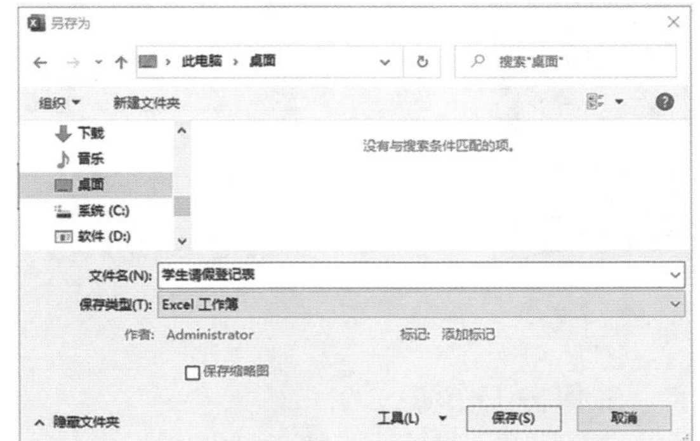

(2) 保存已有的工作簿。

①对于已有的工作簿，只需单击“保存”按钮即可将文件保存在原来的位置。

②用户也可以单击“文件”选项卡，在出现的界面中单击“另存为”选项，在“另存为”界面中单击“这台电脑”选项，再单击“浏览”按钮，选择合适的保存位置。

3. 保护工作簿

在使用 Excel 过程中，会涉及一些比较机密或隐私的文件以及数据，这时就需要对文件设置保护，具体操作步骤如下。

(1) 打开“另存为”界面，在此界面中单击“这台电脑”选项，再单击“浏览”按钮。

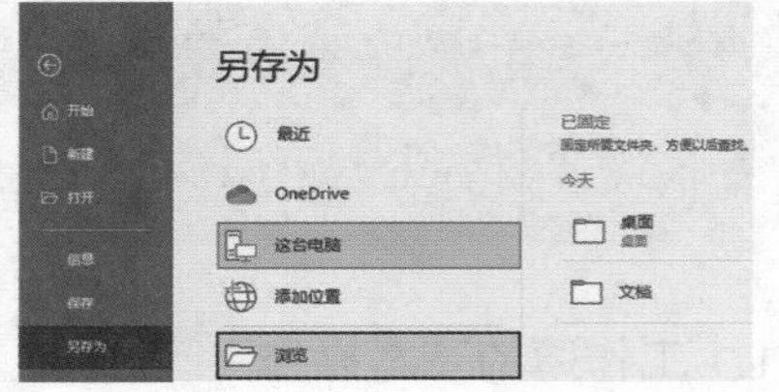

(2) 在弹出的“另存为”对话框中单击“工具”按钮，在弹出的下拉列表中选择“常规选项”选项。

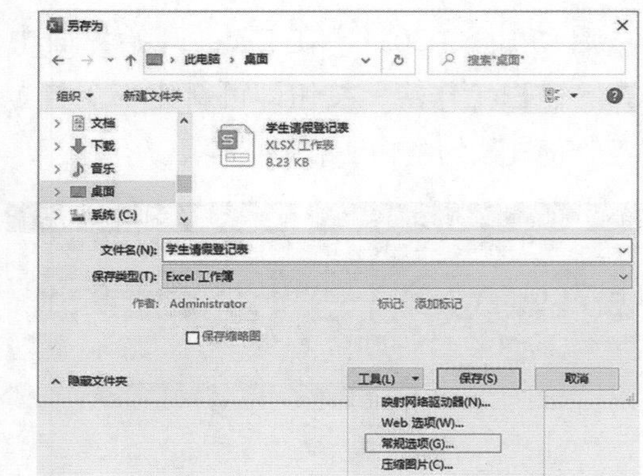

(3) 弹出“常规选项”对话框，在“打开权限密码”和“修改权限密码”两栏中均输入“123456”，然后单击“确定”按钮。

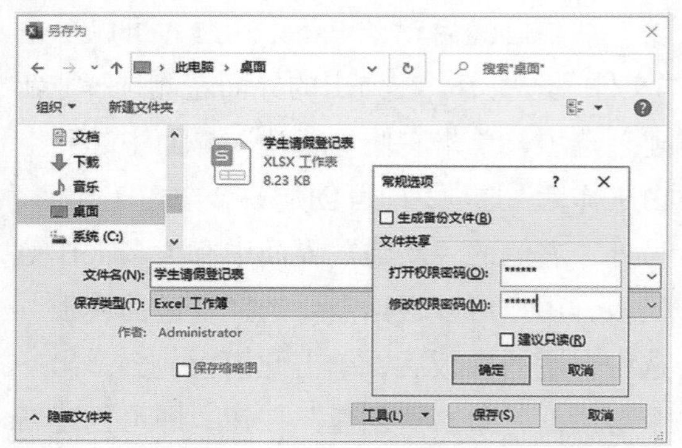

(4) 弹出“确认密码”对话框，在“重新输入密码”一栏中输入“123456”，单击“确定”按钮。

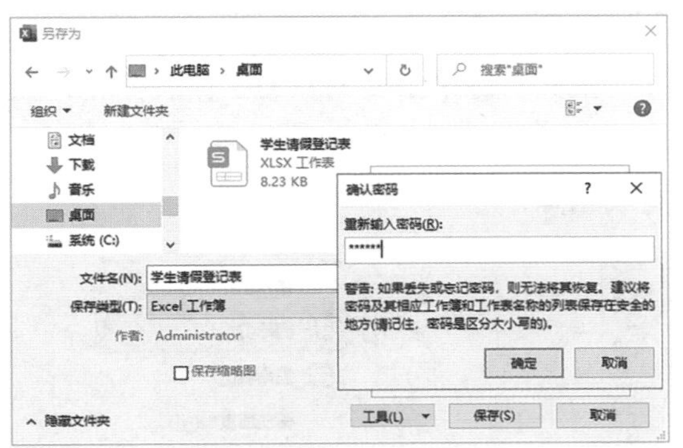

(5) 弹出“确认密码”对话框，在“重新输入修改权限密码”一栏中输入“123456”，单击“确定”按钮。

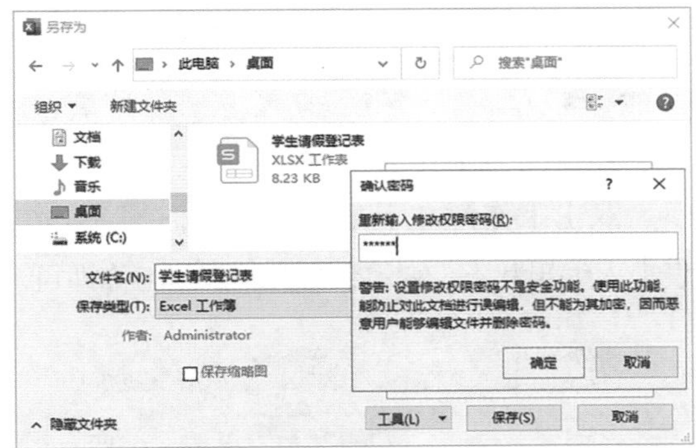

(6) 返回“另存为”对话框，选择要保存的位置，单击“保存”按钮。

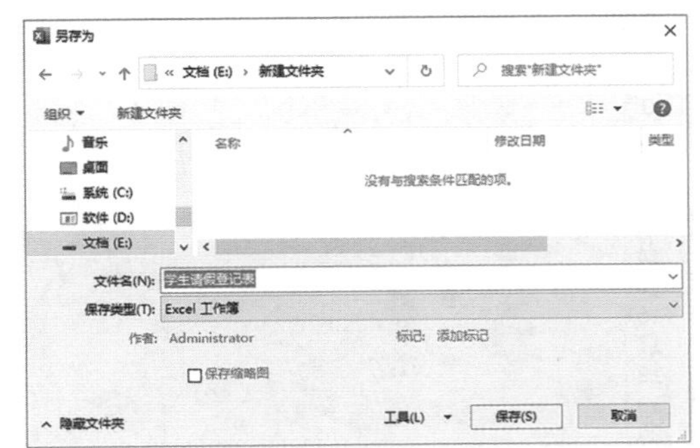

(7) 当再次打开该文件时，系统会提示用户输入密码，输入密码后单击“确定”按钮。

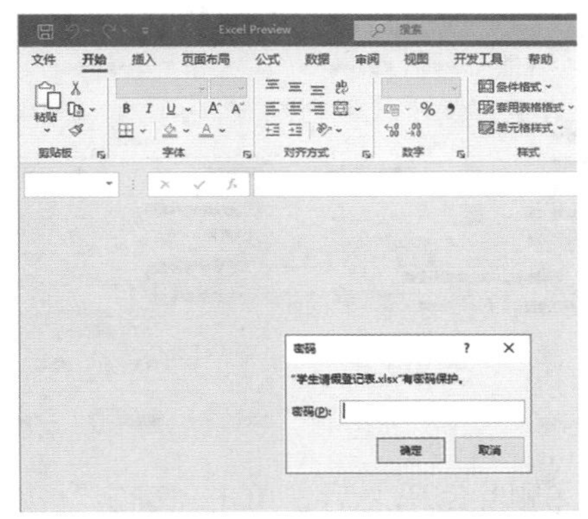

(8) 单击“确定”按钮之后系统会再次弹出“密码”对话框，请用户输入密码以获取写权限，或以只读方式打开，输入密码后单击“只读”或者“确定”按钮。

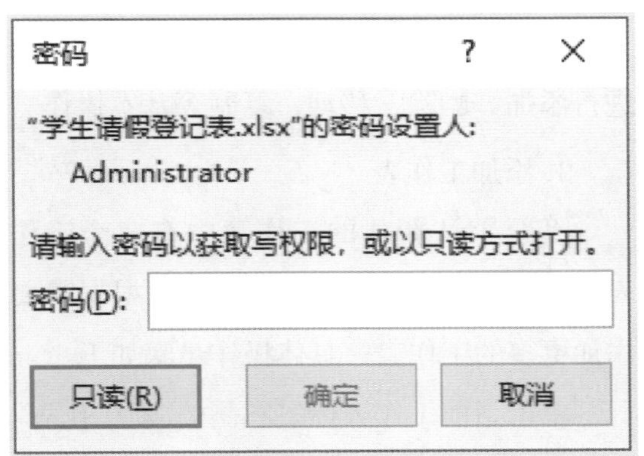

(9) 单击“只读”或者“确定”按钮之后即可打开该工作簿。

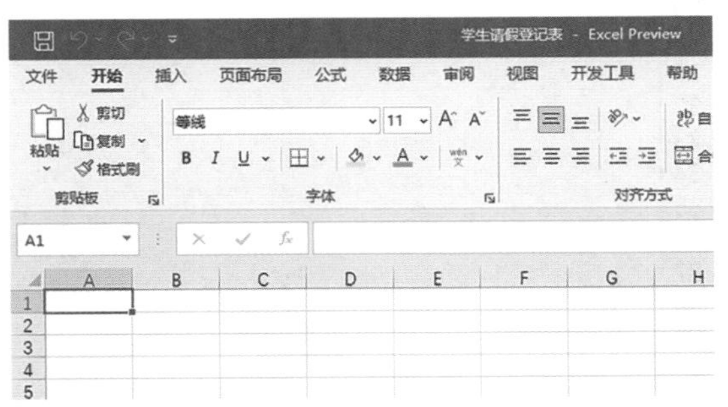

(10) 撤销工作簿的保护。

①在“另存为”对话框中，打开“常规选项”对话框，将“打开权限密码”和“修改权限密码”两栏中的密码删除。

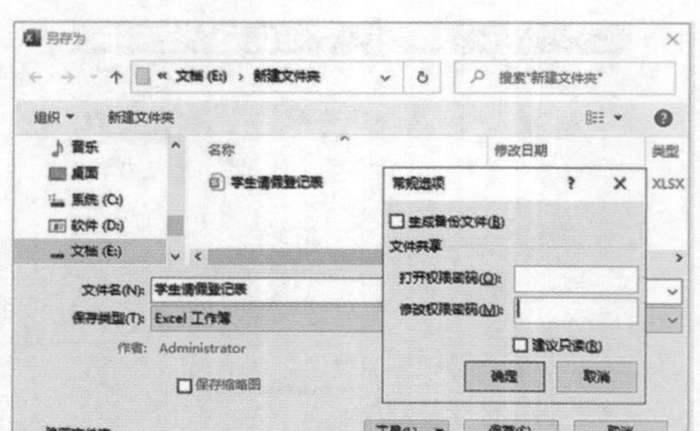

②删除密码之后，单击“确定”按钮，返回“另存为”界面，选择合适的存储位置，单击“保存”按钮即可。

✦ 5.1.2 工作表的基本操作

工作表存储在工作簿中，用户可以对其进行添加、删除、移动、复制等基本操作。

1. 添加工作表

系统默认新建的工作簿中有一个工作表，命名为“Sheet1”。用户可以根据需要添加更多的工作表，具体操作步骤如下。

单击当前工作表标签右侧的“新工作表”按钮，可添加新的工作表。

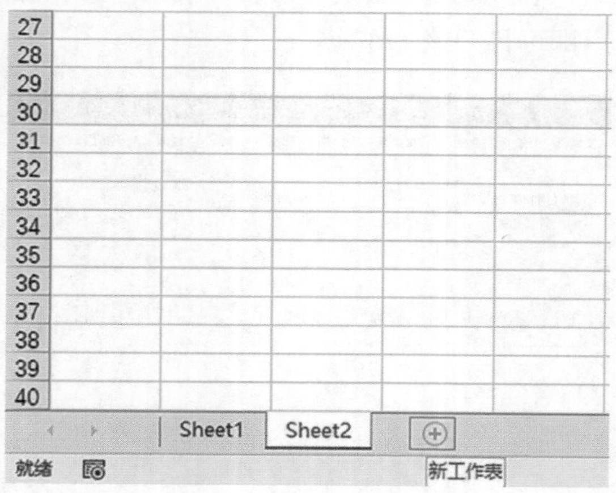

2. 删除工作表

鼠标右键单击要删除的工作表标签，在出现的快捷菜单中单击“删除”按钮即可完成删除。

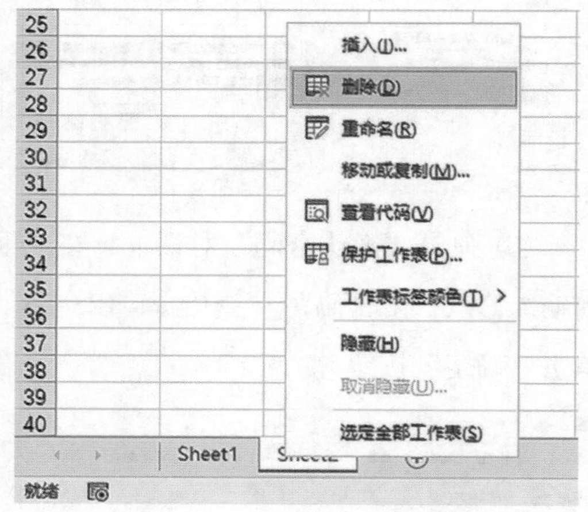

3. 重命名工作表

双击工作簿左下角的工作表标签，工作表进入编辑状态，在标签处输入新的名称即可。

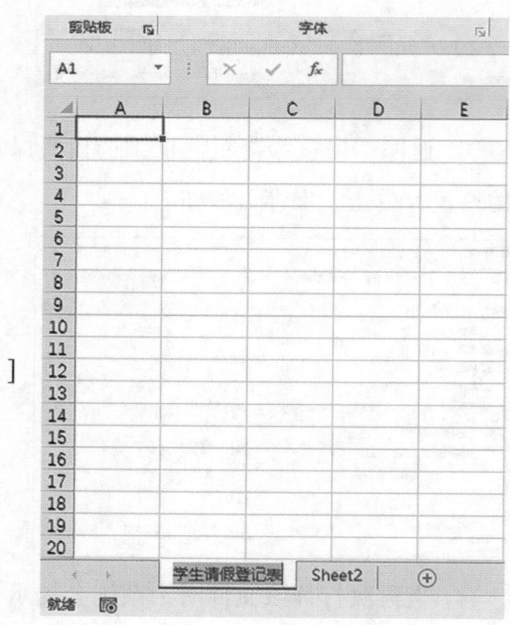

4. 在同一工作簿中移动或复制工作表

(1) 在“学生请假登记表”工作表上单击鼠标右键，在弹出的快捷菜单中选择“移动或复制”选项。

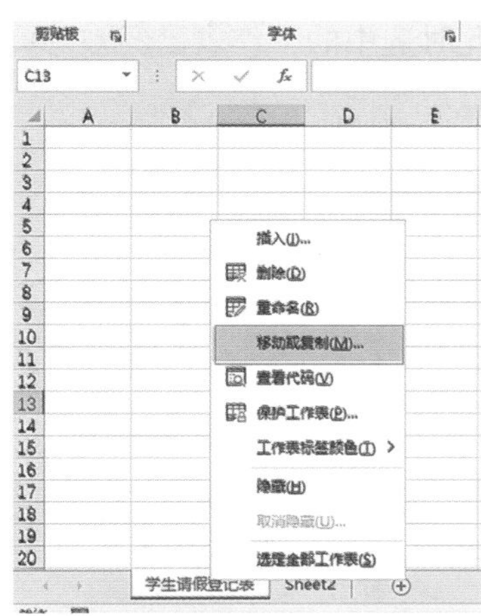

（2）弹出“移动或复制工作表”对话框，勾选“建立副本”选项框，单击“确定”按钮。

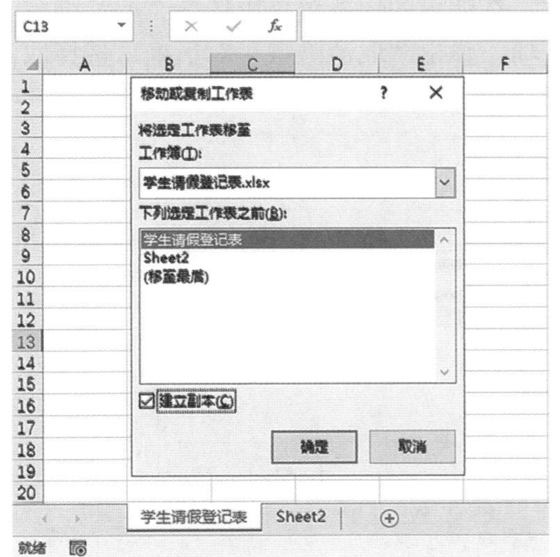

（3）此时在“学生请假登记表”左侧会出现“学生请假登记表（2）”工作表。

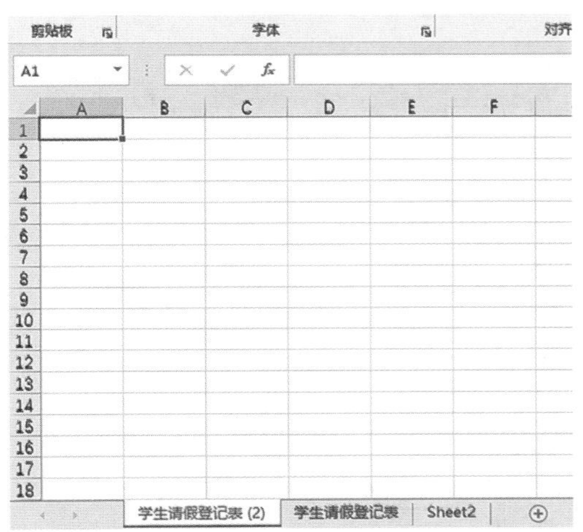

（4）选中所需要移动的工作表，按住鼠标左键不放，拖动该标签至合适的位置，放开鼠标即可完成移动。

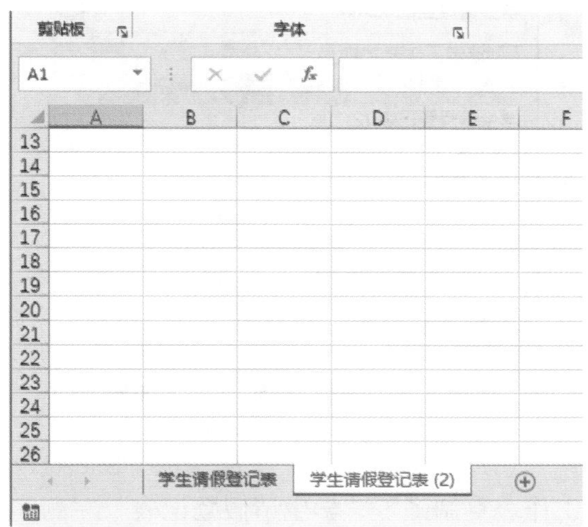

5. 在不同工作簿中移动或复制工作表

（1）打开新工作簿，在“Sheet1”工作表标签上单击鼠标右键，在出现的快捷菜单中单击“移动或复制”选项。

（2）弹出“移动或复制工作表”对话框，单击“工作簿”栏的下拉箭头，在下拉列表中选择“学生请假登记表”选项，勾选“建立副本”复选框，单击“确定”按钮。

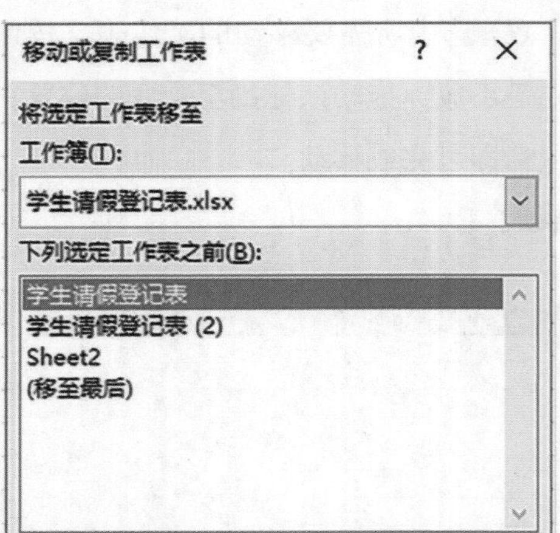

(3) 此时已将新工作簿中的“Sheet1”工作表复制到了“学生请假登记表”左侧。

6. 隐藏和显示工作表

(1) 隐藏工作表。

①选中要隐藏的工作表标签，单击鼠标右键，在弹出的快捷菜单中选择“隐藏”选项。

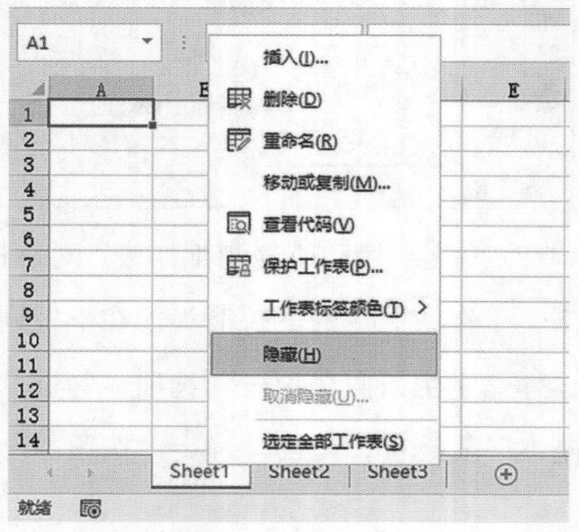

②此时选中的工作表已经被隐藏。

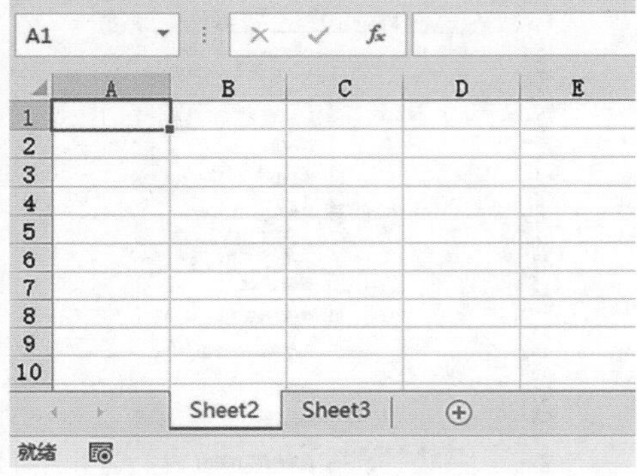

(2) 显示工作表。

①在任意一个工作表标签上单击鼠标右键，在弹出的快捷菜单中选择“取消隐藏”选项，弹出“取消隐藏”对话框，选择取消隐藏的工作表。

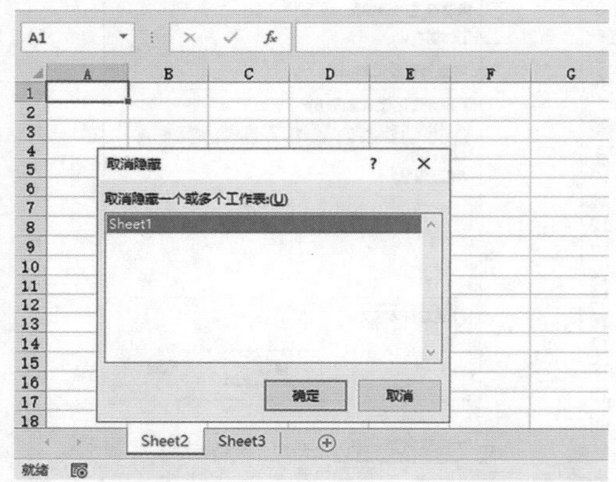

②单击“确定”按钮，已被隐藏的工作表就会显示出来。

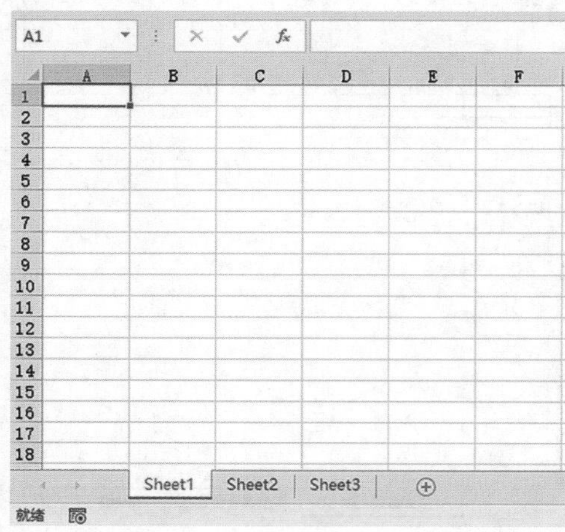

✦ 5.1.3 输入工作表内容

1. 输入表头

在工作表中，单击“A1”单元格，然后在单元格中输入内容。

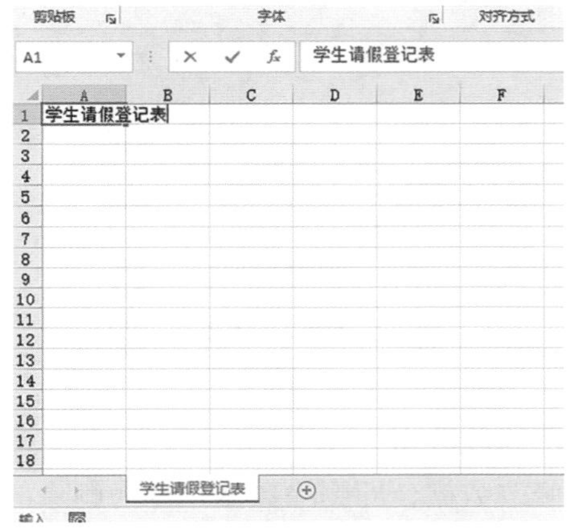

2. 输入剩余内容

按下键盘上的“Enter”键，光标转到“A2”单元格，输入内容。再按下键盘上向右的箭头，光标定位到“B2”单元格，输入内容，照此方法完成工作表的内容。

3. 合并单元格

(1) 选中“A1:I1”单元格区域，在“开始”选项卡下的“对齐方式”组中，单击“合并后居中”的下拉按钮，在下拉列表中选择“合并后居中”或者直接单击“合并后居中”按钮。

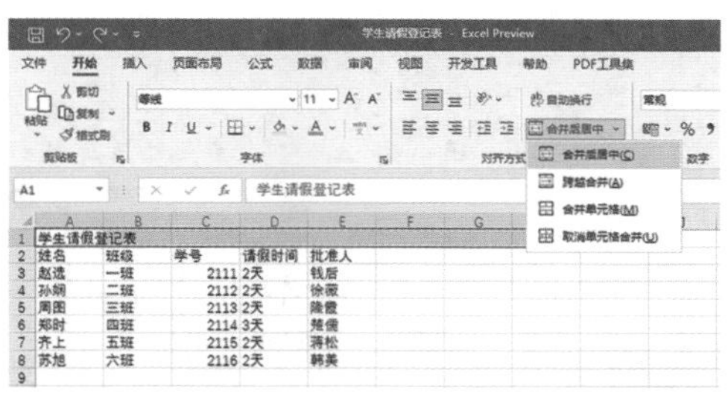

(2) 查看效果。

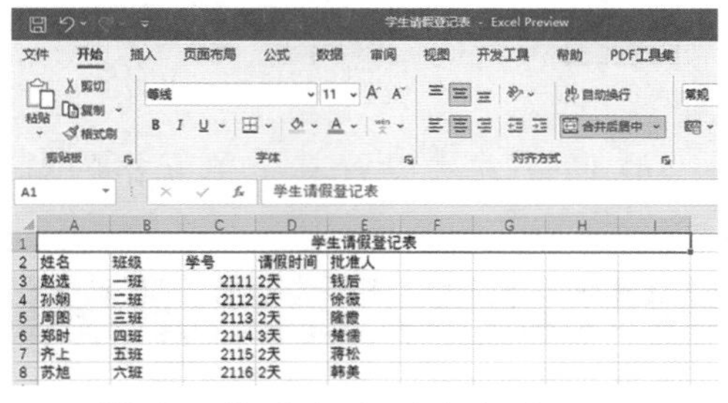

4. 设置工作表文本对齐方式

(1) 选中“姓名”单元格区域，单击“对齐方式”组中的“对话框启动器”按钮。

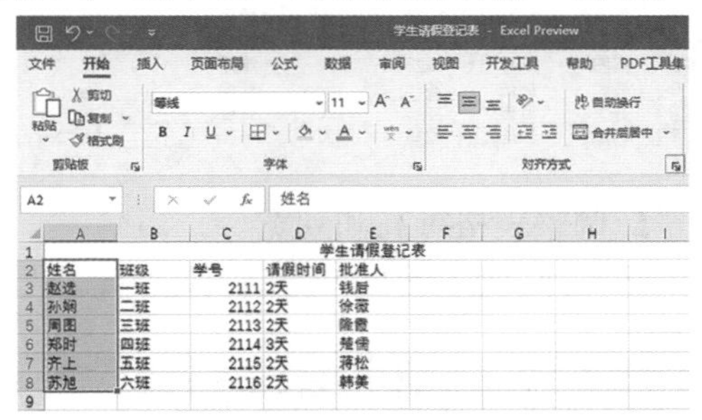

(2) 弹出“设置单元格格式”对话框，将“水平对齐”和“垂直对齐”均设置为“居中”。

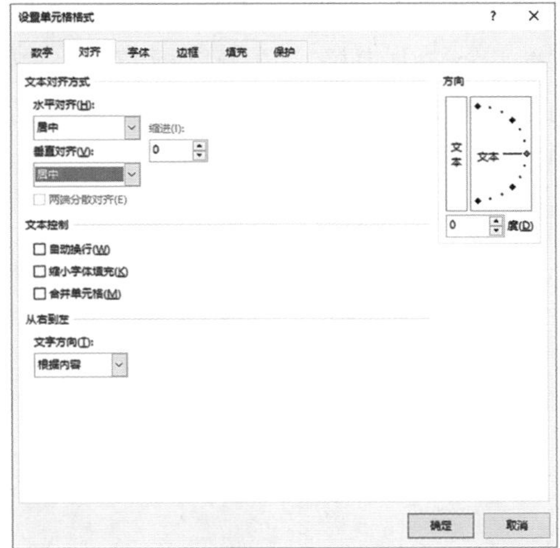

(3) 单击“确定”按钮，查看效果。

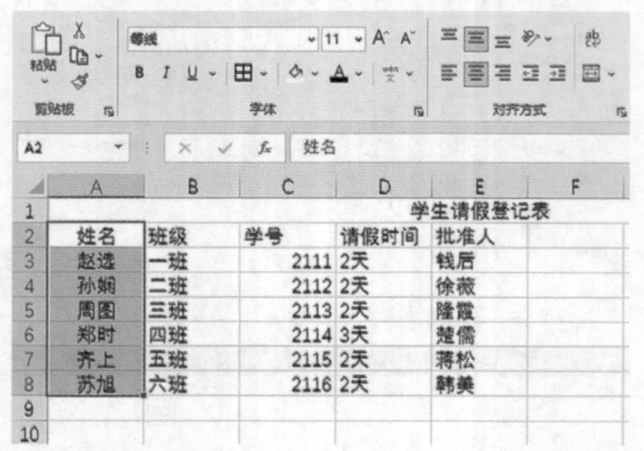

	A	B	C	D	E
1			学生请假登记表		
2	姓名	班级	学号	请假时间	批准人
3	赵选	一班	2111	2天	钱居
4	孙娴	二班	2112	2天	徐薇
5	周图	三班	2113	2天	隆霞
6	郑时	四班	2114	3天	楚儒
7	齐上	五班	2115	2天	蒋松
8	苏旭	六班	2116	2天	韩美

(4) 照此方法设置其余单元格的对齐方式。

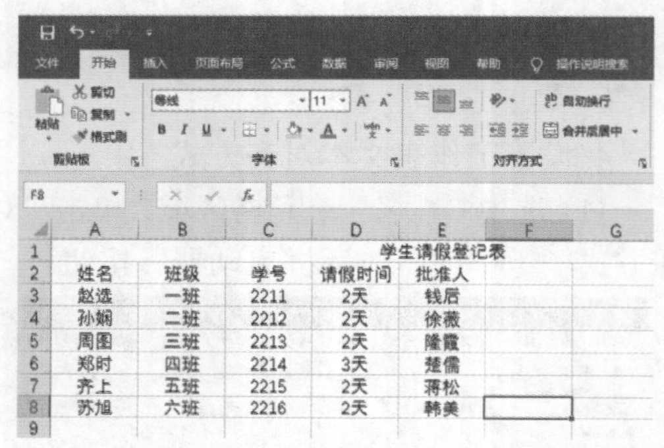

	A	B	C	D	E
1			学生请假登记表		
2	姓名	班级	学号	请假时间	批准人
3	赵选	一班	2211	2天	钱居
4	孙娴	二班	2212	2天	徐薇
5	周图	三班	2213	2天	隆霞
6	郑时	四班	2214	3天	楚儒
7	齐上	五班	2215	2天	蒋松
8	苏旭	六班	2216	2天	韩美

5. 调整表格行高和列宽

将光标放在行号间的分割线上，此时光标变为双向箭头，按住鼠标左键上下拖动光标即可调整行高；将光标放在列号间的分隔线上，按下鼠标左键左右拖动光标即可调整列宽。

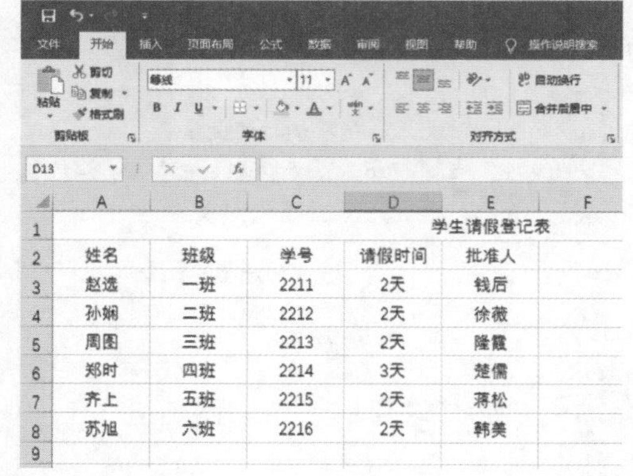

	A	B	C	D	E
1				学生请假登记表	
2	姓名	班级	学号	请假时间	批准人
3	赵选	一班	2211	2天	钱居
4	孙娴	二班	2212	2天	徐薇
5	周图	三班	2213	2天	隆霞
6	郑时	四班	2214	3天	楚儒
7	齐上	五班	2215	2天	蒋松
8	苏旭	六班	2216	2天	韩美

6. 修改数据

修改数据，即删除数据，分为删除部分数据和删除全部数据。

(1) 删除部分数据时，将光标插入单元格中，按下“Backspace”键即可删除。

(2) 删除全部数据时，选中单元格，直接输入修改后的文本，即可将原来单元格中的内容删除。

5.2 美化学生请假登记表格

✦ 5.2.1 设置表格边框线

1. 设置外框线

(1) 在 Excel 2021 中打开学生请假登记表，全选中表格，单击鼠标右键，在弹出的快捷菜单中选择“设置单元格格式”选项。

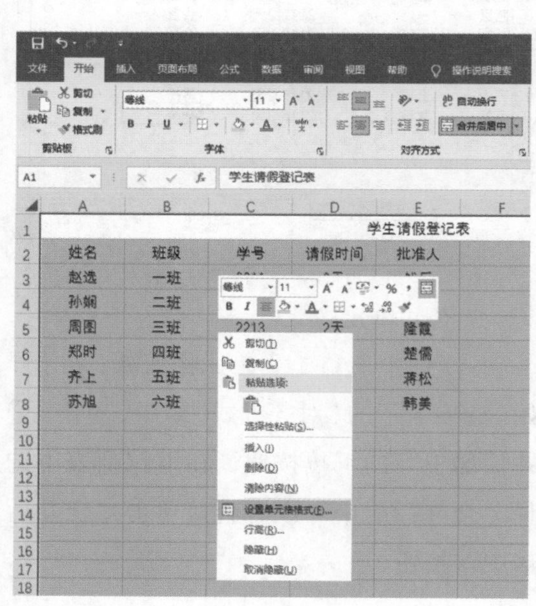

(2) 弹出“设置单元格格式”对话框，切换到“边框”选项，在“样式”栏中选择合适的样式，再选择“外边框”选项，单击“确定”按钮。

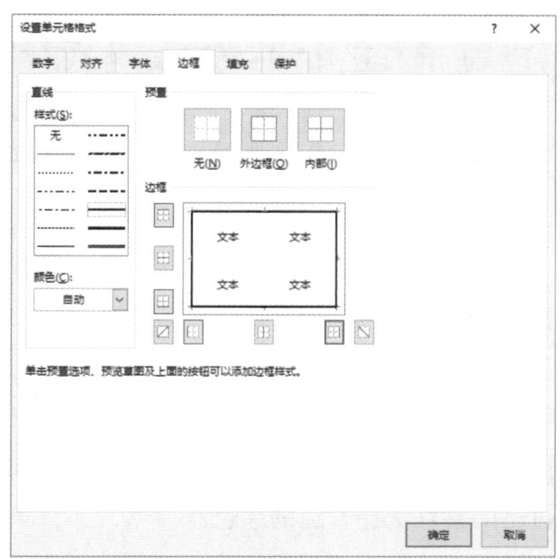

2. 设置内框线

(1) 同样打开“设置单元格格式”对话框，切换到“边框”选项，在“样式”栏中选择合适的样式，之后单击“内部”选项，最后单击“确定”按钮即可。

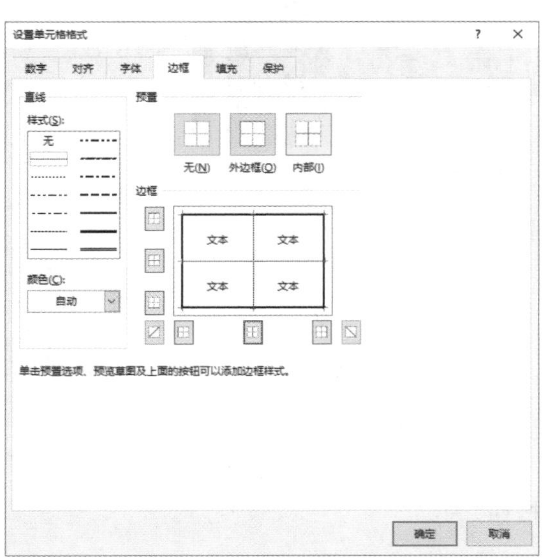

(2) 查看设置完内框线和外框线之后的效果。

学生请假登记表

姓名	班级	学号	请假时间	批准人
赵选	一班	2111	2天	钱后
孙娴	二班	2112	2天	徐薇
周图	三班	2113	2天	隆霞
郑时	四班	2114	3天	楚儒
齐上	五班	2115	2天	蒋松
苏旭	六班	2116	2天	韩美

✦ 5.2.2 设置表格样式

1. 设置底纹

(1) 选中表格第二行，单击鼠标右键，选择“设置单元格格式”选项，弹出“设置单元格格式”对话框，切换到“填充”选项。

学生请假登记表

姓名	班级	学号	请假时间	批准人
赵选	一班	2211	2天	钱后
孙娴	二班	2212	2天	徐薇
周图	三班	2213	2天	隆霞
郑时	四班	2214	3天	楚儒
齐上	五班	2215	2天	蒋松
苏旭	六班	2216	2天	韩美

(2) 在“背景色”中选择合适的颜色，单击“确定”按钮。

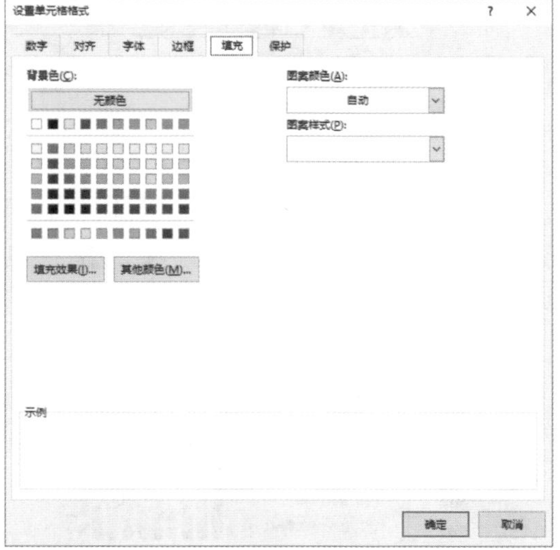

2. 应用内置样式

(1) 选中表格单元格区域，单击“开始”选项卡，在“样式”组中单击“套用表格格式”选项，在下拉菜单中选择合适的样式。

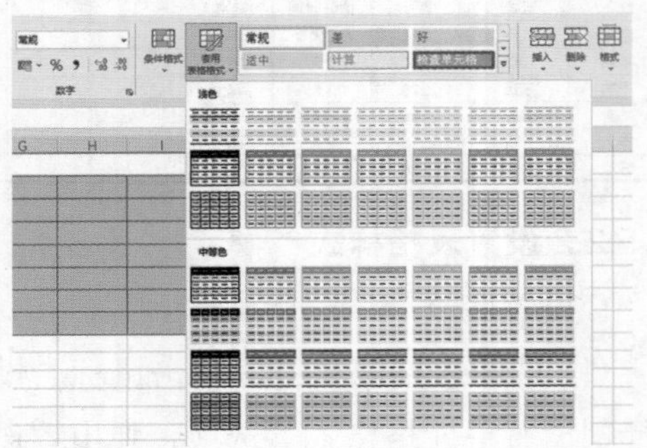

(2) 弹出“套用表格式”对话框，在对话框中确认表格区域，勾选“表包含标题”选项，单击“确定”按钮。

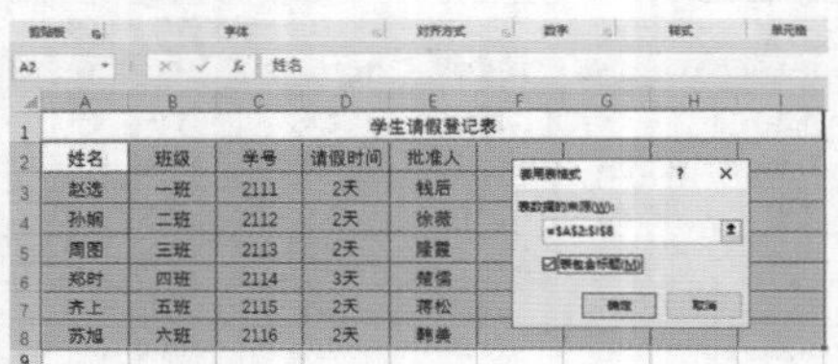

(3) 查看样式效果。

3. 设置工作表标签颜色

(1) 在工作表标签“学生请假登记表”上单击鼠标右键，在弹出的快捷菜单中选择“工作表标签颜色”选项，在右侧弹出的菜单中选择合适的颜色。

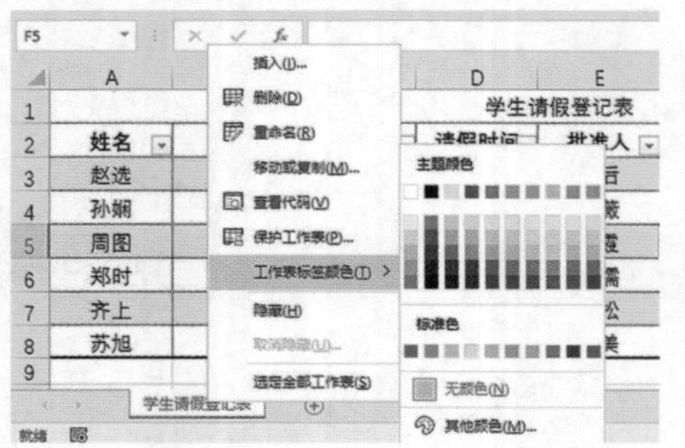

(2) 查看效果。

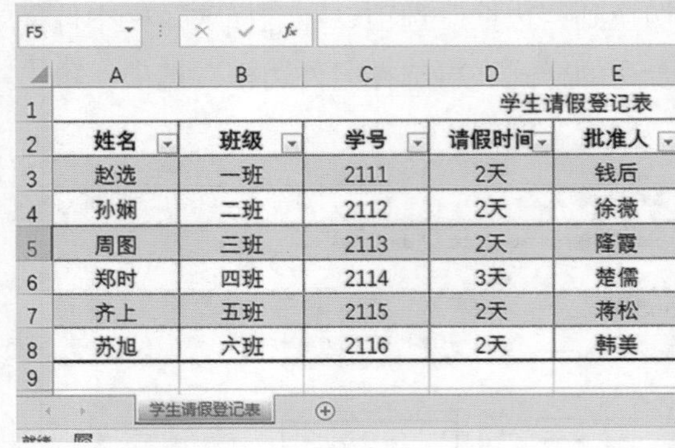

	A	B	C	D	E
1					学生请假登记表
2	姓名	班级	学号	请假时间	批准人
3	赵选	一班	2111	2天	钱后
4	孙娴	二班	2112	2天	徐薇
5	周图	三班	2113	2天	隆霞
6	郑时	四班	2114	3天	楚儒
7	齐上	五班	2115	2天	蒋松
8	苏旭	六班	2116	2天	韩美

(3) 如果在上述右侧弹出的菜单中没有找到合适的颜色，用户可以自定义喜欢的颜色。同样打开“工作表标签颜色”级联菜单，再选中“其他颜色”选项，弹出“颜色”对话框，切换到“自定义”选项，用户可根据自己的喜好选择合适的颜色。

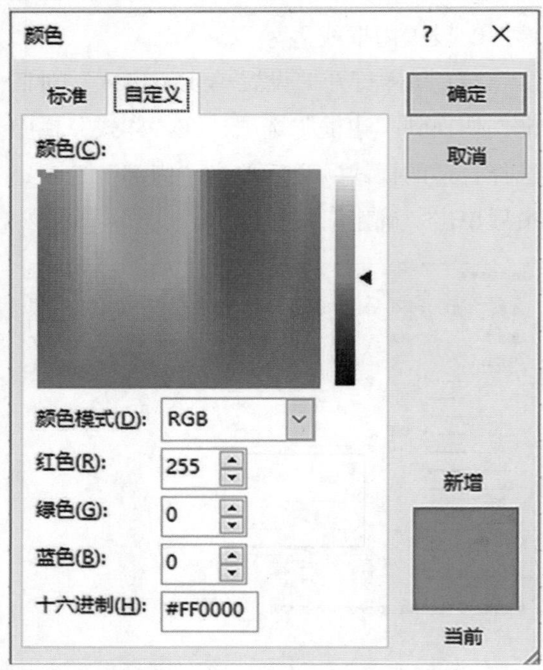

(4) 选择好合适的颜色后，单击“确定”按钮。

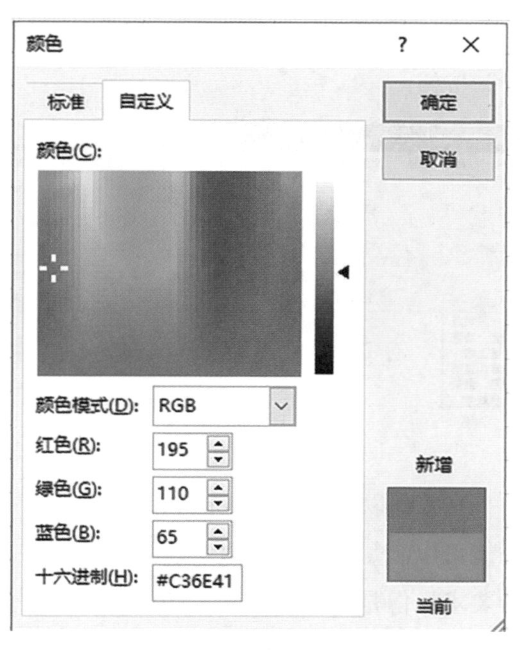

(5) 查看效果。

	A	B	C	D	E
1	学生请假登记表				
2	姓名	班级	学号	请假时间	批准人
3	赵选	一班	2111	2天	钱后
4	孙娴	二班	2112	2天	徐薇
5	周图	三班	2113	2天	隆霞
6	郑时	四班	2114	3天	楚儒
7	齐上	五班	2115	2天	蒋松
8	苏旭	六班	2116	2天	韩美
9					

5.3 Excel 操作小技巧

✦ 5.3.1 表格中文本的处理

表格中文本的处理包括区别数字文本与数值、设置单元格中文本的换行。

1. 区分数字文本与数值

在输入表格内容时经常会用到数字文本，为了区分输入的数字是数字文本还是数值，需要在输入的数字文本前先输入英文状态下的单引号。注意：在公式中输入文本时，需要将文本用英文状态下的双引号括起来。

(1) 在 Excel 表格中，选中任意单元格，输入“'010”。

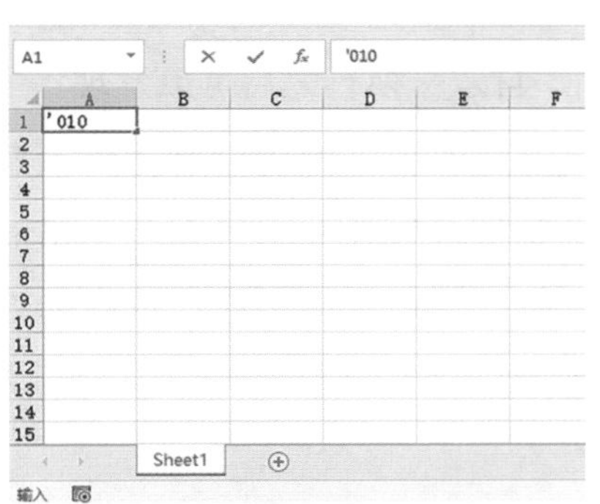

(2) 按下“Enter”键，单元格中的文本将变为“010”，此时单元格的左上角会出现一个绿色三角标识，表示单元格中的数字为文本格式。

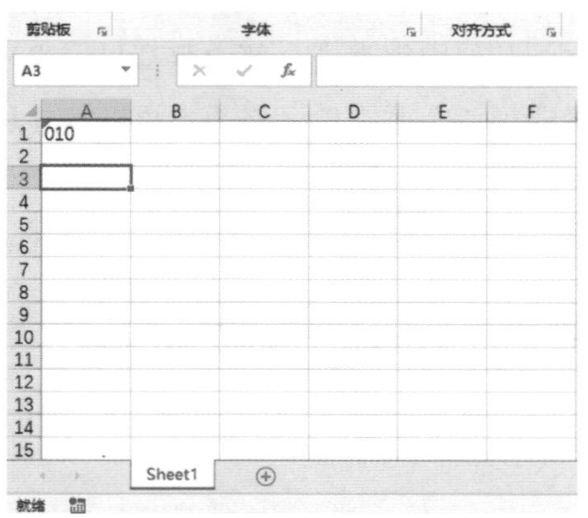

(3) 在 Excel 表格中，选中任意一个单元格，这里选中“A2”单元格，输入公式“=IF(B2=10,"是","不是")”，公式中包含的符号均为英文状态下输入的符号。

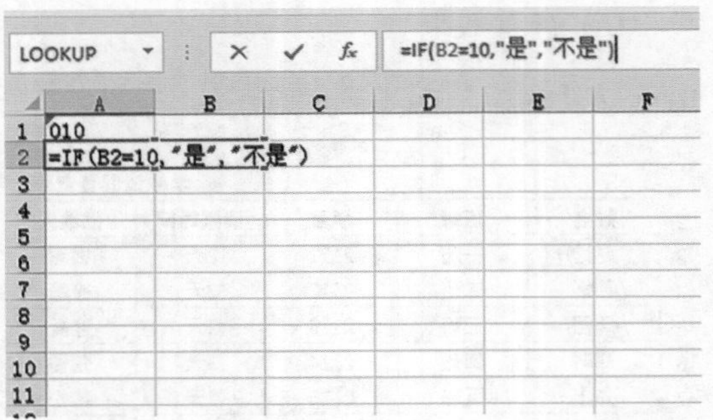

(4) 按下“Enter”键，“A2”单元格就会显示出“不是”。

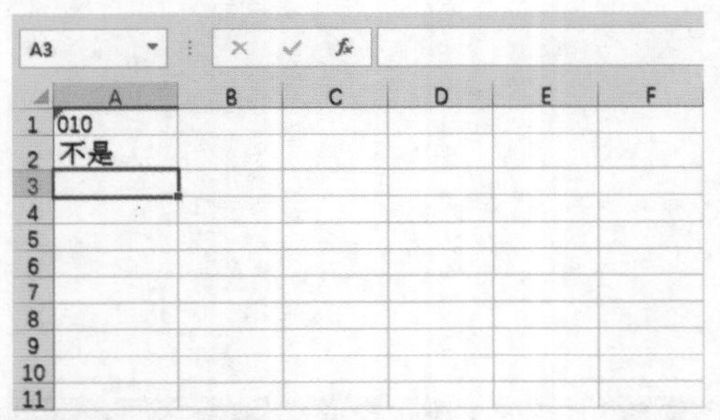

2. 单元格中文本的换行

用户在使用单元格的时候会发现，如果在单元格中输入了很多字符，而单元格的宽度不够显示所有的字符，这时会出现部分字符显示不出来的情况。如果长文本右侧的单元格是空单元格，那么 Excel 会继续显示长文本的其他内容直到全部内容都显示出来，或者遇到一个非空单元格而不再继续显示，如下图所示。

为了将长文本的内容完整地显示出来，可以设置单元格中的文本换行，具体操作步骤如下。

(1) 选中长文本单元格，在“开始”选项卡下，单击“对齐方式”组中的“自动换行”按钮。

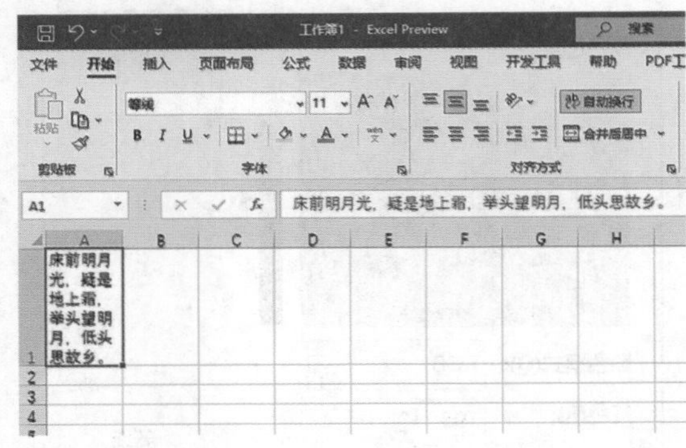

(2) 可以发现，Excel 自带的自动换行功能可以满足将长文本显示在一个单元格内的要求，但是对于文本显示的效果并不是足够好，没有按照用户所期望的方式进行换行。如果想要在此基础上达到期望的效果，那就需要用户自定义换行，具体操作步骤如下。

选中长文本所在的单元格后，把光标依次定位在每个需要换行的地方之后，再使用“Alt+Enter”快捷键实现自定义换行效果。

(3) 自定义换行之后可以发现，虽然换行效果有所改善，但仍没有达到预期的效果，主要是因为长文本所在单元格的宽度不够，所以用户可以用拖动鼠标的方式调整列宽。

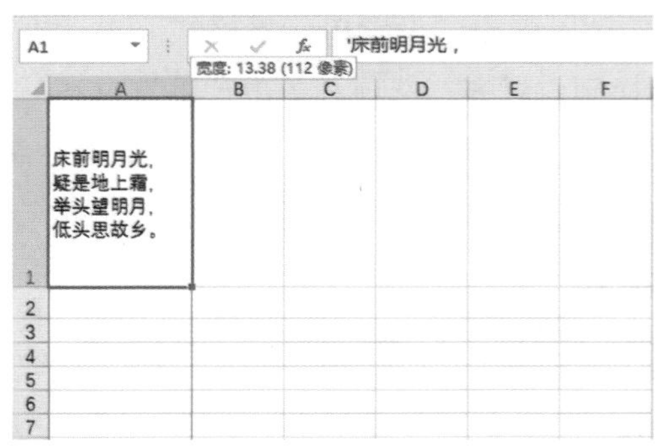

(4) 默认情况下，Excel 没有提供设置行间距的功能，但如果需要在显示时设置行间距，可以采用以下的方法。

①选中长文本单元格，切换到“开始”选项卡，在“单元格”组中单击“格式”下拉按钮，选择“设置单元格格式”选项。

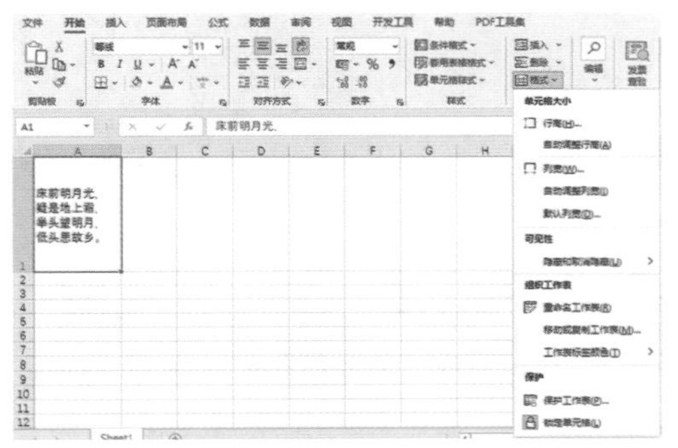

②弹出“设置单元格格式”对话框，切换到“对齐”选项，单击“垂直对齐”下拉按钮，选择“两端对齐”选项。

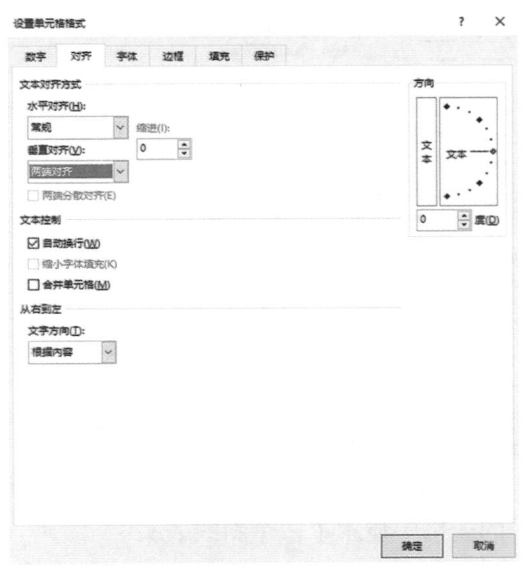

③返回 Excel 表格工作界面，调整行高，文本间的行距也会随之调整。

3. 输入以“0”结尾的小数

默认情况下，输入以“0”结尾的小数，Excel 表格中不能正确显示，如输入“1.00”，会显示为“1”。如下图所示，在“A1”单元格中输入“1.00”，再按下“Enter”键，会显示为“1”。

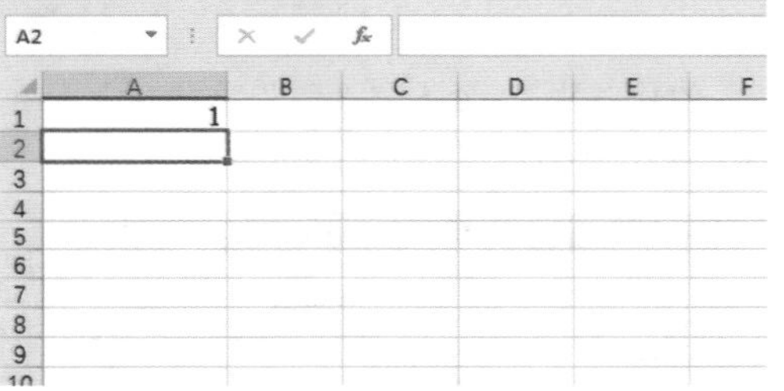

此时，如果用户输入的数据需要保留小数点后结尾的“0”的话，可以通过以下步骤实现。

(1) 选中要输入数据的单元格，切换到“开始”选项卡，在“数字”组中单击“对话框启动器”按钮，弹出“设置单元格格式”对话框。

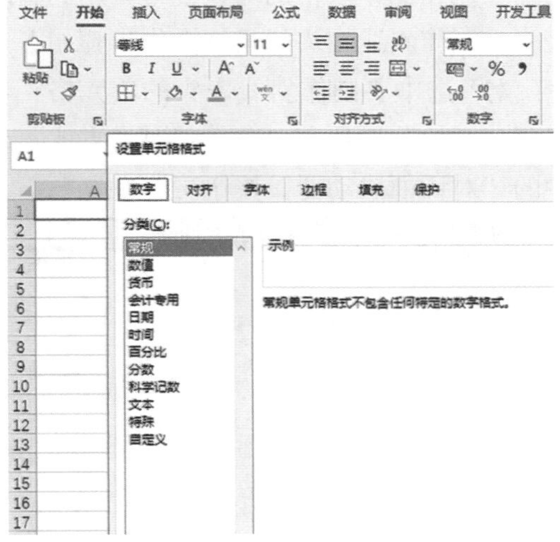

(2) 在“数字”选项下，单击“分类”列表框中的“数值”选项，在“小数位数”数值框中输入需要显示的小数位数，单击“确定”按钮即可完成设置。

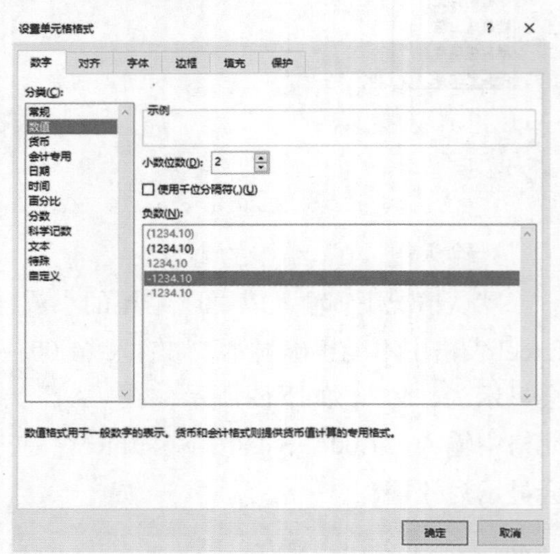

(3) 当再次输入“1.00”的时候，单元格中就会正确显示要输入的数据。

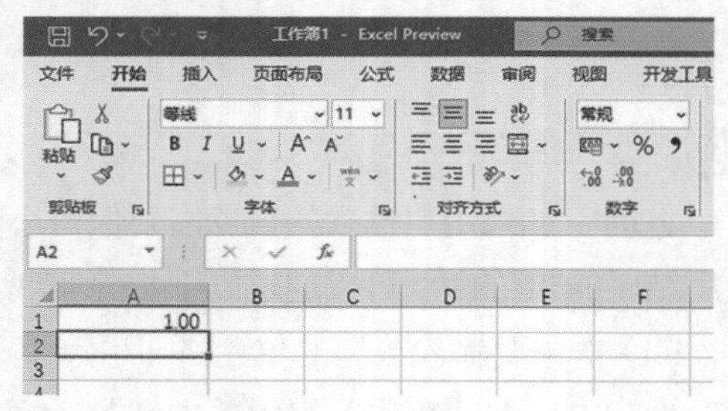

✦ 5.3.2 绘制斜线表头

在制作测量表格的时候经常会用到斜线表头。制作斜线表头的具体操作步骤如下。

(1) 选中要制作斜线表头的单元格，切换到“开始”选项卡，单击“对齐方式”组中的“对话框启动器”按钮。

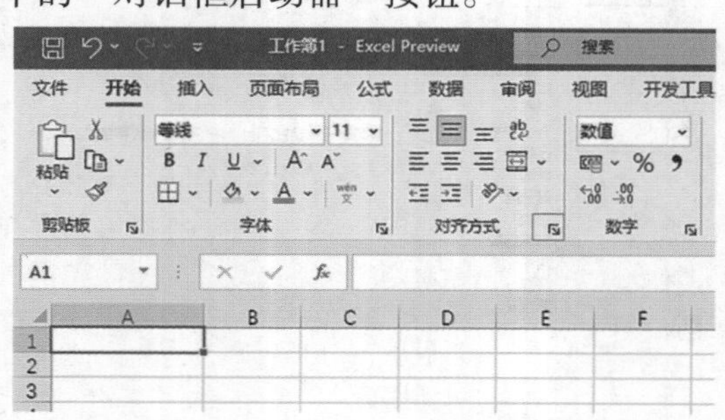

(2) 弹出“设置单元格格式”对话框，切换到“对齐”选项，单击“垂直对齐”下拉箭头，选择“靠上”选项，在“文本控制”组中勾选“自动换行”复选框。

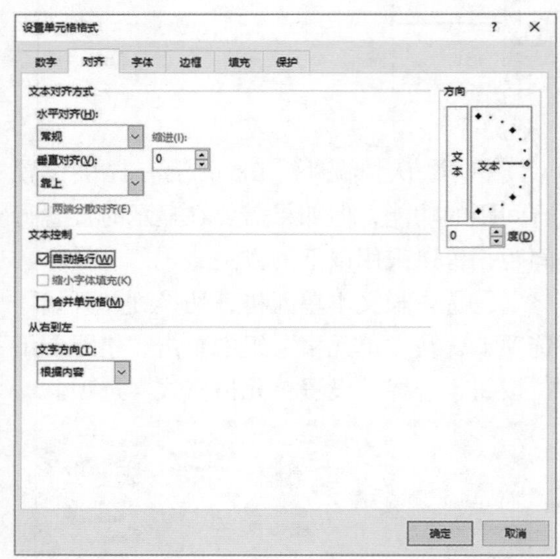

(3) 切换到“边框”选项，在“预置”栏中选择“外边框”选项，在“边框”栏中单击“右斜线”按钮，然后单击“确定”按钮。

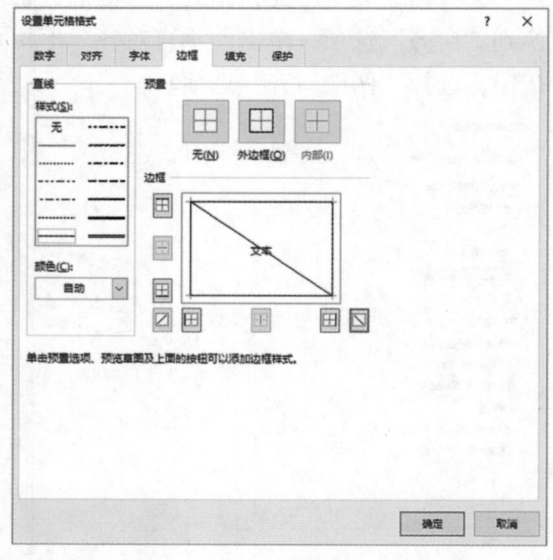

(4) 返回 Excel 表格工作界面，此时选中的表格中显示了一个斜线表头。

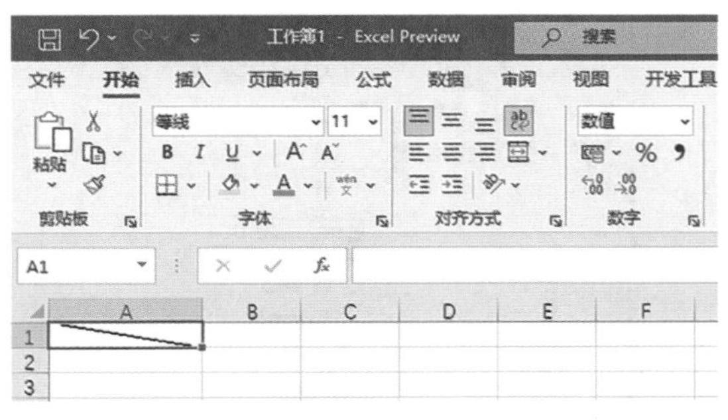

(5) 调整斜线表头所在单元格的大小。

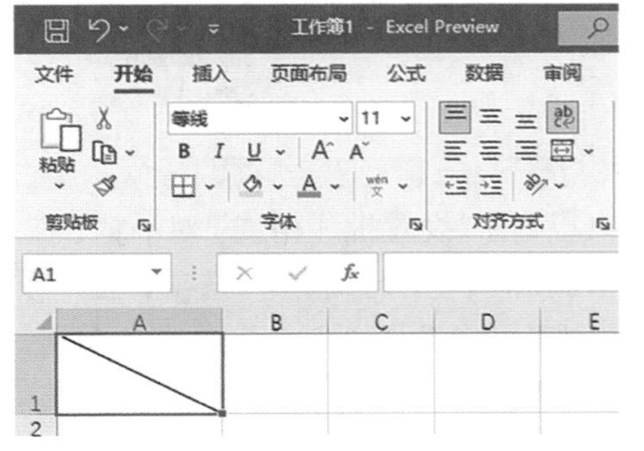

(6) 在斜线表头所在单元格中输入“学生成绩”文本，将光标定位在“学”字之前，按下空格键直到将“成绩”二字调整到下一行，然后再按下“Enter”键。

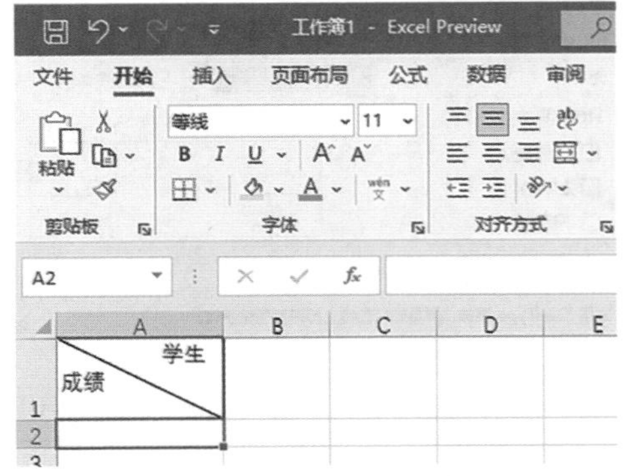

✦ 5.3.3 添加批注

为表格添加批注是指为表格的内容添加一些注释，对表格内的一些内容进行说明。当光标放在添加了批注的单元格时，用户可以查看单元格中添加的每条批注，也可以同时查看所有的批注。

1. 插入批注

在 Excel 2021 中插入批注的方法和步骤如下。

(1) 打开“成绩表”，选中“C6”单元格，切换到“审阅”选项卡，单击“批注”组中的“新建批注”按钮。

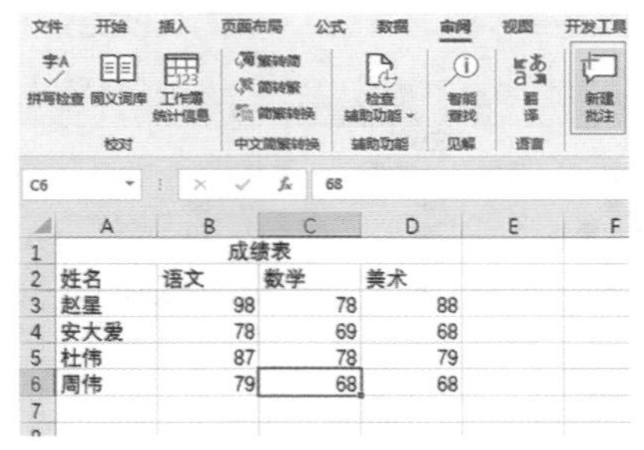

(2) 此时，在“C6”单元格右上角会出现一个红色三角标识，并弹出一个批注框，批注框的箭头指向“C6”单元格的红色三角标识，在批注框中输入相应的文本。

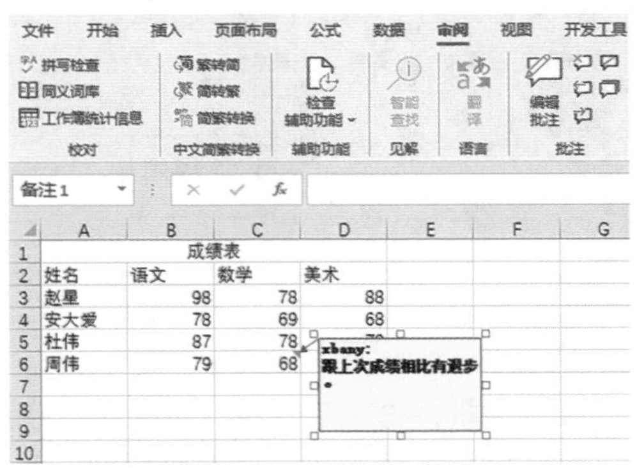

(3) 输入完毕后，单击表格以外的区域，可以发现“C6”单元格的批注隐藏了起来，单元格右上角依然会显示红色三角标识。

2. 调整批注

插入批注后，用户可以对批注的位置、大小进行调整，也可以调整批注的格式。

(1) 调整批注的大小以及位置。

①选中“C6”单元格，切换到“审阅”选项卡，单击“批注”组中的“显示/隐藏批注”按钮，此时表格中会显示出“C6”单元格的批注。

②选中批注框，然后将光标移动到批注框右下角，当光标变为斜向的双向箭头时，按住鼠标左键不放，拖动鼠标调整批注框大小。

③选中批注框，当光标变为“十”字形时，按住鼠标左键不放，拖动鼠标即可调整批注框的位置。

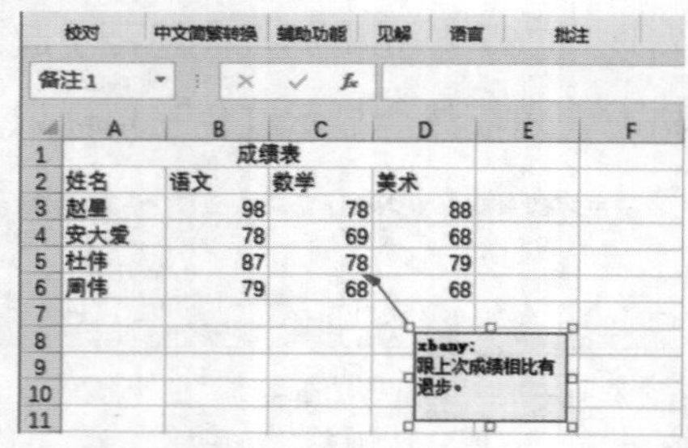

(2) 调整批注的格式。

①选中批注框中的内容，然后单击鼠标右键，在弹出的快捷菜单中选择“设置批注格式”选项。

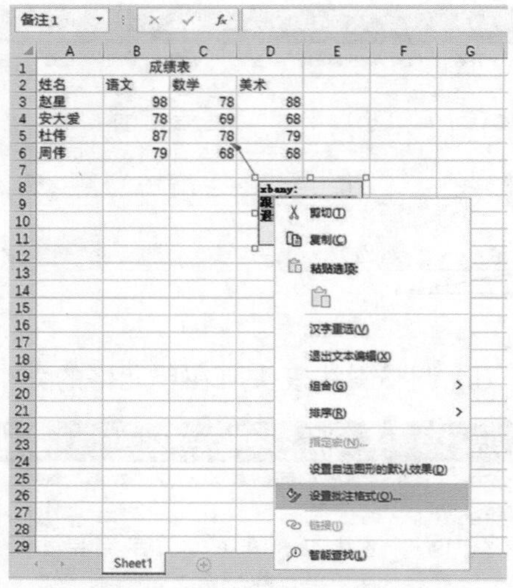

②弹出“设置批注格式”对话框，在“字体”列表框中选择“黑体”选项，在“颜色”下拉列表框中选择“红色”选项，单击“确定”按钮。

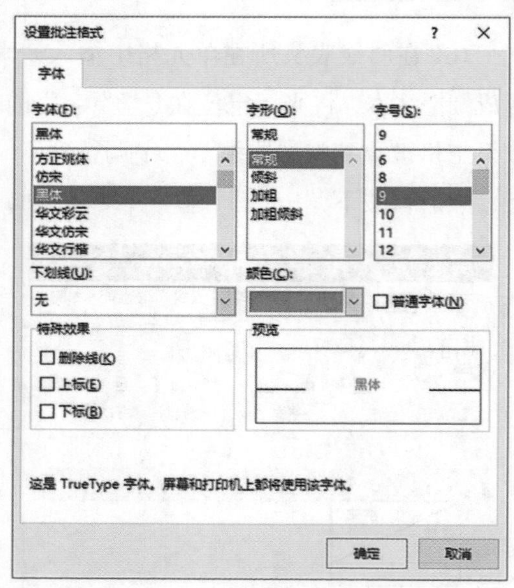

③返回 Excel 表格工作界面，查看批注的格式效果。

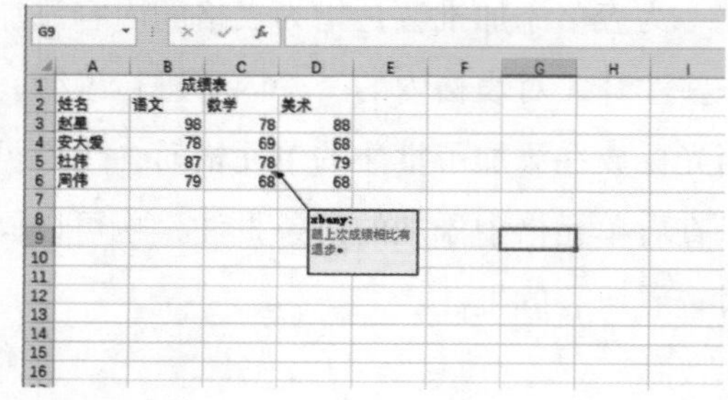

第六章 计算Excel数据

概述

利用Excel的数据计算功能处理数据可以大大提高用户的工作效率，包括利用公式和函数进行数据计算。

6.1 制作商品销售统计表

某超市要定期对商品销售情况做一个销售统计表，以便更好地经营超市。销售统计表包括商品名称、单价、销量、销售额等。

✦ 6.1.1 输入数据

1. 快速输入数据

在 Excel 中输入以“0”开始的数据时，默认情况下是不能正确显示的。例如，在输入“01”时，数据会变为“1”，此时可以通过设置避免类似的情况发生。

(1) 选中“A3”单元格，单击“开始”选项卡，在“数字”组中单击“数字格式”下拉按钮，在下拉列表中单击“其他数字格式”选项。

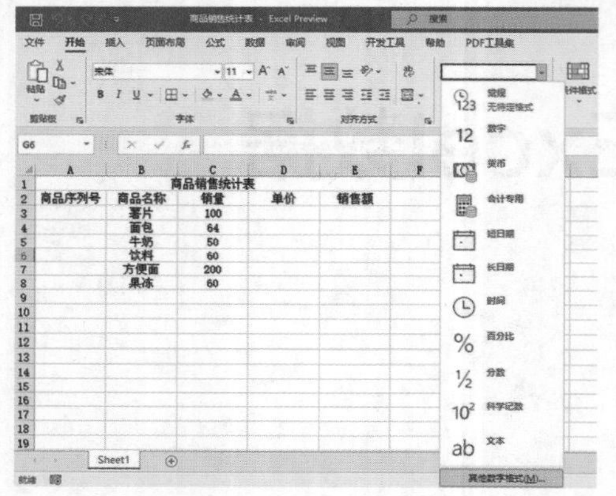

	A	B	C	D	E
1			商品销售统计表		
2	商品序列号	商品名称	销量	单价	销售额
3		薯片	100		
4		面包	64		
5		牛奶	50		
6		饮料	60		
7		方便面	200		
8		果冻	60		

(2) 弹出“设置单元格格式”对话框，在“数字”选项中单击“分类”下的“自定义”选项，将“类型”设置为“0#”，单击“确定”按钮。

(3) 在“A3”单元格中输入“01”。

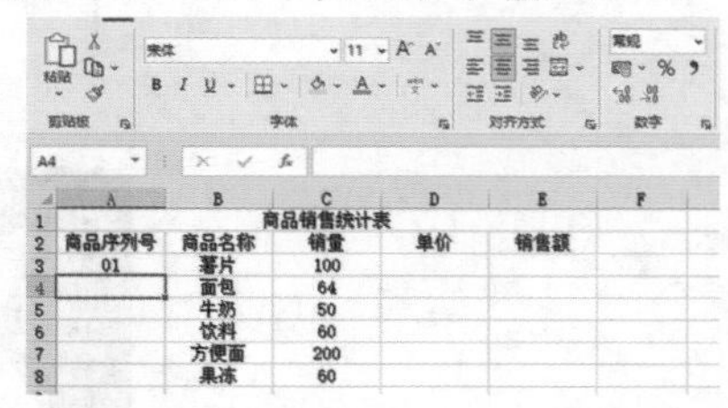

	A	B	C	D	E
1			商品销售统计表		
2	商品序列号	商品名称	销量	单价	销售额
3	01	薯片	100		
4		面包	64		
5		牛奶	50		
6		饮料	60		
7		方便面	200		
8		果冻	60		

(4) 将公式填充至“A4:A8”单元格中的方法是，把光标移到“A3”单元格右下角，变成黑色十字形状，按住鼠标左键一直往下拖到“A8”单元格，松开鼠标，即可为“A4:A8”单元格快速填充数据。

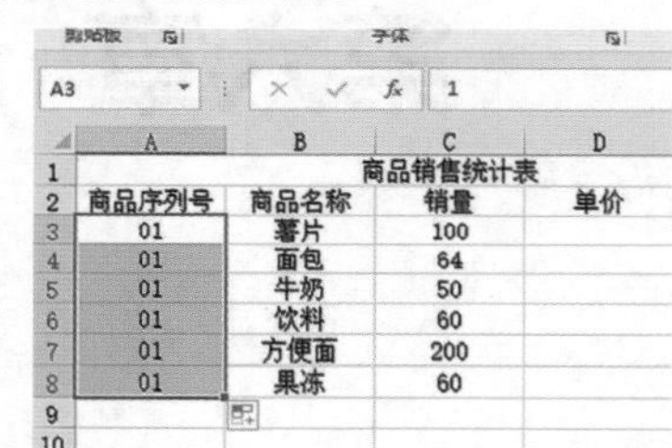

	A	B	C	D
1			商品销售统计表	
2	商品序列号	商品名称	销量	单价
3	01	薯片	100	
4	01	面包	64	
5	01	牛奶	50	
6	01	饮料	60	
7	01	方便面	200	
8	01	果冻	60	

(5) 单击单元格右下角的“自动填充选项”按钮，选中“填充序列”选项。

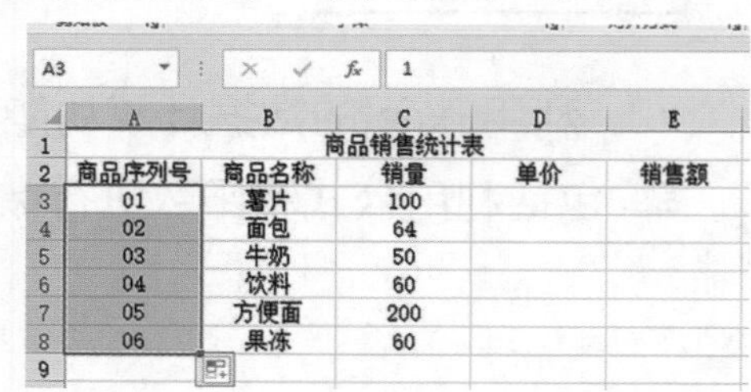

	A	B	C	D	E
1			商品销售统计表		
2	商品序列号	商品名称	销量	单价	销售额
3	01	薯片	100		
4	02	面包	64		
5	03	牛奶	50		
6	04	饮料	60		
7	05	方便面	200		
8	06	果冻	60		

2. 输入货币型数据

(1) 在“D3:D8”单元格中输入数据，之后选中“D3:D8”单元格区域。

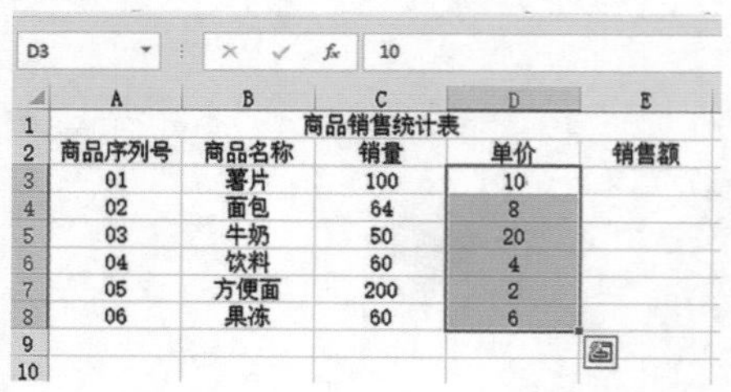

	A	B	C	D	E
1			商品销售统计表		
2	商品序列号	商品名称	销量	单价	销售额
3	01	薯片	100	10	
4	02	面包	64	8	
5	03	牛奶	50	20	
6	04	饮料	60	4	
7	05	方便面	200	2	
8	06	果冻	60	6	

(2) 在“开始”选项卡下的“数字”组中，单击“数字格式”下拉箭头，选择“货币”选项。

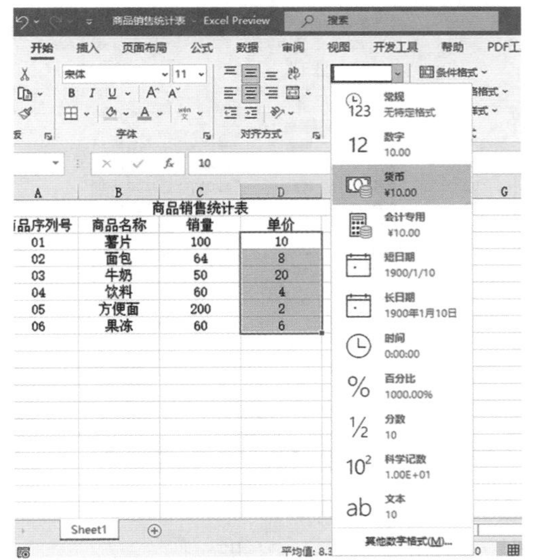

(3) 查看效果。

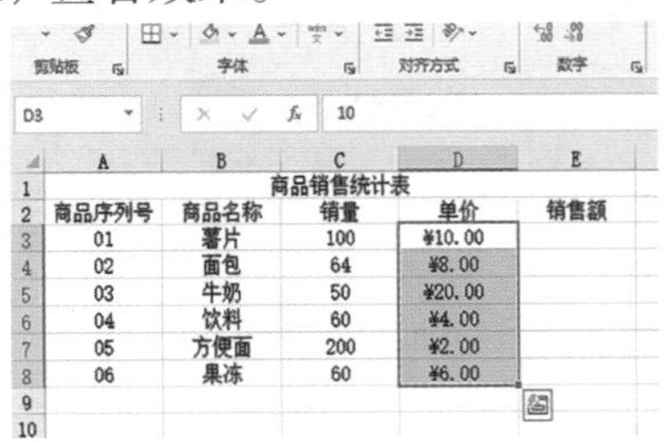

3. 使用公式计算销售额

(1) 在 Excel 中，输入公式计算数据的语法是：先输入“=”，再输入其余内容。在“E3”单元格中输入公式“=C3*D3”。

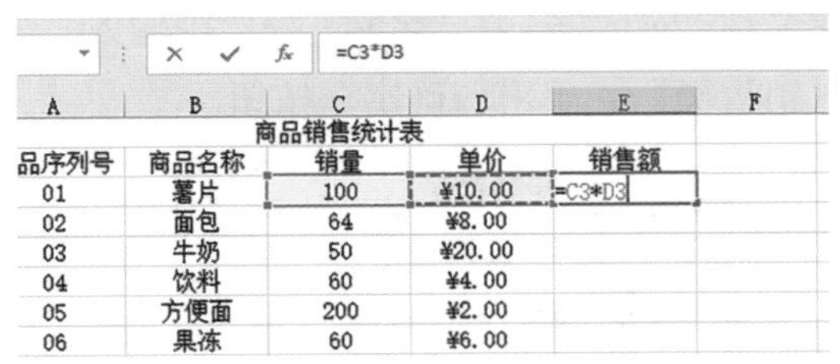

(2) 按下“Enter”键。

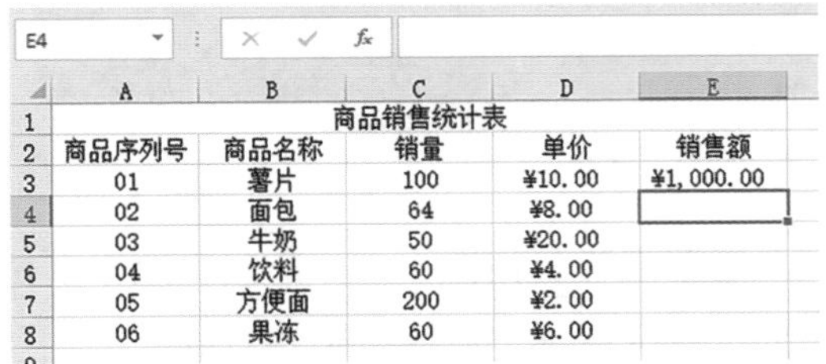

(3) 将公式填充至“E4:E8”单元格中。

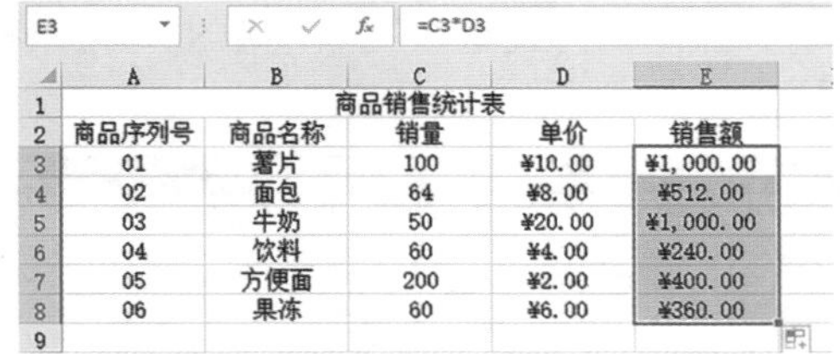

(4) 在使用公式过程中，为防止出错，应对公式进行检查。

①单击“文件”选项卡，在出现的界面中选择“选项”选项。

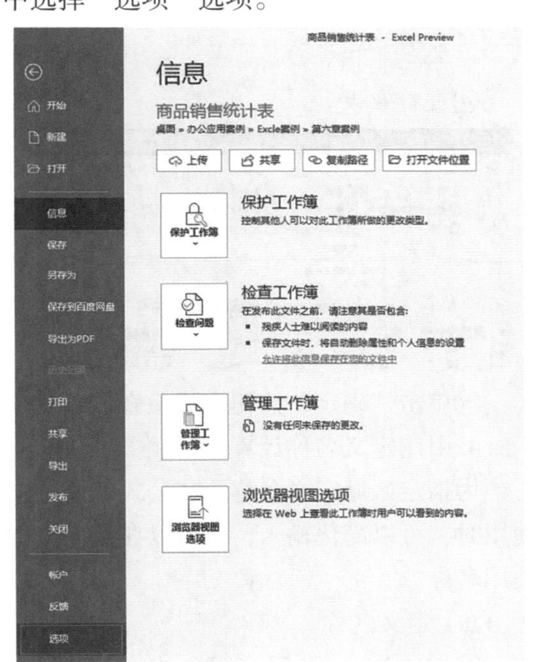

②弹出“Excel选项”对话框，单击“公式”选项，在右侧的界面中，在“错误检查规则”栏中勾选相应的复选框，单击“确定”按钮。

③单击“E3”单元格，切换到“公式”选项卡，在“公式审核”组中单击“错误检查”按钮。

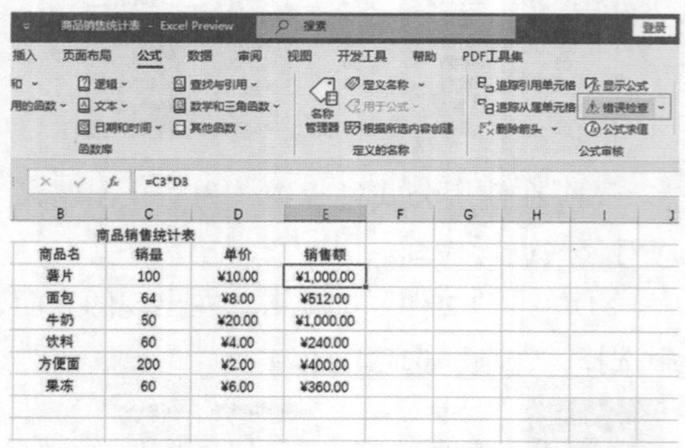

④查看效果。

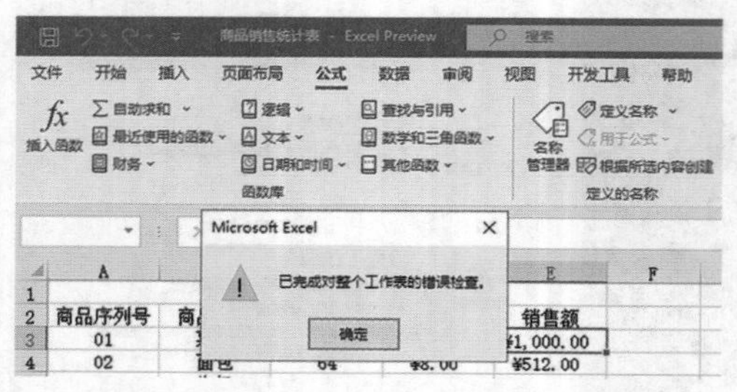

⑤单击“确定”按钮完成检查。

4. 引用定义名称计算销售额

为指定区域定义名称，在公式或函数中使用时，可以简化输入，也可以在单元格中使用名称。

(1) 定义名称。

①将“Sheet1”重命名为“一月份销售额表”，插入两个新工作表，分别命名为“二月份销售额表”和“总销售额表”。

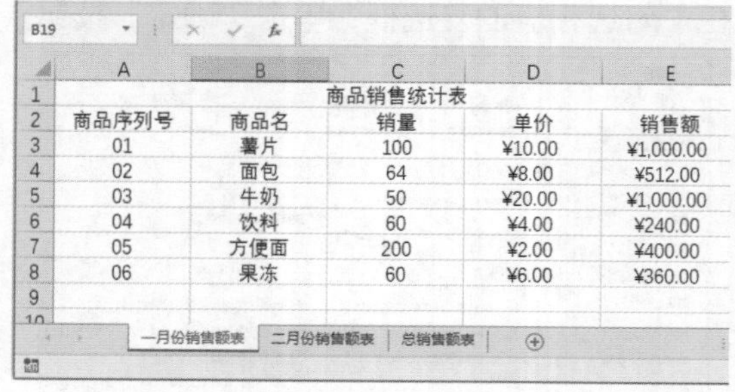

②在“一月份销售额表”中选择“E3:E8”单元格，单击“公式”选项卡，单击“定义的名称”组中的“定义名称”选项。

③弹出“新建名称”对话框，在“名称”一栏中输入“一月销售额”，其他内容保持默认，单击“确定”按钮。

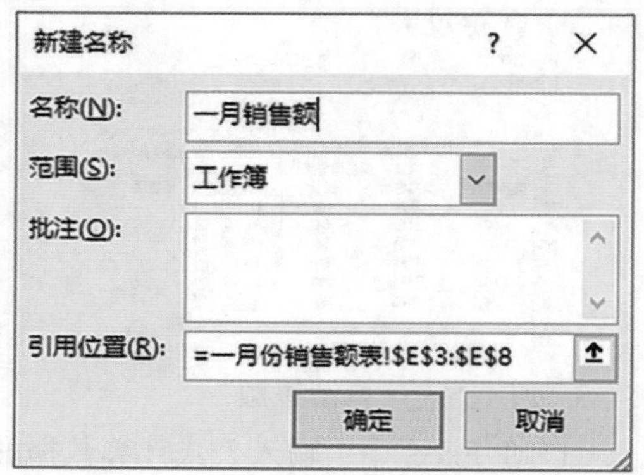

④切换到“二月份销售额表”工作表，选中“E3:E8”单元格区域，同样打开“新建名称”对话框，在“名称”一栏中输入“二月销售额”，单击“确定”按钮。

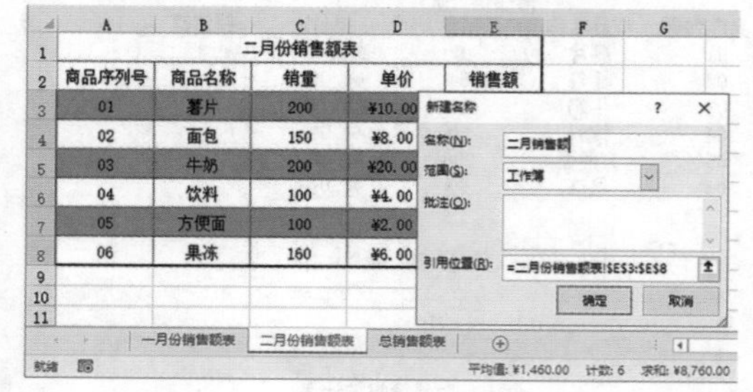

⑤单击“名称框”下拉箭头，选中下拉名称可以快速选中对应的单元格区域。

	A	B	C	D	E
1	二月份销售额表				
2	商品序列号	商品名称	销量	单价	销售额
3	01	薯片	200	¥10.00	¥2,000.00
4	02	面包	150	¥8.00	¥1,200.00
5	03	牛奶	200	¥20.00	¥4,000.00
6	04	饮料	100	¥4.00	¥400.00
7	05	方便面	100	¥2.00	¥200.00
8	06	果冻	160	¥6.00	¥960.00

(2) 在公式中使用名称。

在公式中使用名称，相比于单元格引用，可以简化输入过程。

①切换到“总销售额表”工作表，选中“D3”单元格，输入公式“=SUM(一月销售额，二月销售额)”。

	A	B	C	D
1	总销售额表			
2	商品序列号	商品名称	销售额	总销售额
3	01	薯片		
4	02	面包		
5	03	牛奶		
6	04	饮料		
7	05	方便面		=SUM(一月销售额,二月销售额)
8	06	果冻		

②按下“Enter”键，算出一、二月份的总销售额，将数据格式设置为“货币”类型。

	A	B	C	D
1	总销售额表			
2	商品序列号	商品名称	销售额	总销售额
3	01	薯片		
4	02	面包		
5	03	牛奶		¥12,272.00
6	04	饮料		
7	05	方便面		
8	06	果冻		

③计算每种商品在一、二月份的总销售额时，可以采用合并运算。在“总销售额表”工作表中选中“C3:C8”单元格，切换到“数据”选项卡，在“数据工具”组中单击“合并计算”按钮。

④弹出“合并计算”对话框，单击“引用位置”一栏的向上箭头按钮。

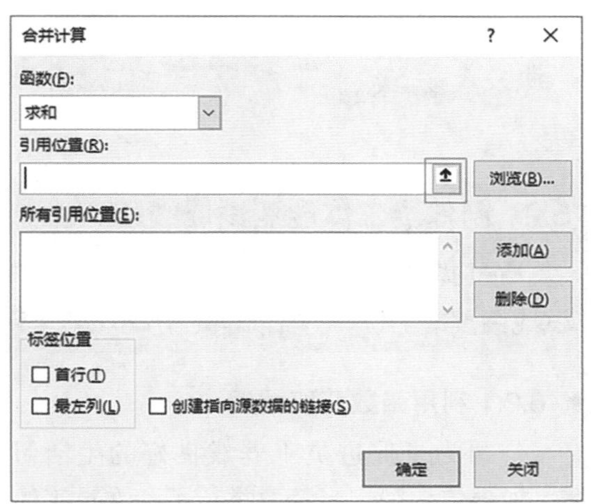

⑤切换到“一月份销售额表”工作表，选中“E3:E8”单元格区域。

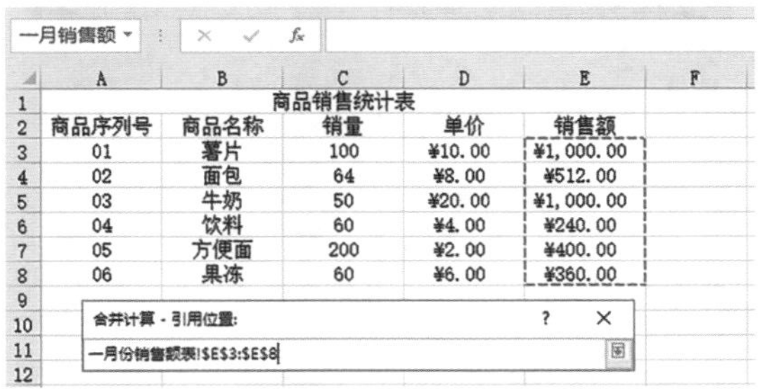

	A	B	C	D	E
1	商品销售统计表				
2	商品序列号	商品名称	销量	单价	销售额
3	01	薯片	100	¥10.00	¥1,000.00
4	02	面包	64	¥8.00	¥512.00
5	03	牛奶	50	¥20.00	¥1,000.00
6	04	饮料	60	¥4.00	¥240.00
7	05	方便面	200	¥2.00	¥400.00
8	06	果冻	60	¥6.00	¥360.00

合并计算 - 引用位置:
一月份销售额表!$E$3:$E$8

⑥单击“添加”按钮，将“引用位置”里的内容添加到“所有引用位置”列表中。

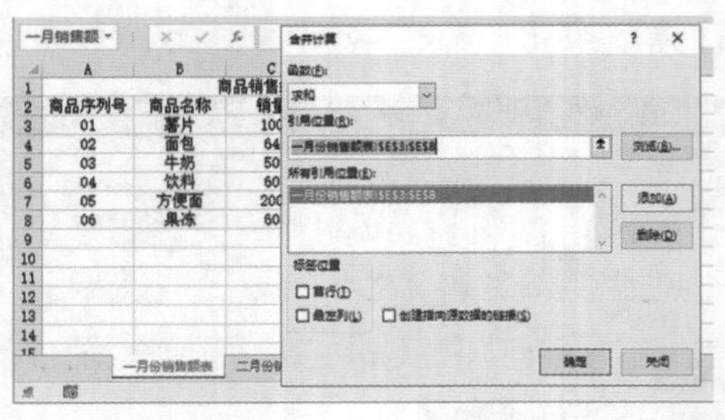

⑦用同样的方法将“二月份销售额表”工作表中的“E3:E8”单元格区域添加到“所有引用位置”列表中。

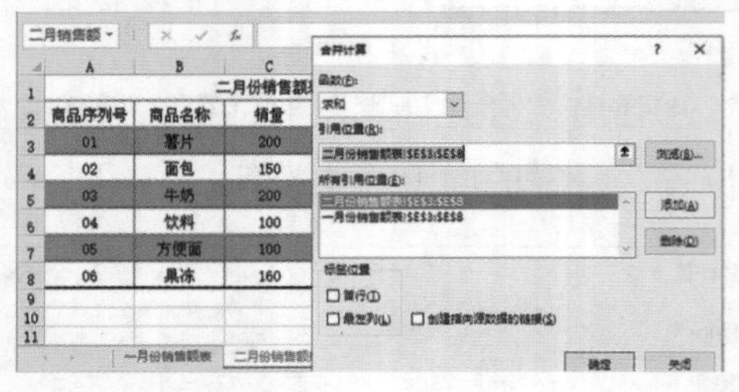

⑧单击“确定”按钮，计算出每种商品在一、二月份的总销售额。

商品序列号	商品名称	销售额	总销售额
01	薯片	¥3,000.00	¥12,272.00
02	面包	¥1,712.00	
03	牛奶	¥5,000.00	
04	饮料	¥640.00	
05	方便面	¥600.00	
06	果冻	¥1,320.00	

6.2 制作员工体能测试成绩表

在日常使用 Excel 时，经常需要对输入的数据按要求进行运算，本节以“员工体能测试成绩表”为例，介绍如何使用 Excel 自带的公式与函数对数据进行处理。

✦ 6.2.1 利用函数获取数据

公司为了促进员工养成良好的生活习惯，加强体育锻炼，特意举行了一次员工体能测试大赛，并将测试成绩制作成了“员工体能测试成绩表”。

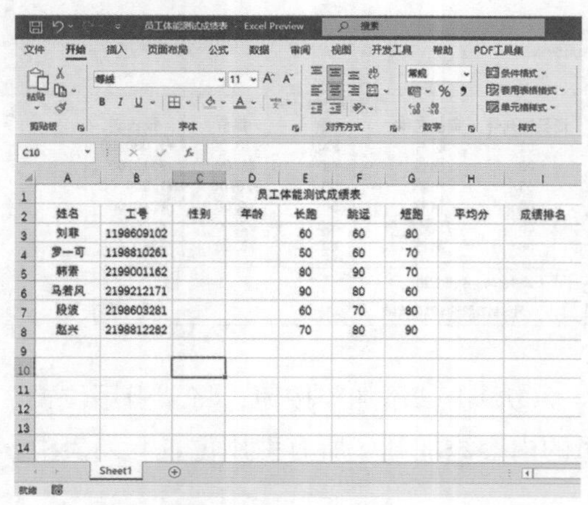

1. 根据工号判断员工性别

员工工号由 10 位数字组成，第 1 位表示所在部门；第 2~9 位表示员工生日；第 10 位表示性别，单数为男性，双数为女性。

(1) 选中“C3”单元格，单击“公式”选项卡，在“函数库”组中单击“插入函数”按钮。

(2) 弹出“插入函数”对话框，在“选择函数”栏中选择“IF”函数选项，单击“确定”按钮。

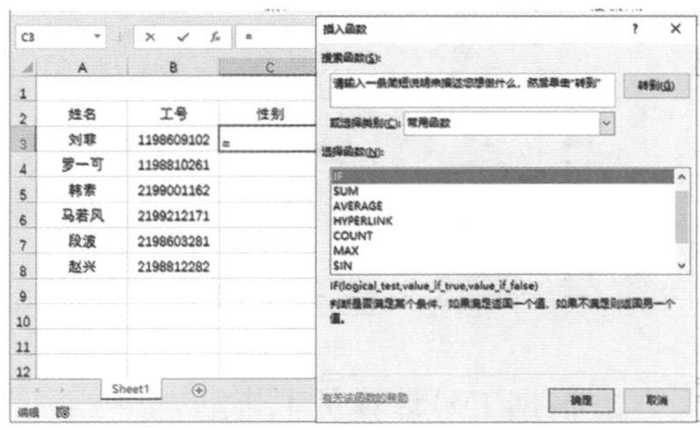

(3) 弹出“函数参数”对话框，在“Logical_test”一栏中输入函数“ISODD(MID(B3,10,1))”，在“Value_if_true”一栏中输入“男”，在“Value_if_false”一栏中输入“女”，输入完成后，单击“确定”按钮。

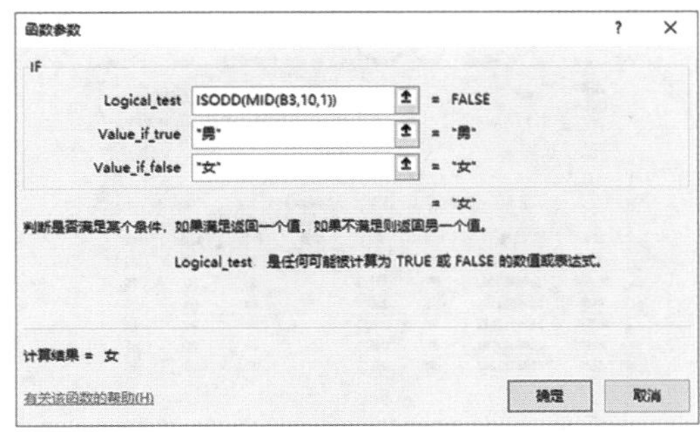

(4) 此时，“C3”单元格已经填充了“女”，选中单元格就可以查看此单元格的函数表达式。

C3 =IF(ISODD(MID(B3,10,1)),"男","女")

员工体能测试成绩表						
姓名	工号	性别	年龄	长跑	跳远	短跑
刘菲	1198609102	女		60	60	80
罗一可	1198810261			50	60	70
韩蓁	2199001162			80	90	70
马若风	2199212171			90	80	60
段波	2198603281			60	70	80
赵兴	2198812282			70	80	90

(5) 将光标放在“C3”单元格右下角，待光标变为黑色十字形状时，向下拖动光标至“C8”单元格，此时“C3:C8”单元格已经全部填充了员工的性别。

(6) 除了拖动光标填充单元格以外，用户也可以选中“C3:C8”单元格，然后单击“开始”选项卡，在“编辑”组中，单击“填充”按钮，在下拉菜单中选择“向下”选项。

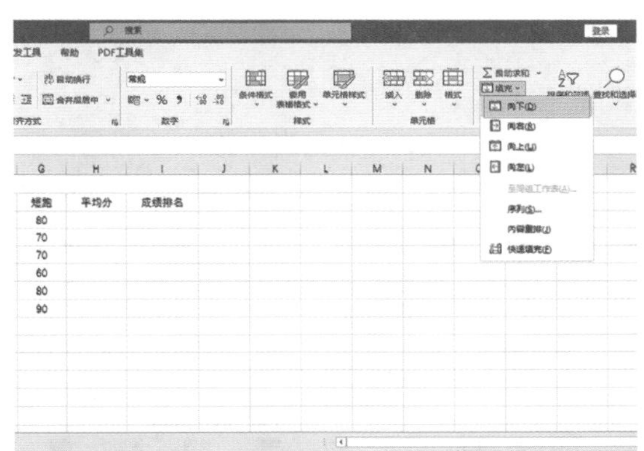

(7) 此时，“C4:C8”单元格已经填充了对应的员工性别。

C3 =IF(ISODD(MID(B3,10,1)),"男","女")

员工体能测试成绩表					
姓名	工号	性别	年龄	长跑	跳远
刘菲	1198609102	女		60	60
罗一可	1198810261	男		50	60
韩蓁	2199001162	女		80	90
马若风	2199212171	男		90	80
段波	2198603281	男		60	70
赵兴	2198812282	女		70	80

(8) 在输入“年龄”列之前，需要为表格添加“部门”列。选中“D”列，单击鼠标右键，选择“插入”选项。

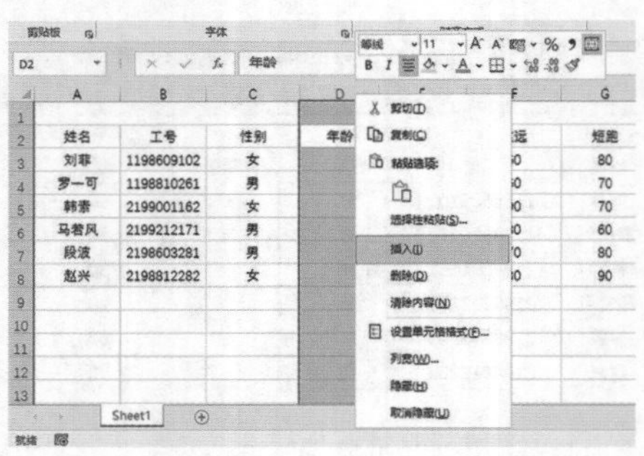

(9) 此时表格中新增了一列。

员工体能测试成绩表							
姓名	工号	性别		年龄	长跑	跳远	短跑
刘菲	1198609102	女			60	60	80
罗一可	1198810261	男			50	60	70
韩素	2199001162	女			80	90	70
马若风	2199212171	男			90	80	60
段波	2198603281	男			60	70	80
赵兴	2198812282	女			70	80	90

(10) 在“D2”单元格中输入“部门”，之后选中“D3”单元格，在单元格中直接输入“=MID(B3,1,1)&"部门"”，按下“Enter”键完成输入。

IF =MID(B3,1,1)&"部门"

员工体能测试成绩表							
姓名	工号	性别	部分	年龄	长跑	跳远	短跑
刘菲	1198609102	=MID(B3,1,1)&"部门"			60	60	80
罗一可	1198810261	男			50	60	70
韩素	2199001162	女			80	90	70
马若风	2199212171	男			90	80	60
段波	2198603281	男			60	70	80
赵兴	2198812282	女			70	80	90

(11) 查看填充内容是否正确。

员工体能测试成绩表							
姓名	工号	性别	部门	年龄	长跑	跳远	短跑
刘菲	1198609102	女	1部门		60	60	80
罗一可	1198810261	男			50	60	70
韩素	2199001162	女			80	90	70
马若风	2199212171	男			90	80	60
段波	2198603281	男			60	70	80
赵兴	2198812282	女			70	80	90

(12) 确认无误后，完成“D4:D8”单元格区域的填充。

D3 =MID(B3,1,1)&"部门"

员工体能测试成绩表							
姓名	工号	性别	部分	年龄	长跑	跳远	短跑
刘菲	1198609102	女	1部门		60	60	80
罗一可	1198810261	男	1部门		50	60	70
韩素	2199001162	女	2部门		80	90	70
马若风	2199212171	男	2部门		90	80	60
段波	2198603281	男	2部门		60	70	80
赵兴	2198812282	女	2部门		70	80	90

2. 根据工号计算员工年龄

这里介绍两种根据工号计算员工年龄的方法。

方法一：(1) 选中“E3”单元格，在单元格或者表格上方的编辑框中输入“=YEAR(TODAY())-MID(B3,2,4)”，按下“Enter”键。

E3 =YEAR(TODAY())-MID(B3,2,4)

员工体能测试成绩表							
姓名	工号	性别	部门	年龄	长跑	跳远	短跑
刘菲	1198609102	女	1部门	35	60	60	80
罗一可	1198810261	男	1部门		50	60	70
韩素	2199001162	女	2部门		80	90	70
马若风	2199212171	男	2部门		90	80	60
段特	2198603281	男	2部门		60	70	80
赵兴	2198812282	女	2部门		70	80	90

(2) 拖拽并填充“E4:E8”单元格区域。

E3 =YEAR(TODAY())-MID(B3,2,4)

员工体能测试成绩表							
姓名	工号	性别	部门	年龄	长跑	跳远	短跑
刘菲	1198609102	女	1部门	35	60	60	80
罗一可	1198810261	男	1部门	33	50	60	70
韩素	2199001162	女	2部门	31	80	90	70
马若风	2199212171	男	2部门	29	90	80	60
段特	2198603281	男	2部门	35	60	70	80
赵兴	2198812282	女	2部门	33	70	80	90

方法二：(1) 在“年龄”列之前添加“出生日期”列。

员工体能测试成绩表								
姓名	工号	性别	部分	出生日期	年龄	长跑	跳远	短跑
刘菲	1198609102	女	1部门			60	60	80
罗一可	1198810261	男	1部门			50	60	70
韩素	2199001162	女	2部门			80	90	70
马若风	2199212171	男	2部门			90	80	60
段波	2198603281	男	2部门			60	70	80
赵兴	2198812282	女	2部门			70	80	90

(2) 选中“E3”单元格，切换到“公式”选项卡，在“函数库”组中单击“日期和时

间”下拉箭头，选择“DATE”选项。

（3）弹出“函数参数”对话框，在“Year”一栏中输入“MID(B3,2,4)”，在“Month”一栏中输入“MID(B3,6,2)”，在“Day”一栏中输入“MID(B3,8,2)”。

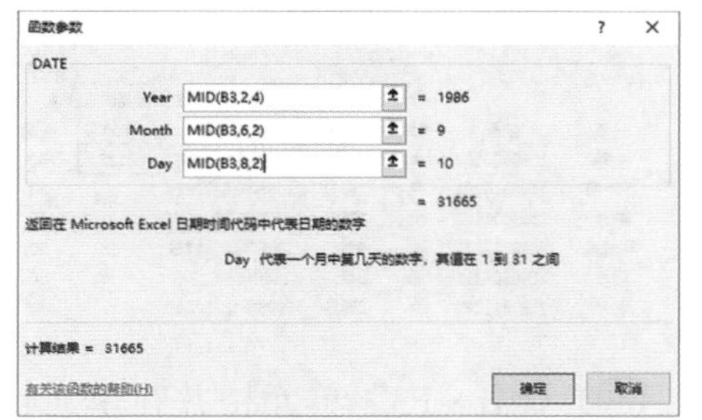

（4）单击“确定”按钮，查看填充内容是否正确。

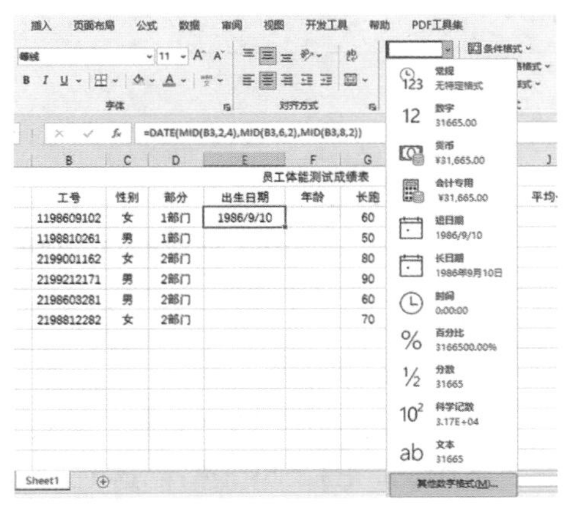

（5）选中“E3”单元格，切换到“开始”选项卡，在“数字”组中，单击“数字格式”下拉箭头，选择“其他数字格式”选项。

（6）弹出“设置单元格格式”对话框，选择合适的日期类型，之后再单击“确定”按钮。

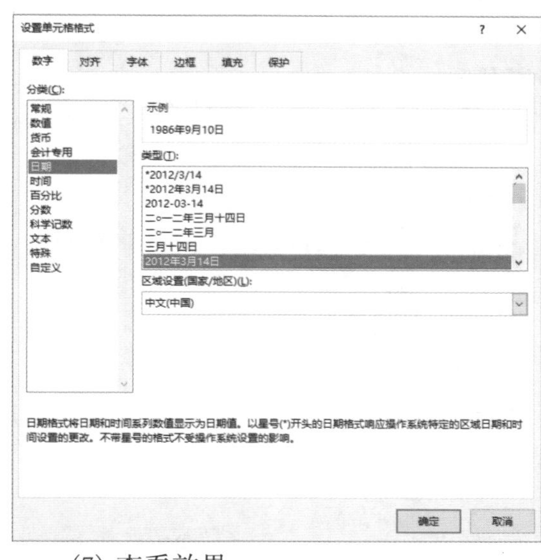

（7）查看效果。

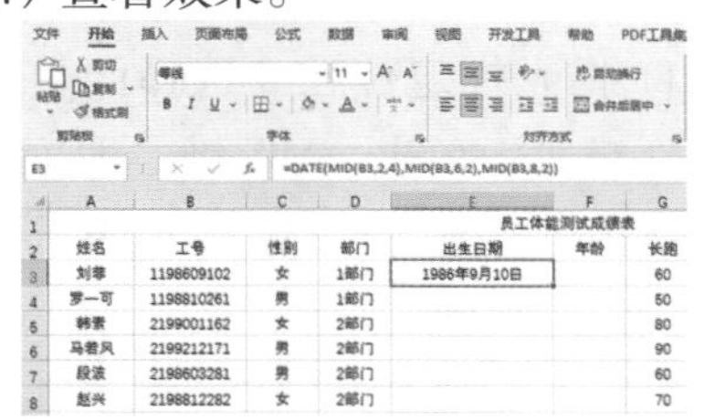

（8）拖拽并填充“E4:E8”单元格区域。

	A	B	C	D	E	F	G
1					员工体能测试成绩表		
2	姓名	工号	性别	部分	出生日期	年龄	长跑
3	刘菲	1198609102	女	1部门	1986年9月10日		60
4	罗一可	1198810261	男	1部门	1988年10月26日		50
5	韩素	2199001162	女	2部门	1990年1月16日		80
6	马若风	2199212171	男	2部门	1992年12月17日		90
7	段波	2198603281	男	2部门	1986年3月28日		60
8	赵兴	2198812282	女	2部门	1988年12月28日		70

（9）选中“F3”单元格，切换到“公式”选项卡，在“函数库”组中单击“插入函数”选

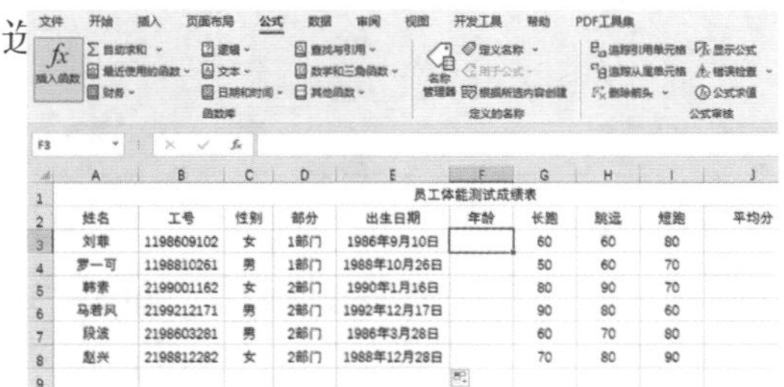

(10) 在弹出的“插入函数”对话框中单击“或选择类别”一栏的下拉箭头，在下拉列表中选择“时间与日期”选项。

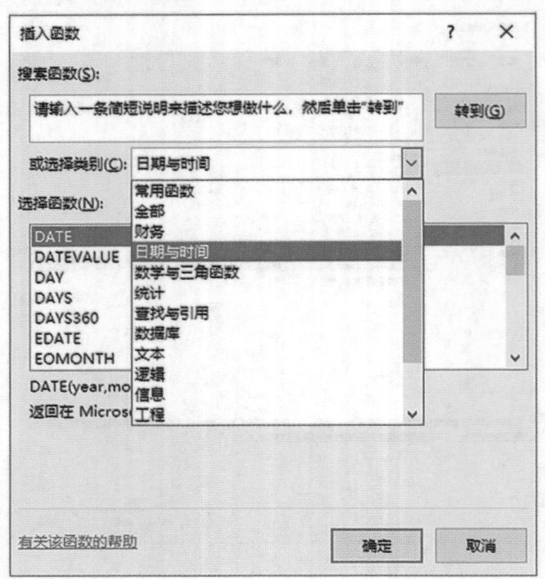

(11) 将光标定位在“选择函数”列表框中，在键盘上单击“Y”键，即可快速找到“YEAR”函数，选中“YEAR”函数，单击“确定”按钮。

(12) 弹出“函数参数”对话框，在“Serial_number”一栏中输入“TODAY()”，单击“确定”按钮。

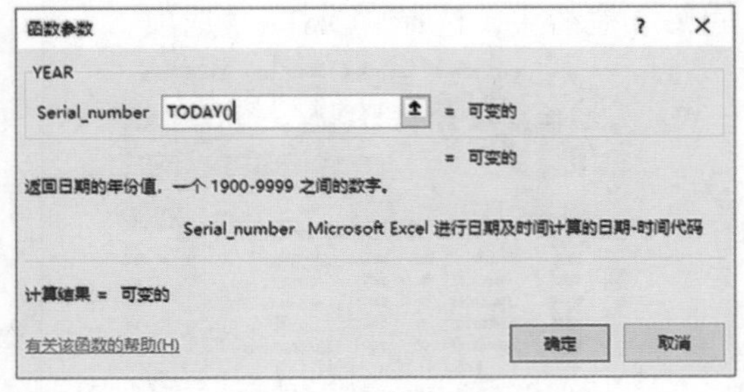

(13) 此时，“F3”单元格中已经输入了本年年份，用本年年份减去出生日期即可得到年龄。

F3 =YEAR(TODAY())

员工体能测试成绩表

姓名	工号	性别	部分	出生日期	年龄	长跑
刘菲	1198609102	女	1部门	1986年9月10日	2023	60
罗一可	1198810261	男	1部门	1988年10月26日		50
韩素	2199001162	女	2部门	1990年1月16日		80
马若风	2199212171	男	2部门	1992年12月17日		90
段波	2198603281	男	2部门	1986年3月28日		60
赵兴	2198812282	女	2部门	1988年12月28日		70

(14) 双击“F3”单元格并在单元格中输入“-”，单击“插入函数”选项。

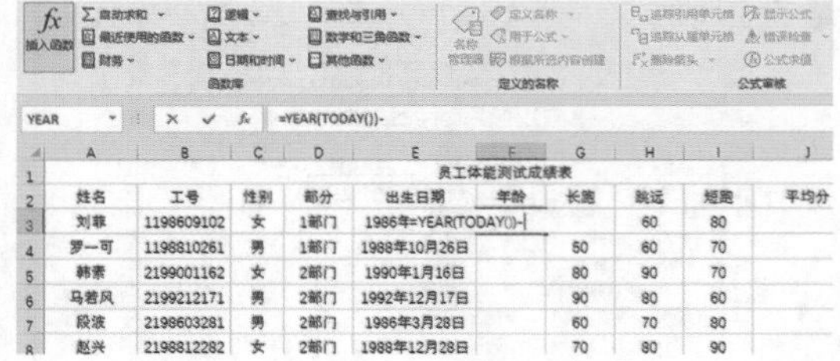
YEAR =YEAR(TODAY())-

员工体能测试成绩表

姓名	工号	性别	部分	出生日期	年龄	长跑	跳远	短跑	平均分
刘菲	1198609102	女	1部门	1986年=YEAR(TODAY())-			60	80	
罗一可	1198810261	男	1部门	1988年10月26日		50	60	70	
韩素	2199001162	女	2部门	1990年1月16日		80	90	70	
马若风	2199212171	男	2部门	1992年12月17日		90	80	60	
段波	2198603281	男	2部门	1986年3月28日		60	70	80	
赵兴	2198812282	女	2部门	1988年12月28日		70	80	90	

(15) 选中“YEAR”函数选项，在弹出的“函数参数”对话框中，单击参数后的向上箭头。

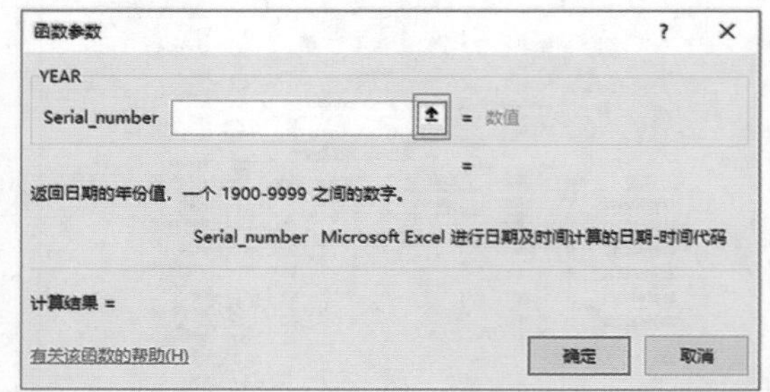

(16) 接着会弹出“函数参数”对话框，单击表格中的“E3”单元格，这时对话框中会自动输入“E3”。

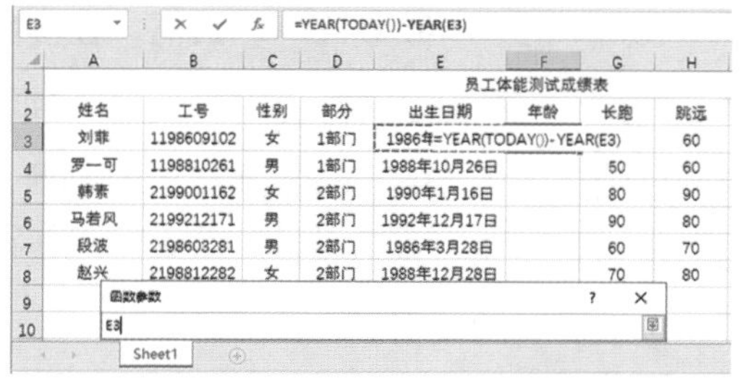

(17) 按下“Enter”键。

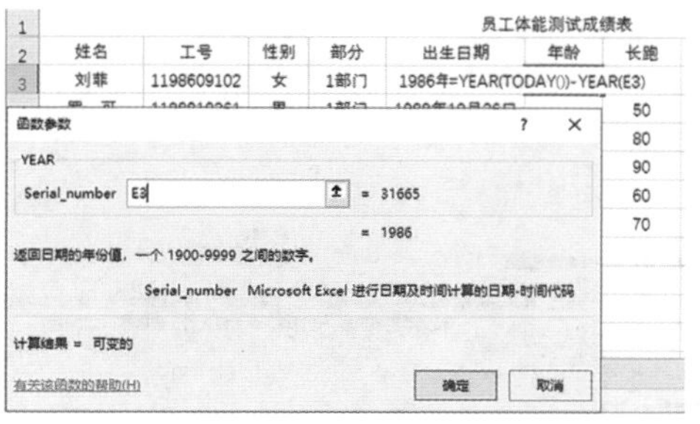

(18) 单击“确定”按钮。

姓名	工号	性别	部分	出生日期	年龄	长跑	跳远
刘菲	1198609102	女	1部门	1986年9月10日	1900年2月4日	60	60
罗一可	1198810261	男	1部门	1988年10月26日		50	60
韩素	2199001162	女	2部门	1990年1月16日		80	90
马若风	2199212171	男	2部门	1992年12月17日		90	80
段波	2198603281	男	2部门	1986年3月28日		60	70
赵兴	2198812282	女	2部门	1988年12月28日		70	80

(19) 修改年龄格式。选中“F3”单元格，切换到“开始”选项卡，在“数字”组中单击“数字格式”下拉箭头，选择“常规”选项。

(20) 双击“F3”单元格并在单元格中输入“&" 岁 "”。

(21) 按下“Enter”键，表格中显示“34 岁”。

姓名	工号	性别	部分	出生日期	年龄
刘菲	1198609102	女	1部门	1986年9月10日	37 岁
罗一可	1198810261	男	1部门	1988年10月26日	
韩素	2199001162	女	2部门	1990年1月16日	
马若风	2199212171	男	2部门	1992年12月17日	
段波	2198603281	男	2部门	1986年3月28日	
赵兴	2198812282	女	2部门	1988年12月28日	

(22) 拖拽并填充“F4:F8”单元格区域。

姓名	工号	性别	部分	出生日期	年龄	长跑
刘菲	1198609102	女	1部门	1986年9月10日	37岁	60
罗一可	1198810261	男	1部门	1988年10月26日	35岁	50
韩素	2199001162	女	2部门	1990年1月16日	33岁	80
马若风	2199212171	男	2部门	1992年12月17日	31岁	90
段波	2198603281	男	2部门	1986年3月28日	37岁	60
赵兴	2198812282	女	2部门	1988年12月28日	35岁	70

✦ 6.2.2 使用函数计算

利用函数可以对表格进行一些基本运算，如求和运算，求平均值，求最大、最小值等。

1. 求和运算

(1) 在“平均分”列之前插入“总分”列，上文中已经介绍了一种插入列的方式，下面介绍另一种方式。

①选中“平均分”列，切换到“开始”选项卡，在“单元格”组中单击“插入单元格”选项，即可在“平均分”列之前插入一空白列，单击空白列旁边的“插入选项”按钮，可以设置新插入列的单元格格式。

部分	出生日期	年龄	长跑	跳远	短跑		平均分
1部门	1986年9月10日	35岁	60	60	80		
1部门	1988年10月26日	33岁	50	60	70		
2部门	1990年1月16日	31岁	80	90	70		
2部门	1992年12月17日	29岁	90	80	60		
2部门	1986年3月28日	35岁	60	70	80		
2部门	1988年12月28日	33岁	70	80	90		

②将新插入列的列名设置为“总分”。

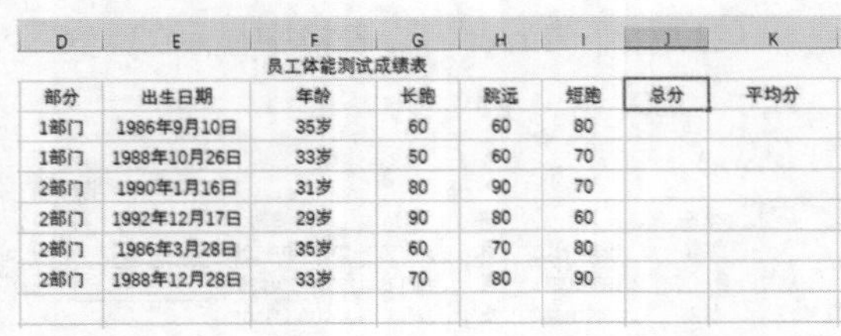

员工体能测试成绩表

部分	出生日期	年龄	长跑	跳远	短跑	总分	平均分
1部门	1986年9月10日	35岁	60	60	80		
1部门	1988年10月26日	33岁	50	60	70		
2部门	1990年1月16日	31岁	80	90	70		
2部门	1992年12月17日	29岁	90	80	60		
2部门	1986年3月28日	35岁	60	70	80		
2部门	1988年12月28日	33岁	70	80	90		

(2) 选中“J3”单元格，切换到“公式”选项卡，单击“函数库”组中的“自动求和”下拉箭头，选择“求和”选项。

(3) 在“J3”单元格中可以发现，Excel是调用了“SUM”函数进行求和运算。

=SUM(G3:I3)

员工体能测试成绩表

姓名	工号	性别	部分	出生日期	年龄	长跑	跳远	短跑	总分	平均分
刘菲	1198609102	女	1部门	1986年9月10日	35岁	60	60	=SUM(G3:I3)		
罗一可	1198810261	男	1部门	1988年10月26日	33岁	50	60			
韩素	2199001162	女	2部门	1990年1月16日	31岁	80	90	70		
马君风	2199212171	男	2部门	1992年12月17日	29岁	90	80	60		
段波	2198603281	男	2部门	1986年3月28日	35岁	60	70	80		
赵兴	2198812282	女	2部门	1988年12月28日	33岁	70	80	90		

(4) 按下“Enter”键，得出结果。将光标定位在“J4”单元格，打开“插入函数”对话框，单击“或选择类别”下拉箭头，选择“数学与三角函数”选项，在“选择函数”列表框中找到并选中“SUM”函数，然后单击“确定”按钮。

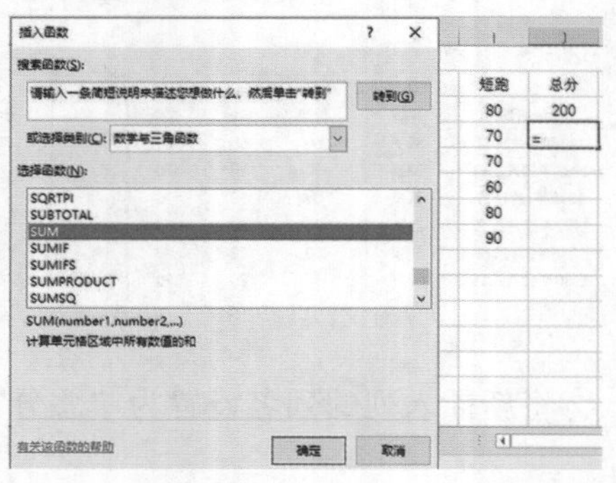

(5) 弹出“函数参数”对话框，在参数“Number1”一栏中系统默认输入了“G4:I4”，说明已经选中了“G4:I4”单元格中的数据，用户也可以单击“Number1”一栏后的选取按钮选取需要的数据。

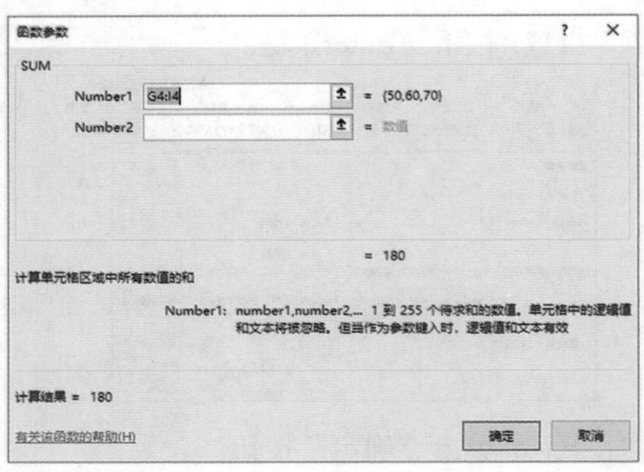

(6) 单击“确定”按钮，查看结果。

体能测试成绩表

年龄	长跑	跳远	短跑	总分	平均分	成绩排名
35岁	60	60	80	200		
33岁	50	60	70	180		
31岁	80	90	70			
29岁	90	80	60			
35岁	60	70	80			
33岁	70	80	90			

(7) 拖拽并填充“总分”列剩余单元格。

体能测试成绩表

年龄	长跑	跳远	短跑	总分	平均分	成绩排名
35岁	60	60	80	200		
33岁	50	60	70	180		
31岁	80	90	70	240		
29岁	90	80	60	230		
35岁	60	70	80	210		
33岁	70	80	90	240		

2. 求平均值

(1) 选中“K3”单元格，单击“函数库”组中的“插入函数”按钮，弹出“插入函数”对话框，在“搜索函数”一栏中输入“平均值”，单击“转到”按钮，在“选择函数”列表中选中“AVERAGE”函数，单击“确定”按钮。

（2）弹出“函数参数”对话框，在参数“Number1”一栏中系统默认选中了“G3:J3”单元格区域，由于不需要计算“J3”单元格中的内容，所以将选中的单元格区域改为“G3:I3”，单击“确定”按钮。

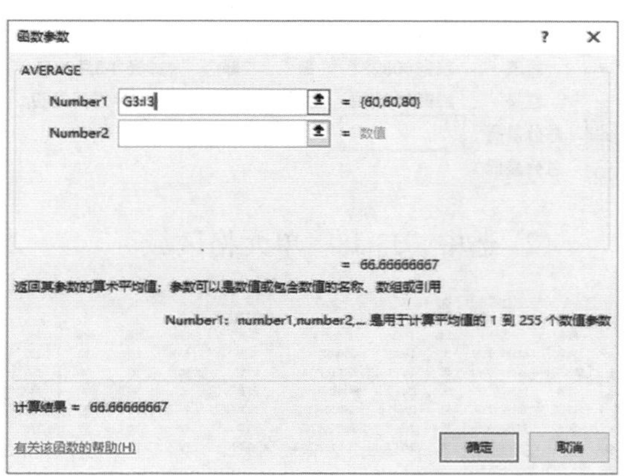

（3）查看结果，为结果设置合适的数字格式。

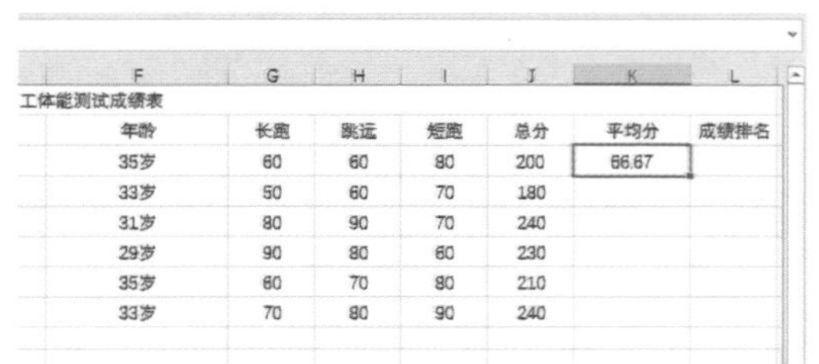

工体能测试成绩表

年龄	长跑	跳远	短跑	总分	平均分	成绩排名
35岁	60	60	80	200	66.67	
33岁	50	60	70	180		
31岁	80	90	70	240		
29岁	90	80	60	230		
35岁	60	70	80	210		
33岁	70	80	90	240		

（4）选中“K4”单元格，切换到“公式”选项卡，单击“自动求和”下拉按钮，选择“平均值”选项。

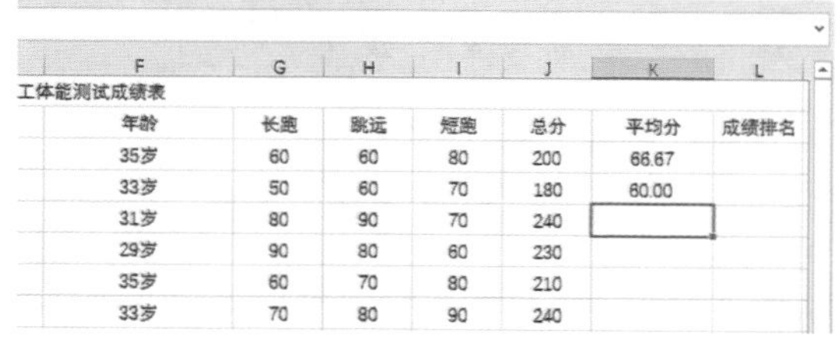

工体能测试成绩表

年龄	长跑	跳远	短跑	总分	平均分	成绩排名
35岁	60	60	80	200	66.67	
33岁	50	60	70	180	60.00	
31岁	80	90	70	240		
29岁	90	80	60	230		
35岁	60	70	80	210		
33岁	70	80	90	240		

（5）选中“G4:I4”单元格区域，按下“Enter”键。

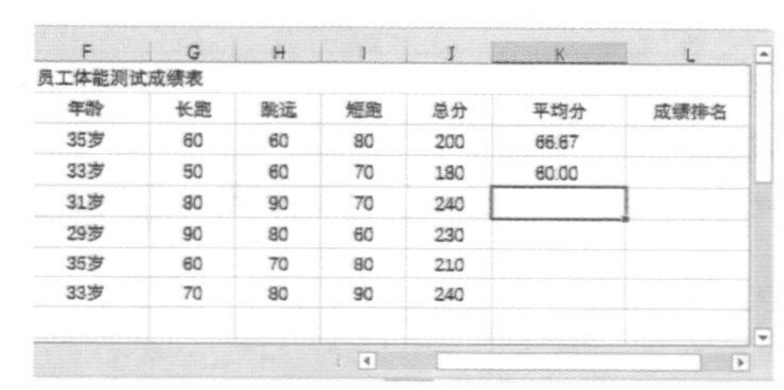

员工体能测试成绩表

年龄	长跑	跳远	短跑	总分	平均分	成绩排名
35岁	60	60	80	200	66.67	
33岁	50	60	70	180	60.00	
31岁	80	90	70	240		
29岁	90	80	60	230		
35岁	60	70	80	210		
33岁	70	80	90	240		

（6）先选中“G5:I5”单元格区域，再单击“自动求和”下拉菜单中的“平均值”按钮也可求出平均值。

（7）检查结果是否正确。

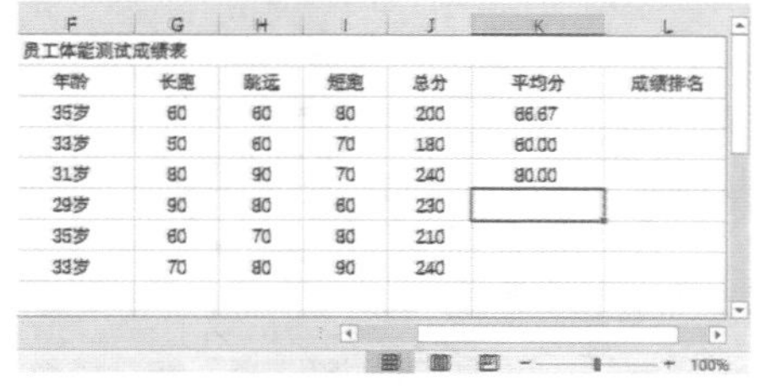

员工体能测试成绩表

年龄	长跑	跳远	短跑	总分	平均分	成绩排名
35岁	60	60	80	200	66.67	
33岁	50	60	70	180	60.00	
31岁	80	90	70	240	80.00	
29岁	90	80	60	230		
35岁	60	70	80	210		
33岁	70	80	90	240		

（8）计算“平均分”列的剩余结果并填充在单元格中。

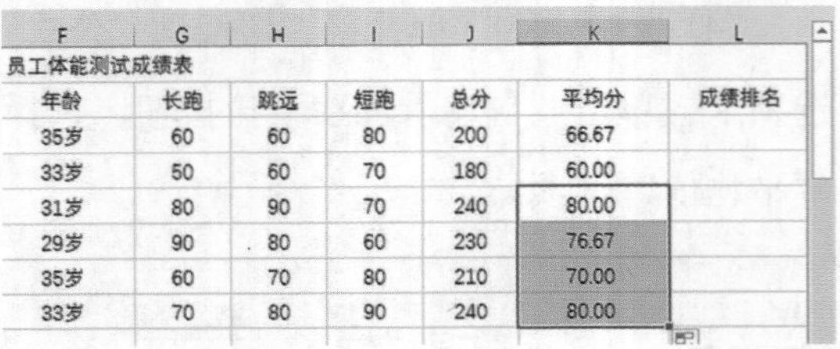

员工体能测试成绩表						
年龄	长跑	跳远	短跑	总分	平均分	成绩排名
35岁	60	60	80	200	66.67	
33岁	50	60	70	180	60.00	
31岁	80	90	70	240	80.00	
29岁	90	80	60	230	76.67	
35岁	60	70	80	210	70.00	
33岁	70	80	90	240	80.00	

3. 计算成绩排名

(1) 选中“L3”单元格，单击“公式”选项卡，在“函数库”组中单击“插入函数”选项，弹出“插入函数”对话框，单击“或选择类别”一栏的下拉按钮，选择“兼容性”，在“选择函数”列表框中选择“RANK”函数。

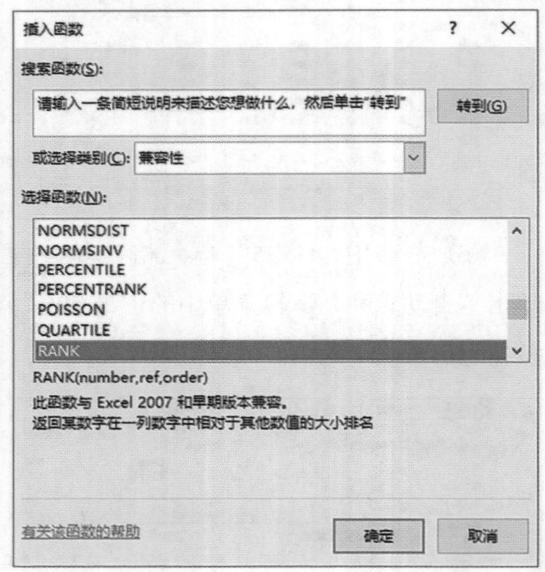

(2) 弹出“函数参数”对话框，设置函数的参数。

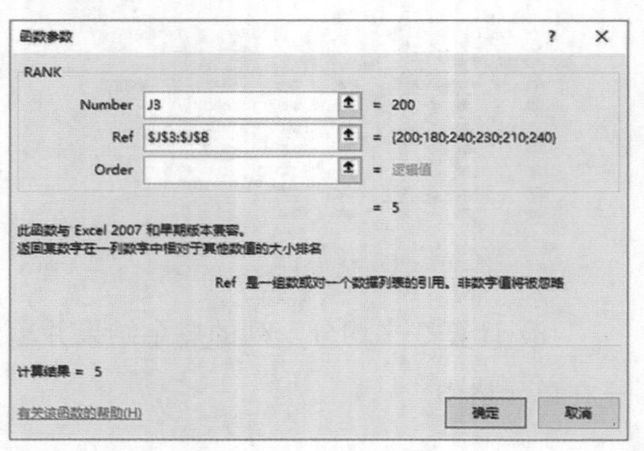

(3) 单击“确定”按钮，并将“成绩排名”列剩余单元格都进行填充。

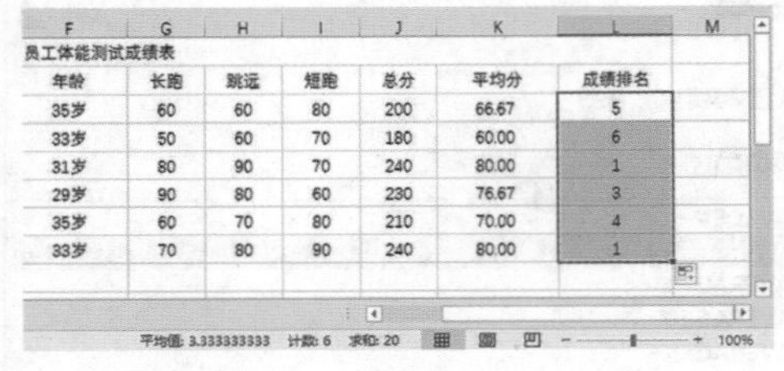

员工体能测试成绩表						
年龄	长跑	跳远	短跑	总分	平均分	成绩排名
35岁	60	60	80	200	66.67	5
33岁	50	60	70	180	60.00	6
31岁	80	90	70	240	80.00	1
29岁	90	80	60	230	76.67	3
35岁	60	70	80	210	70.00	4
33岁	70	80	90	240	80.00	1

4. 获取最大、最小值

(1) 选中“B9”单元格，单击“函数库”组中的“自动求和”下拉按钮，单击“最大值”按钮。

	B	C	D	E
2		性别	部分	出生日期
3 刘菲	1198609102	女	1部门	1986年9月10日
4 罗一可	1198810261	男	1部门	1988年10月26日
5 韩素	2199001162	女	2部门	1990年1月16日
6 马若风	2199212171	男	2部门	1992年12月17日
7 段波	2198603281	男	2部门	1986年3月28日
8 赵兴	2198812282	女	2部门	1988年12月28日
9 总分最高				
10 总分最低				

(2) 选中“J3:J8”单元格区域。

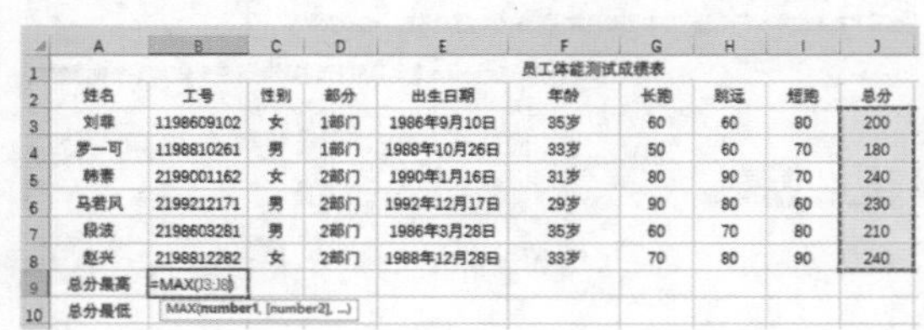

员工体能测试成绩表									
姓名	工号	性别	部分	出生日期	年龄	长跑	跳远	短跑	总分
刘菲	1198609102	女	1部门	1986年9月10日	35岁	60	60	80	200
罗一可	1198810261	男	1部门	1988年10月26日	33岁	50	60	70	180
韩素	2199001162	女	2部门	1990年1月16日	31岁	80	90	70	240
马若风	2199212171	男	2部门	1992年12月17日	29岁	90	80	60	230
段波	2198603281	男	2部门	1986年3月28日	35岁	60	70	80	210
赵兴	2198812282	女	2部门	1988年12月28日	33岁	70	80	90	240
总分最高	=MAX(J3:J8)								
总分最低									

(3) 按下“Enter”键，计算出结果。

B10

员工体能测试成绩表								
姓名	工号	性别	部分	出生日期	年龄	长跑	跳远	短跑
刘菲	1198609102	女	1部门	1986年9月10日	35岁	60	60	80
罗一可	1198810261	男	1部门	1988年10月26日	33岁	50	60	70
韩素	2199001162	女	2部门	1990年1月16日	31岁	80	90	70
马若风	2199212171	男	2部门	1992年12月17日	29岁	90	80	60
段波	2198603281	男	2部门	1986年3月28日	35岁	60	70	80
赵兴	2198812282	女	2部门	1988年12月28日	33岁	70	80	90
总分最高	240							
总分最低								

(4) 选中“B10”单元格，在“自动求和”下拉列表中选择“最小值”。

插入函数　自动求和　逻辑　文本　日期和时间　查找与引用　数学和三角函数　其他函数　名称管理器　函数库

求和(S)
平均值(A)
计数(C)
最大值(M)
最小值(I)
其他函数(F)...

B10

		性别	部分	出生日期
刘菲	1198609102	女	1部门	1986年9月10日
罗一可	1198810261	男	1部门	1988年10月26日
韩素	2199001162	女	2部门	1990年1月16日
马若风	2199212171	男	2部门	1992年12月17日
段波	2198603281	男	2部门	1986年3月28日
赵兴	2198812282	女	2部门	1988年12月28日
总分最高	240			
总分最低				

(5) 选中“J3:J8”单元格区域，按下“Enter”键，计算出结果。

B11

员工体能测试成绩表								
姓名	工号	性别	部分	出生日期	年龄	长跑	跳远	短跑
刘菲	1198609102	女	1部门	1986年9月10日	35岁	60	60	80
罗一可	1198810261	男	1部门	1988年10月26日	33岁	50	60	70
韩素	2199001162	女	2部门	1990年1月16日	31岁	80	90	70
马若风	2199212171	男	2部门	1992年12月17日	29岁	90	80	60
段波	2198603281	男	2部门	1986年3月28日	35岁	60	70	80
赵兴	2198812282	女	2部门	1988年12月28日	33岁	70	80	90
总分最高	240							
总分最低	180							

5. 使用公式或函数时常见的问题及解决办法

(1) 有时函数会返回“#VALUE!”，说明用户在使用函数时出现了错误的情况。出现错误的原因可能是参数使用不正确、运算符使用不正确等。解决方法是确认公式或函数中的参数或运算符使用正确。

(2) 出现“######”的情况时表示列宽不足或单元格中的时间日期公式产生了负值。解决方法是增加单元格的列宽、应用不同的数字格式、保证时间与日期公式的正确性。

(3) 当单元格中出现“#DIV/0!”时表示公式中的除数为 0、除数引用了空白单元格或引用的单元格中包含零值。

(4) 出现“#N/A”时表示公式中没有可用的数值，但出现这种情况时，可以在单元格中输入“#N/A”，公式在引用这些单元格时将不再进行数值计算，而是返回“#N/A”。

(5) 出现“#REF!”时表示单元格引用无效。解决方法是更改公式；恢复单元格被删除或粘贴前的内容与格式。

(6) 出现“#NUM!”时表示公式或函数中使用了无效的数值。解决方法是确保函数中使用的参数是数值。

6.3 常用函数说明

✦ 6.3.1 数学与三角函数

1. INT 函数

INT 函数的功能是将数值向下取整为最接近的整数。例如，INT(9.6) 结果为 9，INT(−9.6) 结果为 −10。

格式为 INT(number)。

参数说明：

参数 number 为需要取整的数值或包含数值的单元格。

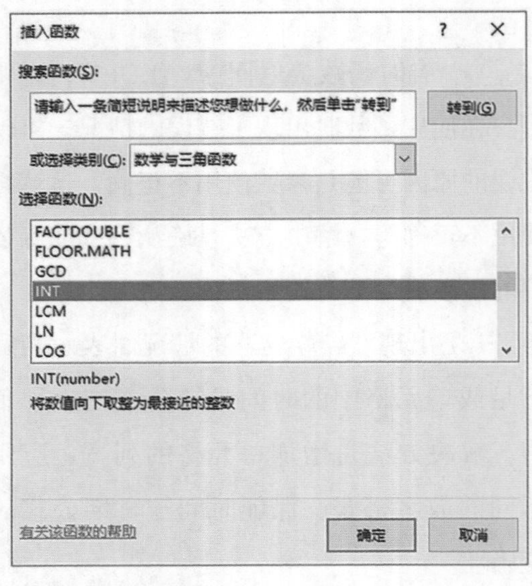

2. SUMPRODUCT 函数

SUMPRODUCT 函数的功能是返回相应的数组或区域乘积的和。

格式为 SUMPRODUCT(array1, array2, array3,...)。

参数说明：

参数 array1，array2，array3，……为 2~30 个数组，其相应元素需要相乘并求和。

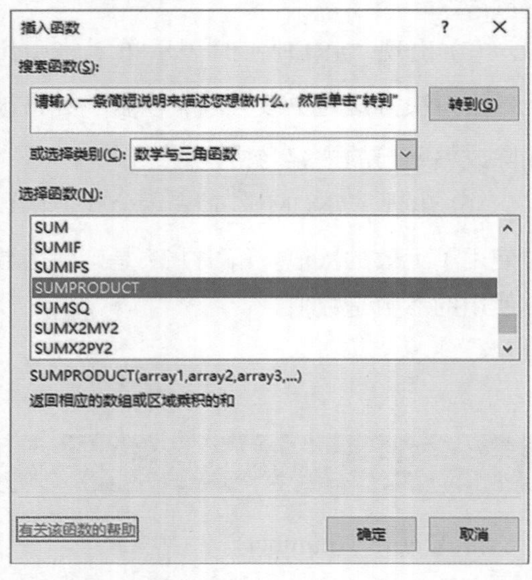

3. ROUND 函数

ROUND 函数的功能是按指定的位数对数值进行四舍五入。

格式为 ROUND(number,num_digits)。

参数说明：

参数 number 是指用于进行四舍五入的数值，不能是一个单元格区域。如果参数 number 是数值以外的文本，将返回错误值“#VALUE!”。

参数 num_digits 表示位数，按此数值进行四舍五入，不可省略。

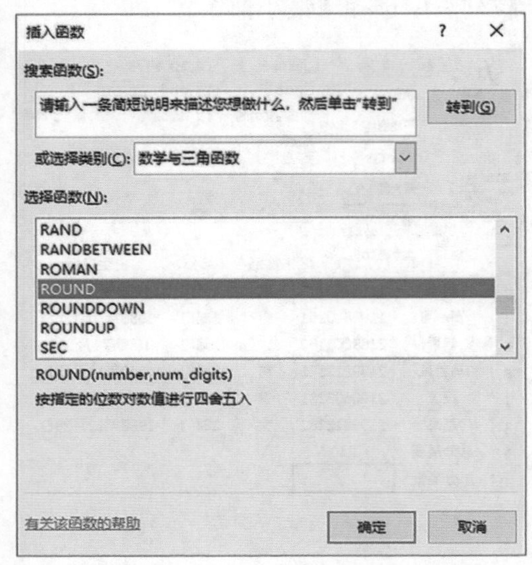

num_digits 的函数返回值的关系，如下表所示。

num_digits	ROUND 函数返回值
num_digits>0	按指定位数进行四舍五入
num_digits=0	数字四舍五入到最接近的正整数
num_digits<0	在小数点左侧前几位进行四舍五入

4. SUMIF 函数

SUMIF 函数的功能是对满足条件的单元格求和。

格式为 SUMIF(range,criteria,sum_range)。

参数说明：

参数 range 为条件判断的单元格区域。

参数 criteria 为指定条件表达式。

参数 sum_range 为需要计算的数值所在的区域。

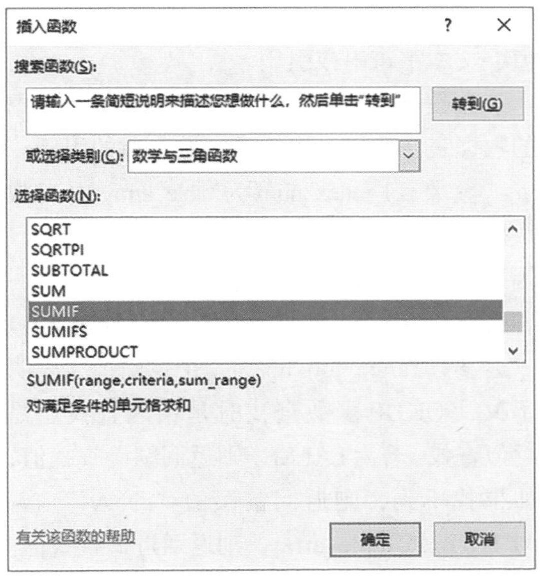

5. MOD 函数

MOD 函数的功能是计算并返回两数相除的余数，所得结果的符号与除数相同。

格式为 MOD(number,divisor)。

参数说明：

参数 number 为被除数。

参数 divisor 为除数；若 divisor 为 0，则函数返回错误值“#DIV/0!”。

插入函数
?
搜索函数(S):
请输入一条简短说明来描述您想做什么，然后单击"转到"
转到(G)
或选择类别(C): 数学与三角函数
选择函数(N):
MINVERSE
MMULT
MOD
MROUND
MULTINOMIAL
MUNIT
ODD
MOD(number,divisor)
返回两数相除的余数
有关该函数的帮助
确定
取消

6. SUM 函数

SUM 函数的功能是计算单元格区域中所有数值的和。

格式为 SUM(number1,number2,...)。

参数说明：

参数 number1，number2，……为需要求和的值。例如，“SUM=(A1:A6)”表示计算“A1:A6”所有单元格区域中数值的和；“SUM=(A1-A6)”表示“A1”中的值减去“A6”中的值。

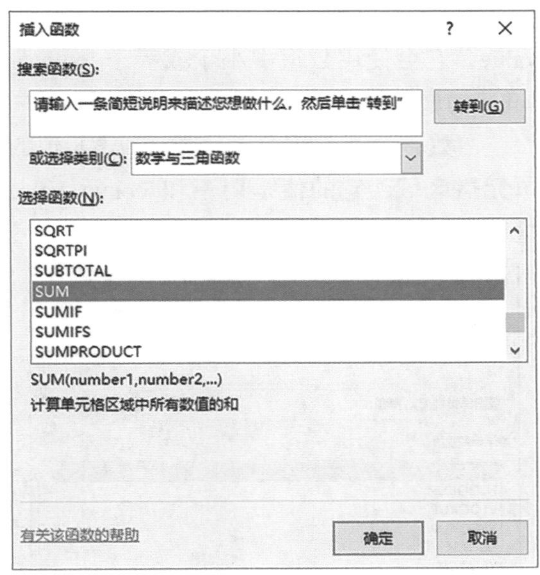

✦ 6.3.2 查找与引用函数

1. LOOKUP 函数

LOOKUP 函数的功能是返回向量或数组中的值。

格式 1（向量形式）为 LOOKUP(lookup_value,lookup_vector,result_vector)。

参数说明：

参数 lookup_value 为函数 LOOKUP 在第一个向量中所要查找的值。lookup_value 可以是数字、文本、逻辑值，也可以代表某个值的名称或引用。

参数 lookup_vector 为只包含一行或一列的区域。lookup_vector 中的值可以是数字、文本或逻辑值，并且 lookup_vector 中的数值必须按升序排列，否则函数不能返回正确的值。

参数 result_vector 是一个含有一行或一列的区域，大小必须与 lookup_vector 相同。

格式 2（数组形式）为 LOOKUP(lookup_value,array)。

参数说明：

参数 lookup_value 是函数 LOOKUP 在数组中所要搜索的值。lookup_value 的值可以是数字、文本逻辑值或代表数值的名称或引用。如果 LOOKUP 函数找不到 lookup_value，它会使用数组中小于或等于 lookup_value 的最大值。

参数 array 为包含文本、数字或逻辑值的单元格区域，它的值是用于和 lookup_Value 进行比较。

插入函数 ? ×
搜索函数(S):
LOOKUP
转到(G)
或选择类别(C): 推荐
选择函数(N):
LOOKUP
HLOOKUP
VLOOKUP
XLOOKUP
MATCH
XMATCH
LOOKUP(...)
从单行或单列或从数组中查找一个值。条件是向后兼容性
有关该函数的帮助
确定
取消

2. VLOOKUP 函数

VLOOKUP 函数是一个纵向查找函数，在表格或数值数组的首列查找数值，并返回该列所需查询列序所对应的值。

格式为 VLOOKUP(lookup_value,table_array,col_index_num,range_lookup)。

参数说明：

参数 lookup_value 为需要在数据表第一列中查找的值。lookup_value 的值可以是数值、文本字符串或引用。

参数 table_array 为需要在其中查找数据的数据表。使用对区域或区域名称的引用。

参数 col_index_num 为 table_array 中查找数据的数据序列号；若 col_index_num 小于 1，函数 VLOOKUP 返回错误值“#VALUE!”，若大于 table_array，函数返回错误值“#REF!”。

参数 range_lookup 为一个逻辑值，表明了 VLOOKUP 函数查找时是精确查找还是近似查找。若为 FALSE，则返回精确查找值，如果找不到，则返回错误值“#N/A”。若为 TRUE 或 table_array，则返回近似查找值。

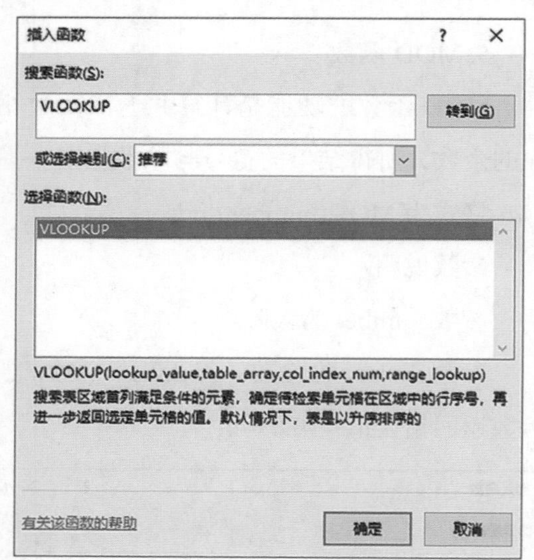

3. ADDRESS 函数

ADDRESS 函数的功能是创建一个以文本方式对工作簿中某一单元格的引用。

格式为 ADDRESS(row_num,column_num,abs_num,a1,sheet_text)。

参数说明：

参数 row_num 是被引用单元格的行号；参数 column_num 是被引用单元格的列号；参数 abs_num 指定返回的引用类型。

参数 a1 为一个逻辑值，指定 a1 或 R1C1 引用样式。如果 a1 为 TRUE 或省略，DDRESS

返回 a1 样式的引用；若为 ALSE，函数返回 R1C1 样式的引用。

参数 sheet_text 为指定要用做外部引用的工作表的名称。

abs_num 的使用格式，如下表所示。

abs_num	返回的引用类型
1 或者省略	绝对值引用
2	绝对行号、相对列标
3	相对行号、绝对列标
4	相对值

插入函数
搜索函数(S):
ADDRESS
转到(G)
或选择类别(C): 推荐
选择函数(N):
ADDRESS
ADDRESS(row_num,column_num,abs_num,a1,sheet_text)
创建一个以文本方式对工作簿中某一单元格的引用
有关该函数的帮助
确定
取消

4. HLOOKUP 函数

HLOOKUP 函数是 Excel 中的一个横向查找函数，功能是在表格首行或数值数组中搜索指定的值，并返回表格或数值数组中指定列中的值。

格式为 HLOOKUP(lookup_value, table_array, row_index_num, range_lookup)。

参数说明：

参数 lookup_value 为需要在表格第一行查找的值，可以为数值、引用或字符串。

参数 table_array 为需要查找数据的数据表。

参数 row_index_num 为 table_array 中将要返回的查找值的行序号。若 row_index_num 小于 1，函数返回错误值“#VALUE!”；若 row_index_num 大于表格的行数，函数返回错误值“#REF!”。

参数 range_lookup 为一个逻辑值，表明了函数 HLOOKUP 查找时是精确查找还是近似查找。若为 FALSE 或 0，函数将查找精确值，如果找不到，则返回错误值“#N/A”。若为 TRUE 或 1，则返回近似查找值；如果找不到精确值，则返回小于 lookup_value 的最大数值。range_lookup 的值可以省略，此时表示近似查找。

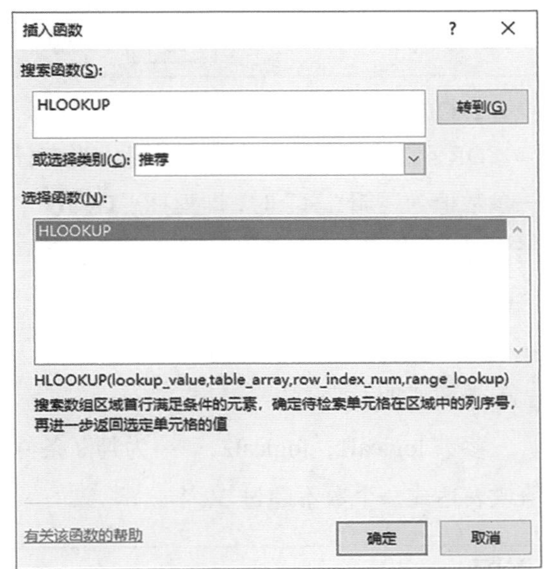

✦ 6.3.3 逻辑函数

1. IF 函数

IF 函数是一个判断并输出函数。

格式为 IF(logical_test,value_if_true,value_if_false)。

参数说明：

参数 logical_test 为逻辑判断表达式。

参数 value_if_true 表示当判断条件为逻辑“真”时要显示的内容，若省略，则返回“TRUE”。

参数 value_if_false 表示当判断条件为逻辑“假”时要显示的内容。

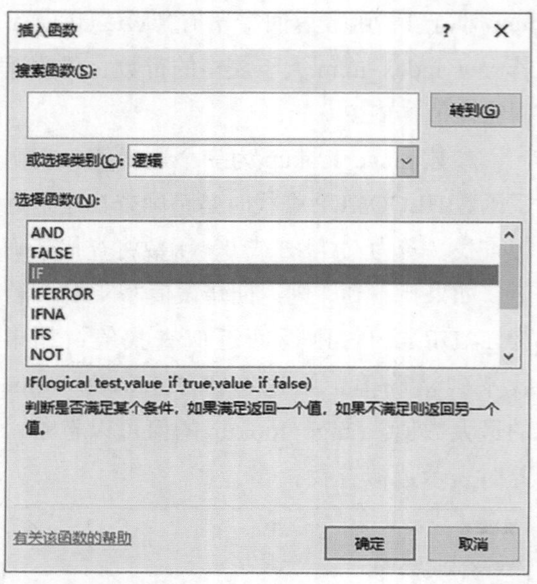

2. OR 函数

OR 函数的功能是返回逻辑值，当有任一参数值为逻辑“真”时，即返回“TRUE”；当所有参数值均为逻辑“假”时，返回“FALSE”。

格式为 OR(logical1,logical2,...)。

参数说明：

参数 logical1，logical2，……为判断条件值或表达式，个数不超过 30 个。

插入函数
搜索函数(S):
转到(G)
或选择类别(C): 逻辑
选择函数(N):
IFNA
IFS
NOT
OR
SWITCH
TRUE
XOR
OR(logical1,logical2,...)
如果任一参数值为 TRUE，即返回 TRUE；只有当所有参数值均为 FALSE 时才返回 FALSE
有关该函数的帮助
确定
取消

3. AND 函数

AND 函数的功能是返回逻辑值。当所有参数值均为逻辑“真”时，返回“TRUE”；当有一个参数值为逻辑“假”时，返回“FALSE”。

格式为 AND(logical1,logical2,...)。

参数说明：

参数 logical1，logical2，……表示待判断的条件值或表达式，个数不超过 30 个。

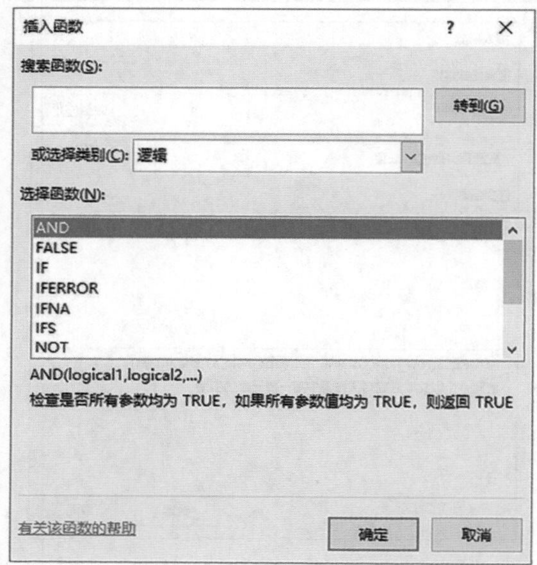

✦ 6.3.4 日期与时间函数

1. DATE 函数

DATE 函数的作用是返回在 Microsoft Excel 日期时间代码中代表日期的数字。

格式为 DATE(year,month,day)。

参数说明：

参数 year 为指定的年份数值。

参数 month 为指定的月份数值（可以大于 12）。

参数 day 为天数。

2. YEAR 函数

YEAR 函数的作用是将参数转化为年。

格式为 YEAR(serial_number)。

参数说明：

参数 serial_number 是一个日期值，可以是带引号的文本串、系列数、公式或函数的运算结果。

插入函数
搜索函数(S):
请输入一条简短说明来描述您想做什么，然后单击"转到"
转到(G)
或选择类别(C): 日期与时间
选择函数(N):
TODAY
WEEKDAY
WEEKNUM
WORKDAY
WORKDAY.INTL
YEAR
YEARFRAC
YEAR(serial_number)
返回日期的年份值，一个 1900-9999 之间的数字。
有关该函数的帮助
确定
取消

3. TODAY 函数

TODAY 函数的作用是输出当前日期，是一个可变的内容，即函数的值会随着日期的改变而改变。

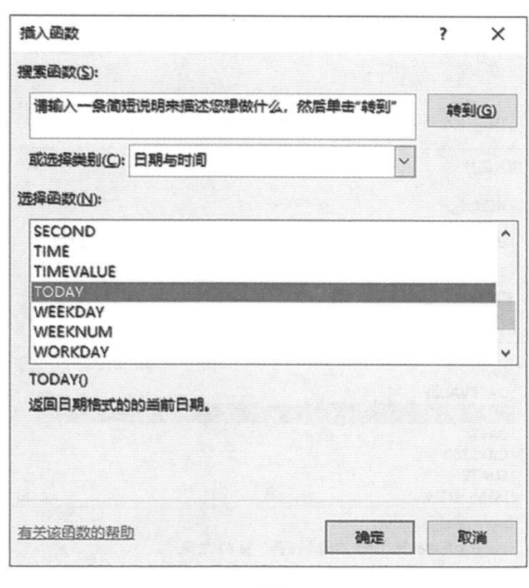

4. WEEKNUM 函数

WEEKNUM 函数的功能是返回指定日的周数。

格式为 WEEKNUM(serial_number,return_type)。

参数说明：

参数 serial_number 表示一周中的日期。

参数 return_type 为一个数字，确定星期从哪一天开始计算。

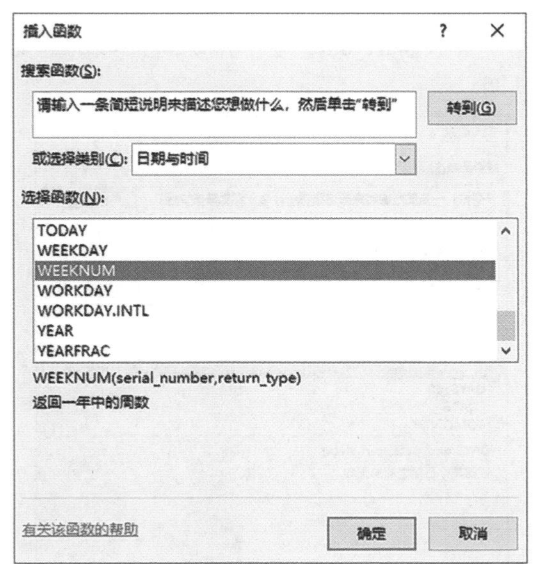

5. DAY 函数

DAY 函数的功能是返回一个月中的第几天的数值，介于 1 到 31 之间。

格式为 DAY(serial_number)。

参数说明：

参数 serial_number 表示要查找的日期。

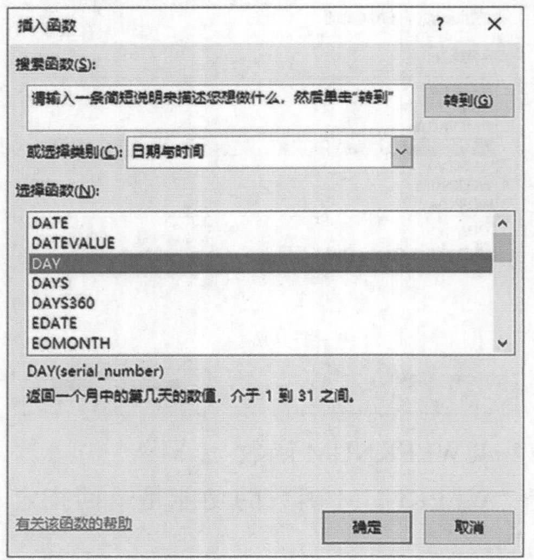

6. DAYS 函数

DAYS 函数的功能是返回两个日期之间的天数。

格式为 DAYS(end_date,start_date)。

参数说明：

参数 end_date 为计算期间天数的截止日期。

参数 start_date 为计算期间天数的起始日期。

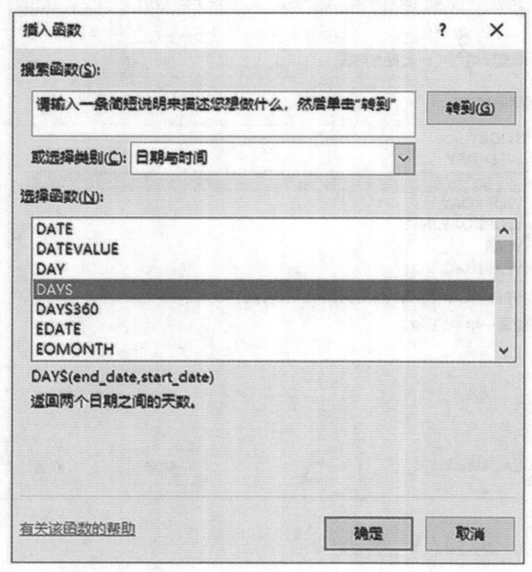

7. MINUTE 函数

MINUTE 函数的功能是返回时间值中的分钟数值，是一个介于 0 到 59 之间的整数。

格式为 MINUTE(serial_number)。

参数说明：

参数 serial_number 为包含要查找分钟的时间值。

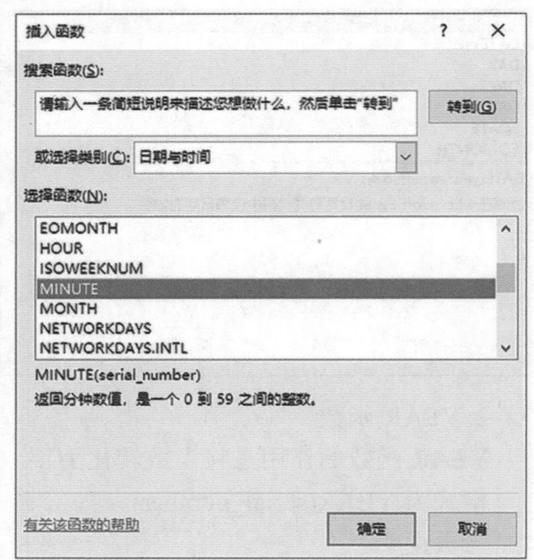

8. HOUR 函数

HOUR 函数的功能是返回时间值中的小时数值，是一个 0 到 23 之间的整数。

格式为 HOUR(serial_number)。

参数说明：

参数 serial_number 为包含要查找小时数的时间值。

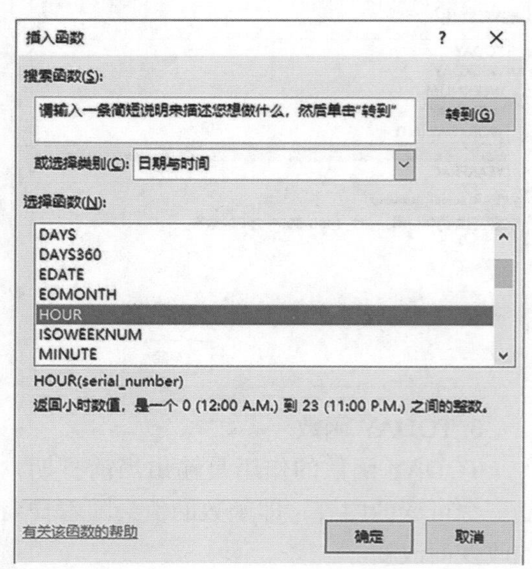

✦ 6.3.5 文本函数

1. MID 函数

MID 函数的功能是从文本字符串中指定的起始位置起返回指定长度的字符。

格式为 MID(text,start_num,num_chars)。

参数说明：

text 表示文本字符串；start_num 为起始位置；num_chars 表示要返回的字符数目。

2. UPPER 函数

UPPER 函数的功能是将文本字符串中的所有字母转换成大写形式。

格式为 UPPER(text)。

参数说明：

参数 text 为需要转换为大写形式的文本。

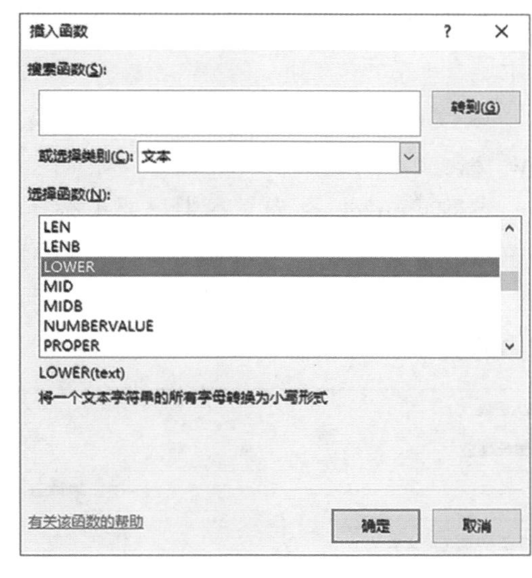

3. LOWER 函数

LOWER 函数的功能是将一个文本字符串的所有字母转换为小写形式。

格式为 LOWER(text)。

参数说明：

参数 text 为需要转换为小写形式的文本。

4. LEN 函数

LEN 函数的功能是计算并返回文本字符串中的字符个数。

格式为 LEN(text)。

参数说明：

参数 text 为待检测的文本字符串。

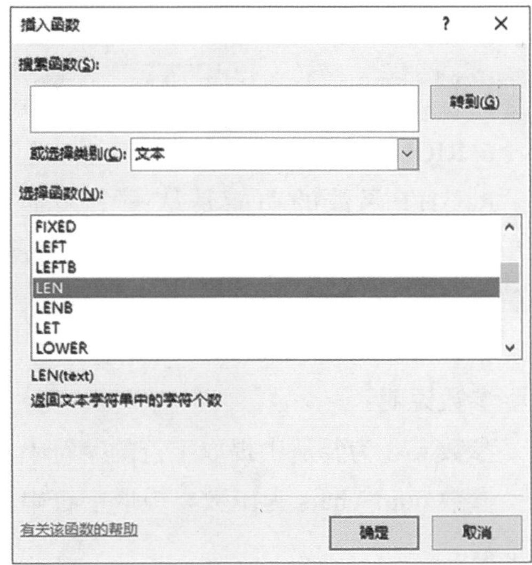

5. REPLACE 函数

REPLACE 函数的功能是将一个字符串中的部分字符用另一个字符串替换。

格式为 REPLACE(old_text, start_num, num_chars, new_text)。

参数说明：

参数 old_text 为需要被替换部分字符的文本。

参数 start_num 为文本中要被替换为 new_text 文本的起始字符位置。

参数 num_chars 为文本中需要被替换的字符数。

参数 new_text 为将要替换 old_text 中字符串的文本。

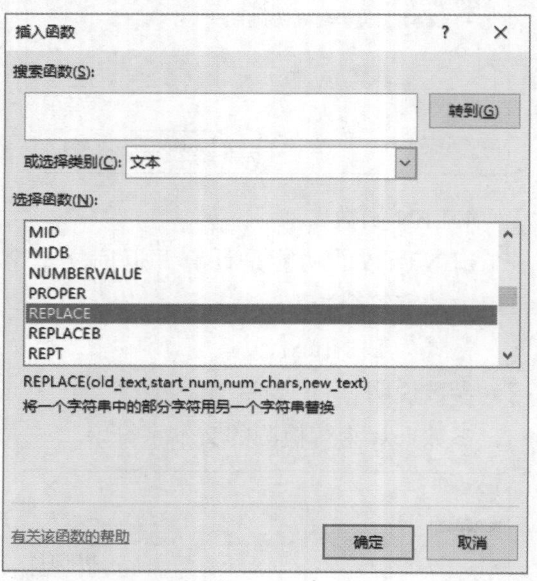

6. RIGHT 函数

RIGHT 函数的功能是从一个文本字符串的最后一个字符开始返回指定个数的字符。

格式为 RIGHT(text,num_chars)。

参数说明：

参数 text 为要从中提取字符的字符串。

参数 num_chars 为函数要提取字符串的字节数。

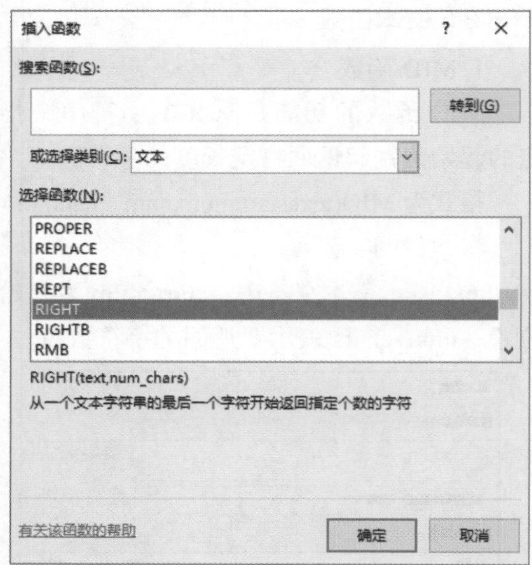

7. TEXT 函数

TEXT 函数的功能是将数字转化为指定数值格式的文本。

格式为 TEXT(value,format_text)。

参数说明：

参数 value 为要转换为文本的数值。

参数 format_text 为一个文本字符串，指定了要应用于所提供数值的格式。

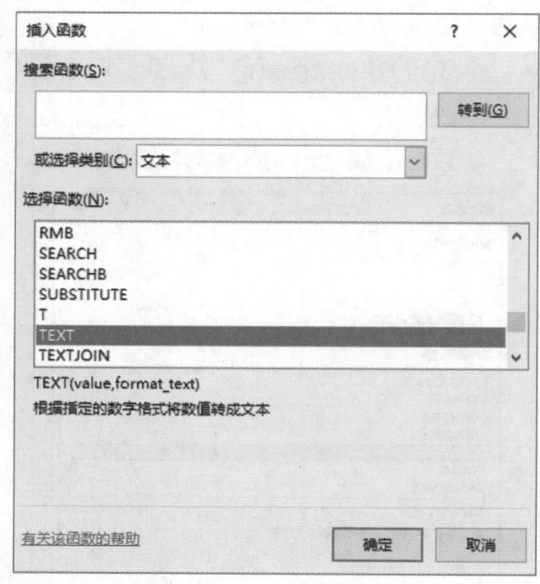

8. TRIM 函数

TRIM 函数的功能是删除字符串中多余的

空格，但会保留英文字符串之间的分隔空格。

格式为 TRIM(text)。

参数说明：

参数 text 为要删除空格的文本。

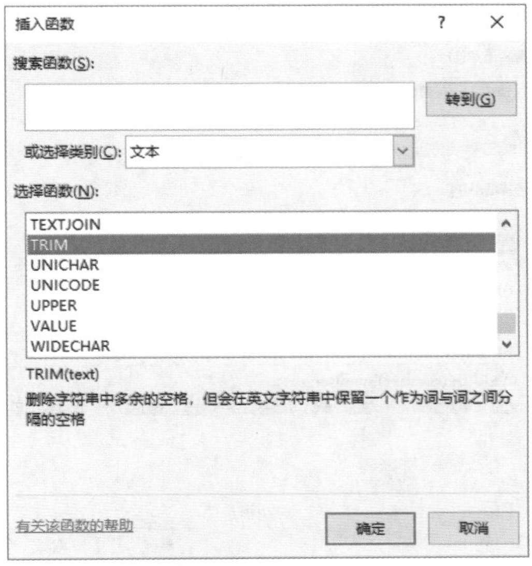

9. VALUE 函数

VALUE 函数的功能是将一个代表数值的文本字符串转换为数值。

格式为 VALUE(text)。

参数说明：

参数 text 为要转换为数值格式的文本字符串或单元格引用。

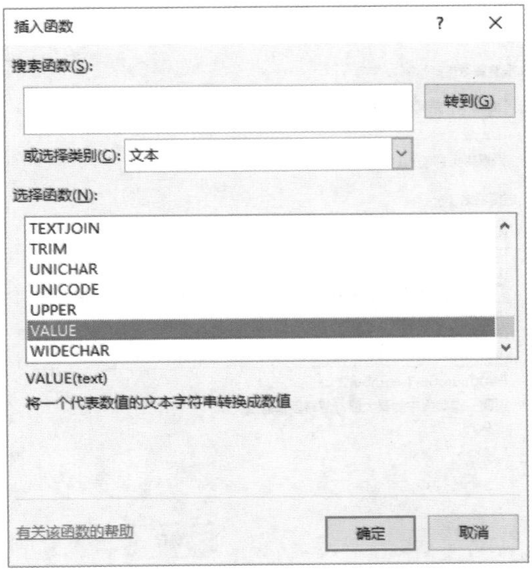

插入函数 ? ×

搜索函数(S):

转到(G)

或选择类别(C): 文本

选择函数(N):

TEXTJOIN

TRIM

UNICHAR

UNICODE

UPPER

VALUE

WIDECHAR

VALUE(text)

将一个代表数值的文本字符串转换成数值

有关该函数的帮助

确定 取消

10. CLEAN 函数

CLEAN 函数的功能是删除文本中不能打印的字符。

格式为 CLEAN(text)。

参数说明：

参数 text 为需要从中删除非打印字符的文本。

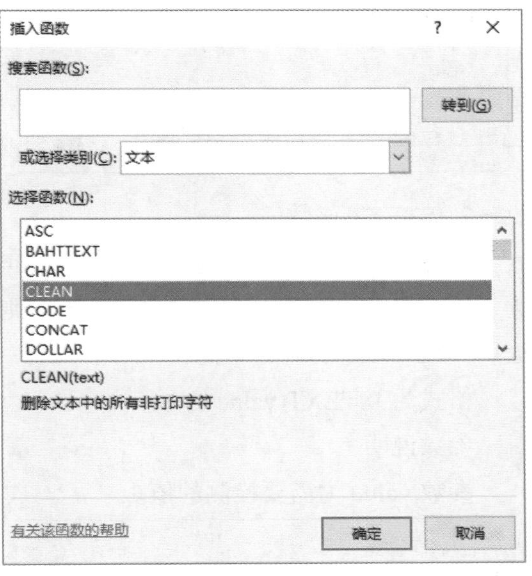

✦ 6.3.6 信息函数

1. ISODD 函数

格式为 ISODD(number)。

参数说明：

参数 number 为需要测试的数字，若数字为奇数则返回“TRUE”，若数字为偶数则返回 "FALSE"。

2. ISTEXT 函数

ISTEXT 函数的功能是检测一个值是否为文本，若是文本返回“TRUE”，不是则返回“FALSE”。

格式为 ISTEXT(value)。

参数说明：

参数 value 为需要检测的值。

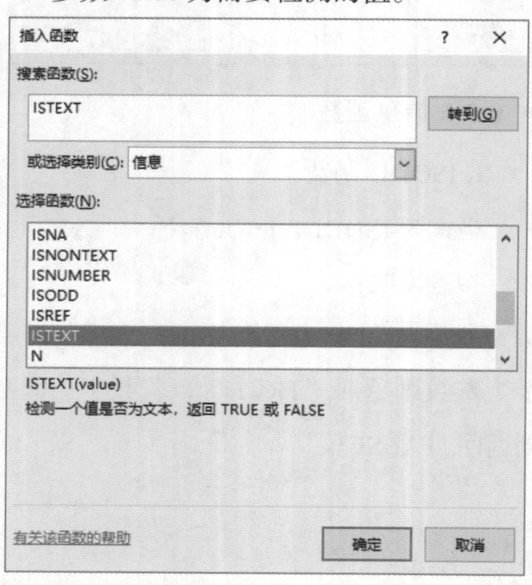

✦ 6.3.7 统计函数

1. AVERAGE 函数

AVERAGE 函数的功能是计算并返回参数的算术平均值。

格式为 AVERAGE(number1,number2,...)。

参数说明：

参数 number1，number2，……为需要求平均值的数值或引用的单元格。

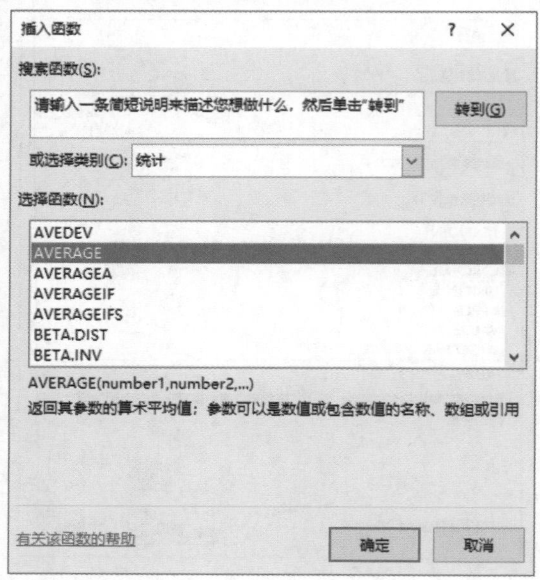

2. MAX 函数

MAX 函数的功能是返回一组数值中的最大值。

格式为 MAX(number1,number2,...)。

参数说明：

参数 number1，number2，……为需要求最大值的数值或引用的单元格。

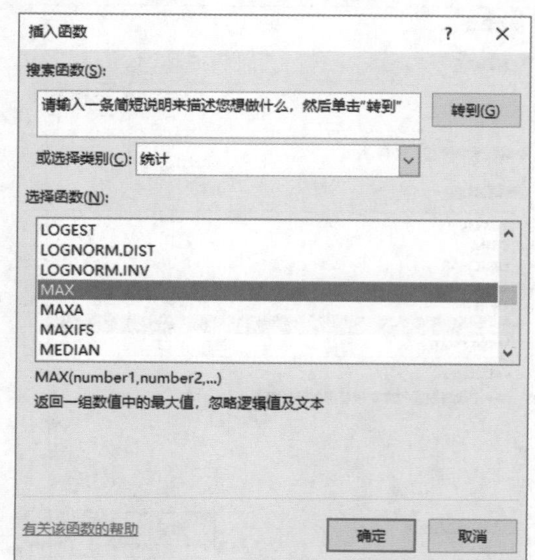

3. MIN 函数

MIN 函数的作用是返回一组数值中的最小值。

格式为 MIN(number1,number2,...)。

参数说明：

参数 number1，number2，……为需要求最小值的数值或引用的单元格。

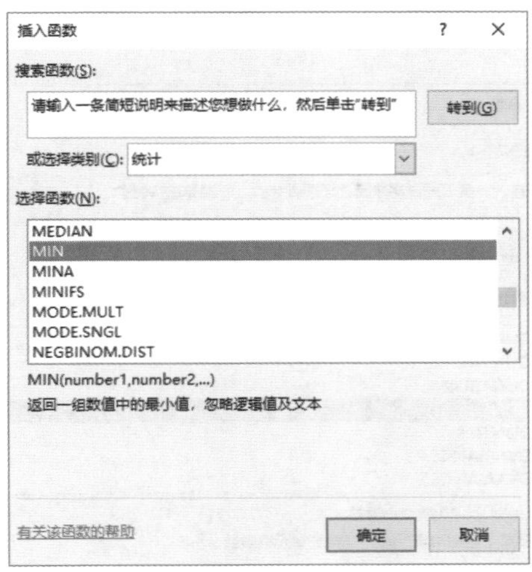

4. MEDIAN 函数

MEDIAN 函数的功能是找出并返回一组数中的中值。

格式为 MEDIAN(number1,number2,...)。

参数说明：

参数 number1，number2，……为要找出中值的数组。

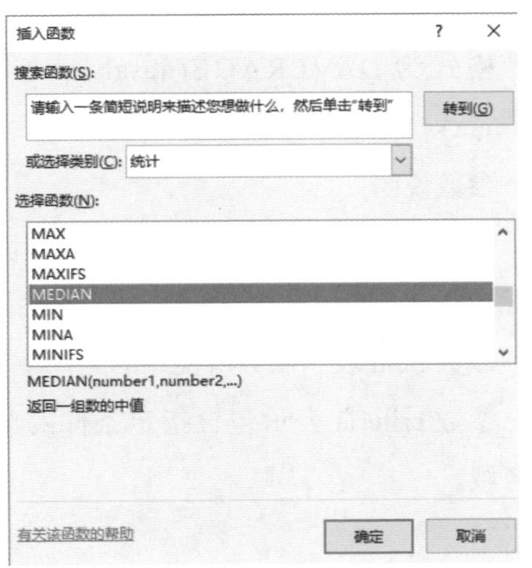

5. COUNT 函数

COUNT 函数的功能是计算单元格区域中包含数字的单元格的个数以及参数列表中数字的个数。

格式为 COUNT(value1,value2,...)。

参数说明：

参数 value1 为要计算其中数字个数的第一项、单元格引用或区域，不可省略。

参数 value2，……为要计算其中数字个数的其他项、单元格引用或区域，可以省略。该函数参数可以引用各类型的数据，但只有数字才会被计算在内。

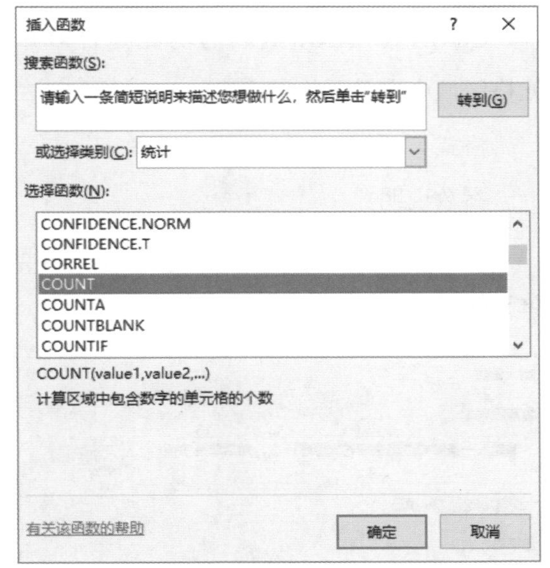

6. COUNTA 函数

COUNTA 函数的功能是计算区域中不为空的单元格的个数。

格式为 COUNTA(value1,value2,...)。

参数说明：

参数 value1，value2，……为要计数的值的参数，其中第一个参数 value1 不能省略。

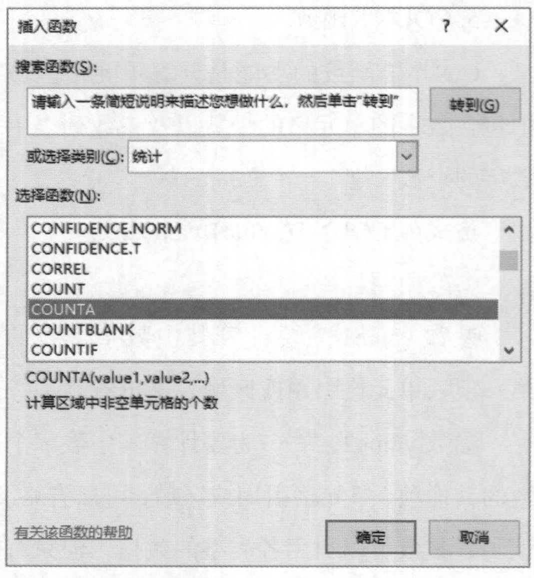

7. COUNTBLANK 函数

COUNTBLANK 函数的功能是计算单元格区域中空单元格的个数。

格式为 COUNTBLANK(range)。

参数说明：

参数 range 为需要计算空单元格个数的单元格区域。

8. COUNTIF 函数

COUNTIF 函数的功能是统计某个单元格区域中满足指定条件的单元格的个数。

格式为 COUNTIF(range,criteria)。

参数说明：

参数 range 为要检查的区域。

参数 criteria 为指定的条件。

✦ 6.3.8 数据库函数

1. DAVERAGE 函数

DAVERAGE 函数的功能是返回满足条件的列表或数据库列中数值的平均值。

格式为 DAVERAGE(database,field,criteria)。

参数说明：

参数 database 表示构成列表或数据库的单元格区域。

参数 field 表示函数所使用的列。

参数 criteria 表示包含指定条件的单元格区域。

2. DCOUNT 函数

DCOUNT 函数的功能是返回列表或数据库中满足指定条件并且包含数字的单元格数目。

格式为 DCOUNT(database,field,criteria)。

参数说明：

参数 database 表示构成列表或数据库的单元格区域。

参数 field 表示函数所使用的列。

参数 criteria 表示包含指定条件的单元格区域。

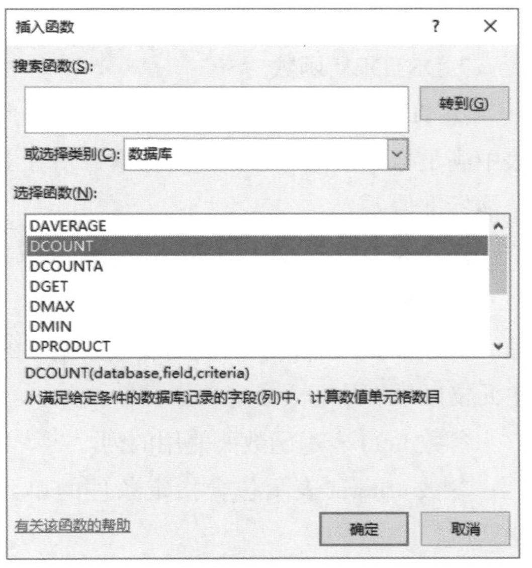

3. DCOUNTA 函数

DCOUNTA 函数的功能是返回满足给定条件的数据库或列表中记录字段的非空单元格数目。

格式为 DCOUNTA(database,field,criteria)。

参数说明：

参数 database 表示构成列表或数据库的单元格区域。

参数 field 表示函数所使用的列。

参数 criteria 表示包含指定条件的单元格区域。

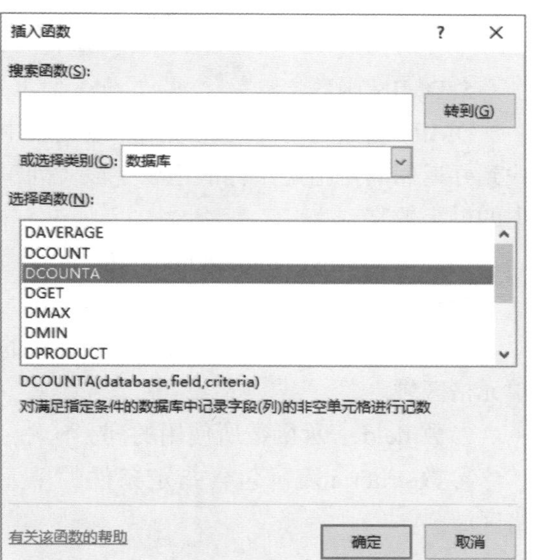

4. DMAX 函数

DMAX 函数的功能是从数据库或列表中找到并返回满足指定条件的记录字段（列）中的最大数字。

格式为 DMAX(database,field,criteria)。

参数说明：

参数 database 表示构成列表或数据库的单元格区域。

参数 field 表示函数所使用的列。

参数 criteria 表示包含指定条件的单元格区域。

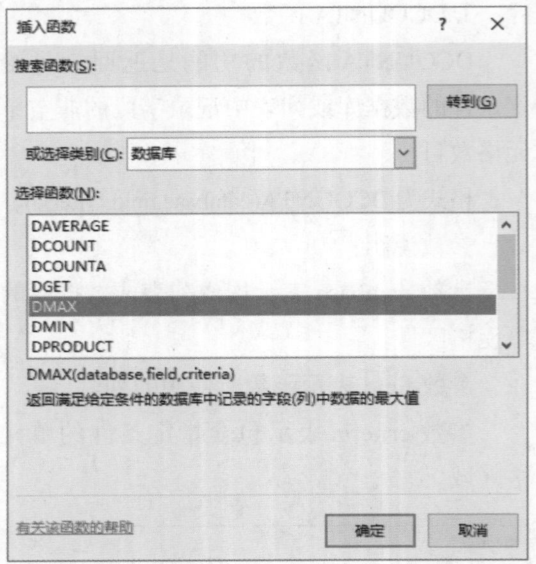

5. DMIN 函数

DMIN 函数的功能是从数据库或列表中找到并返回满足指定条件的记录字段（列）中的最小数字。

格式为 DMIN(database,field,criteria)。

参数说明：

参数 database 表示构成列表或数据库的单元格区域。

参数 field 表示函数所使用的列。

参数 criteria 表示包含指定条件的单元格区域。

6. DPRODUCT 函数

DPRODUCT 函数的功能是返回数据库或列表中满足指定条件的记录字段（列）中的数值的乘积。

格式为 DPRODUCT(database,field,criteria)。

参数说明：

参数 database 表示构成列表或数据库的单元格区域。

参数 field 表示函数所使用的列。

参数 criteria 表示包含指定条件的单元格区域。

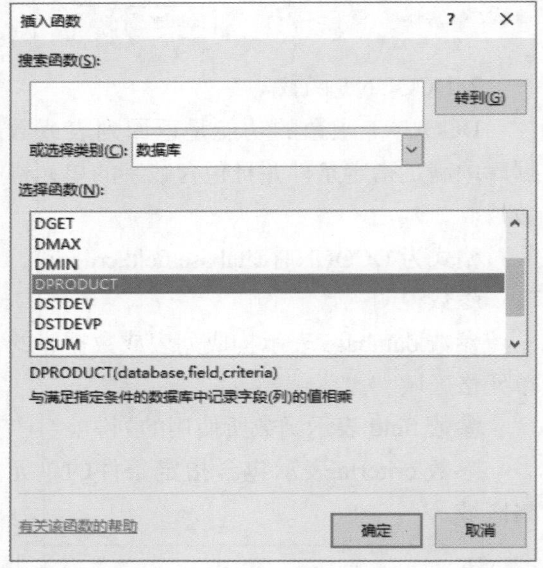

7. DSTDEV 函数

DSTDEV 函数的功能是将数据库或列表中满足指定条件的数据作为样本，估算出总体标准偏差。

格式为 DSTDEV(database,field,criteria)。

参数说明：

参数 database 表示构成列表或数据库的单元格区域。

参数 field 表示函数所使用的列。

参数 criteria 表示包含指定条件的单元格区域。

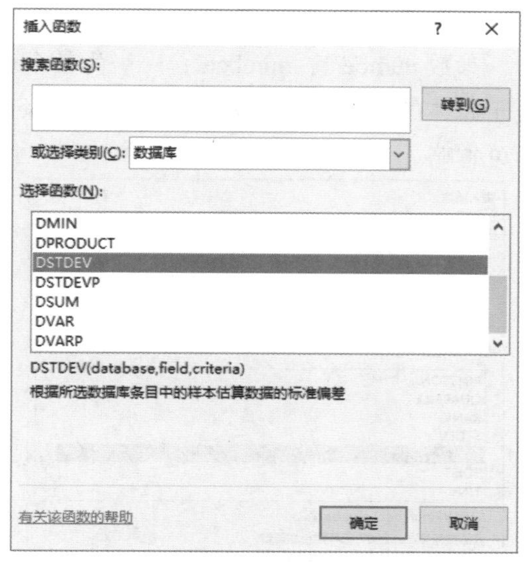

8. DSUM 函数

DSUM 函数的功能是计算并返回数据库或列表中满足指定条件的记录字段（列）中的数字之和。

格式为 DSUM(database,field,criteria)。

参数说明：

参数 database 表示构成列表或数据库的单元格区域。

参数 field 表示函数所使用的列。

参数 criteria 表示包含指定条件的单元格区域。

插入函数
搜索函数(S):
转到(G)
或选择类别(C): 数据库
选择函数(N):
DMIN
DPRODUCT
DSTDEV
DSTDEVP
DSUM
DVAR
DVARP
DSUM(database,field,criteria)
求满足给定条件的数据库中记录的字段(列)数据的和
有关该函数的帮助
确定
取消

9. DVAR 函数

DVAR 函数的功能是将数据库或列表中满足指定条件的记录字段（列）中的数据作为一个样本，估算总体的方差。

格式为 DVAR(database,field,criteria)。

参数说明：

参数 database 表示构成列表或数据库的单元格区域。

参数 field 表示函数所使用的列。

参数 criteria 表示包含指定条件的单元格区域。

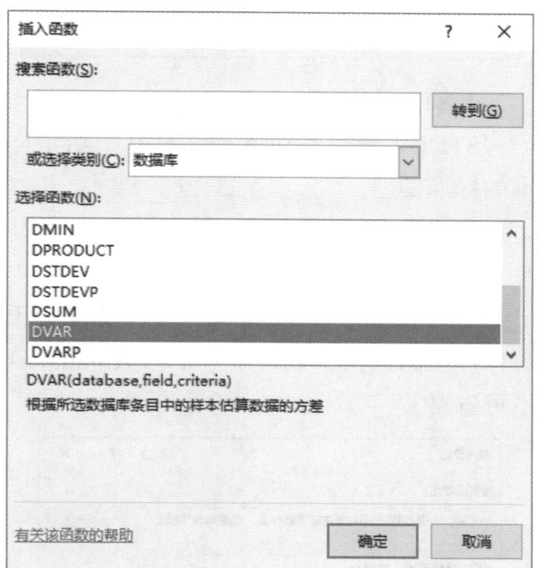

✦ 6.3.9 兼容性函数

1. RANK 函数

RANK 函数的功能是求某数字在某一区域内相对于其他数值的大小排名。

格式为 RANK(number,ref,order)。

参数说明：

参数 number 为需要排名的数值或单元格名称。

参数 ref 为排名的参照数值区域。

参数 order 为 0 或 1，默认不输入的情况下得到的是从小到大的排名，若要求从小到大的排名，就要将 order 的值设置为 1。

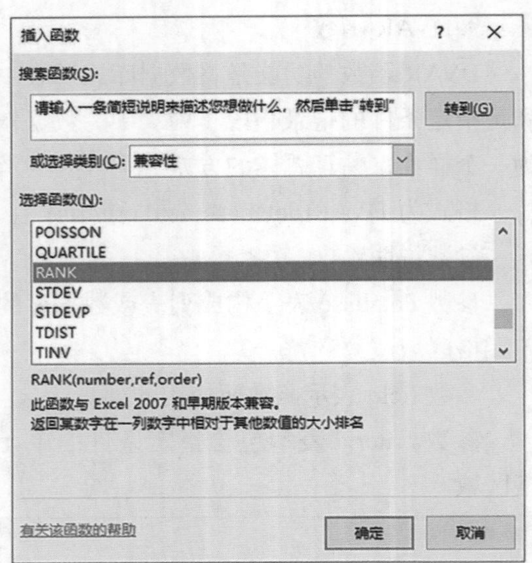

2. STDEV 函数

STDEV 函数的功能是估算基于给定样本的标准偏差。

格式为 STDEV(number1, number2,...)。

参数说明：

参数 number1，number2，……为对应于总体样本的数值参数，第一个参数 number1 不可省略。

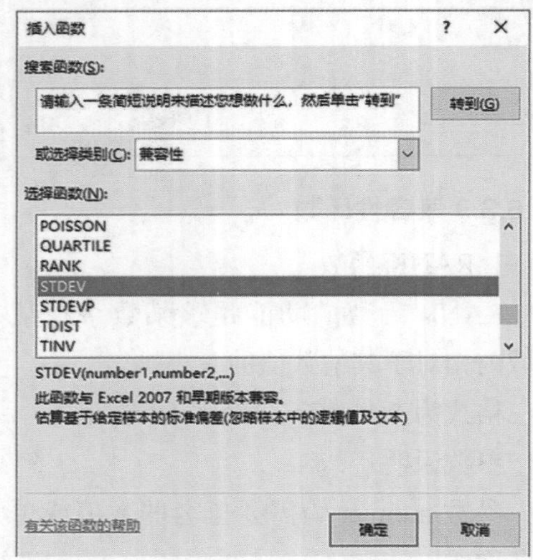

3. STDEVP 函数

STDEVP 函数的功能是计算基于给定的样本总体的标准偏差。

格式为 STDEVP(number1,number2,...)。

参数说明：

参数 number1，number2，……为各个对应于总体的数值参数，第一个参数 number1 不可省略。

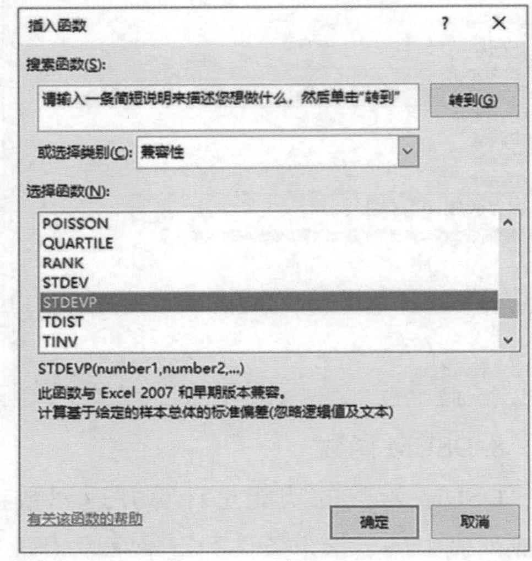

4. VAR 函数

VAR 函数的功能是计算基于给定样本的方差。

格式为 VAR(number1,number2,...)。

参数说明：

参数 number1，number2，……为对应于总体样本的数值参数，第一个参数 number1 不可省略。

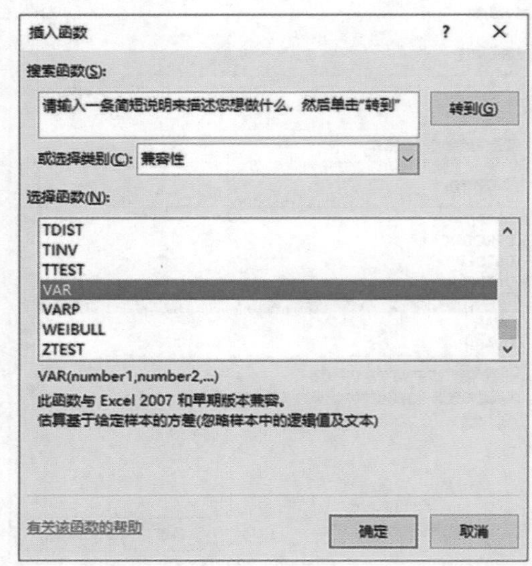

5. VARP 函数

VARP 函数的功能是计算基于给定样本总体的方差。

格式为 VARP(number1,number2,...)。

参数说明：

参数 number1，number2，……为对应于总体的数值参数，第一个参数 number1 不可省略。

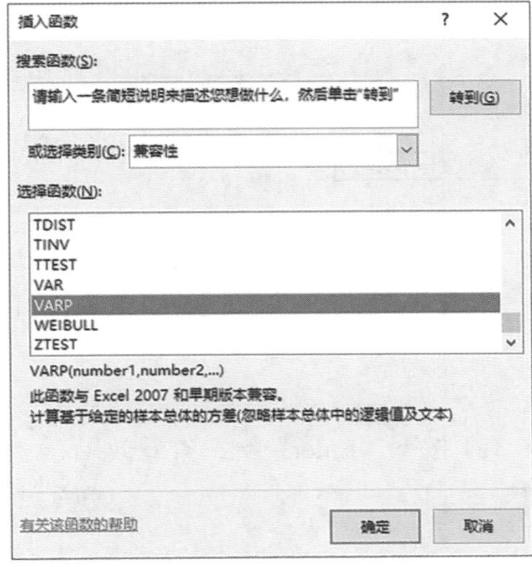

6. COVAR 函数

COVAR 函数的功能是返回协方差，即每对变量的偏差乘积的均值。

格式为 COVAR(array1,array2)。

参数说明：

参数 array1 为整数的第一个单元格区域。

参数 array2 为整数的第二个单元格区域。需要说明的是，array1 和 array2 必须是数字，或者是包含数字的名称、数组或引用。

6.4 使用 Excel 小技巧

当一个工作簿中存在多个样式都相同的表，且用户需要在工作表中的相同单元格内输入相同的数据或者设置相同的格式时，对各个表依次设置的过程十分烦琐，此时用户可以对多个工作表同时设置，这就大大节省了时间，提高了工作效率。

✦ 6.4.1 多个工作表同时设置格式

(1) 打开含有多个工作表的工作簿。

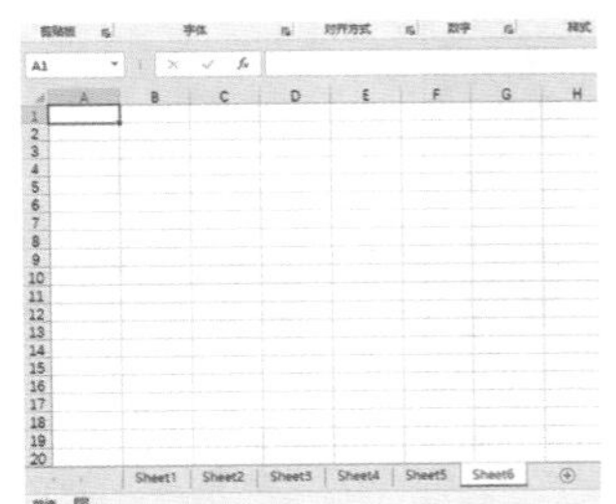

(2) 在“Sheet6”工作表标签上单击鼠标右键，选择“选定全部工作表”选项。

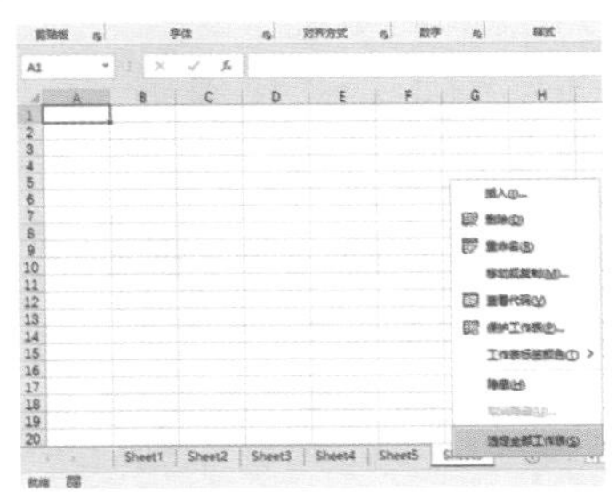

(3) 选中“B2”单元格，切换到“开始”选项卡，单击“编辑”组中的“自动求和”下拉按钮，在下拉列表中选择“最大值”选项。

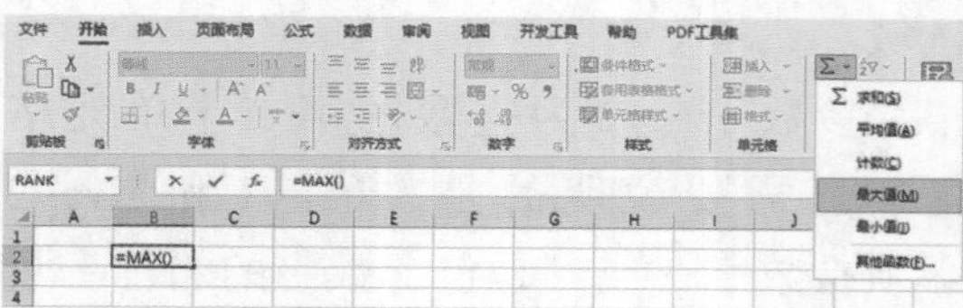

(4) 此时“B2”单元格中插入了“MAX”函数，为函数补充参数。

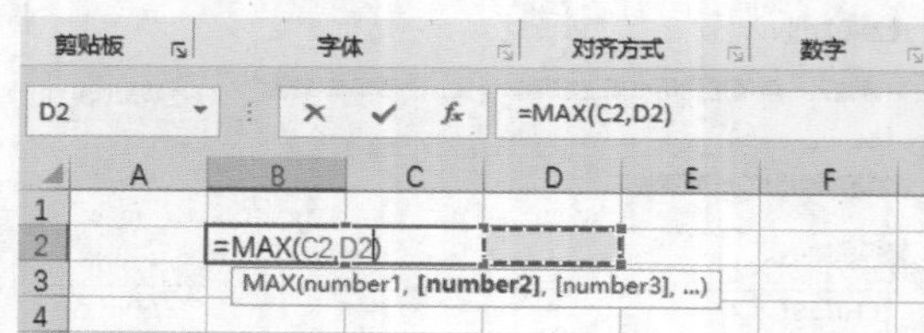

(5) 函数设置完成后，鼠标右键单击“Sheet6”工作表，选择“取消组合工作表”选项。

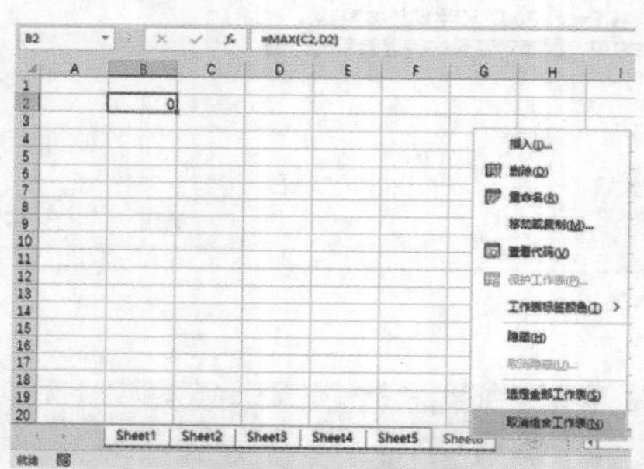

(6) 切换到其余工作表，查看“B2”单元格中是否也执行了相同的运算操作。

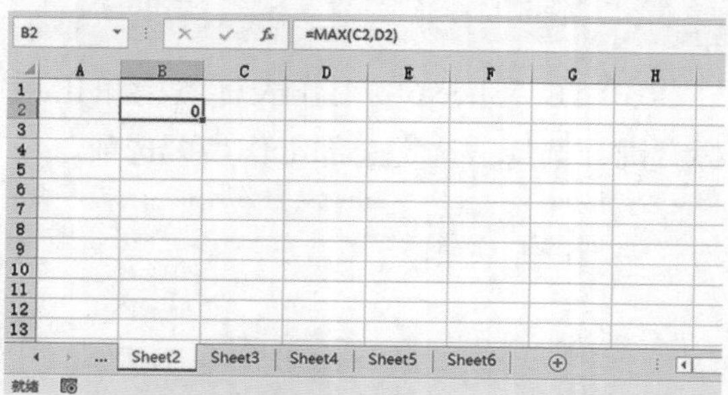

✦ 6.4.2 处理表格中的文本和对象

1. 批量加入固定字符

用户在 Excel 中输入数据之后，如果需要对表格中的每个数据添加新的固定的字符，一个一个修改数据的过程很麻烦，下面将介绍如何批量进行设置。

(1) 如下图，假如需要对表格中每个数据前都加上“0”，在“B1”单元格中输入“="0"&A1”。

SUM ="0"&A1

	A	B	C	D	E	F
1	552726	="0"&A1				
2	322226					
3	444444					
4	425222					
5	222222					
6	377774					
7	555578					
8	277776					
9	777726					
10	827276					

(2) 按下“Enter”键，查看效果。

B2

	A	B	C	D	E	F
1	552726	0552726				
2	322226					
3	444444					
4	425222					
5	222222					
6	377774					
7	555578					
8	277776					
9	777726					
10	827276					

(3) 选中“B1”单元格，使用拖动鼠标的方法，快速填充“B2:B10”单元格区域中的内容。

B1 ="0"&A1

	A	B	C	D	E	F
1	552726	0552726				
2	322226	0322226				
3	444444	0444444				
4	425222	0425222				
5	222222	0222222				
6	377774	0377774				
7	555578	0555578				
8	277776	0277776				
9	777726	0777726				
10	827276	0827276				
11						

(4) 下面介绍如何在每个数据后添加数字“0”，在“C1”单元格中输入“=A1&"0"”。

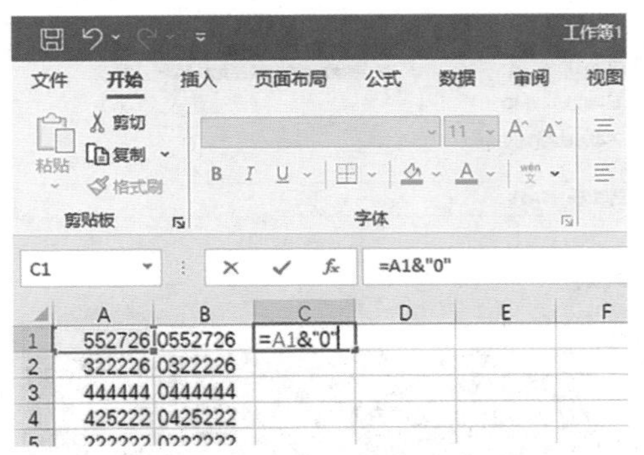

(5) 按下“Enter”键，查看效果。

(6) 选中“C1”单元格，拖动鼠标，使用快速填充来填充“C2:C10”单元格区域中的数据。

	A	B	C
1	552726	0552726	5527260
2	322226	0322226	3222260
3	444444	0444444	4444440
4	425222	0425222	4252220
5	222222	0222222	2222220
6	377774	0377774	3777740
7	555578	0555578	5555780
8	277776	0277776	2777760
9	777726	0777726	7777260
10	827276	0827276	8272760

2. 分割单元格数据

在 Excel 表格中用户可以使用分割功能，在一列数据中分割出想要的多列数据，具体操作步骤如下。

(1) 选中需要分割的数据列，切换到“数据”选项卡，在“数据工具”组中单击“分列”按钮。

(2) 弹出“文本分列向导”对话框，勾选“固定宽度”按钮，单击“下一步”按钮。

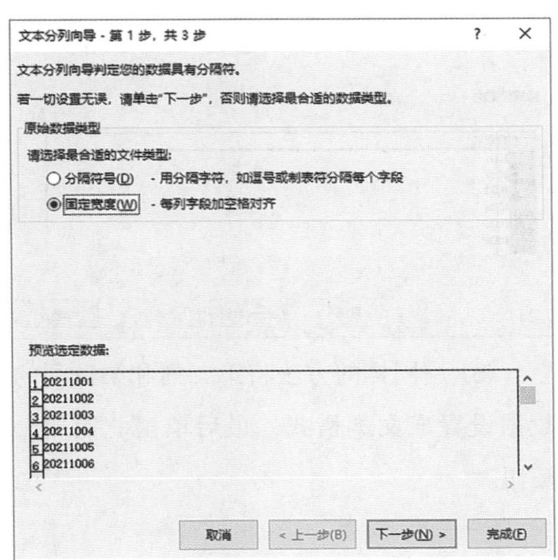

(3) 进入下一步骤，在“数据预览”栏中对数据进行划线分割，单击“下一步”按钮。

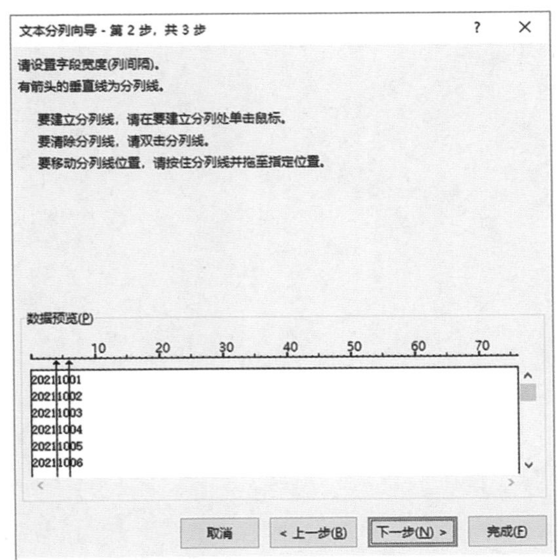

(4) 在“数据预览”栏中系统默认选中第一列数据，不需要修改，单击“列数据格式”栏中的“文本”按钮。

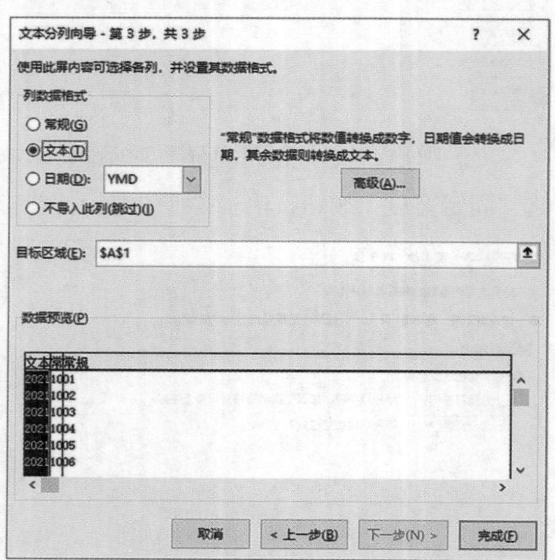

(5) 用同样的方法将第二列和第三列的数据设置成文本格式，最后单击“完成”按钮。

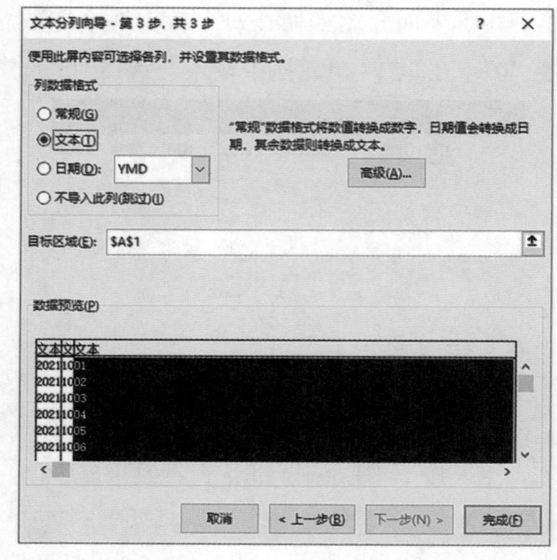

(6) 返回 Excel 表格工作界面，此时被选中列的数据已经被分割成多列数据。

	A	B	C	D	E	F
1	2021		01			
2	2021	10	02			
3	2021	10	03			
4	2021	10	04			
5	2021	10	05			
6	2021	10	06			
7	2020	10	07			
8						

第七章 处理Excel数据

概述

面对烦琐的数据，想要从中获取有用的信息并不容易，但只要对这些数据进行适当的处理，用户便能更快地、更好地理解数据，最终做出明智的决定。对数据的处理包括数据排序、数据筛选和数据分类汇总等操作。

7.1 制作销售人员提成表

销售人员提成表涉及商品名称、商品价格、商品提成等数据，为了使用户方便查看并理解数据，需要对数据进行分类排序、筛选等。

✦ 7.1.1 提成表排序

1. 删除重复数据

表格中的重复数据是指某行中的所有数据跟另一行中的所有数据完全相同，对于这些数据，用户可以逐个进行删除，但这种办法不适用于数据繁多的工作表，想要批量删除工作表中的重复值，就要采用 Excel 中的删除重复值功能。

(1) 选中表格中任意一个单元格，切换到“数据”选项卡，在“数据工具”组中单击“删除重复值”选项。

(2) 弹出“删除重复值”对话框，单击“全选”按钮。

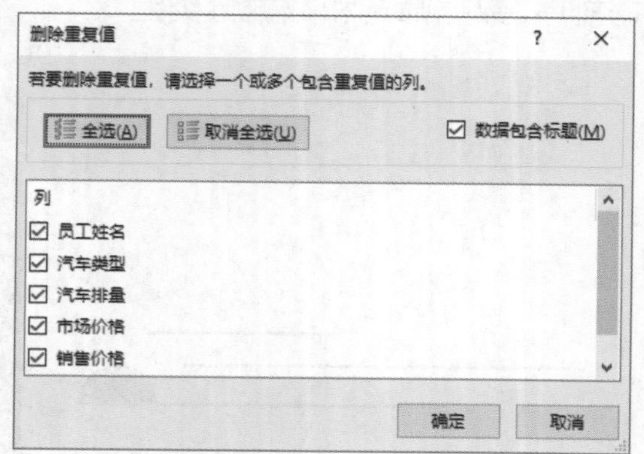

(3) 单击“确定”按钮，弹出“Microsoft Excel”提示框，提示用户删除重复值的信息，单击“确定”按钮。

(4) 此时，表格中的重复数据已经被删除。

员工姓名	汽车类型	汽车排量	市场价格	销售价格	提成
刘小小	手动挡汽车	1.6L	¥100,000.00	¥90,000.00	
慕莉	自动挡汽车	1.8L	¥120,000.00	¥100,000.00	
赵红	手动挡汽车	2.0L	¥150,000.00	¥145,000.00	
张经	手动挡汽车	1.6L	¥100,000.00	¥90,000.00	
孔强	自动挡汽车	2.0L	¥180,000.00	¥160,000.00	
周木	自动挡汽车	2.0L	¥180,000.00	¥160,000.00	
郑诗	自动挡汽车	2.5L	¥200,000.00	¥180,000.00	
齐本亮	自动挡汽车	3.0L	¥220,000.00	¥200,000.00	
施家卫	自动挡汽车	3.0L	¥220,000.00	¥200,000.00	
钱兴	手动挡汽车	1.6L	¥100,000.00	¥90,000.00	

2. 简单排序

简单排序是按某列或某行中的数据进行单条件排序，是处理数据时最常用的排序方法。

(1) 选中“B3”单元格，切换到“数据”选项卡，在“排序和筛选”组中单击“升序”按钮。

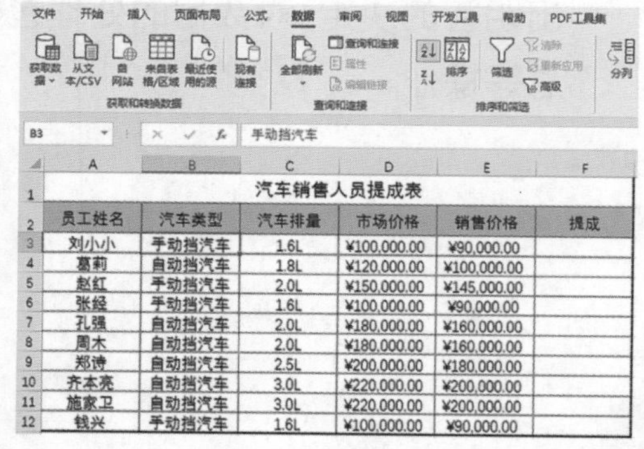

(2) 此时，表格中的数据将以“汽车类型”列中的数据为排序标准，汽车类型按照

A~Z 的拼音首字母的顺序排列，这一操作是将相同汽车类型的数据排列到一起。

汽车销售人员提成表					
员工姓名	汽车类型	汽车排量	市场价格	销售价格	提成
刘小小	手动挡汽车	1.6L	¥100,000.00	¥90,000.00	
赵红	手动挡汽车	2.0L	¥150,000.00	¥145,000.00	
张经	手动挡汽车	1.6L	¥100,000.00	¥90,000.00	
钱兴	手动挡汽车	1.6L	¥100,000.00	¥90,000.00	
葛莉	自动挡汽车	1.8L	¥120,000.00	¥100,000.00	
孔强	自动挡汽车	2.0L	¥180,000.00	¥160,000.00	
周木	自动挡汽车	2.0L	¥180,000.00	¥160,000.00	
郑诗	自动挡汽车	2.5L	¥200,000.00	¥180,000.00	
齐本亮	自动挡汽车	3.0L	¥220,000.00	¥200,000.00	
施家卫	自动挡汽车	3.0L	¥220,000.00	¥200,000.00	

3. 复杂多条件排序

根据单一的条件往往无法对繁多且复杂的数据进行精确的排序，用户如果想要让数据按理想的顺序排列，就要设置其他的条件对数据进行排序。

(1) 选中表格中任意一个单元格，单击“数据”选项卡，在“排序和筛选”组中单击“排序”按钮。

汽车销售人员提成表					
员工姓名	汽车类型	汽车排量	市场价格	销售价格	提成
刘小小	手动挡汽车	1.6L	¥100,000.00	¥90,000.00	
赵红	手动挡汽车	2.0L	¥150,000.00	¥145,000.00	
张经	手动挡汽车	1.6L	¥100,000.00	¥90,000.00	
钱兴	手动挡汽车	1.6L	¥100,000.00	¥90,000.00	
葛莉	自动挡汽车	1.8L	¥120,000.00	¥100,000.00	
孔强	自动挡汽车	2.0L	¥180,000.00	¥160,000.00	
周木	自动挡汽车	2.0L	¥180,000.00	¥160,000.00	
郑诗	自动挡汽车	2.5L	¥200,000.00	¥180,000.00	
齐本亮	自动挡汽车	3.0L	¥220,000.00	¥200,000.00	
施家卫	自动挡汽车	3.0L	¥220,000.00	¥200,000.00	

(2) 弹出“排序”对话框，“主要关键字”一栏的默认值为“汽车类型”，如果不是，将其设置为“汽车类型”。“排序依据”一栏中选择“单元格值”选项，在“次序”下拉列表中选择“升序”选项。

(3) 添加“次要关键字”。单击“添加条件”按钮，单击“次要关键字”下拉箭头，在列表中选择“市场价格”选项，单击“排序依据”下拉箭头，选择“单元格值”选项，同样在“次序”下拉列表中选择“降序”选项。

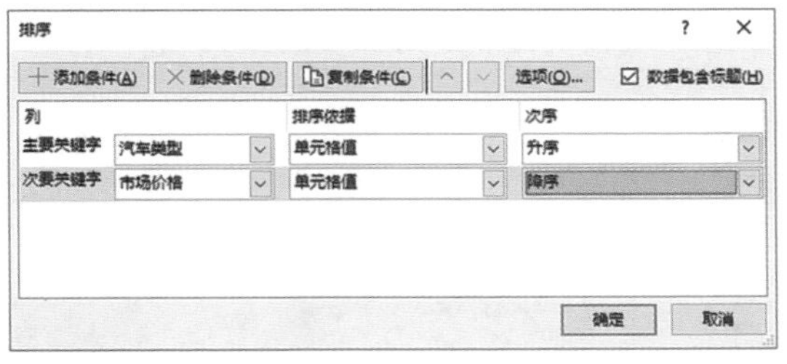

(4) 单击“确定”按钮，查看表格可以发现，表中数据是先以“汽车类型”列数据为标准进行升序排列，再按照“市场价格”列数据进行降序排列。

汽车销售人员提成表					
员工姓名	汽车类型	汽车排量	市场价格	销售价格	提成
赵红	手动挡汽车	2.0L	¥150,000.00	¥145,000.00	
刘小小	手动挡汽车	1.6L	¥100,000.00	¥90,000.00	
张经	手动挡汽车	1.6L	¥100,000.00	¥90,000.00	
钱兴	手动挡汽车	1.6L	¥100,000.00	¥90,000.00	
齐本亮	自动挡汽车	3.0L	¥220,000.00	¥200,000.00	
施家卫	自动挡汽车	3.0L	¥220,000.00	¥200,000.00	
郑诗	自动挡汽车	2.5L	¥200,000.00	¥180,000.00	
孔强	自动挡汽车	2.0L	¥180,000.00	¥160,000.00	
周木	自动挡汽车	2.0L	¥180,000.00	¥160,000.00	
葛莉	自动挡汽车	1.8L	¥120,000.00	¥100,000.00	

4. 自定义排序

除了上述两种排序方法，用户还可以对数据进行自定义排序以满足需求，具体操作步骤如下。

(1) 单击“文件”选项卡，在打开的界面中选择“选项”选项。

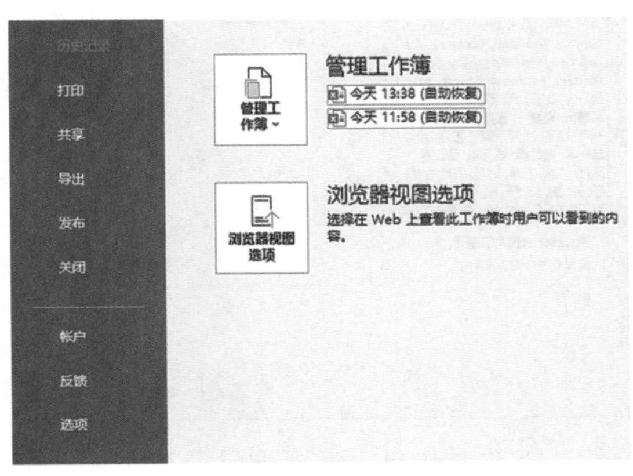

(2) 弹出“Excel选项”对话框，单击“高级”选项，在右侧界面中的“常规”栏中，单击“编辑自定义列表”按钮。

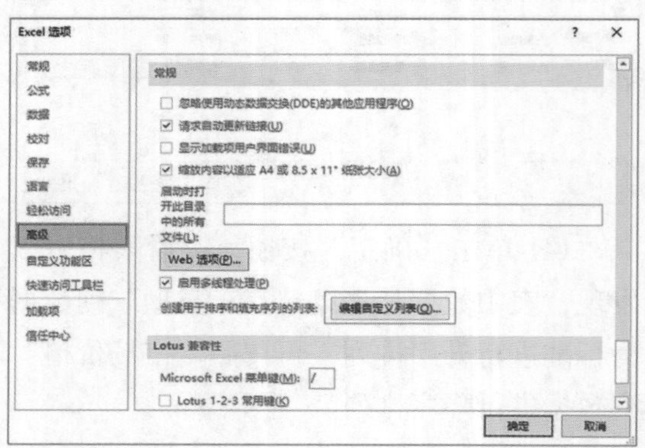

(3) 弹出“自定义序列”对话框，在“输入序列”中输入“1.6L,1.8L,2.0L,2.5L,3.0L”，输入结束之后，单击“添加”按钮。输入序列时，各个字段间必须使用英文逗号或者分号隔开。

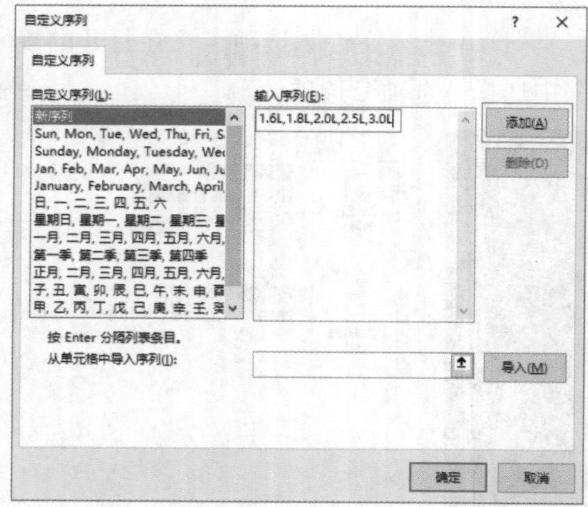

(4) 此时，自定义序列已经被添加到左侧的“自定义序列”列表中，单击“确定”按钮。

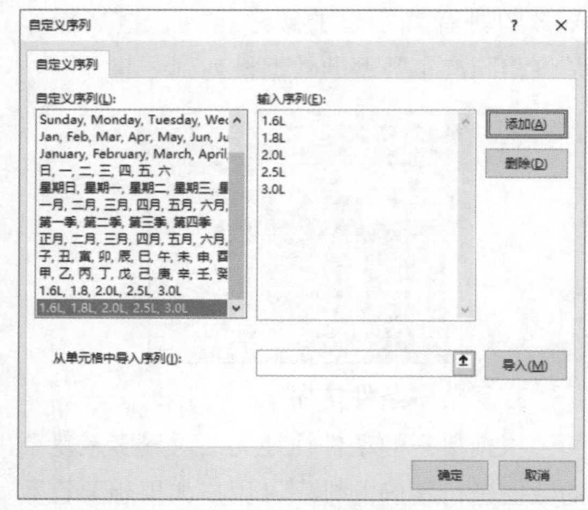

(5) 返回工作表中，单击任意一个单元格，切换到“数据”选项卡，在“排序和筛选”组中单击“排序”按钮，弹出“排序”对话框，选中“次要关键字”一栏，单击“删除条件”按钮。

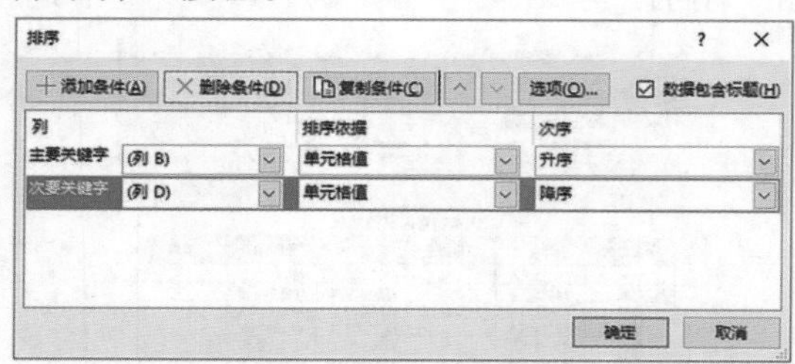

(6) 此时，“次要关键字”一栏已被删除。

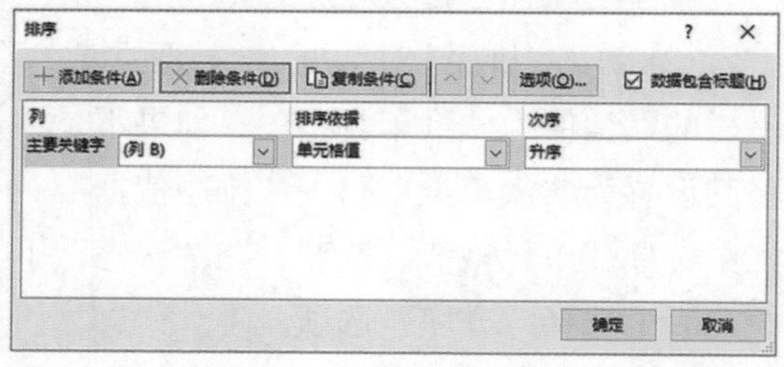

(7) 单击“主要关键字”下拉列表按钮，选择“(列C)”选项，同样在“次序”一栏选中“自定义序列”选项。

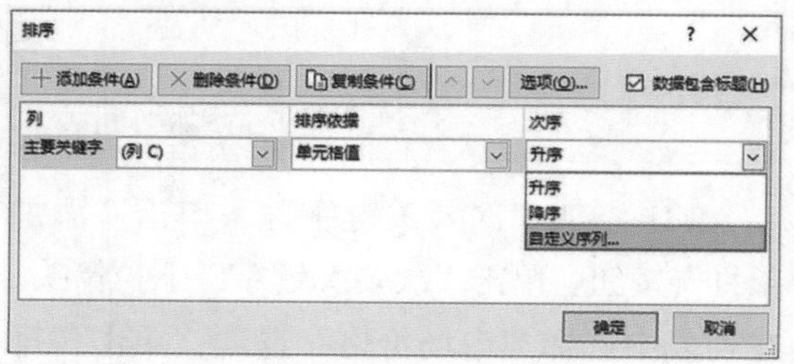

(8) 弹出“自定义序列”对话框，在“自定义序列”列表中选中“1.6L, 1.8L, 2.0L, 2.5L, 3.0L”选项，单击“确定”按钮。

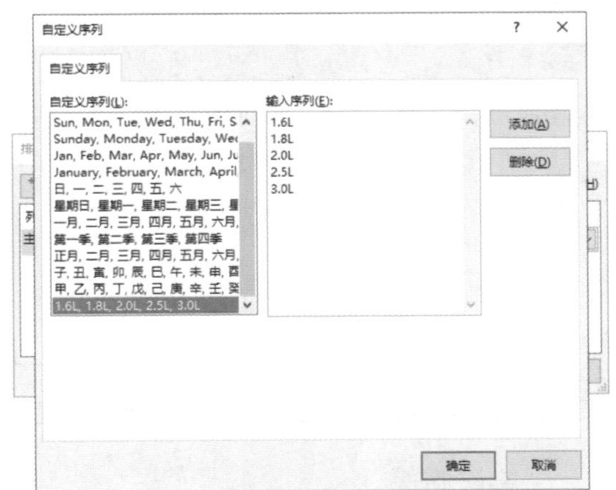

(9) 返回“排序”对话框，单击“确定”按钮完成排序。

	A	B	C	D	E	F
1	汽车销售人员提成表					
2	刘小小	手动挡汽车	1.6L	¥100,000.00	¥90,000.00	
3	张经	手动挡汽车	1.6L	¥100,000.00	¥90,000.00	
4	钱兴	手动挡汽车	1.6L	¥100,000.00	¥90,000.00	
5	葛莉	自动挡汽车	1.8L	¥120,000.00	¥100,000.00	
6	赵红	手动挡汽车	2.0L	¥150,000.00	¥145,000.00	
7	孔强	自动挡汽车	2.0L	¥180,000.00	¥160,000.00	
8	周木	自动挡汽车	2.0L	¥180,000.00	¥160,000.00	
9	郑诗	自动挡汽车	2.5L	¥200,000.00	¥180,000.00	
10	齐本亮	自动挡汽车	3.0L	¥220,000.00	¥200,000.00	
11	施家卫	自动挡汽车	3.0L	¥220,000.00	¥200,000.00	
12	员工姓名	汽车类型	汽车排量	市场价格	销售价格	提成

(10) 单击第 12 行行号，在第 12 行行号上单击鼠标右键，在弹出的快捷菜单中选择“剪切”选项。

(11) 单击第 2 行行号，在第 2 行行号上单击鼠标右键，在弹出的快捷菜单中选择“插入剪切的单元格”选项，最后将表格修饰即可。

	A	B	C	D	E	F
1	汽车销售人员提成表					
2	员工姓名	汽车类型	汽车排量	市场价格	销售价格	提成
3	刘小小	手动挡汽车	1.6L	¥100,000.00	¥90,000.00	
4	张经	手动挡汽车	1.6L	¥100,000.00	¥90,000.00	
5	钱兴	手动挡汽车	1.6L	¥100,000.00	¥90,000.00	
6	葛莉	自动挡汽车	1.8L	¥120,000.00	¥100,000.00	
7	赵红	手动挡汽车	2.0L	¥150,000.00	¥145,000.00	
8	孔强	自动挡汽车	2.0L	¥180,000.00	¥160,000.00	
9	周木	自动挡汽车	2.0L	¥180,000.00	¥160,000.00	
10	郑诗	自动挡汽车	2.5L	¥200,000.00	¥180,000.00	
11	齐本亮	自动挡汽车	3.0L	¥220,000.00	¥200,000.00	
12	施家卫	自动挡汽车	3.0L	¥220,000.00	¥200,000.00	

✦ 7.1.2 筛选数据

筛选是在表格中找出满足条件的数据。筛选之后的数据只包含满足筛选条件的数据，不满足条件的数据会被暂时隐藏起来，当筛选条件被撤销时会重新显示。

1. 自动筛选

自动筛选是根据用户设置的条件，自动将表格中符合条件的数据显示出来，具体操作步骤如下。

(1) 选中表格中任意一个单元格，单击“数据”选项卡，在“排序和筛选”组中单击“筛选”按钮。

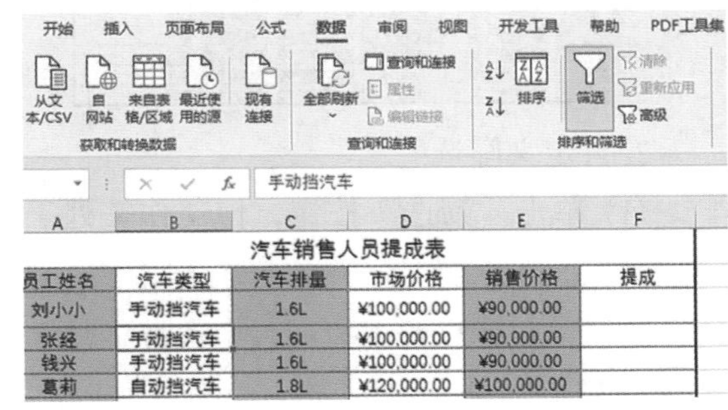

	A	B	C	D	E	F
	汽车销售人员提成表					
	员工姓名	汽车类型	汽车排量	市场价格	销售价格	提成
	刘小小	手动挡汽车	1.6L	¥100,000.00	¥90,000.00	
	张经	手动挡汽车	1.6L	¥100,000.00	¥90,000.00	
	钱兴	手动挡汽车	1.6L	¥100,000.00	¥90,000.00	
	葛莉	自动挡汽车	1.8L	¥120,000.00	¥100,000.00	

(2) 此时，标题行每个单元格中标题名的右侧都会出现一个向下箭头按钮，这些按钮是“筛选”按钮，单击“汽车排量”单元格中的“筛选”按钮，在弹出的下拉列表中取消选中“全选”复选框，单击选中“3.0L”复选框，单击“确定”按钮。

(3) 查看效果，此时表格中只显示汽车排量为3.0L的数据，其他数据则被隐藏了起来。

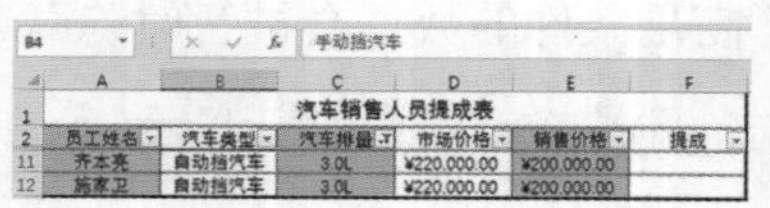

B4 手动挡汽车

汽车销售人员提成表					
员工姓名	汽车类型	汽车排量	市场价格	销售价格	提成
齐本亮	自动挡汽车	3.0L	¥220,000.00	¥200,000.00	
施家卫	自动挡汽车	3.0L	¥220,000.00	¥200,000.00	

(4) 单击“清除”按钮，只清除对“汽车排量”的筛选操作，此时工作表仍可以进行筛选；单击“筛选”按钮，所有筛选效果都会被撤销，并且工作表会退出筛选状态。

B4 手动挡汽车

汽车销售人员提成表					
员工姓名	汽车类型	汽车排量	市场价格	销售价格	提成
刘小小	手动挡汽车	1.6L	¥100,000.00	¥90,000.00	
张经	手动挡汽车	1.6L	¥100,000.00	¥90,000.00	
钱兴	手动挡汽车	1.6L	¥100,000.00	¥90,000.00	
慕莉	自动挡汽车	1.8L	¥120,000.00	¥100,000.00	
赵红	手动挡汽车	2.0L	¥150,000.00	¥145,000.00	
孔强	自动挡汽车	2.0L	¥180,000.00	¥160,000.00	
周木	自动挡汽车	2.0L	¥180,000.00	¥160,000.00	
郑诗	自动挡汽车	2.5L	¥200,000.00	¥180,000.00	
齐本亮	自动挡汽车	3.0L	¥220,000.00	¥200,000.00	
施家卫	自动挡汽车	3.0L	¥220,000.00	¥200,000.00	

2. 自定义筛选

(1) 单击“筛选”按钮，使工作表处于筛选状态。单击“市场价格”单元格中的“筛选”按钮，在弹出的下拉列表中选择“数字筛选”选项，在打开的子列表中选择“大于”选项。

(2) 打开“自定义自动筛选方式”对话框，在“大于”一栏右侧的下拉列表框中输入“200000”。

(3) 单击“确定”按钮。

汽车销售人员提成表					
员工姓名	汽车类型	汽车排量	市场价格	销售价格	提成
齐本亮	自动挡汽车	3.0L	¥220,000.00	¥200,000.00	
施家卫	自动挡汽车	3.0L	¥220,000.00	¥200,000.00	

3. 高级筛选

高级筛选是根据用户自己设置的筛选条件对数据进行筛选。高级筛选可以筛选出同时满足两个或两个以上筛选条件的数据。下面将在“汽车销售人员提成表”中筛选出排量为1.6L的手动挡汽车的销售数据，具体操作步骤如下。

(1) 单击“筛选”按钮退出筛选状态，在表格中合适位置的单元格中分别输入“汽车类型”“手动挡汽车”“汽车排量”“1.6L”。

D	E	F	G	H	I
员提成表					
市场价格	销售价格	提成			
¥100,000.00	¥90,000.00				
¥100,000.00	¥90,000.00			汽车类型	汽车排量
¥100,000.00	¥90,000.00			手动挡汽车	1.6L
¥120,000.00	¥100,000.00				
¥150,000.00	¥145,000.00				
¥180,000.00	¥160,000.00				
¥180,000.00	¥160,000.00				
¥200,000.00	¥180,000.00				
¥220,000.00	¥200,000.00				
¥220,000.00	¥200,000.00				

(2) 选中“A2:F12”单元格区域，单击“数据”选项卡，在“排序和筛选”组中单击“高级”按钮，弹出“高级筛选”对话框，单击“条件区域”框的选取按钮，选择“H4:I5”单元格区域。

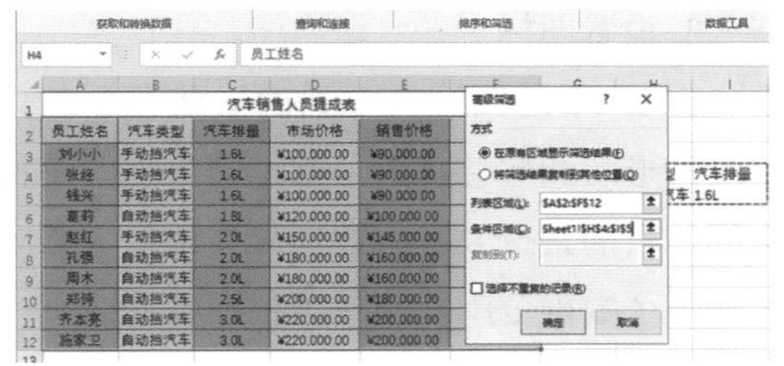

(3) 单击“确定”按钮，表格中已显示出符合条件的数据。

汽车销售人员提成表					
员工姓名	汽车类型	汽车排量	市场价格	销售价格	提成
刘小小	手动挡汽车	1.6L	¥100,000.00	¥90,000.00	
张经	手动挡汽车	1.6L	¥100,000.00	¥90,000.00	
钱兴	手动挡汽车	1.6L	¥100,000.00	¥90,000.00	

7.2 处理汽车年中销售表中的数据

汽车年中销售表主要包括 5 月份到 8 月份各种类型汽车的销售情况，原始表格中的数据杂乱无章，不利于用户理解数据。要想让数据变得直观、清晰，需要对表格中的数据进行处理。

✦ 7.2.1 设置数据格式

1. 添加数据条

设置条件格式的目的是使表格中符合条件的数据以特殊的格式突出显示出来，方便用户查阅。

(1) 打开“汽车年中销售表”工作簿，选中“A3:F12”单元格区域，单击“开始”选项卡，在“样式”组中单击“条件格式”按钮，在弹出的下拉列表中选择“数据条”选项，在子菜单中选择一种合适的数据条。

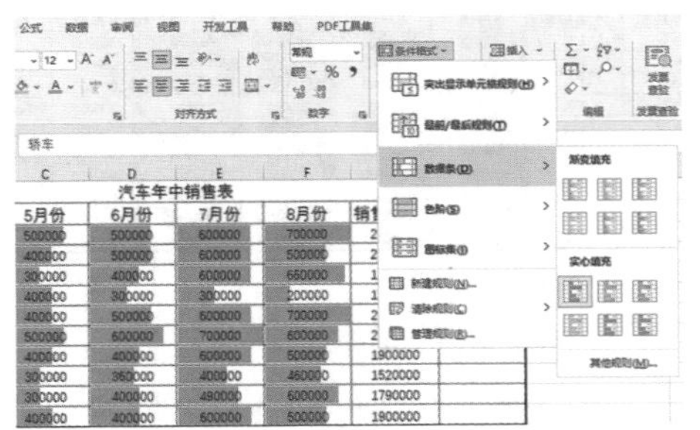

(2) 查看效果。

汽车年中销售表							
汽车类型	汽车排量	5月份	6月份	7月份	8月份	销售额总计	统计图
轿车	1.6L	500000	500000	600000	700000	2300000	
轿车	1.8L	400000	500000	600000	500000	2000000	
轿车	2.0L	300000	400000	600000	660000	1960000	
轿车	3.0L	400000	300000	300000	200000	1200000	
SUV	2.0L	400000	500000	600000	700000	2200000	
SUV	2.5L	500000	600000	700000	600000	2400000	
SUV	3.0L	400000	400000	600000	500000	1900000	
MPV	2.0L	300000	360000	400000	460000	1520000	
MPV	2.5L	300000	400000	490000	600000	1790000	
MPV	3.0L	400000	400000	600000	500000	1900000	

2. 插入迷你图

迷你图就是插入在表格单元格中的微型图表，包括柱形图、折线图等。迷你图能够为用户提供更直观的数据变化趋势。

(1) 选中“H3”单元格，单击“插入”选项卡，在“迷你图”组中单击“柱形”选项。

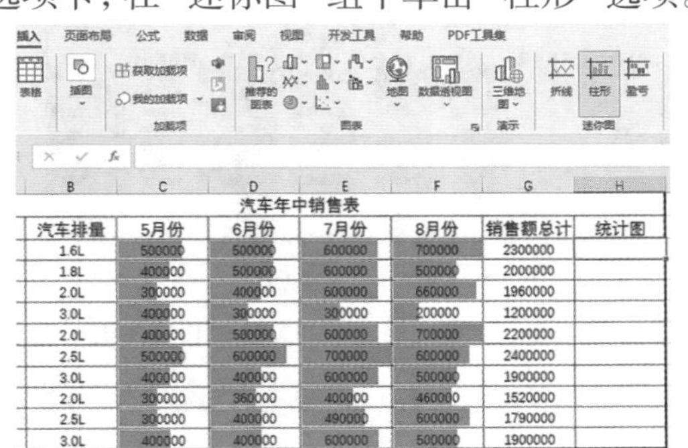

(2) 弹出“创建迷你图”对话框，在“选择所需的数据”栏中，单击“数据范围”文本框右侧的选取按钮，选取“C3:F3”的单元格区域。

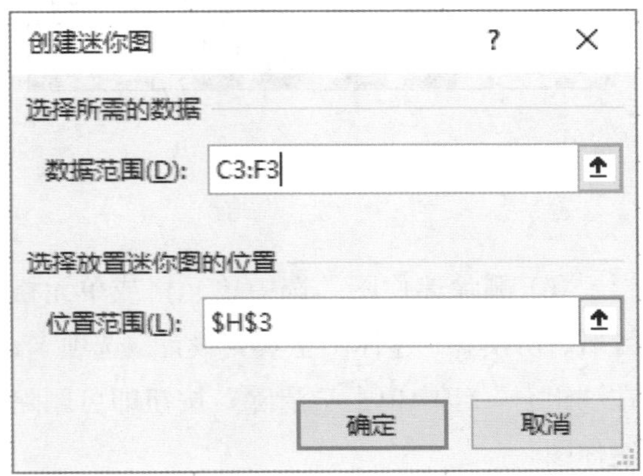

(3) 单击“确定”按钮，查看效果。

汽车年中销售表					
5月份	6月份	7月份	8月份	销售额总计	统计图
500000	500000	600000	700000	2300000	
400000	500000	600000	500000	2000000	
300000	400000	600000	660000	1960000	
400000	300000	300000	200000	1200000	
400000	500000	600000	700000	2200000	
500000	600000	700000	600000	2400000	
400000	400000	600000	500000	1900000	
300000	360000	400000	460000	1520000	
300000	400000	490000	600000	1790000	
400000	400000	600000	500000	1900000	

(4) 将“H3”单元格中的迷你图快速复制到“H4:H12”单元格区域中。单击“自动填充”按钮，在出现的下拉列表中选择“不带格式填充”选项。选中 H 列中的迷你图，在“迷你图工具 – 设计”选项卡的“显示”组中，勾选“高点”和“低点”复选框。

汽车年中销售表							
汽车类型	汽车排量	5月份	6月份	7月份	8月份	销售额总计	统计图
轿车	1.6L	500000	500000	600000	700000	2300000	
轿车	1.8L	400000	500000	600000	500000	2000000	
轿车	2.0L	300000	400000	600000	660000	1960000	
轿车	3.0L	400000	300000	300000	200000	1200000	
SUV	2.0L	400000	500000	600000	700000	2200000	
SUV	2.5L	500000	600000	700000	600000	2400000	
SUV	3.0L	400000	400000	600000	500000	1900000	
MPV	2.0L	300000	360000	400000	460000	1520000	
MPV	2.5L	300000	400000	490000	600000	1790000	
MPV	3.0L	400000	400000	600000	500000	1900000	

(5) 在“样式”组中对柱形图的样式进行设置，单击“标记颜色”下拉按钮可设置“高点”“低点”的颜色。

汽车年中销售表							
汽车类型	汽车排量	5月份	6月份	7月份	8月份	销售额总计	统计图
轿车	1.6L	500000	500000	600000	700000	2300000	
轿车	1.8L	400000	500000	600000	500000	2000000	
轿车	2.0L	300000	400000	600000	660000	1960000	
轿车	3.0L	400000	300000	300000	200000	1200000	
SUV	2.0L	400000	500000	600000	700000	2200000	
SUV	2.5L	500000	600000	700000	600000	2400000	
SUV	3.0L	400000	400000	600000	500000	1900000	
MPV	2.0L	300000	360000	400000	460000	1520000	
MPV	2.5L	300000	400000	490000	600000	1790000	
MPV	3.0L	400000	400000	600000	500000	1900000	

(6) 删除迷你图。选中单元格或单元格区域，切换到“迷你图工具 – 设计”选项卡，在“组合”组中单击“清除”按钮即可删除迷你图。

3. 设置图标

Excel 中的图标有不同的形状和颜色，不同的形状和颜色代表了数据的大小。设置图标的目的是按大小将数据分类，每个图标代表一个数据范围，用户需根据数据选择。添加图标的具体操作步骤如下。

(1) 选中“G3:G12”单元格区域，切换到“开始”选项卡，在“样式”组中单击“条件格式”按钮，在下拉列表中选择“图标集”选项，在子列表中选择合适的图标集。

(2) 查看效果。

汽车年中销售表							
汽车类型	汽车排量	5月份	6月份	7月份	8月份	销售额总计	统计图
轿车	1.6L	500000	500000	600000	700000	2300000	
轿车	1.8L	400000	500000	600000	500000	2000000	
轿车	2.0L	300000	400000	600000	660000	1960000	
轿车	3.0L	400000	300000	300000	200000	1200000	
SUV	2.0L	400000	500000	600000	700000	2200000	
SUV	2.5L	500000	600000	700000	600000	2400000	
SUV	3.0L	400000	400000	600000	500000	1900000	
MPV	2.0L	300000	360000	400000	460000	1520000	
MPV	2.5L	300000	400000	490000	600000	1790000	
MPV	3.0L	400000	400000	600000	500000	1900000	

4. 突出显示单元格

通过设置符合条件的数值所在单元格的颜色来达到突出显示单元格的目的，有利于用户快速找出符合条件的数据，具体操作步骤如下。

(1) 选中“G3:G12”单元格区域，在“开始”选项卡的“样式”组中单击“条件格式”选项，在弹出的列表中选择“突出显示单元格规则”选项，在子列表中单击“大于”按钮。

Word Excel PPT 办公应用实操大全

(2) 弹出“大于”对话框，在“为大于以下值的单元格设置格式”文本框中输入“2000000”。

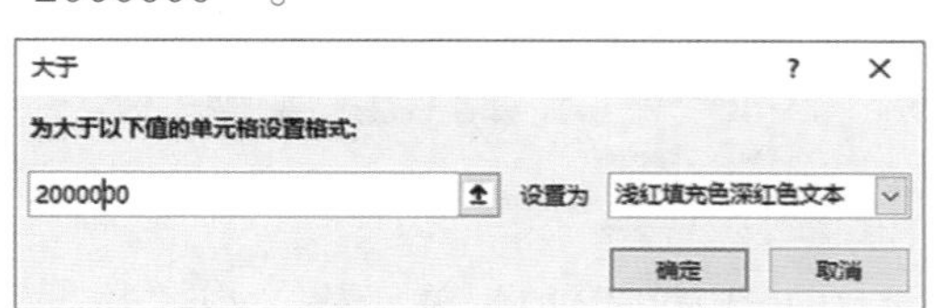

(3) 单击“确定”按钮，“G3:G12”单元格区域中数值大于 2000000 的单元格都填充了浅红色。

汽车年中销售表						
汽车排量	5月份	6月份	7月份	8月份	销售额总计	统计图
1.6L	500000	500000	600000	700000	2300000	
1.8L	400000	500000	600000	500000	2000000	
2.0L	300000	400000	600000	660000	1960000	
3.0L	400000	300000	300000	200000	1200000	
2.0L	400000	500000	600000	700000	2200000	
2.5L	500000	600000	700000	600000	2400000	
3.0L	400000	400000	600000	500000	1900000	
2.0L	300000	360000	400000	460000	1520000	
2.5L	300000	400000	490000	600000	1790000	
3.0L	400000	400000	600000	500000	1900000	

(4) 删除单元格的条件格式。选中要删除格式的单元格或单元格区域，单击“开始”选项卡，在“样式”组中单击“条件格式”选项，在下拉列表中选择“清除规则”选项，在子菜单中选择“清除所选单元格的规则”选项。

✦ 7.2.2 设置分类汇总

分类汇总是先将数据排序，之后再将数据按类别进行汇总分析处理。使用“分类汇总”工具时，用户不需要创建公式，Excel 将自动创建公式。设置分类汇总的目的是使表格的结构更加清晰，便于用户更好地理解数据。

1. 设置分类汇总

分类汇总是按照表格中数据的分类字段进行汇总，并且需要设置汇总方式和汇总项，具体操作步骤如下。

(1) 用之前所讲的方法先将表格中的数据按“汽车类型”分类，即将“汽车类型”相同的数据放在一起，本表格中已经完成排序。

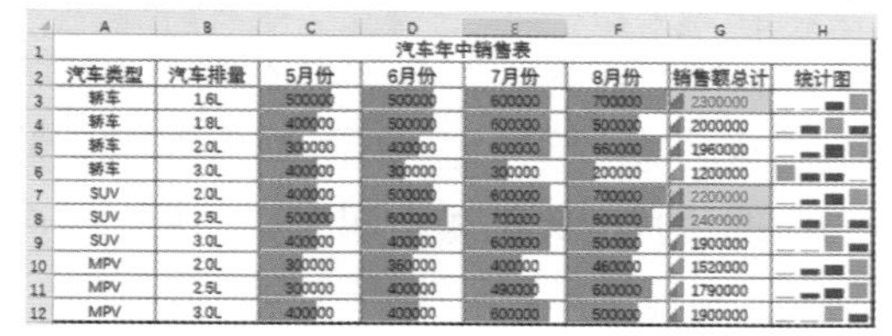

汽车年中销售表							
汽车类型	汽车排量	5月份	6月份	7月份	8月份	销售额总计	统计图
轿车	1.6L	500000	500000	600000	700000	2300000	
轿车	1.8L	400000	500000	600000	500000	2000000	
轿车	2.0L	300000	400000	600000	660000	1960000	
轿车	3.0L	400000	300000	300000	200000	1200000	
SUV	2.0L	400000	500000	600000	700000	2200000	
SUV	2.5L	500000	600000	700000	600000	2400000	
SUV	3.0L	400000	400000	600000	500000	1900000	
MPV	2.0L	300000	360000	400000	460000	1520000	
MPV	2.5L	300000	400000	490000	600000	1790000	
MPV	3.0L	400000	400000	600000	500000	1900000	

(2) 选中“A2:H12”区域，单击“数据”选项卡，在“分级显示”组中单击“分类汇总”按钮。

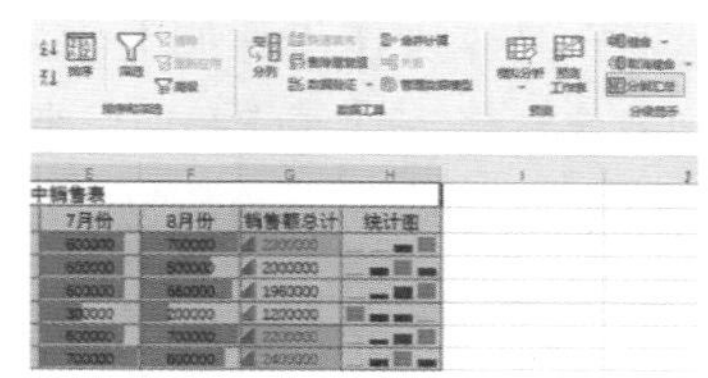

(3) 弹出“分类汇总”对话框，在“分类字段”下拉框中找到并选中“汽车类型”；在“汇总方式”下拉框中选择“求和”；在“选定汇总项”框中，勾选“5 月份”“6 月份”“7 月份”“8 月份”“销售额总计”复选框。

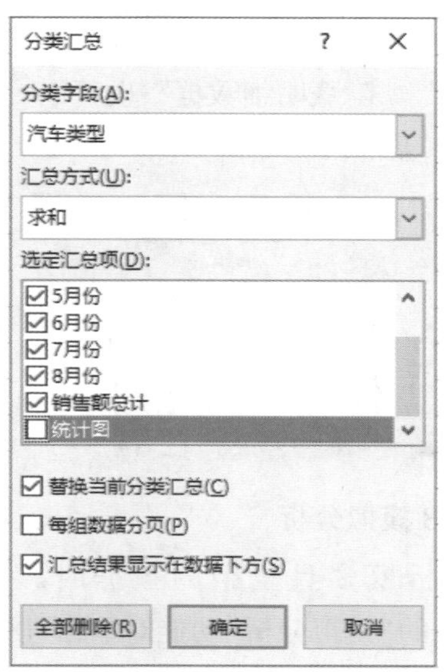

(4) 单击“确定”按钮，返回表格。

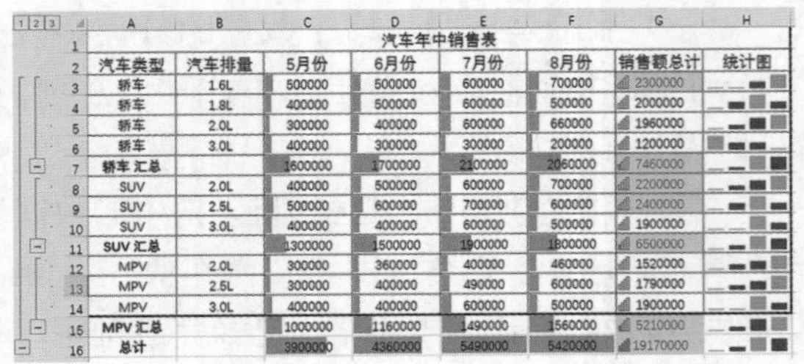

	汽车年中销售表						
汽车类型	汽车排量	5月份	6月份	7月份	8月份	销售额总计	统计图
轿车	1.6L	500000	500000	600000	700000	2300000	
轿车	1.8L	400000	500000	600000	500000	2000000	
轿车	2.0L	300000	400000	600000	660000	1960000	
轿车	3.0L	400000	300000	300000	200000	1200000	
轿车 汇总		1600000	1700000	2100000	2060000	7460000	
SUV	2.0L	400000	500000	600000	700000	2200000	
SUV	2.5L	500000	600000	700000	600000	2400000	
SUV	3.0L	400000	400000	600000	500000	1900000	
SUV 汇总		1300000	1500000	1900000	1800000	6500000	
MPV	2.0L	300000	360000	400000	460000	1520000	
MPV	2.5L	300000	400000	490000	600000	1790000	
MPV	3.0L	400000	400000	600000	500000	1900000	
MPV 汇总		1000000	1160000	1490000	1560000	5210000	
总计		3900000	4360000	5490000	5420000	19170000	

(5) 在对数据进行分类汇总后，表格左侧会出现汇总的结构，单击“-”按钮，将把对应的栏目的数据隐藏起来；相反的，单击“+”按钮，将显示该栏目的数据。

2. 隐藏与显示分类汇总

用户有时只查看某部分数据，暂时不需要查看其他数据，这时就可以将不需要的数据隐藏起来，具体操作步骤如下。

(1) 单击表格左上角的“1”按钮，将只显示表格中“总计”中的数据。

(2) 单击“2”按钮，将显示更多的汇总数据。

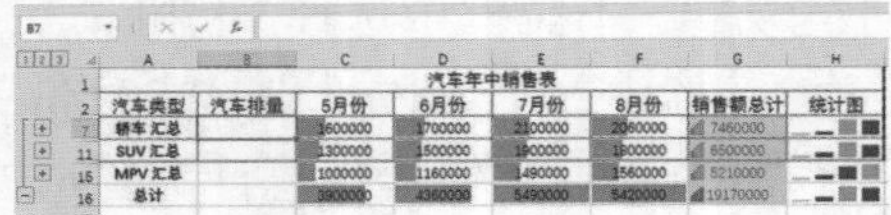

(3) 单击“分级显示”组中的“显示明细数据”“隐藏明细数据”也可以将汇总信息显示或隐藏。

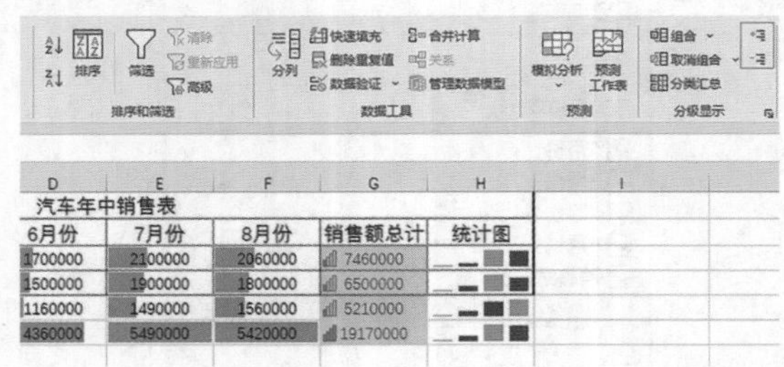

✦ 7.2.3 模拟分析

分析繁多且复杂的数据时，可利用Excel中的“模拟分析”功能对数据进行管理。“模拟分析”功能包括“单变量求解”“模拟运算表”和“方案管理器”三种方式。

1. 单变量求解

单变量求解是解决假定一个公式要取得某一个值，其中变量所引用的单元格应取值为多少的问题。

(1) 在表中各个适当位置分别输入“销售总额”“19170000”“奖金比率”“2%”“奖金”。

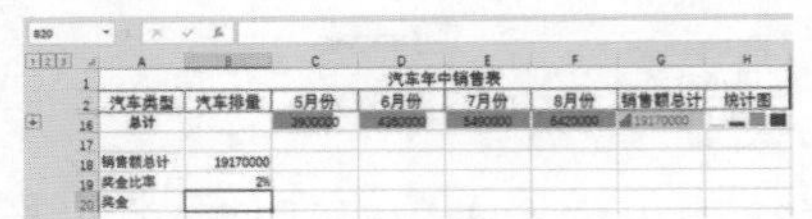

(2) 在“B20”单元格中输入“=B18*B19”，之后按下“Enter”键。

(3) 选中“B20”单元格，在“数据”选项卡中，单击“预测”组中的“模拟分析”选项，在弹出的下拉列表中选择“单变量求解”选项。

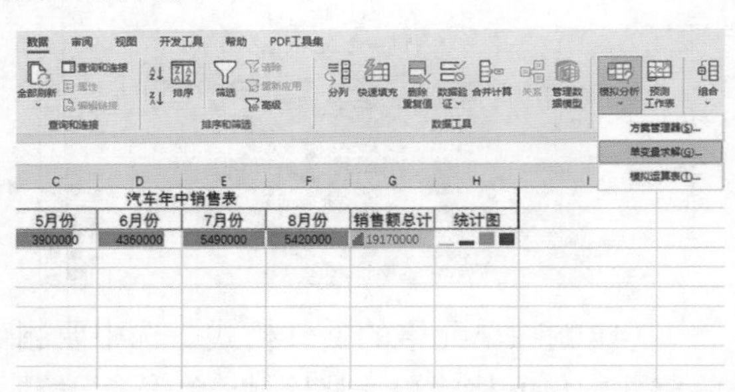

(4) 弹出“单变量求解”对话框。

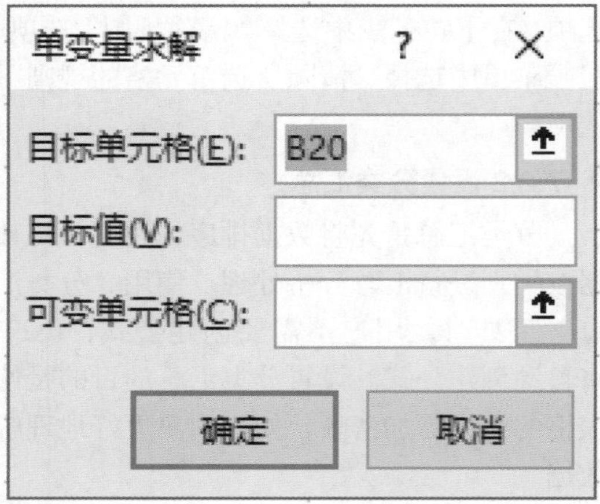

(5) 在“目标值”文本框中输入“600000”，单击“可变单元格”文本框右侧的选取按钮，选中“B18”单元格。

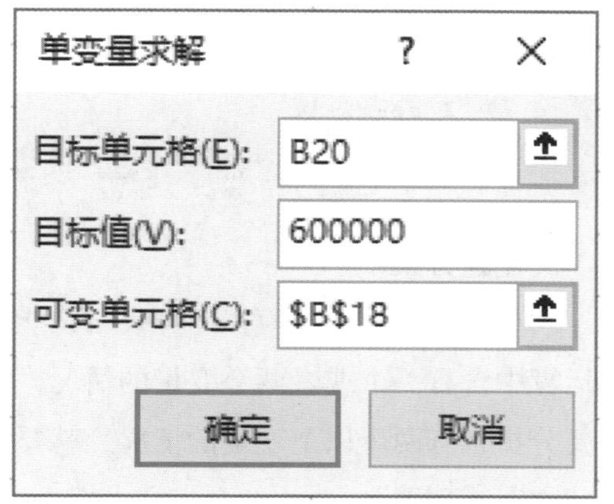

(6) 单击“确定”按钮，弹出“单变量求解状态”对话框，确认求解结果。

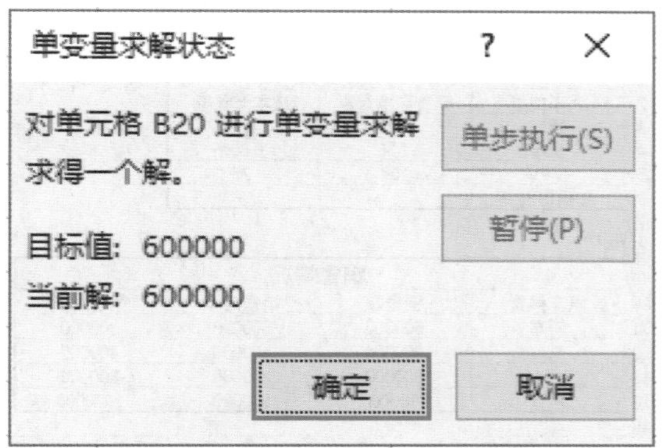

(7) 单击“确定”按钮，返回工作界面。

	A	B	C	D	E	F	G	H
1	汽车年中销售表							
2	汽车类型	汽车排量	5月份	6月份	7月份	8月份	销售额总计	统计图
16	总计		3900000	4360000	5490000	5420000	19170000	
17								
18	销售额总计	30000000						
19	奖金比率	2%						
20	奖金	600000						

2. 模拟运算表

模拟运算表分为“单变量模拟运算表”和“双变量模拟运算表”。

(1) 单变量模拟运算表。

单变量模拟运算表是指在利用模拟运算表计算结果的过程中只有一个变量。使用单变量模拟运算表的具体操作步骤如下。

①在“A22:B25”的单元格区域中分别输入“奖金比率”“轿车”“2.20%”“SUV”“3.00%”“MPV”“2.00%”，在“C23”单元格中输入“=INT(600000/B19)”。

	A	B	C
18	销售总额	30000000	
19	奖金比率	2%	
20	奖金	600000	
21			
22		奖金比率	
23	轿车	2.20%	=INT(600000/B19)
24	SUV	3.00%	
25	MPV	2.00%	
26			

②按下“Enter”键，选中“B23:C25”单元格区域，在“预测”组中单击“模拟分析”按钮，在弹出的下拉列表中选中“模拟运算表”选项。

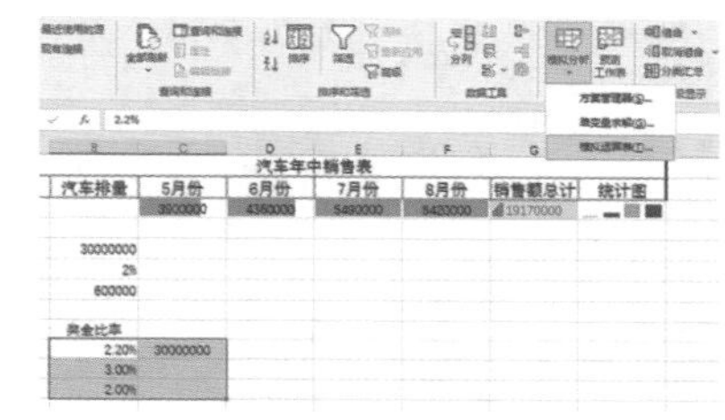

③弹出“模拟运算表”对话框，单击“输入引用列的单元格”文本框右侧的选取按钮，选中“B19”单元格。

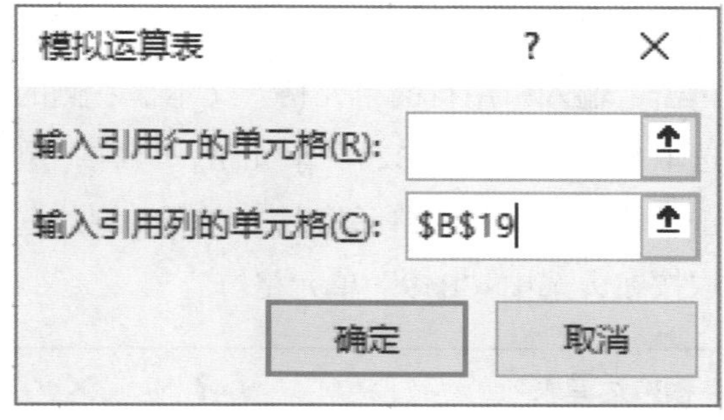

④单击“确定”按钮，即可看到结果。

	A	B	C
18	销售总额	30000000	
19	奖金比率	2%	
20	奖金	600000	
21			
22		奖金比率	
23	轿车	2.20%	30000000
24	SUV	3.00%	20000000
25	MPV	2.00%	30000000

(2) 双变量模拟运算表。

双变量模拟运算表是指利用模拟运算表计算结果的过程中存在两个变量。在“汽车年中销售表”工作簿中，把奖金分为1000、2000和3000三个级别，根据每种汽车不同的奖金比率来计算销售总额。

①在“A27:E31”单元格区域中分别输入“轿车”“SUV”“MPV”“奖金比率”“2.20%”“3.00%”“2.00%”“1000”“2000”“3000”，在“B28”单元格中输入“=INT(B20/B19)”，并按下“Enter”键，如下图所示。

B28 =INT(B20/B19)

	A	B	C	D	E
18	销售总额	30000000			
19	奖金比率	2%			
20	奖金	600000			
21					
22		奖金比率			
23	轿车	2.20%	30000000		
24	SUV	3.00%	20000000		
25	MPV	2.00%	30000000		
26					
27		奖金比率			
28		30000000	1000	2000	3000
29	轿车	2.20%			
30	SUV	3.00%			
31	MPV	2.00%			
32					

②选中“B28:E31”单元格区域，切换到“数据”选项卡，在“预测”组中单击“模拟分析”按钮，在下拉列表中选择“模拟运算表”选项，弹出“模拟运算表”对话框。单击“输入引用行的单元格”文本框右侧的选取按钮，选中“B20”单元格；同样，单击“输入引用列的单元格”文本框右侧的选取按钮，选中“B19”单元格。

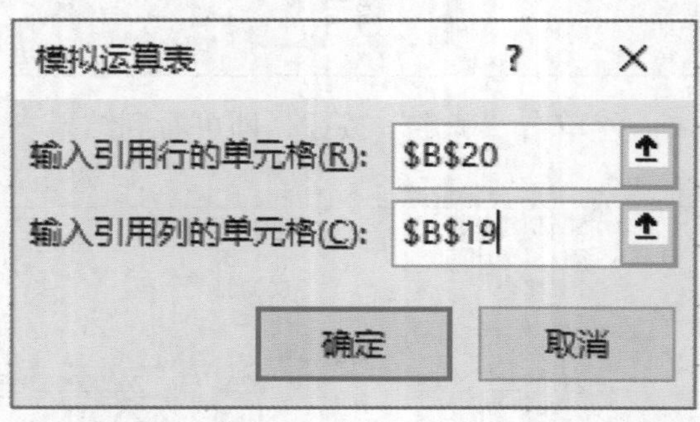

③单击“确定”按钮，返回工作界面，查看结果。

	A	B	C	D	E
18	销售总额	30000000			
19	奖金比率	2%			
20	奖金	600000			
21					
22		奖金比率			
23	轿车	2.20%	30000000		
24	SUV	3.00%	20000000		
25	MPV	2.00%	30000000		
26					
27		奖金比率			
28		30000000	1000	2000	3000
29	轿车	2.20%	45454	90909	136363
30	SUV	3.00%	33333	66666	100000
31	MPV	2.00%	50000	100000	150000

3. 创建方案

“单变量求解”“模拟运算表”只能分析运算中含有一个或者两个变量的情况，如果要分析含有两个以上变量的情况，就要用到“方案管理器”。

(1) 在当前工作簿中添加“Sheet2”表格，并在其中输入文本。

	A	B	C	D
1	汽车销售方案分析			
2	汽车类型	销售额增长率	成本增长率	
3	轿车	12.00%	6%	
4	SUV	10%	6.60%	
5	MPV	10%	2%	
6	总销售利润			
7				
8				
9	销售情况			
10	汽车类型	销售额	销售成本	销售利润
11	轿车	600000	300000	300000
12	SUV	800000	400000	400000
13	MPV	500000	200000	300000
14	总计	1900000	900000	1000000
15				

Sheet1 Sheet2

(2) 在“B6”单元格中输入
“=SUMPRODUCT(B11:B13,1+B3:B5)−SUMPRODUCT(C11:C13,1+C3:C5)”。

	A	B	C	D	E
1	汽车销售方案分析				
2	汽车类型	销售额增长率	成本增长率		
3	轿车	12.00%	6%		
4	SUV	10%	6.60%		
5	MPV	6%	2%		
6	总销售利润	=SUMPRODUCT(B11:B13,1+B3:B5)-SUMPRODUCT(C11:C13,1+C3:C5)			
7					
8					
9	销售情况				
10	汽车类型	销售额	销售成本	销售利润	
11	轿车	600000	300000	300000	
12	SUV	800000	400000	400000	
13	MPV	500000	200000	300000	
14	总计	1900000	900000	1000000	

(3) 按下“Enter”键，选中“B3”单元格，切换到“公式”选项卡，单击“定义的名称”

组中的“定义名称”按钮。

文件　开始　插入　页面布局　公式　数据　审阅　视图　开发工具　帮助　PDF工具集

插入函数　自动求和　最近使用的函数　财务　逻辑　文本　日期和时间　查找与引用　数学和三角函数　其他函数　函数库　名称管理器　定义名称　用于公式　根据所选内容创建　定义的名称　追踪引用单元格　追踪从属单元格　删除箭头

B6　=SUMPRODUCT(B11:B13,1+B3:B5)-SUMPRODUCT(C11:C13,1+C3:C5)

汽车销售方案分析		
汽车类型	销售额增长率	成本增长率
轿车	12.00%	6%
SUV	10%	6.60%
MPV	6%	2%
总销售利润	1133600	

销售情况			
汽车类型	销售额	销售成本	销售利润
轿车	600000	300000	300000
SUV	800000	400000	400000
MPV	500000	200000	300000
总计	1900000	900000	1000000

(4) 打开“新建名称”对话框，在“名称”文本框中输入“轿车销售额增长率”，单击“确定”按钮。

新建名称　?　×

名称(N):　轿车销售额增长率

范围(S):　工作簿

批注(O):

引用位置(R):　=Sheet2!$B$3

确定　取消

(5) 用同样的方法为“C3”单元格新建名称“轿车成本增长率”，为“B4”单元格新建名称“SUV 销售额增长率”，为“C4”单元格新建名称“SUV 成本增长率”，为“B5”单元格新建名称“MPV 销售额增长率”，为“C5”单元格新建名称“MPV 成本增长率”。新建完所有名称后，切换到“数据”选项卡，在“预测”组中单击“模拟分析”按钮，在下拉菜单中选择“方案管理器”选项。

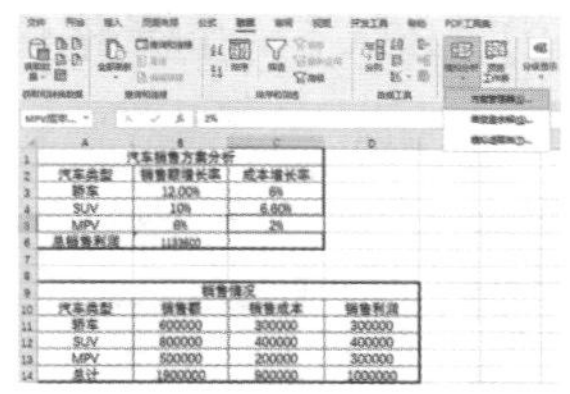

(6) 弹出“方案管理器”对话框，单击“添加”按钮。

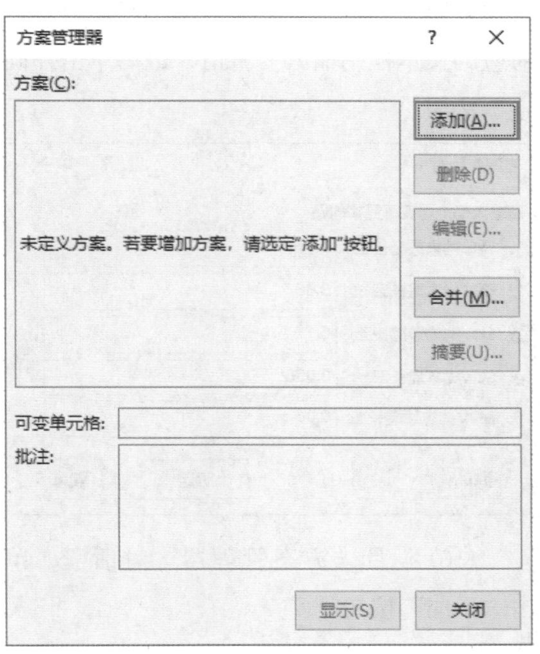

(7) 弹出“添加方案”对话框，在“方案名”文本框中输入“方案一”；单击“可变单元格”文本框右侧的选取按钮。

(8) 选中“B3:C5”单元格区域，单击对话框右侧的按钮。

	A	B	C
1	汽车销售方案分析		
2	汽车类型	销售额增长率	成本增长率
3	轿车	12.00%	6%
4	SUV	10%	6.60%
5	MPV	6%	2%
6	总销售利润	1133600	

编辑方案 - 可变单元格:
$B$3:$C$5

(9) 返回“编辑方案”对话框，单击“确定”按钮，弹出“方案变量值”对话框，在对应的文本框中输入变量值，最后单击“确定”按钮。

方案变量值
请输入每个可变单元格的值
1: 轿车销售额增长率 0.12
2: 轿车成本增长率 0.06
3: SUV销售额增长率 0.1
4: SUV成本增长率 0.066
5: MPV销售额增长率 0.06
添加(A) 确定 取消

(10) 返回“方案管理器”对话框，单击“添加”按钮。

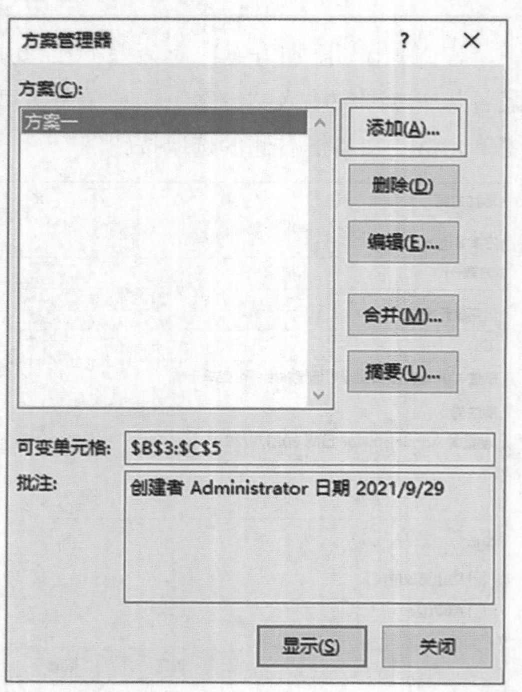

(11) 弹出“添加方案”对话框，在“方案名”文本框中输入“方案二”，单击“确定”按钮。

添加方案
方案名(N): 方案二
可变单元格(C): B3:C5
按住 Ctrl 键并单击鼠标可选定非相邻可变单元格。
批注(O): 创建者 Administrator 日期 2021/9/29
保护
☑ 防止更改(P)
☐ 隐藏(D)
确定 取消

(12) 弹出“方案变量值”对话框，在对应的文本框中输入变量值，单击“确定”按钮。

方案变量值
请输入每个可变单元格的值
1: 轿车销售额增长率 0.16
2: 轿车成本增长率 0.06
3: SUV销售额增长率 0.12
4: SUV成本增长率 0.062
5: MPV销售额增长率 0.1
确定 取消

(13) 返回“方案管理器”对话框，单击“添加”按钮。

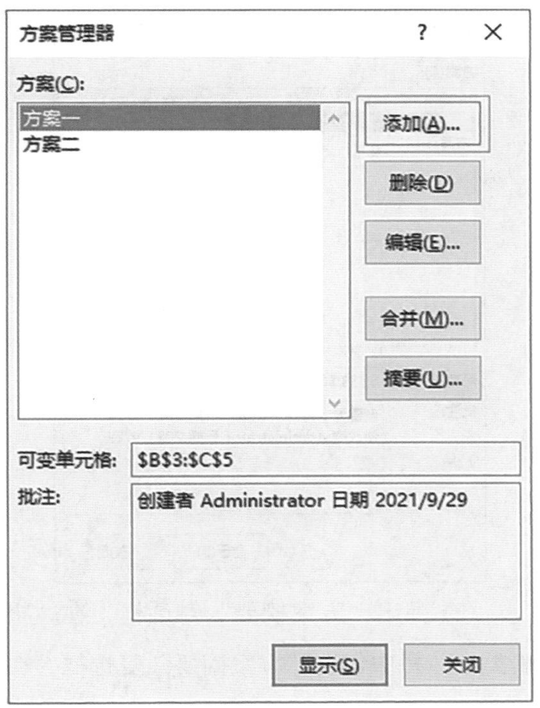

(14) 弹出“添加方案”对话框，在“方案名”文本框中输入“方案三”，单击“确定”按钮。

添加方案
方案名(N):
方案三
可变单元格(C):
B3:C5
按住 Ctrl 键并单击鼠标可选定非相邻可变单元格。
批注(O):
创建者 Administrator 日期 2021/9/29
保护
☑ 防止更改(P)
☐ 隐藏(D)
确定 取消

(15) 弹出“方案变量值”对话框，在对应的文本框中输入变量值，单击“确定”按钮。

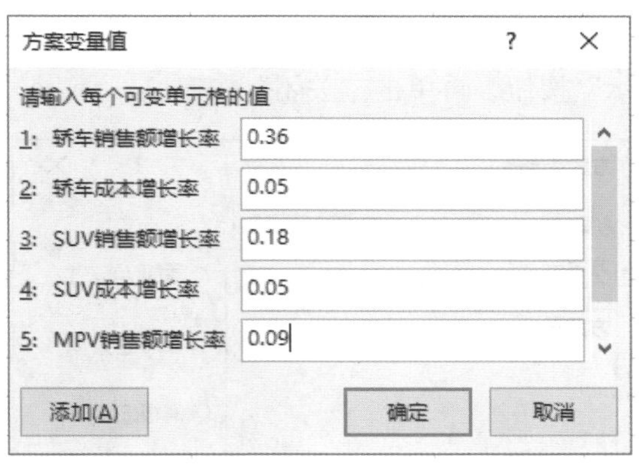

(16) 返回“方案管理器”对话框，单击“关闭”按钮。

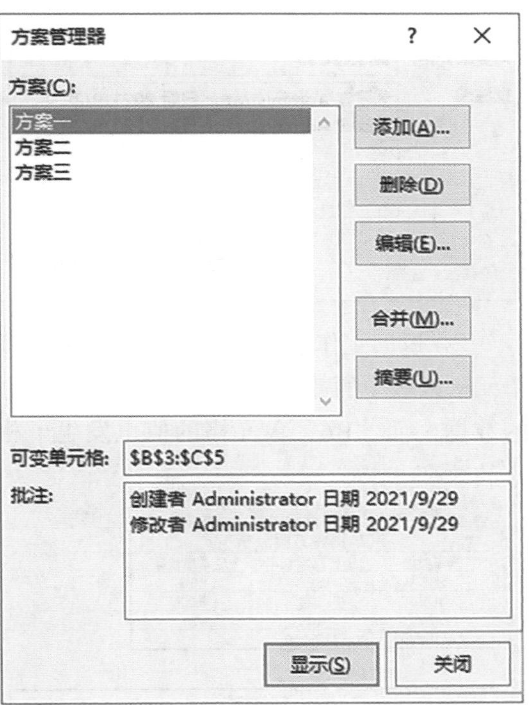

4. 显示方案

创建完方案后，选择不同的方案可显示不同的结果。下面将介绍在表格中显示“方案二”的步骤。

(1) 在“预测”组中单击“模拟分析”按钮，在弹出的下拉列表中选择“方案管理器”选项，弹出“方案管理器”对话框，在

“方案”栏中选中“方案二”选项，单击“显示”按钮，再单击“关闭”按钮。

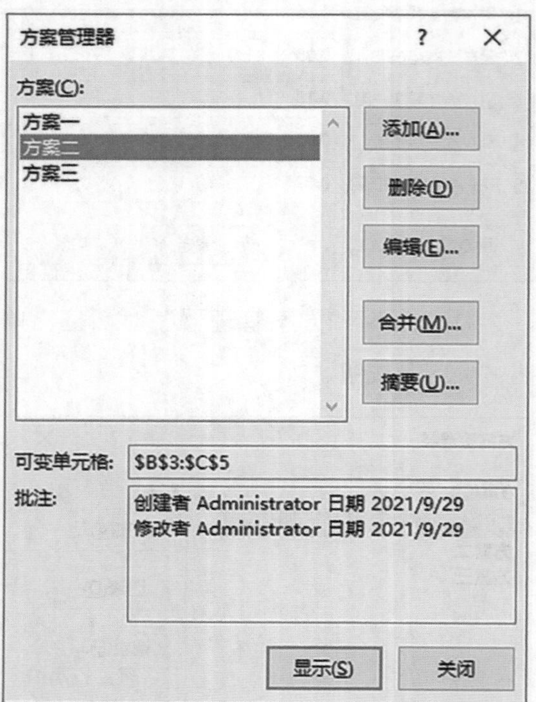

(2) 返回工作表界面，可以发现“B3:C5”单元格区域中的数据已经变为“方案二”中的数据，而“B6”单元格的值也发生了相应的改变。

	A	B	C	D
1	汽车销售方案分析			
2	汽车类型	销售额增长率	成本增长率	
3	轿车	16.00%	6%	
4	SUV	12%	6.20%	
5	MPV	10%	2%	
6	总销售利润	1195200		
7				
8				
9	销售情况			
10	汽车类型	销售额	销售成本	销售利润
11	轿车	600000	300000	300000
12	SUV	800000	400000	400000
13	MPV	500000	200000	300000
14	总计	1900000	900000	1000000

5. 生成报告

如果用户想让所有的方案结果都显示出来，就需要制作方案报告。

(1) 打开“方案管理器”对话框，在“方案”栏中选择“方案二”，再单击“摘要”选项。

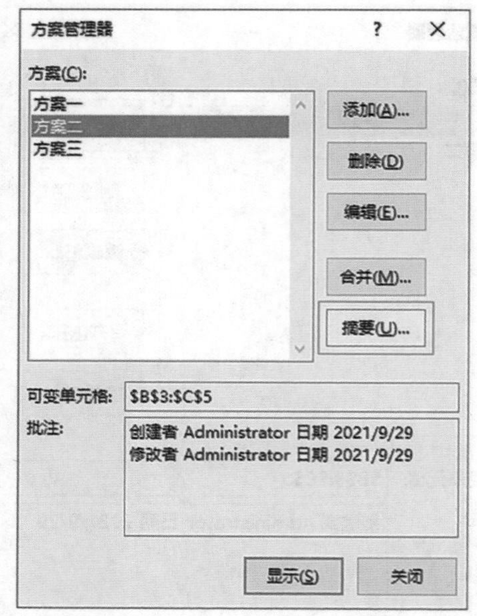

(2) 弹出“方案摘要”对话框，在“报表类型”栏中勾选“方案摘要”复选框，在“结果单元格”中输入“B6”。

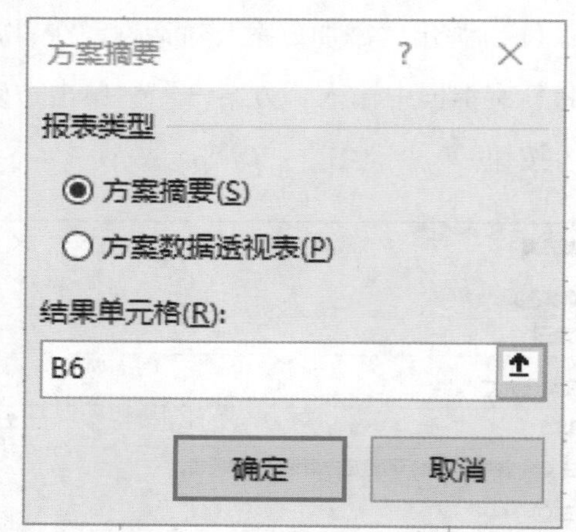

(3) 单击“确定”按钮，返回工作表界面即可看到工作簿中生成了一个“方案摘要”的工作表，表中显示了三种方案的摘要。

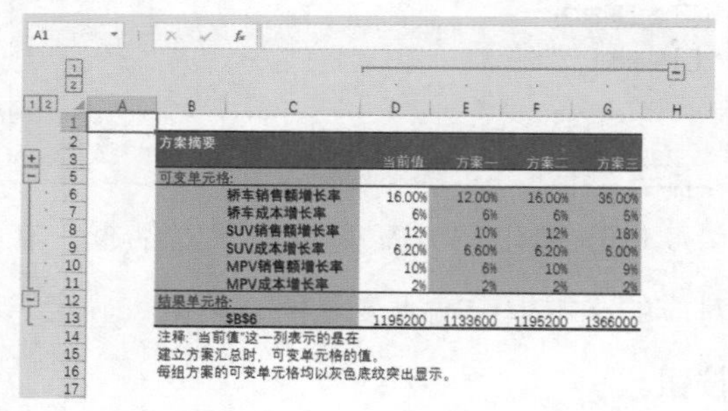

方案摘要		当前值	方案一	方案二	方案三
可变单元格:					
	轿车销售额增长率	16.00%	12.00%	16.00%	36.00%
	轿车成本增长率	6%	6%	6%	5%
	SUV销售额增长率	12%	10%	12%	18%
	SUV成本增长率	6.20%	6.60%	6.20%	5.00%
	MPV销售额增长率	10%	6%	10%	9%
	MPV成本增长率	2%	2%	2%	2%
结果单元格:					
	$B$6	1195200	1133600	1195200	1366000

注释:“当前值”这一列表示的是在
建立方案汇总时，可变单元格的值。
每组方案的可变单元格均以灰色底纹突出显示。

7.3 处理 Excel 数据小技巧

✦ 7.3.1 特殊排序

1. 按单元格颜色排序

选中表格中任意一个单元格，切换到“数据”选项卡，单击“排序和筛选”组中的“排序”按钮，弹出“排序”对话框，单击“排序依据”下拉按钮，选中“单元格颜色”，再在“次序”下拉列表中选中单元格颜色，按不同颜色设置不同的序列，单击“确定”按钮。

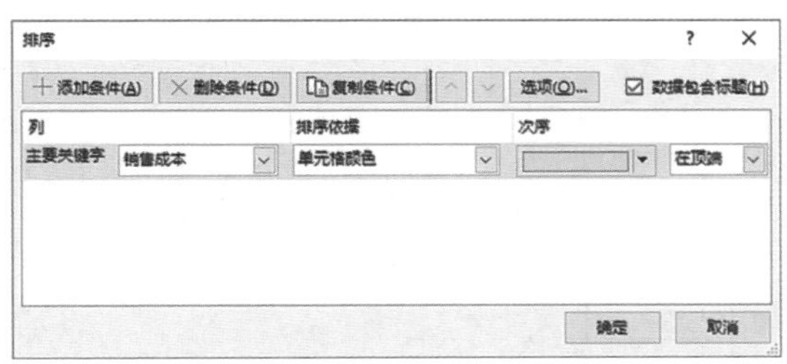

2. 按汉字笔画排序

当工作表中需要对汉字内容排序时，用户可以以汉字的笔画为标准进行排序。笔画排序的原则是按照首字的笔画数排列，若笔画数相同，则按照起笔顺序排列。若前两者相同，则按照字形结构排列，先后顺序依次是左右、上下、整体。若首字相同，则依此标准比较第二字、第三字。

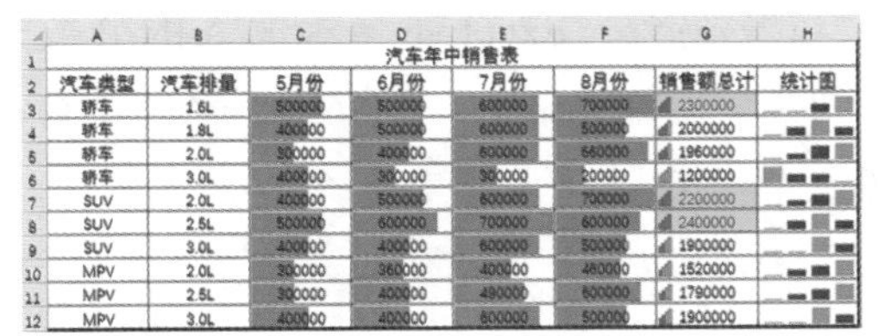

汽车年中销售表							
汽车类型	汽车排量	5月份	6月份	7月份	8月份	销售额总计	统计图
轿车	1.6L	500000	500000	600000	700000	2300000	
轿车	1.8L	400000	500000	600000	500000	2000000	
轿车	2.0L	300000	400000	600000	660000	1960000	
轿车	3.0L	400000	300000	300000	200000	1200000	
SUV	2.0L	400000	500000	600000	700000	2200000	
SUV	2.5L	500000	600000	700000	600000	2400000	
SUV	3.0L	400000	400000	600000	500000	1900000	
MPV	2.0L	300000	360000	400000	460000	1520000	
MPV	2.5L	300000	400000	490000	600000	1790000	
MPV	3.0L	400000	400000	600000	500000	1900000	

✦ 7.3.2 特殊筛选

1. 按单元格颜色筛选

单击填充过单元格颜色列字段右侧的下拉按钮，在弹出的列表中选择“按颜色筛选”选项，在打开的子列表中选择要筛选出来的单元格颜色。

2. 模糊筛选

当需要筛选出含有某部分内容的数据项目时，可以使用通配符进行模糊筛选。例如，要筛选出含有“通”字的内容，单击要进行筛选列的下拉按钮，在弹出的下拉列表中选择“文本筛选”选项，在子菜单中选择“自定义筛选”选项，弹出“自定义自动筛选方式”对话框，在“显示行”栏中的第一个下拉列表框中选择“等于”选项，在右侧的文本框中输入“通？”，单击“确定”按钮，即可筛选出含有“通”字的内容。注意，这时筛选出的是以“通”字为第一个汉字的内容，其中问号为英文符号。

✦ 7.3.3 在表格中输入分数

1. 输入含有整数部分的分数

(1) 选中要输入分数的单元格，在其中输入分数。例如，输入 2 $\frac{4}{5}$，先在单元格中输入数字“2”，再输入一个空格，之后输入数字“4”，接着输入“/”，最后输入数字“5”，按下“Enter”键即可。

A1 | 2.8

	A	B	C	D	E
1	2 4/5				
2					
3					
4					
5					
6					
7					
8					

(2) 双击此单元格，单元格中的分数将转换为“2.8”。

A1 | 2.8

	A	B	C	D	E
1	2.8				
2					
3					
4					
5					
6					
7					

2. 输入真分数

真分数是不含整数部分，且分子小于分母的分数。在输入真分数的时候，需要在前面输入数字“0”，否则Excel中输入值为日期。例如，输入$\frac{4}{5}$，需要输入“0 4/5”，最后按下“Enter”键即可。

A2 | 0 4/5

	A	B	C	D	E
1	2 4/5				
2	0 4/5				
3					
4					
5					

A3

	A	B	C	D	E
1	2 4/5				
2	4/5				
3					
4					
5					
6					

3. 输入假分数

(1) 假分数是分子大于分母的分数。在 Excel 中输入假分数时，系统会将此分数转换为一个整数和一个真分数。例如，输入“0 8/3”，按下“Enter”键之后，Excel 会将其自动转换为“2 2/3”。

A3 | 0 8/3

	A	B	C	D	E
1	2 4/5				
2	4/5				
3	0 8/3				
4					
5					
6					

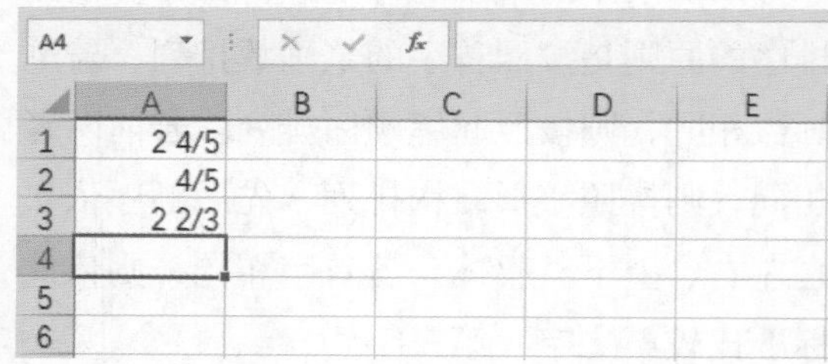

A4

	A	B	C	D	E
1	2 4/5				
2	4/5				
3	2 2/3				
4					
5					
6					

(2) 另外，Excel 还会对输入的分数进行约分。例如，输入“0 3/6”，系统会自动转换为“1/2”。

A4 | 0 3/6

	A	B	C	D	E
1	2 4/5				
2	4/5				
3	2 2/3				
4	0 3/6				
5					
6					

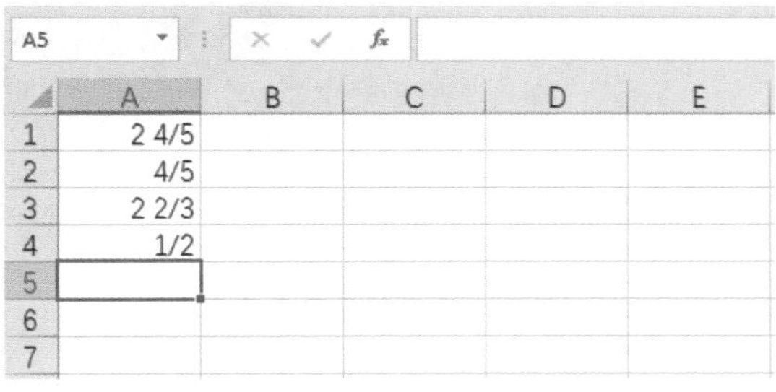

(3) 如果需要对分数进行更多、更详细的设置，可以在“设置单元格格式”对话框中进行设置。

第八章 使用图表分析数据

概述

面对一些复杂的表格数据，用户往往无法直接读取数据之间的关系。这时可以利用图表将数据信息以及数据之间的关系清晰地展现在用户面前。本章将主要介绍图表的基本操作，如图表的创建、数据透视表和数据透视图的创建等。

8.1 制作家具销售图表

根据家具销售表中的数据创建图表，将表格中的数据展现在图表中，用户可以直观地看到各组数据之间的联系与差异，大大提高了用户从表格中获取信息的效率。

✦ 8.1.1 创建图表

创建图表的操作包括图表的创建、图表布局的调整、更改图表类型，以及修改图表数据等。

1. 插入图表

Excel 2021 为用户提供了多种图表类型，包括柱形图、条形图以及折线图，每种类型的图表又可以分为二维图表和三维图表。用户根据实际需要选择合适的图表，具体操作步骤如下。

(1) 打开“家具销售表”工作簿，选中“A2:G6”单元格区域，切换到“插入”选项卡，在“图表”组中，单击“插入柱形图或条形图”按钮，在弹出的下拉菜单中选择“三维簇状条形图”选项。

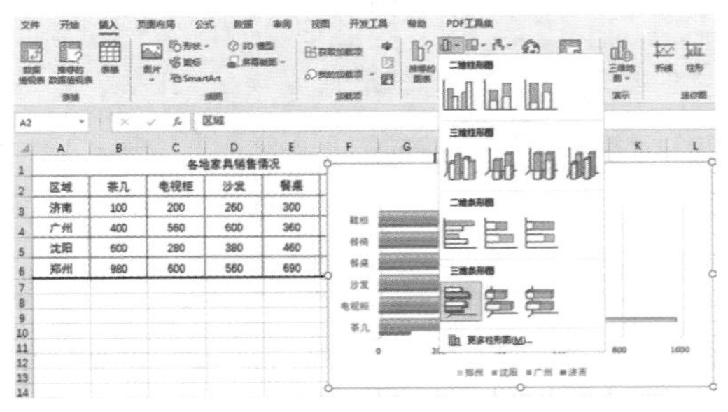

(2) 单击图表中“图表标题”文本框，为图表添加标题。

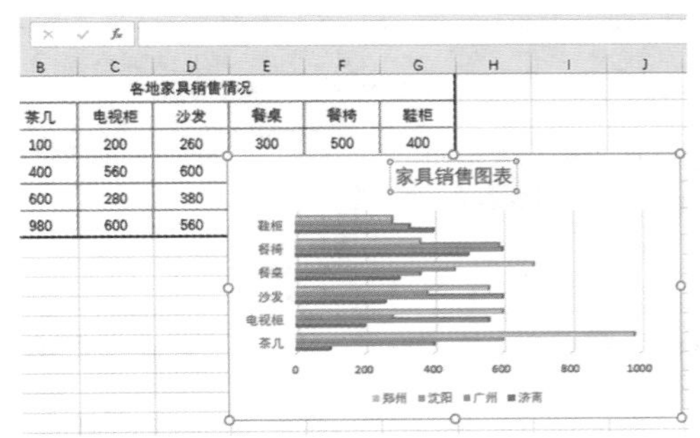

(3) 单击图表中任意地方，再单击图表右侧的“图表元素”按钮，在“图表元素”菜单中，打开“图表标题”子菜单，在菜单中可以设置标题的位置及其他内容。

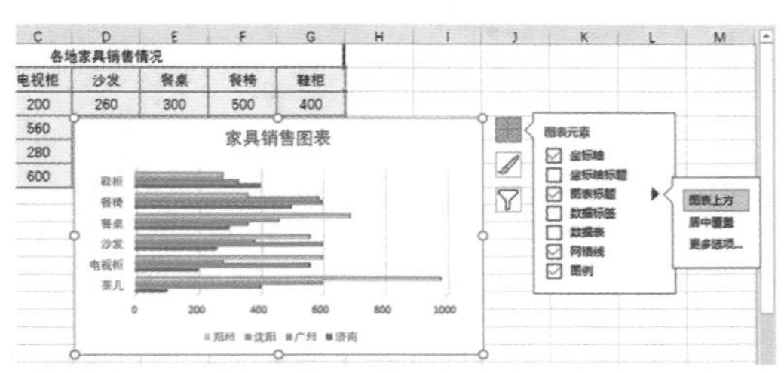

(4) 对标题进行调整后，效果如下图。

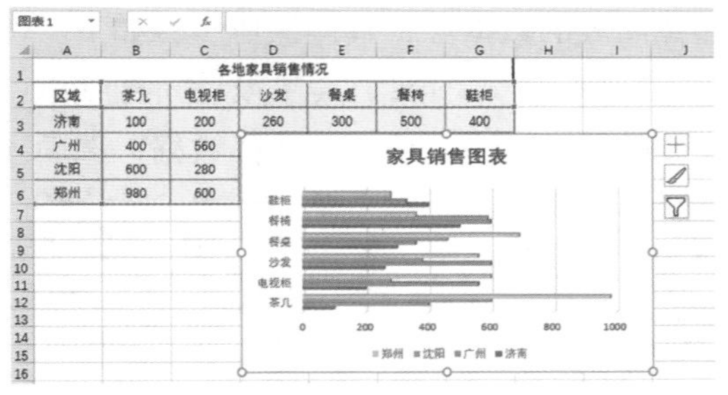

2. 调整图表布局

插入的图表浮于表格上方，会挡住表格中的数据，下面就对图表的位置以及大小进行调整，具体操作步骤如下。

(1) 调整图表的大小。将光标放在图表边缘的控制点上，按住鼠标左键，拖动光标调整图表的大小。

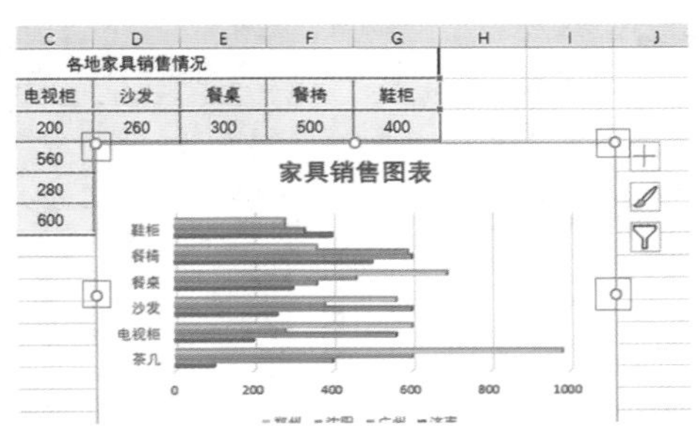

(2) 移动图表位置。单击图表空白区域，当光标变为十字箭头形状时，按住鼠标左键，拖动鼠标将图表放在表格中空白位置。

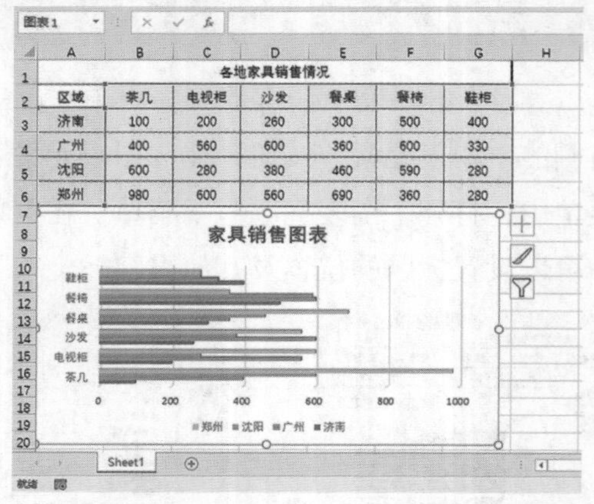

3. 更改图表数据源

假如图表在创建的过程中出现了错误或者图表需要根据要求进行更新，就需要重新选择图表的数据源，具体操作步骤如下。

(1) 单击“图表工具 – 设计”选项卡，在“数据”组中，单击“选择数据”选项。

(2) 弹出“选择数据源”对话框，单击“图表数据区域”文本框右侧的选取按钮。

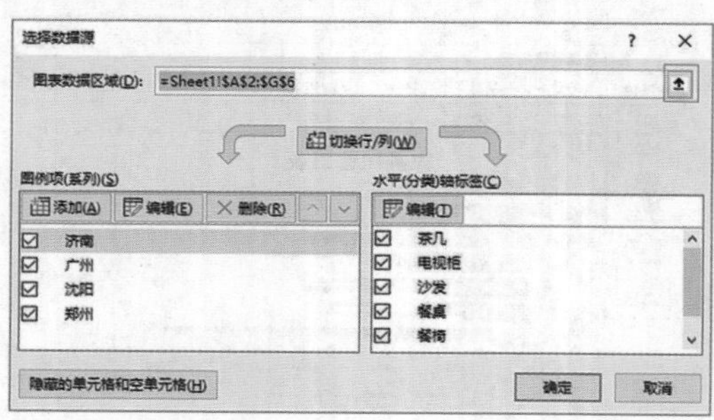

(3) 选中“A4:G6”单元格区域，单击“选择数据源”文本框右侧的选取按钮。

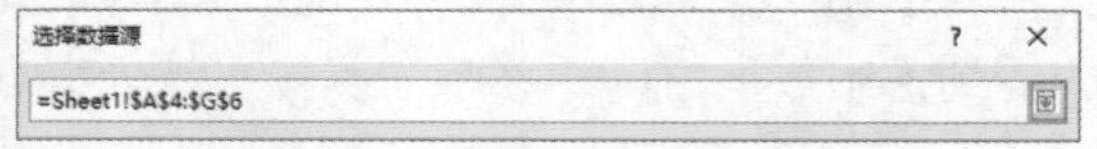

(4) 返回“选择数据源”对话框，单击“确定”按钮。

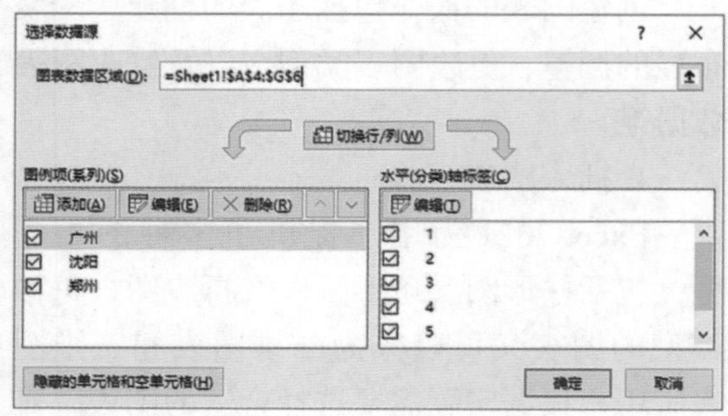

(5) 返回工作表界面，查看效果。

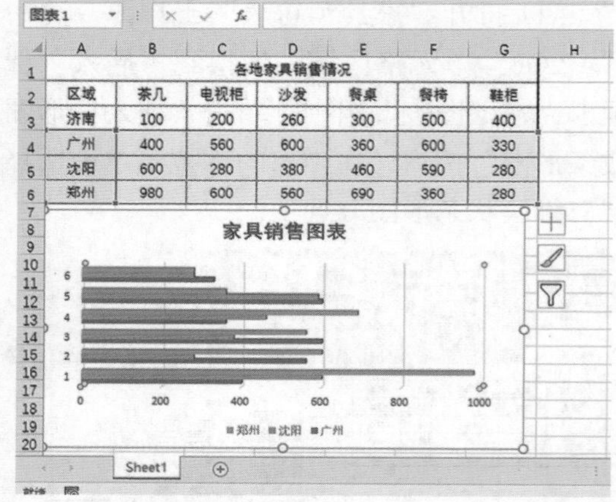

(6) 快速修改数据。打开“选择数据源”对话框，在“图例项（系列）”栏中，单击“广州”，再单击“删除”按钮，将图表中关于“广州”的内容删除。

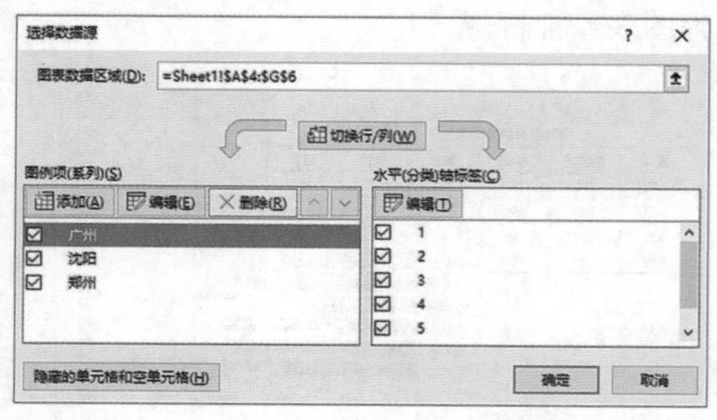

(7) 单击“确定”按钮，查看效果。

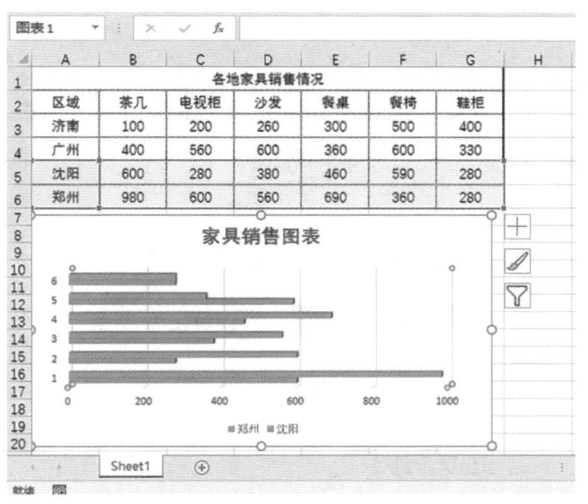

4. 互换图表行和列

(1) 打开“选择数据源”对话框，单击“切换行 / 列”按钮。

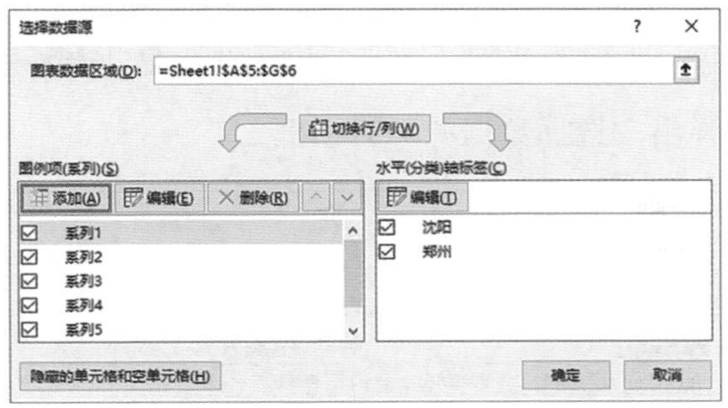

(2) 单击“确定”按钮，返回工作表界面，查看效果。

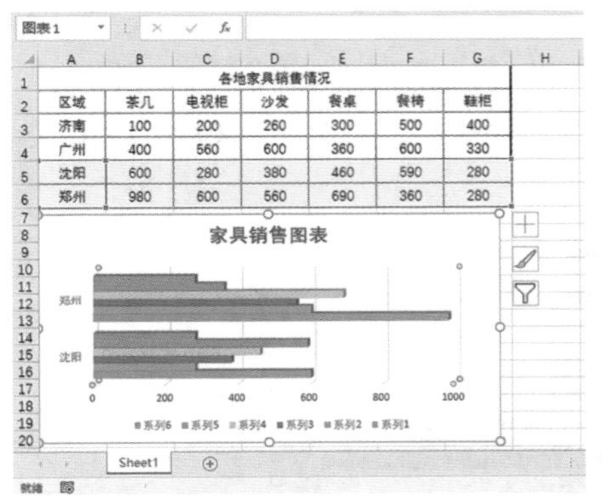

5. 改变图表类型

(1) 单击图表，切换到“图表工具 – 设计”选项卡，在“类型”组中，单击“更改图表类型”按钮。

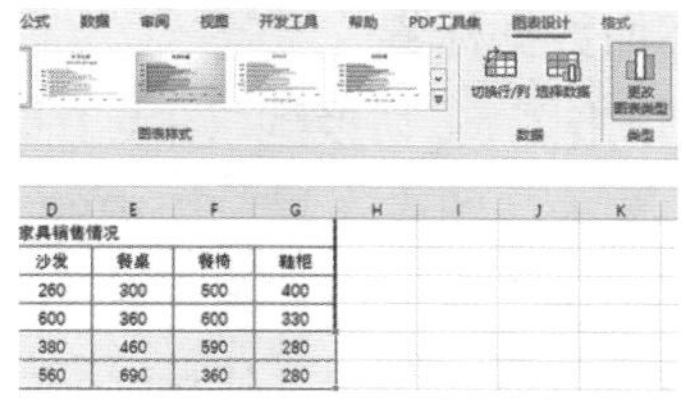

(2) 打开“更改图表类型”对话框，在左侧列表中选择“柱形图”选项，在右侧界面上方选中“三维簇状柱形图”选项。

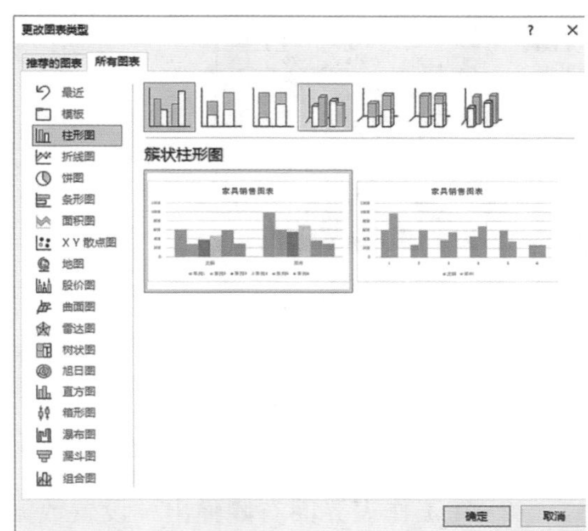

(3) 单击“确定”按钮，返回工作表界面，查看效果。

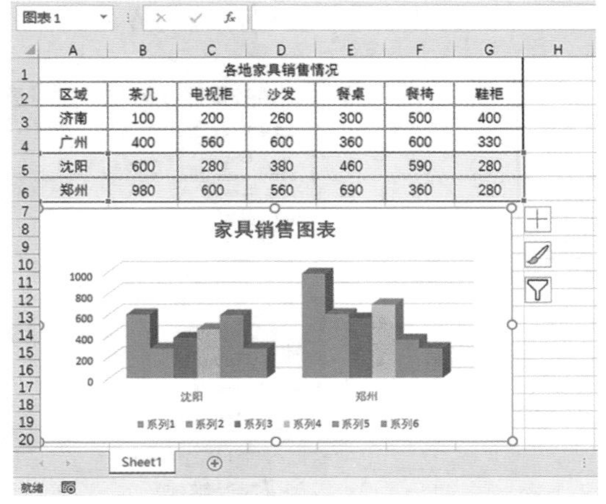

✦ 8.1.2 美化图表

当遇到插入的图表过于简单而无法达到要求的时候，可以对其进行美化操作。美化图表能使图表的内容表达得更加生动形象，便于用户理解数据。

第二部分 Excel 应用

1. 添加数据标签

(1) 单击图表，切换到“图表工具-设计”选项卡，单击“图表布局”组中的“添加图表元素”按钮，在下拉列表中单击“数据标签”，在子列表中选择“其他数据标签选项”。

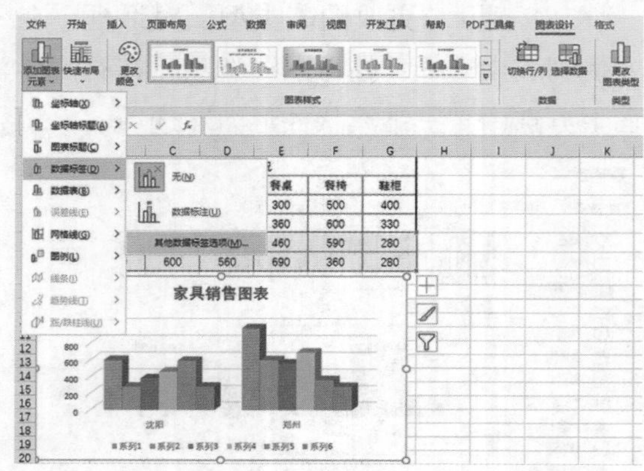

(2) 在工作表界面右侧弹出“设置数据标签格式”界面，查看界面中“标签选项”栏中的“标签包括”组中默认选中“值”选项和“显示引导线”选项，关闭界面。

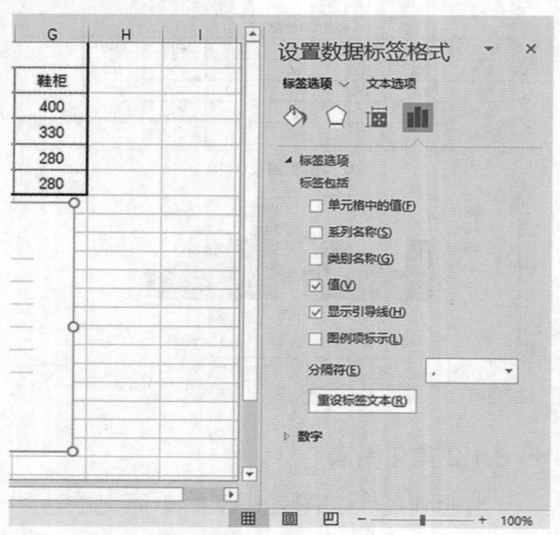

(3) 查看效果。

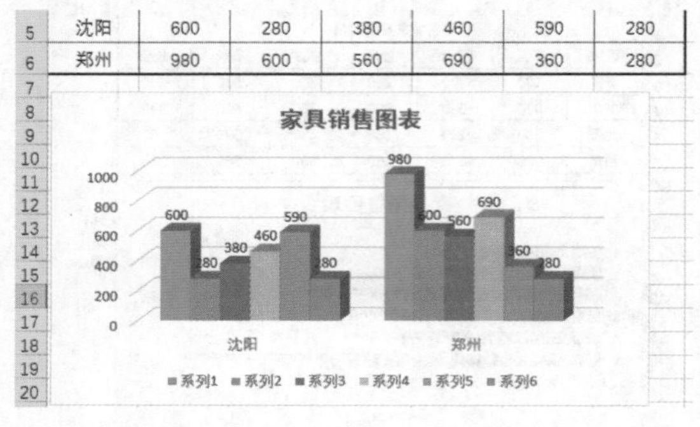

2. 更改图例项

插入图表中默认图例为“系列1”“系列2”等，显然不能准确定义图表中的数据含义，需要对图例进行设置，具体操作步骤如下。

(1) 单击图例所在的行，在“图表工具-设计”选项卡下，单击“选择数据”按钮，弹出“选择数据源”对话框。

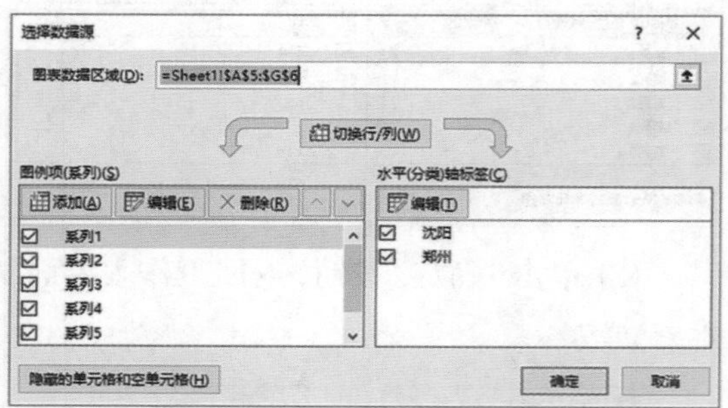

(2) 以“系列1”为例。在“图例项（系列）”栏中选择“系列1”选项，单击“编辑”按钮。

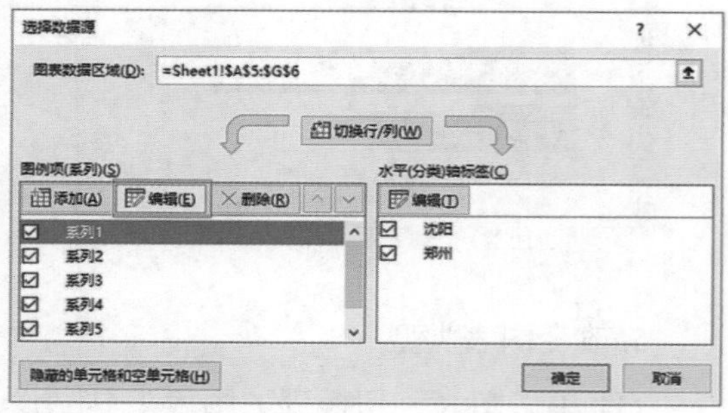

(3) 弹出“编辑数据系列”对话框，在“系列名称”文本框中输入“茶几”，单击“确

定”按钮。

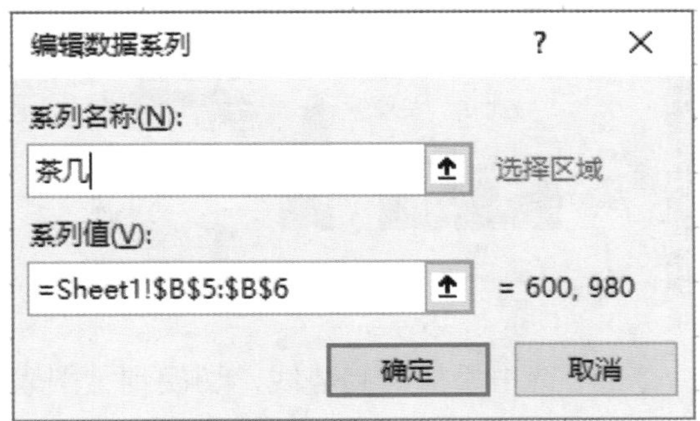

(4) 返回“选择数据源”对话框，可以看到图表中的图例名称已经变为“茶几”，用同样的方法修改剩余图例名称。

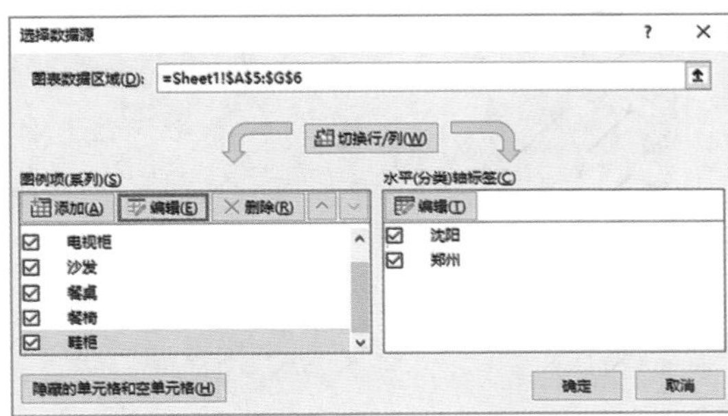

(5) 单击“确定”按钮，可以发现图表中的图例名称已经修改完毕。

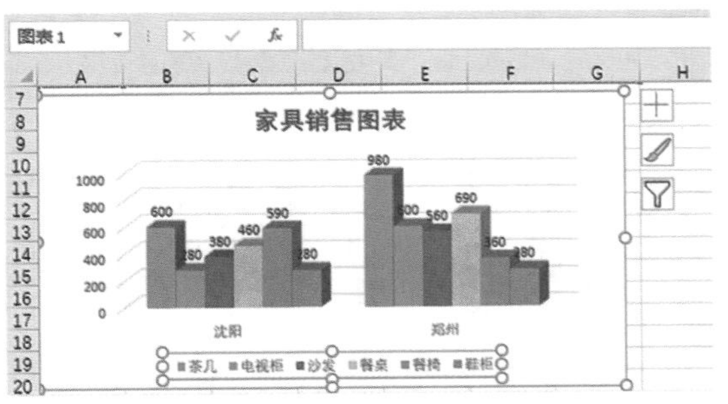

3. 添加坐标轴标题

插入的图表中没有坐标轴标题，下面讲述添加坐标轴标题的具体操作步骤。

(1) 单击插入的图表，单击“添加图表元素”按钮，在下拉菜单中选择“坐标轴标题”选项，在子菜单中选择“主要纵坐标轴”选项。

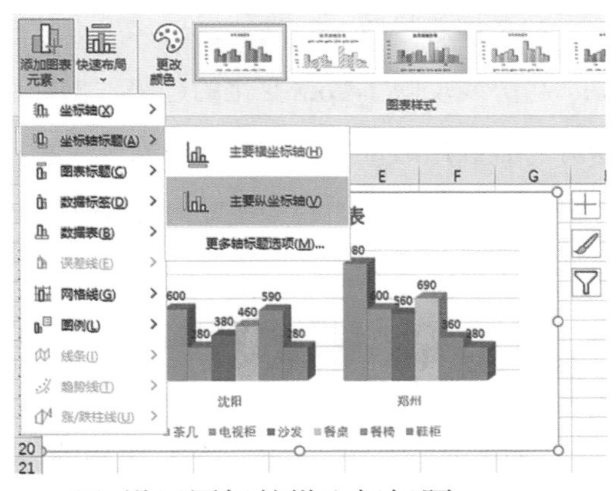

(2) 设置图标的纵坐标标题。

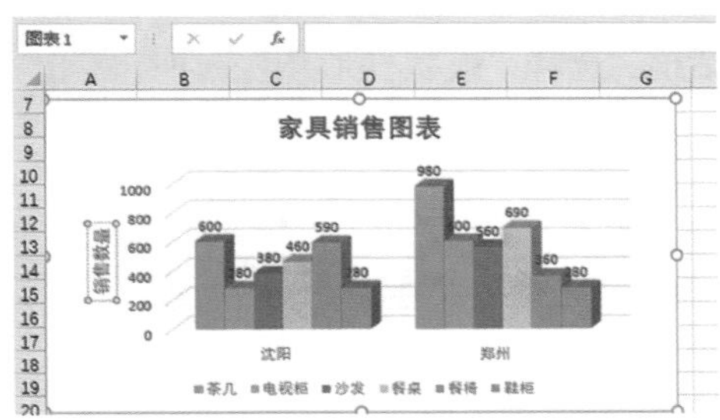

(3) 双击纵坐标标题，工作表右侧弹出“设置坐标轴标题格式”界面，单击“大小与属性”按钮，在“文字方向”下拉列表中选择“竖排”选项。

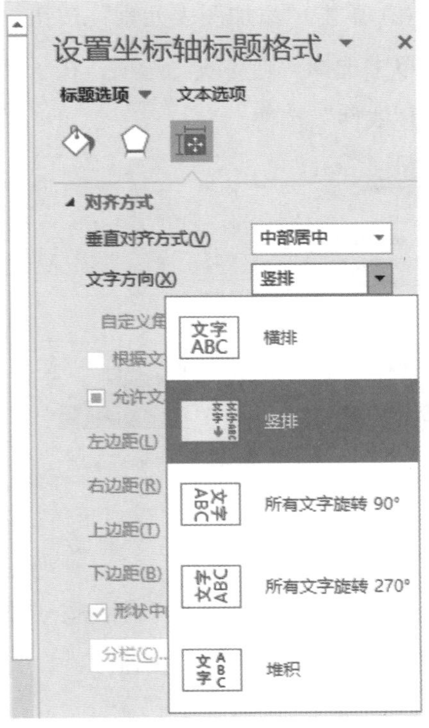

4. 添加趋势线

趋势线反映了数据变化的趋势，据此可以对以后数据的走向做预测，在实际生活中有很大的作用。添加趋势线的具体操作步骤如下。

(1) 由于三维图不能添加趋势线，所以先将图表类型转换为二维类型。在“图表工具－设计”选项卡下，单击“类型”组中的“更改图表类型”按钮，弹出“更改图表类型”对话框，选择“簇状柱形图”选项，单击“确定”按钮。

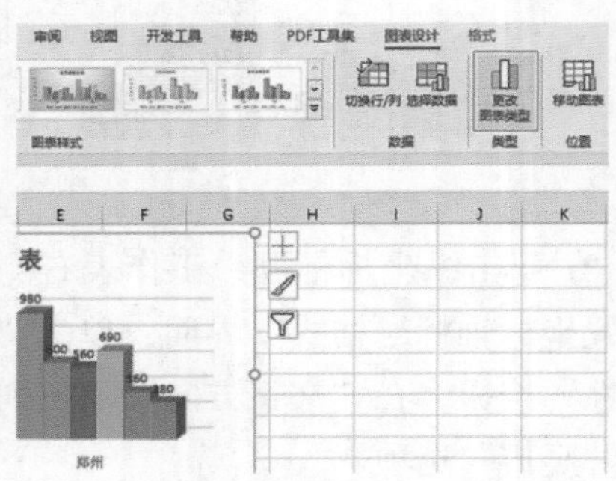

(2) 单击“添加图表元素”按钮，在下拉菜单中选择“趋势线”选项，在子菜单中选择“线性”选项。

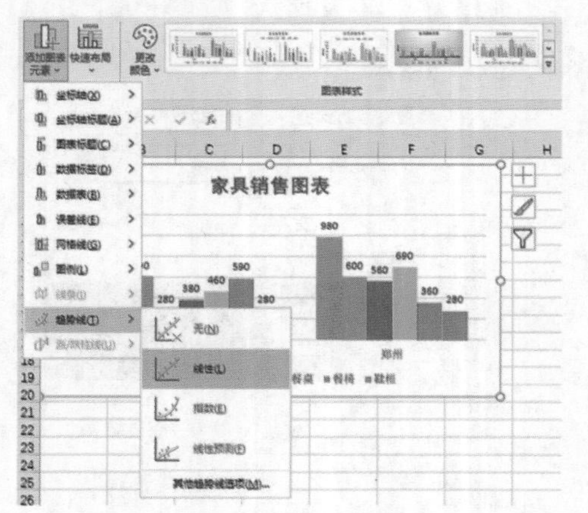

(3) 弹出“添加趋势线”对话框，选择“茶几”选项，单击“确定”按钮。

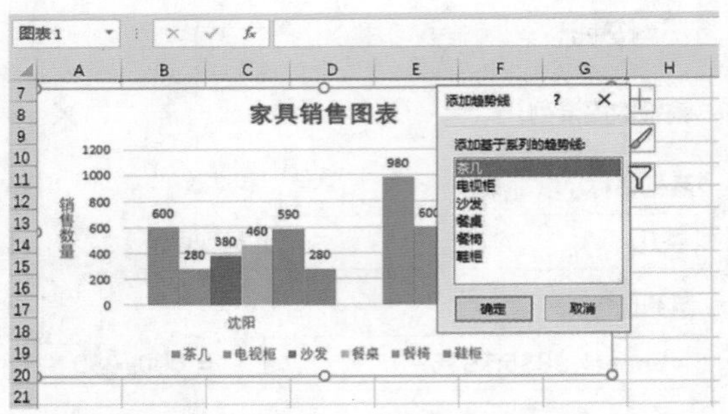

(4) 选中添加的趋势线，切换到“图表工具－格式”选项卡，在“形状样式”组中选择合适的样式。

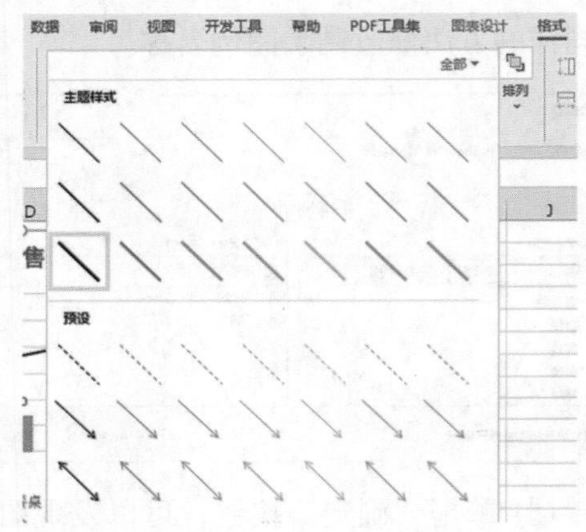

(5) 查看效果。

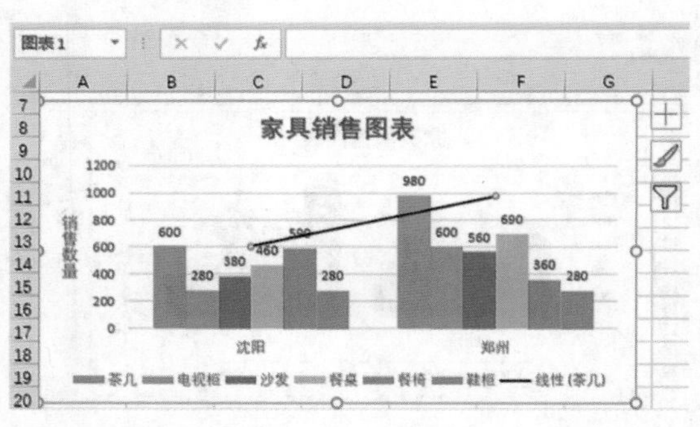

5. 添加误差线

误差线的作用是显示潜在的误差或相对于系列中每个数据标志的不确定程度。添加误差线的具体操作步骤如下。

(1) 单击“添加图表元素”按钮，在下拉菜单中选择“误差线”选项，在子菜单中选择“其他误差线选项”选项。

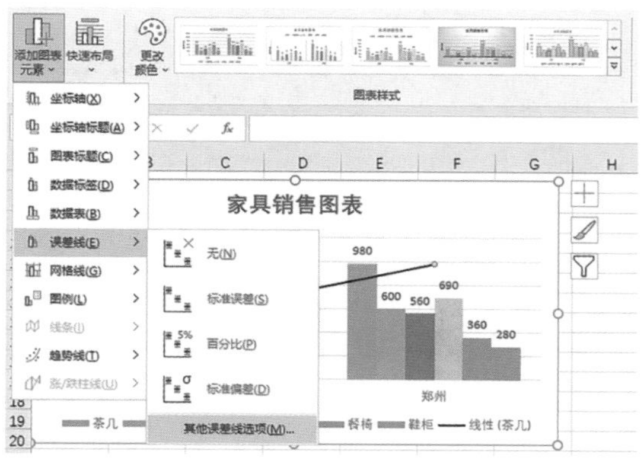

(2) 弹出“添加误差线”对话框，在“添加基于系列的误差线”列表框中选择“沙发”选项，单击“确定”按钮。

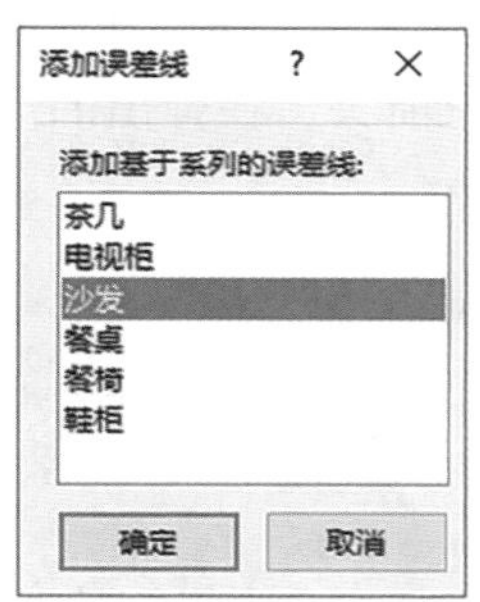

(3) 选中添加的误差线，切换到“图表工具 – 格式”选项卡，在“样式”组中选择合适的样式。

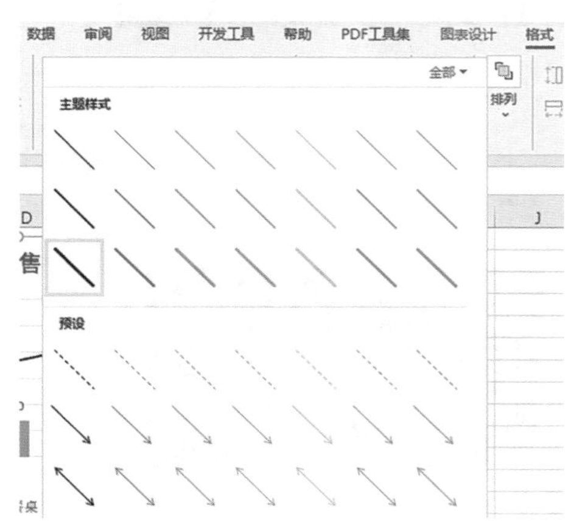

(4) 查看误差线效果。

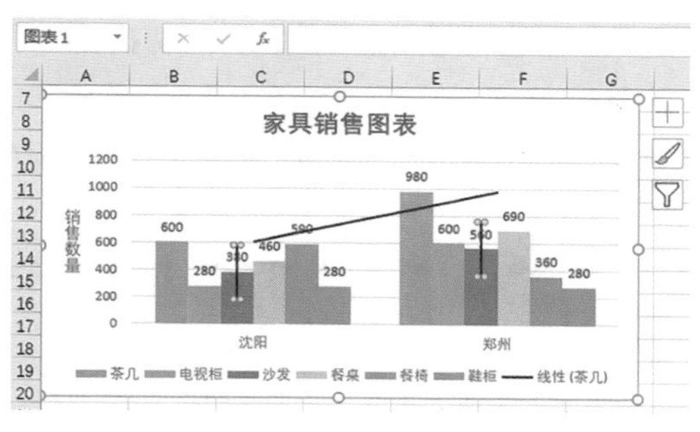

6. 设置图表区

图表区是整个图表的背景区域，设置背景区域会使图表更加吸引人。设置图表区的具体操作步骤如下。

(1) 单击插入的图表，切换到“图表工具 – 格式”选项卡，在“形状样式”组中单击“形状填充”按钮，在下拉菜单中选择“纹理”选项，在子菜单中选择合适的纹理填充。

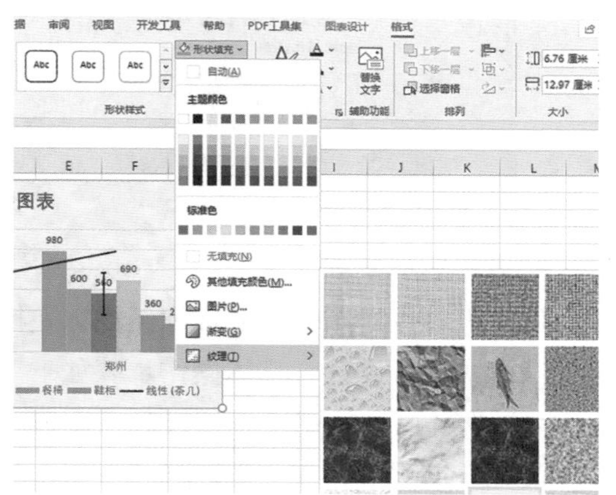

(2) 查看效果。

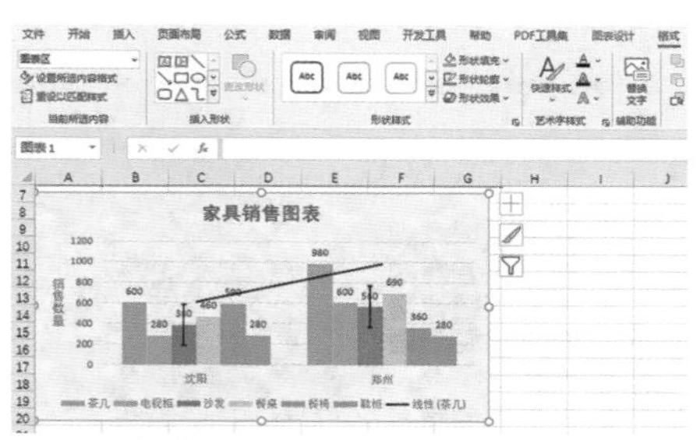

7. 设置绘图区

绘图区是图表中绘制数据图形的区域，除了绘制的数据图形，还包括坐标轴、网格线等。用户对绘图区的设置步骤如下。

(1) 单击图表中的绘图区，切换到“图表工具 - 格式”选项卡，在“形状样式”组中单击“形状填充”按钮，选择合适的颜色填充。

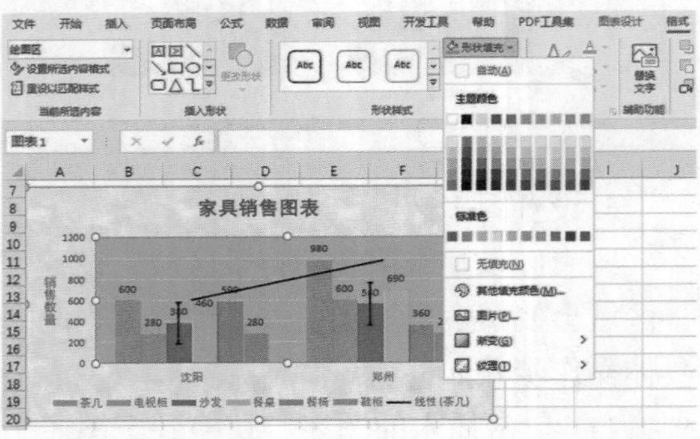

(2) 查看效果。

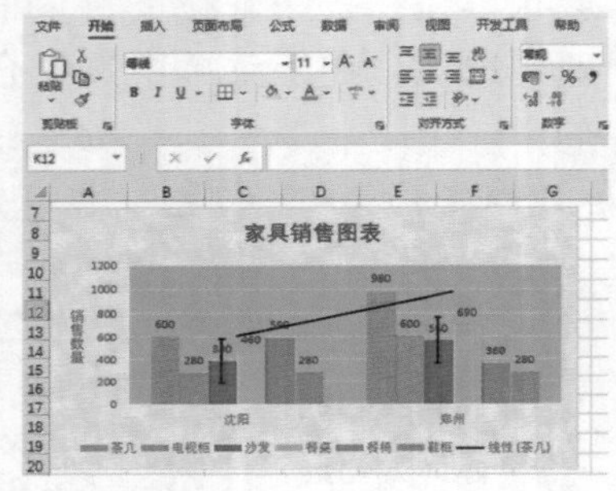

8. 设置数据系列

用户也可以对图表中的数据系列以及图表背景格式进行设置，具体操作步骤如下。

(1) 单击图表绘图区，切换到“图表工具 - 设计”选项卡，在“图表样式”组中单击“更改颜色”按钮，在下拉菜单中选择合适的颜色。

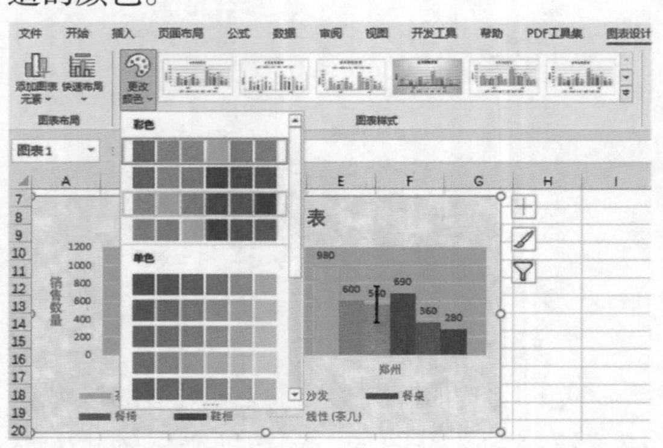

(2) 查看效果。

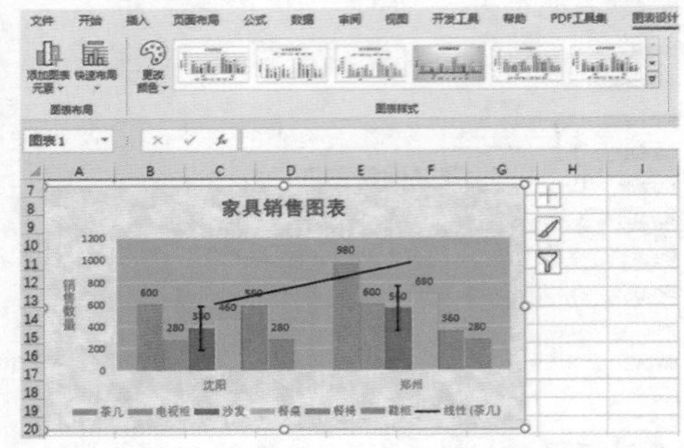

9. 设置图表样式

Excel 为用户提供了多种多样的图表样式，设置图表样式的具体操作步骤如下。

(1) 单击图表，切换到“图表工具 - 设计”选项卡，在“图表样式”组中单击图表样式框的下拉箭头，在弹出的下拉列表中选择合适的样式。

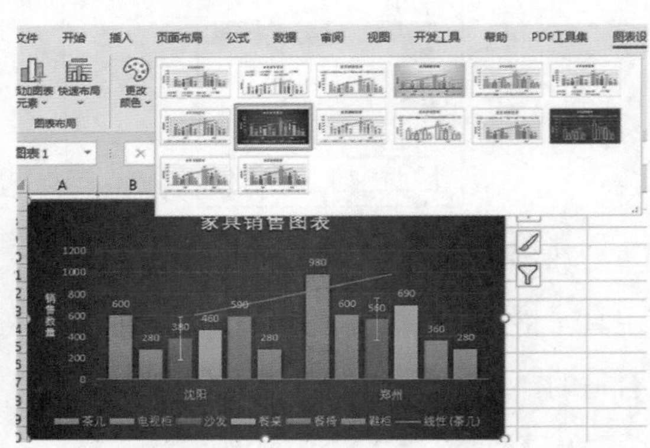

(2) 查看效果。

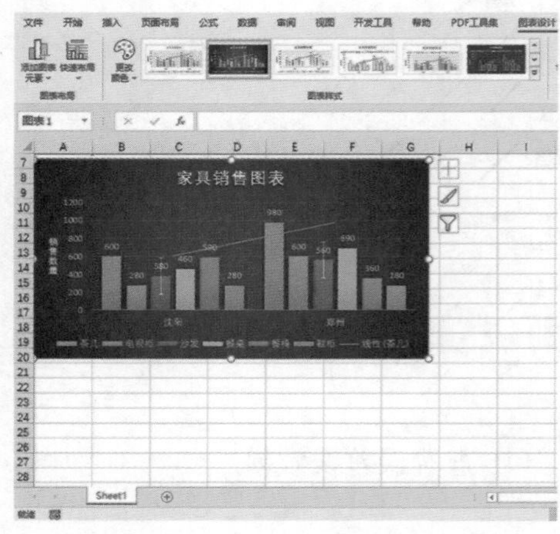

8.2 分析成绩表

本节将介绍如何使用透视表、透视图分析学生成绩表，以便家长和老师更好地掌握学生的学习状态。

✦ 8.2.1 创建并处理透视表

数据透视表是一种交互式的报表，可以按照不同的需求来处理和分析数据。

1. 创建透视表

要创建透视表的表格，其数据内容要有分类，这样制作透视表才有意义。创建透视表的具体操作步骤如下。

(1) 打开“成绩表”工作簿，选中“A3:G10”单元格区域，切换到“插入”选项卡，在“表格”组中单击“数据透视表”选项。

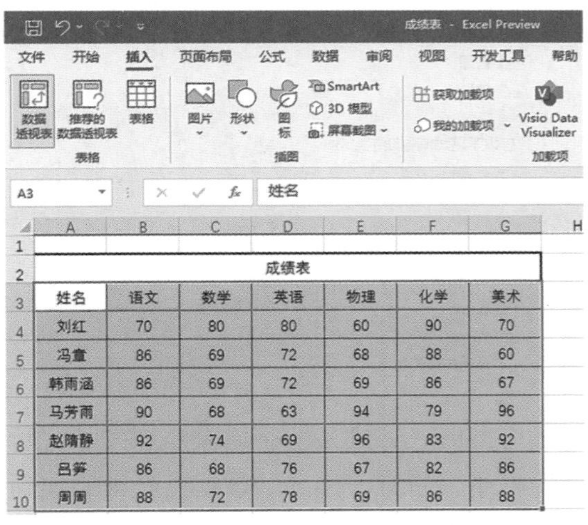

姓名	语文	数学	英语	物理	化学	美术
刘红	70	80	80	60	90	70
冯童	86	69	72	68	88	60
韩雨涵	86	69	72	69	86	67
马芳雨	90	68	63	94	79	96
赵隋静	92	74	69	96	83	92
吕筝	86	68	76	67	82	86
周周	88	72	78	69	86	88

(2) 弹出“创建数据透视表”对话框，在“请选择要分析的数据”栏中，默认勾选“选择一个表或区域”，在“表 / 区域”文本框中已经输入“成绩表！ $A$3:$G$10”；在“选择放置数据透视表的位置”栏中，勾选“新工作表”按钮，单击“确定”按钮。

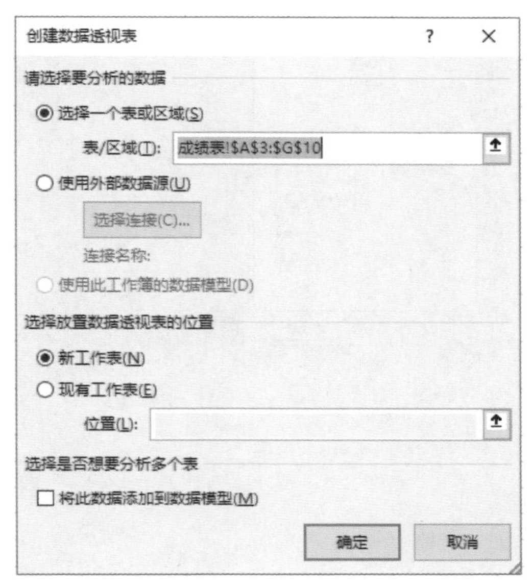

(3) 双击插入的工作表标签，将其重命名。

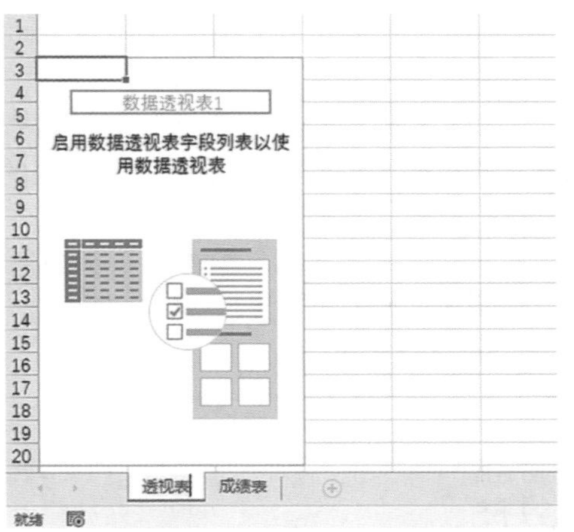

（4）选中新建的工作表标签，按住鼠标左键，将标签拖动至新位置。放开鼠标完成工作表的移动。

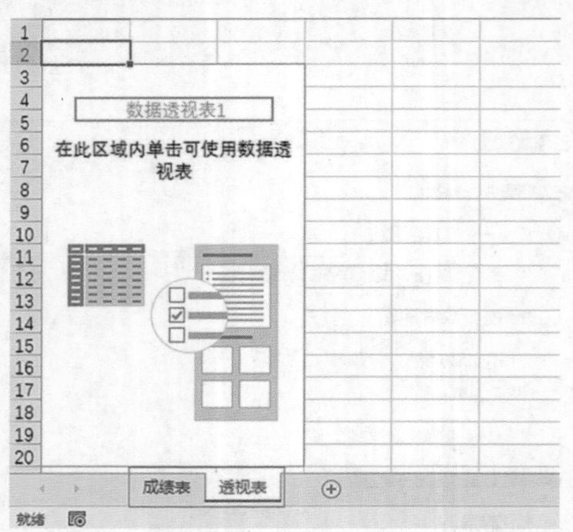

（5）在工作表界面右侧的“数据透视表字段”的窗格中的“选择要添加到报表的字段”栏中，选中要显示的数据。

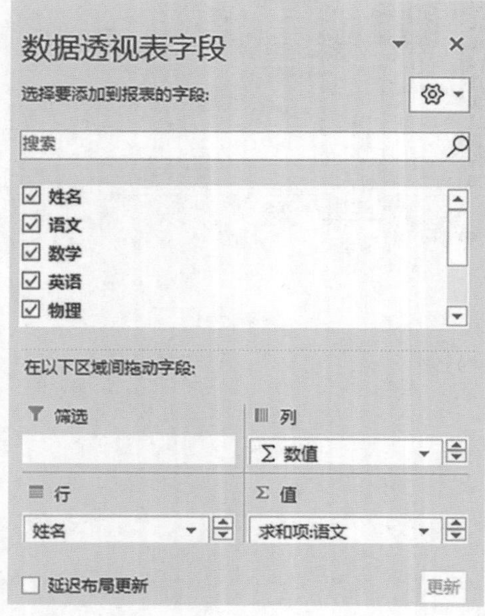

（6）此时报表中会显示相关的字段。

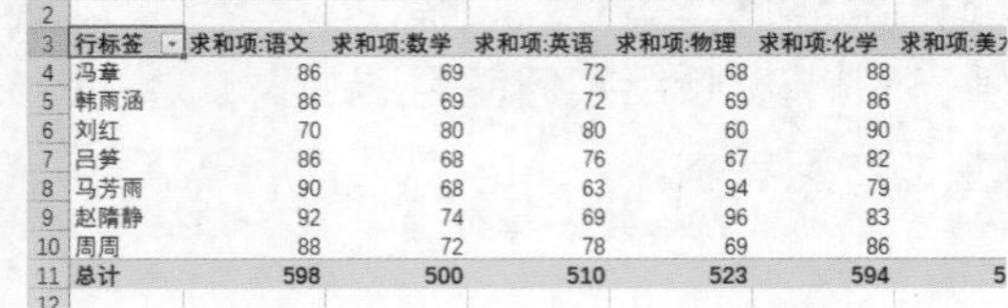

行标签	求和项:语文	求和项:数学	求和项:英语	求和项:物理	求和项:化学	求和项:美
冯章	86	69	72	68	88	
韩雨涵	86	69	72	69	86	
刘红	70	80	80	60	90	
吕笋	86	68	76	67	82	
马芳雨	90	68	63	94	79	
赵隋静	92	74	69	96	83	
周周	88	72	78	69	86	
总计	598	500	510	523	594	5

2. 处理透视表数据信息

处理透视表数据信息包括筛选字段、更改字段的数字格式、数据分组等。

（1）查看某个学生的成绩。

①在“数据透视表字段”窗格中的“行”栏中，单击“姓名”下拉箭头，选择“移动到报表筛选”选项。

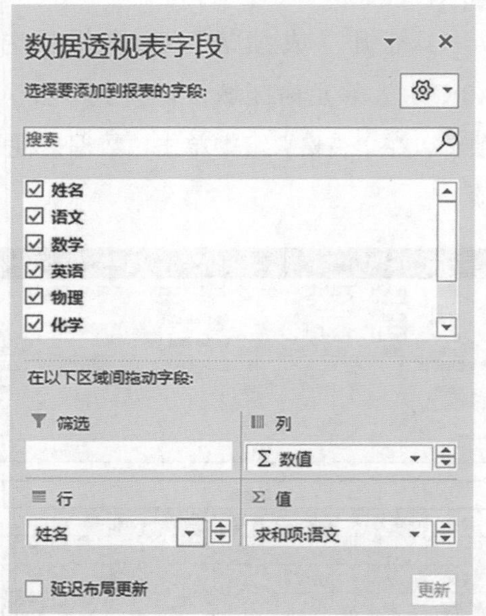

②此时，“姓名”字段被添加到了“筛选”框中，所有“姓名”数据已经被添加到了透视表首行。

③单击透视表中“姓名”下拉按钮，选择需要查看成绩的学生姓名。

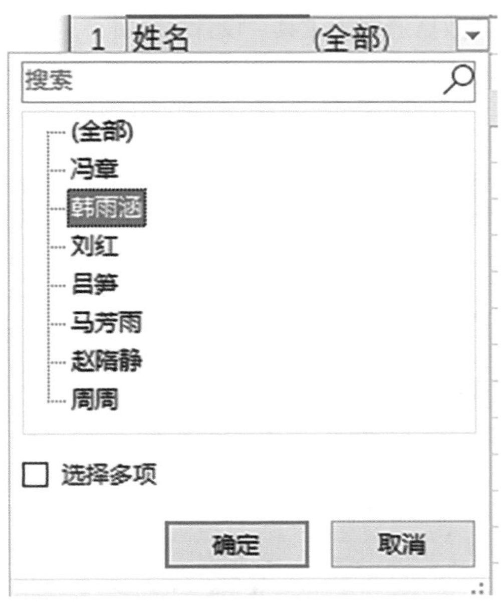

④单击“确定”按钮，即可查看指定学生的成绩。

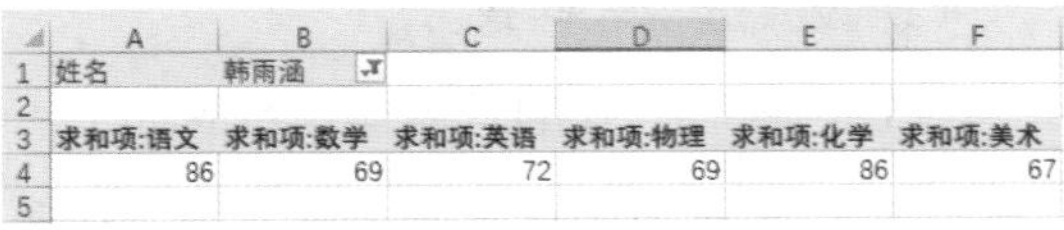

姓名	韩雨涵				
求和项:语文	求和项:数学	求和项:英语	求和项:物理	求和项:化学	求和项:美术
86	69	72	69	86	67

(2) 更改汇总类型。

默认情况下，透视表中的数据会按照求和汇总的方式进行计算，用户也可以更改汇总方式，具体操作步骤如下。

①双击透视表中要更改汇总方式字段的单元格。

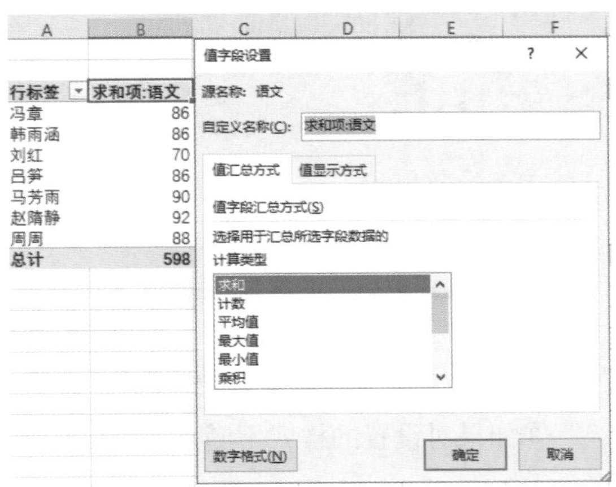

②弹出“值字段设置”对话框，选择“最大值”选项。

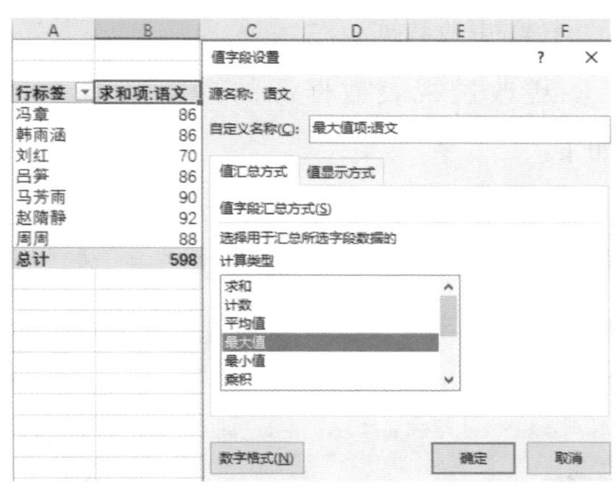

③单击“确定”按钮，可以看到在透视表已经显示“语文”的最大值即最高分。

行标签	最大值项:语文	求和项:数学	求和项:英语	求和项:物理	求和项:化学	求和项:美术
冯章	86	69	72	68	88	60
韩雨涵	86	69	72	69	86	67
刘红	70	80	80	60	90	70
吕笋	86	68	76	67	82	86
马芳雨	90	68	63	94	79	96
赵陏静	92	74	69	96	83	92
周周	88	72	78	69	86	88
总计	92	500	510	523	594	559

(3) 对数据进行排序。

根据“英语”科目的分数对数据进行排序，按分数由高到低的顺序对数据进行排列。

①选中“D4:D10”单元格区域，切换到“开始”选项卡，在“编辑”组中，单击“排序和筛选”按钮，选择“降序”选项。

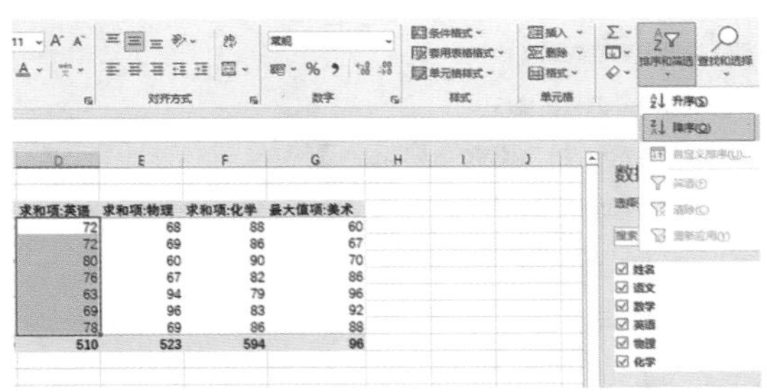

②查看排序效果。

行标签	求和项:语文	求和项:数学	求和项:英语	求和项:物理	求和项:化学	最大值项:美术
刘红	70	80	80	60	90	70
周周	88	72	78	69	86	88
吕笋	86	68	76	67	82	86
韩雨涵	86	69	72	69	86	67
冯章	86	69	72	68	88	60
赵陏静	92	74	69	96	83	92
马芳雨	90	68	63	94	79	96
总计	598	500	510	523	594	96

(4) 更改数据源。

更改透视表数据源的具体操作步骤如下。

①单击透视表中任意一个单元格，切换到“数据透视表工具 – 分析”选项卡，在“数据”组中单击“更改数据源”下拉按钮，选择“更改数据源”选项。

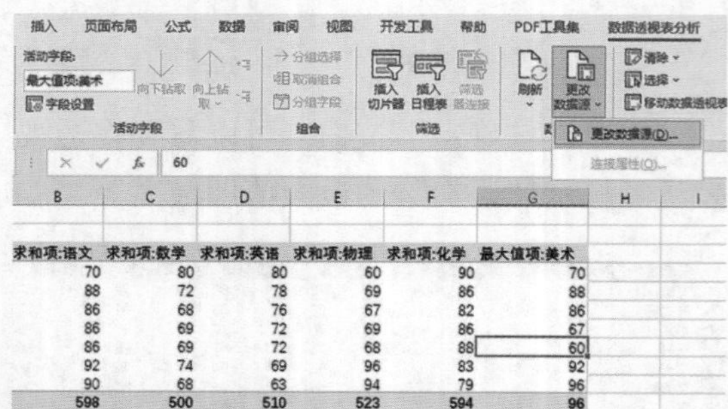

②弹出“更改数据透视表数据源”对话框，单击“表 / 区域”文本框右侧的折叠按钮，选择数据源文件，之后再次单击折叠按钮，最后单击“确定”按钮即可完成更改。

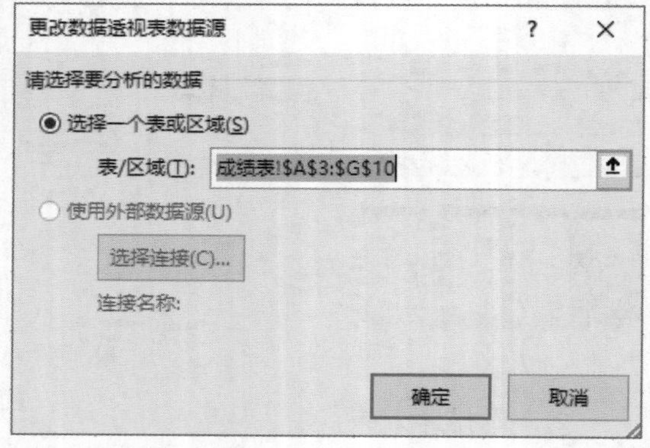

3. 更改透视表样式

用户可为透视表设置 Excel 内置的样式，也可以自定义透视表样式。

(1) 设置透视表布局。

①单击透视表中任意一个单元格，切换到“数据透视表工具 – 设计”选项卡，在“布局”组中单击“报表布局”下拉按钮，在下拉列表中选择“以大纲形式显示”按钮。

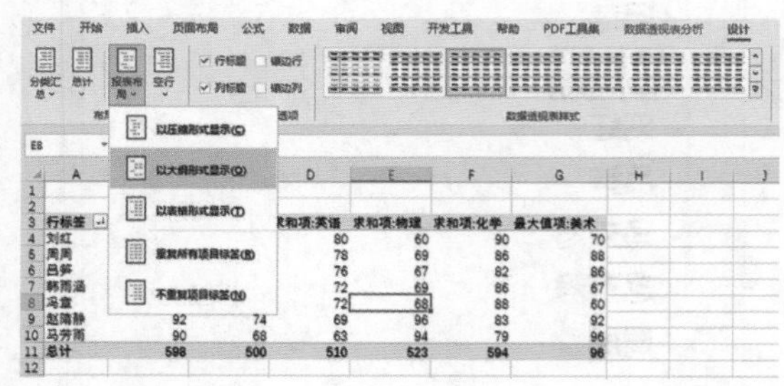

②查看效果。

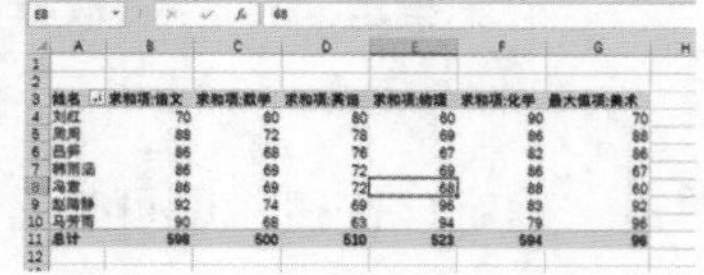

(2) 设置透视表样式。

设置透视表样式的具体操作步骤如下。

①单击透视表中任意一个单元格，切换到“数据透视表工具 – 设计”选项卡，在“数据透视表样式”组中单击样式框中的下拉按钮，在下拉列表中选择合适的样式。

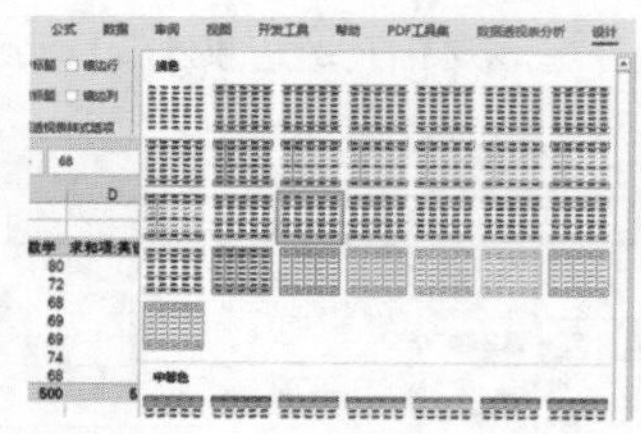

②查看效果。

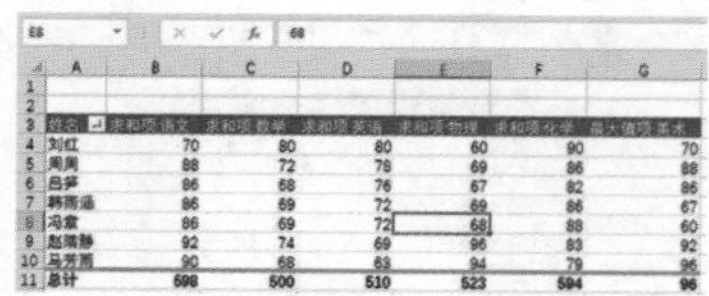

③如果对设置的样式不满意，可以在下拉列表中单击“清除”按钮，即可清除透视表的样式。

Word Excel PPT 办公应用实操大全

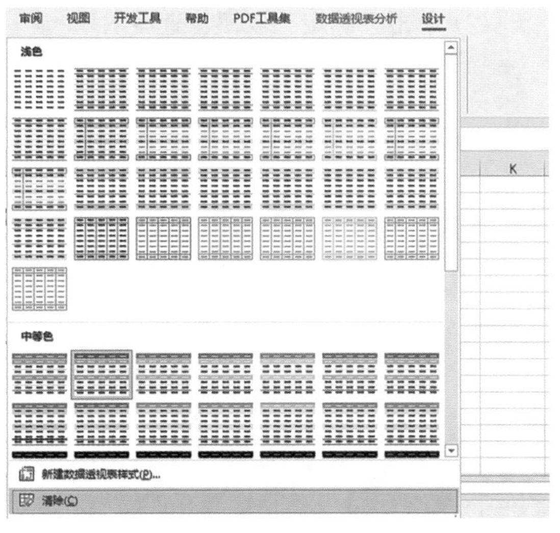

4. 创建透视图

透视图是用合适的图表和多种颜色来展现数据，是数据表现形式的一种。

(1) 切换到“成绩表”工作表，单击“成绩表”中任意一个单元格，切换到“插入”选项卡，在“图表”组中，单击“数据透视图”下拉按钮，选择“数据透视图”选项。

成绩表						
姓名	语文	数学	英语	物理	化学	美术
刘红	70	80	80	60	90	70
冯鑫	86	69	72	68	88	60
韩雨涵	86	69	72	69	86	67
马芳雨	90	68	63	94	79	96
赵靖静	92	74	69	96	83	92
吕笋	86	68	76	67	82	86
周周	88	72	78	69	86	88

(2) 弹出“创建数据透视图”对话框，选中“成绩表”中所有数据，勾选“新工作表”选项。

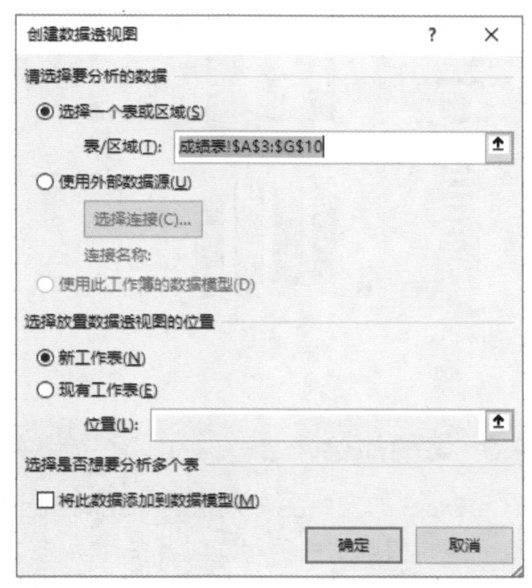

(3) 单击“确定”按钮，将新工作表重命名并将其移动到合适的位置。

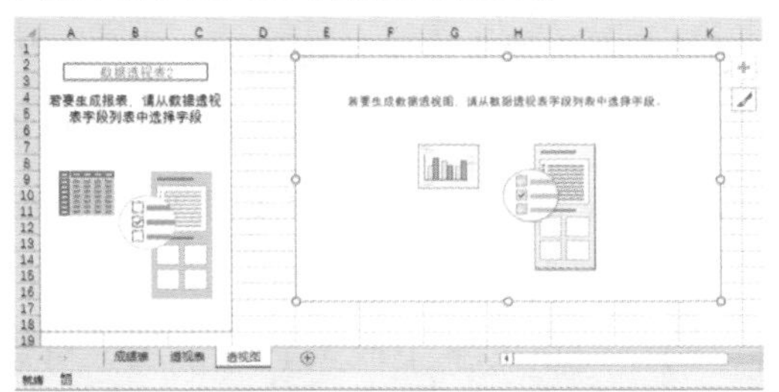

(4) 在“数据透视图字段”窗格中，勾选要在透视图显示的透视图字段，并调整透视图的位置。

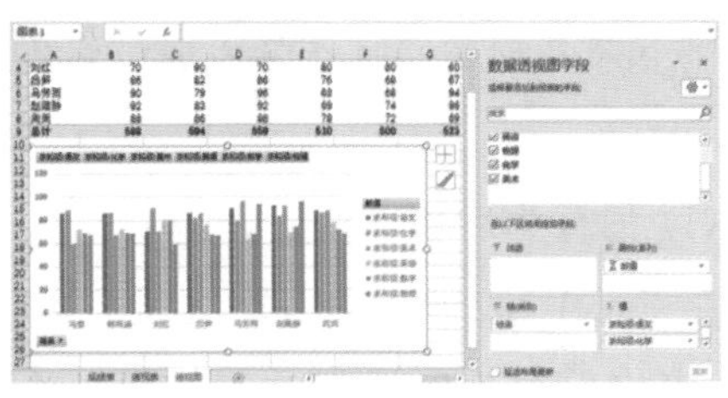

5. 筛选透视图数据

筛选透视图数据的具体操作步骤如下。

(1) 单击“姓名”下拉按钮，选择筛选的条件。

(2) 单击“确定”按钮，查看效果。

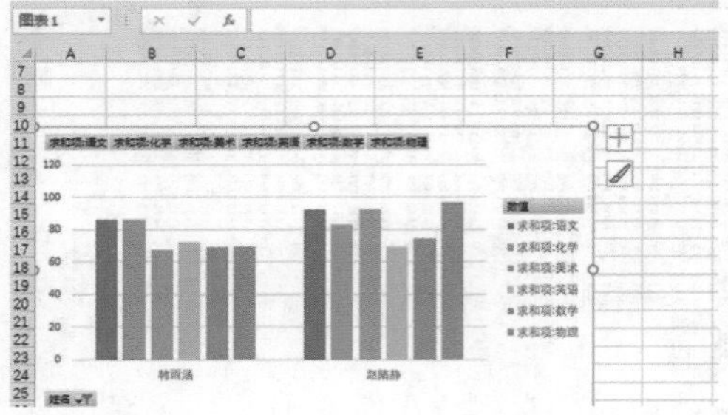

8.3 宏的简单介绍

Excel 的宏是由一系列的 Visual Basic 语言代码构成的，用户在制作表格的过程中可能会经常使用到一种功能或者多种功能，而一直重复这些操作的话会非常烦琐。这时可以利用宏的录制来简化这些步骤，从而提高工作效率。宏的录制是将经常用到的多步操作生成内部相应的代码后组成一个整体。

Word Excel PPT 办公应用实操大全

✦ 8.3.1 制作学生成绩管理系统

“学生成绩管理”表包含了学生的姓名以及各科成绩，在此表的基础上使用 Excel 的公式与函数功能以及 Visual Basic 编辑器可以制作简单的学生成绩管理系统，有助于更好地分析各个学生的成绩和每门学科的成绩。

1. 制作学生成绩管理系统的界面

接下来介绍如何制作学生成绩管理系统的界面。

(1) 另存为启用宏的工作簿。

在 Excel 2021 中使用宏之前，需要将 Excel 表格保存为启用宏的工作簿，否则无法运行宏，具体操作步骤如下。

①打开“学生成绩管理”表的原始文件，单击“文件”选项卡，在打开的界面中单击“另存为”按钮，然后在“另存为”界面中单击“这台电脑”按钮，再选择“浏览”按钮。

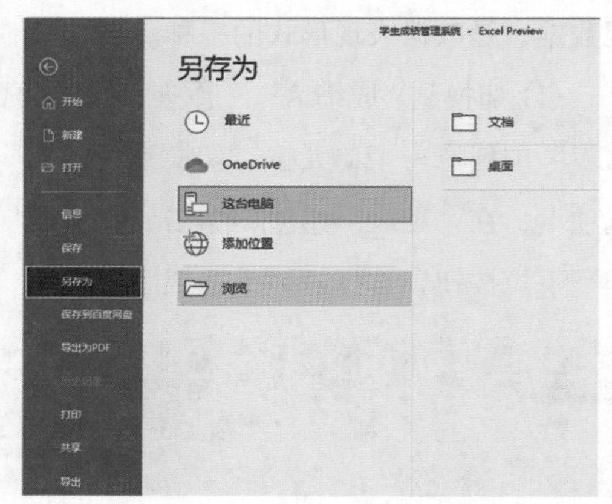

②弹出“另存为”对话框，选择完保存位置后，单击“保存类型”下拉按钮，在下拉列表中选择“Excel启用宏的工作簿”选项，单击“保存”按钮。

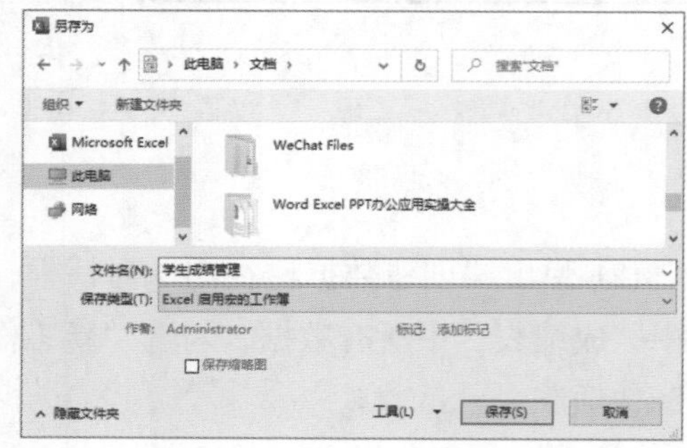

③返回 Excel 工作界面，此时工作簿已经被保存为启用宏的工作簿。

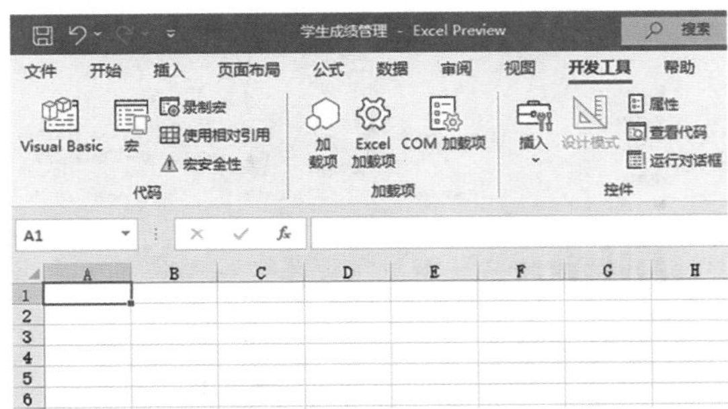

注意：打开 Excel 2021，会发现上方选项卡内没有“开发工具”，这时需要我们自己添加，具体步骤与在 Word 2021 中添加“开发工具”选项卡一致。

(2) 美化系统界面。

①将“Sheet1”工作表重命名为“学生成绩管理”。

②切换到“页面布局”选项卡，在“页面设置”组中单击“背景”按钮。

③弹出“插入图片”对话框，选择插入图片的路径，为工作表设置图片背景。

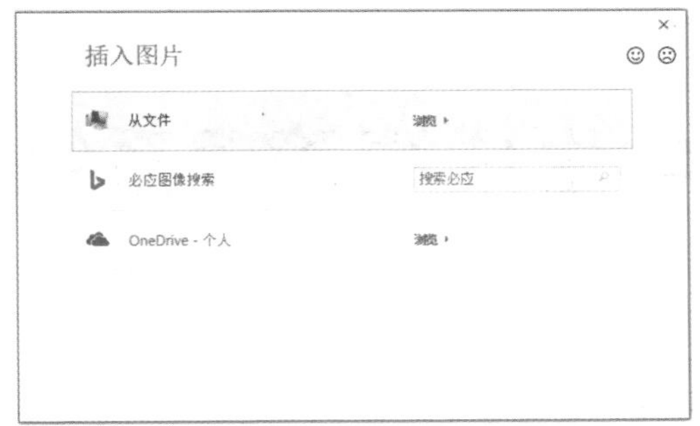

④返回 Excel 表格工作界面，查看设置的图片背景效果。

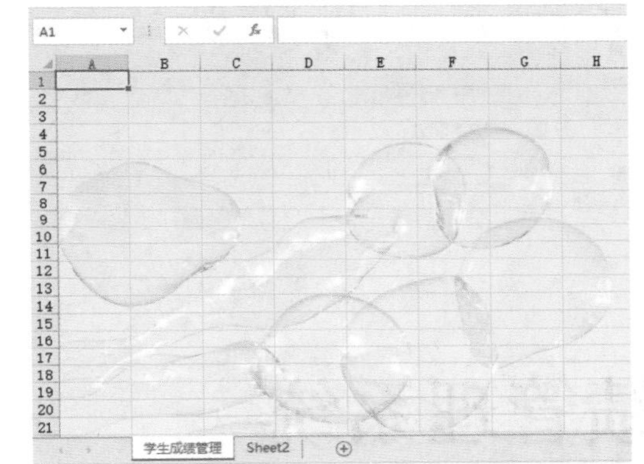

⑤切换到“插入”选项卡，在“文本”组中单击“艺术字”下拉按钮。

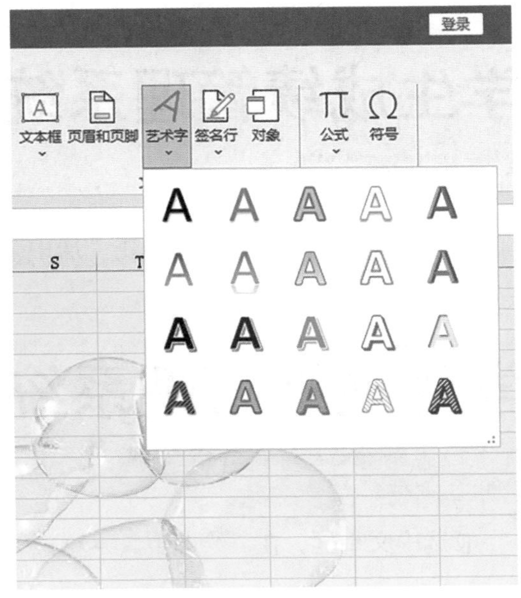

⑥弹出艺术字文本框，在文本框中输入“学生成绩管理系统”。

⑦切换到“插入”选项卡，在“文本”组中找到并单击“绘制横排文本框”按钮。

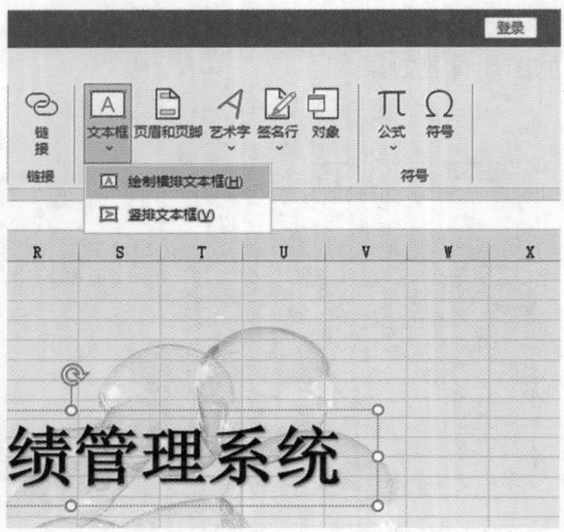

⑧在表格中绘制文本框后，在其中输入“Students' score management system”。

⑨选中文本框中的文本，单击“居中”按钮，并调整字体的大小。

⑩选中文本框，在“绘图工具－格式”选项卡下，单击“形状样式”组中的“形状填充”下拉按钮，在下拉列表中选择“无填充”选项。

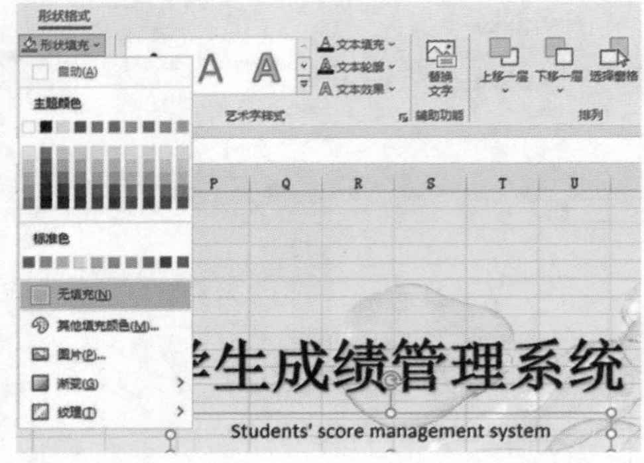

⑪继续选中文本框，在“形状样式”组中单击“形状轮廓”下拉按钮，在下拉列表中选择“无轮廓”选项。

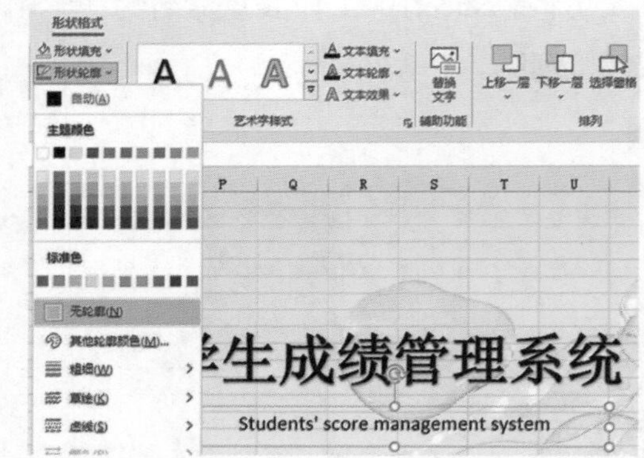

⑫查看设置效果。

2. 录制宏

录制宏是创建宏最常用的方法，具体操作步骤如下。

(1) 录制宏。

①将“Sheet2”工作表重命名为“成绩表”。

	A	B	C	D
1	成绩表			
2	姓名	语文	数学	美术
3	赵星	98	78	88
4	安大爱	78	69	68
5	杜伟	87	78	79
6	周伟	79	68	68
7				
8				
9				

学生成绩管理 成绩表

②在“成绩表”工作表中，切换到“开发工具”选项卡，在“代码”组中单击“录制宏”按钮。

学生成绩管理 - Excel Preview

文件 开始 插入 页面布局 公式 数据 审阅 视图 开发工具 帮助

Visual Basic 宏 录制宏 使用相对引用 宏安全性 代码 加载项 Excel加载项 COM加载项 加载项 插入 设计模式 属性 查看代码 运行对话框 控件

A1 成绩表

	A	B	C	D
1	成绩表			
2	姓名	语文	数学	美术
3	赵星	98	78	88
4	安大爱	78	69	68
5	杜伟	87	78	79
6	周伟	79	68	68

③弹出“录制宏”对话框，在“宏名”文本框中输入宏的名字(这里保持默认名字)，并设置宏的快捷键，然后单击“确定”按钮。

录制宏

宏名(M):

宏1

快捷键(K):

Ctrl+ t

保存在(I):

当前工作簿

说明(D):

确定 取消

④选中“B7”单元格，切换到“开始”选项卡，单击“编辑”组中的“自动求和”下拉按钮，在下拉列表中选择“平均值”选项。

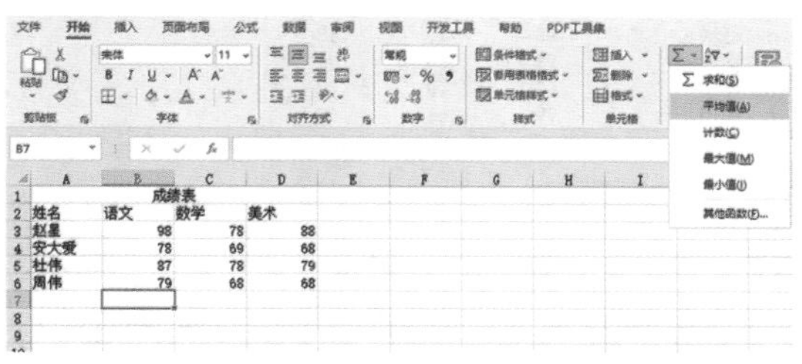

⑤此时，“B7”单元格会自动显示求平均值公式，公式的参数区域为“B3:B6”单元格区域。

SUM =AVERAGE(B3:B6)

	A	B	C	D
1	成绩表			
2	姓名	语文	数学	美术
3	赵星	98	78	88
4	安大爱	78	69	68
5	杜伟	87	78	79
6	周伟	79	68	68
7		=AVERAGE(B3:B6)		
8		AVERAGE(**number1**, [number2], ...)		

⑥按下“Enter”键，将求得“语文”成绩的平均分。

	A	B	C	D
1	成绩表			
2	姓名	语文	数学	美术
3	赵星	98	78	88
4	安大爱	78	69	68
5	杜伟	87	78	79
6	周伟	79	68	68
7		85.5		
8				

⑦到此，宏的录制完毕。切换到“开发工具”选项卡，在“代码”组中单击“停止录制”按钮。

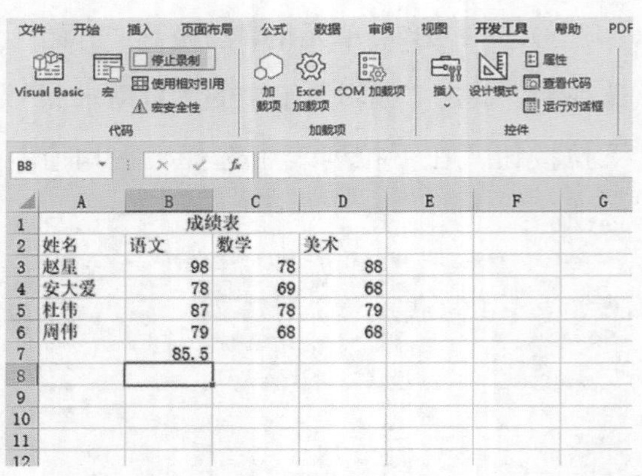

⑧单击“停止录制”按钮后，再单击“保存”按钮即可。

(2) 设置宏的安全性。

宏的安全性的设置步骤如下。

①切换到“开发工具”选项卡，在“代码”组中单击“宏安全性”按钮。

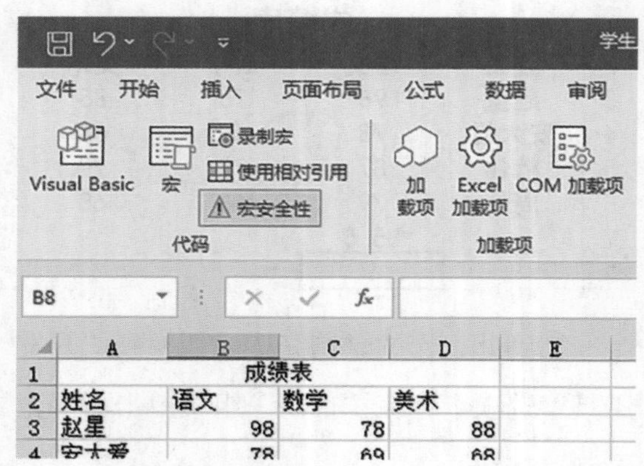

②弹出“信任中心”对话框，单击对话框左侧中的“宏设置”选项，在右侧“宏设置”界面中单击“启用所有宏”按钮，最后单击“确定”按钮。

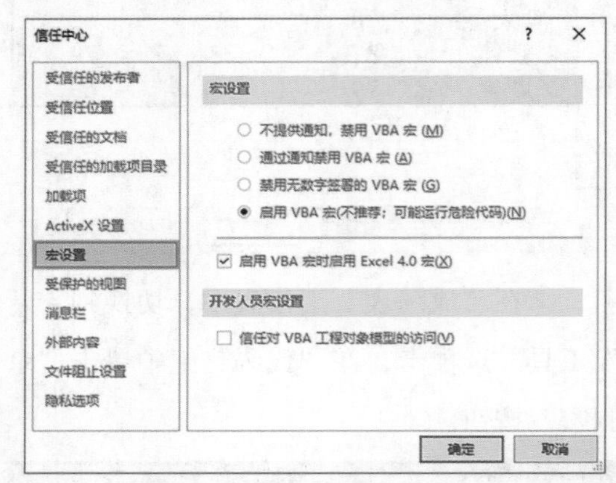

3. 查看和执行宏

完成宏的录制后，用户可以继续查看或者修改宏，对宏的内容查看完毕后就可以执行宏，具体操作步骤如下。

(1) 切换到“开发工具”选项卡，单击“代码”组中的“宏”按钮。

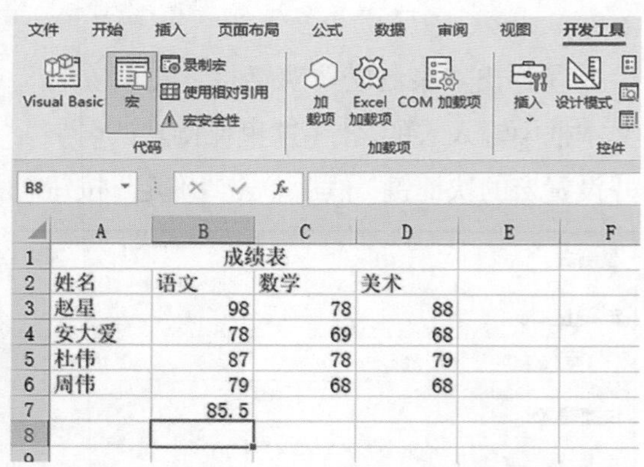

(2) 弹出“宏”对话框，如果需要将设置的宏删除，选中宏的名称之后，再单击“删除”按钮即可完成删除。例如，要删除“宏1”，先选中“宏1”，再单击“删除”按钮，即可将“宏1”删除。

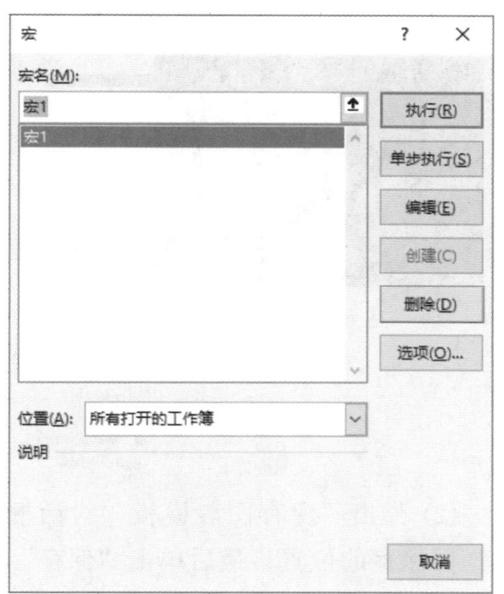

(3) 如果需要对设置的宏进行编辑的话，选中宏名之后单击“编辑”按钮即可。例如，要对“宏 1”进行编辑，先选中“宏 1”，再单击“编辑”按钮。

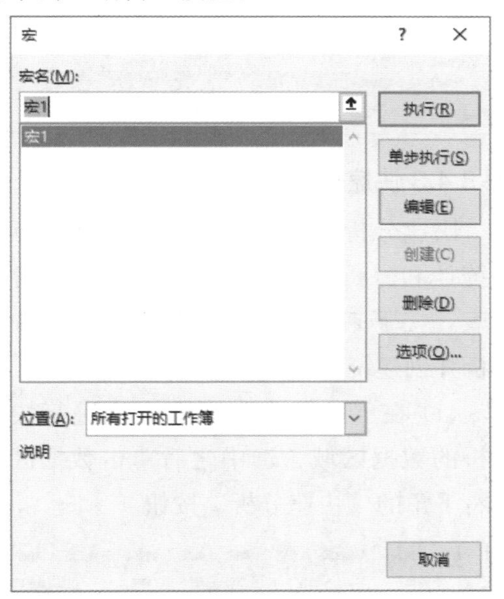

(4) 之后会弹出“宏 1”的代码窗口。

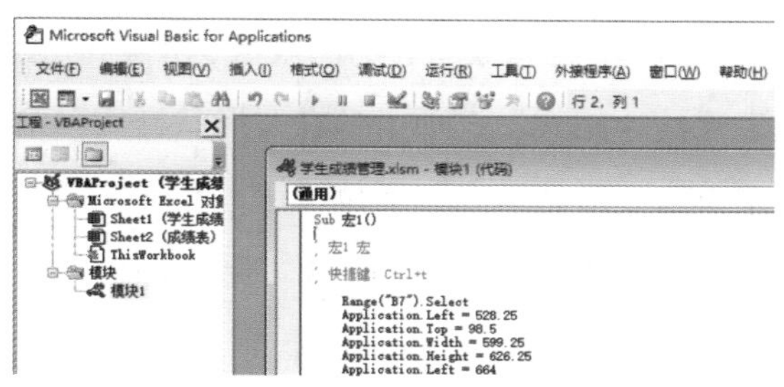

(5) 选中“C7”单元格，在“宏”对话框中，选中“宏 1”，单击“执行”按钮。

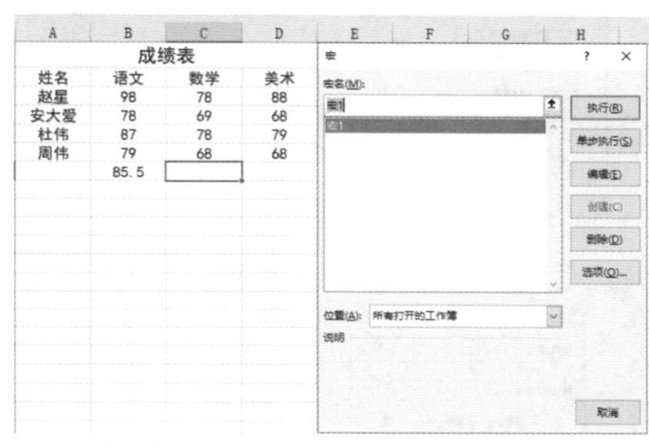

(6) 在表格中，可以看到“C7”单元格中已经自动求得并输入了“数学”成绩的平均分。

	A	B	C	D
1	成绩表			
2	姓名	语文	数学	美术
3	赵星	98	78	88
4	安大爱	78	69	68
5	杜伟	87	78	79
6	周伟	79	68	68
7		85.5	73.25	
8				

8.4　制作图表小窍门

✦ 8.4.1 在图表中添加图片

除了颜色填充、渐变填充和纹理填充之外，还可以为图表设置图片填充，具体操作步骤如下。

1. 为图表区设置图片填充

(1) 单击插入图表的图表区，切换到“图表工具 – 格式”选项卡，在“形状样式”组中单击“形状填充”下拉按钮，在下拉列表中选择“图片”选项，弹出“插入图片”对话框。

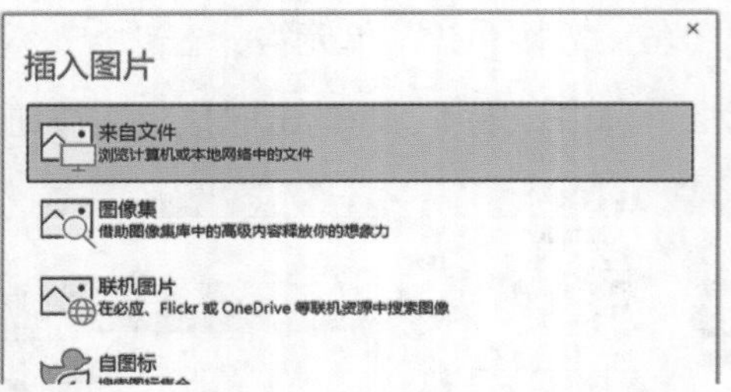

(2) 选择要插入图片的路径，选择好图片之后，单击“插入”按钮即可插入图片。

2. 为绘图区设置图片填充

为绘图区设置图片填充的方法与为图表区设置图片填充的方法一样。单击插入图表的绘图区，单击“形状样式”组中的“形状填充”下拉按钮，在下拉列表中选择“图片”选项，选择好图片之后单击“插入”按钮即可。

✦ 8.4.2 将图表保存为模板

(1) 制作完成图表之后，在图表上单击鼠标右键，在弹出的快捷菜单中选择“另存为模板”选项。

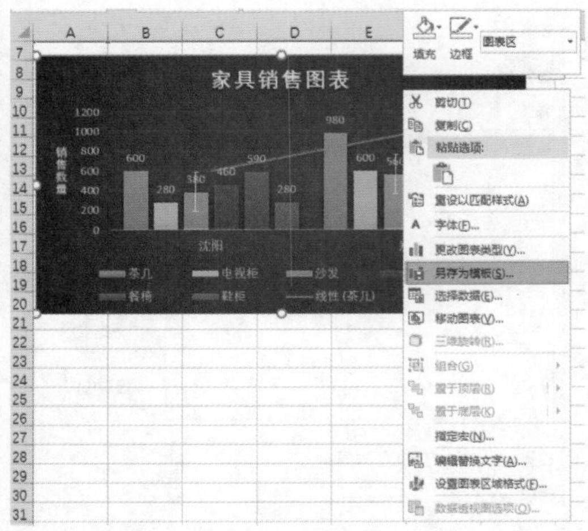

(2) 弹出“保存图表模板”对话框，选择要保存的位置，最后单击“保存”按钮即可。

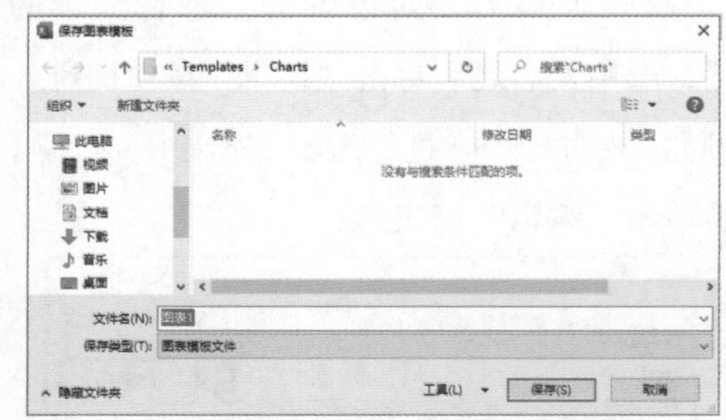

✦ 8.4.3 快速分析图表

快速分析可以帮助用户快速地进行数据统计和分析工作，并将数据转换成各种图表。接下来以“成绩表”为例介绍快速分析并创建统计图表。

(1) 在“成绩表”中选中要进行快速分析的数据区域，选中之后单击数据区域的右下角的“快速分析”按钮。

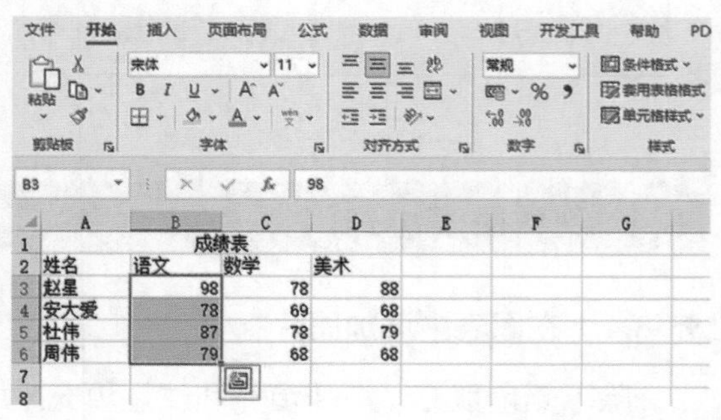

（2）弹出“快速分析”快捷菜单，切换到“格式化”选项卡，单击“色阶”选项。

（3）利用此方法可以快速地为选中的单元格区域添加色阶。

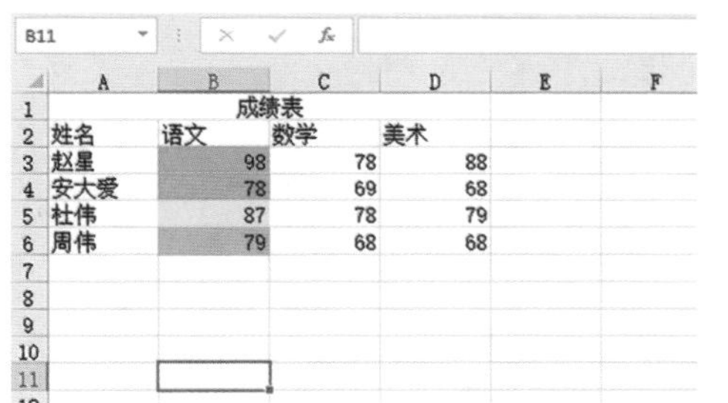

（4）选中“数学”成绩列，打开“快速分析”快捷菜单，切换到“汇总”选项卡，单击“平均值”按钮。

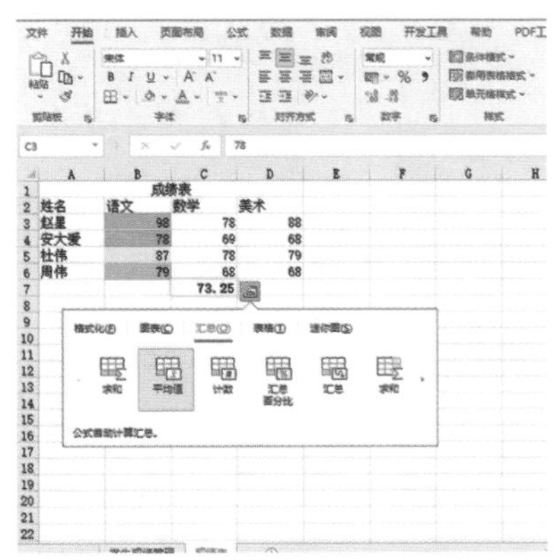

（5）此时，“C7”单元格中自动输入了“数学”成绩列的平均值。

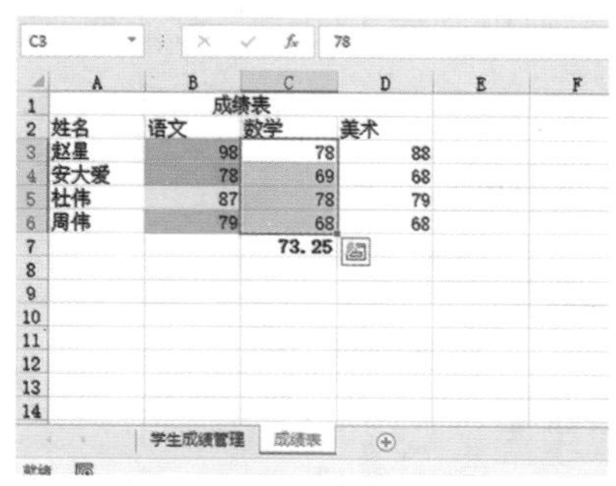

（6）除了为表格数据添加色阶和计算平均值之外，利用快速分析功能还可以为表格数据添加图表、表格和迷你图分析等，如下图所示。

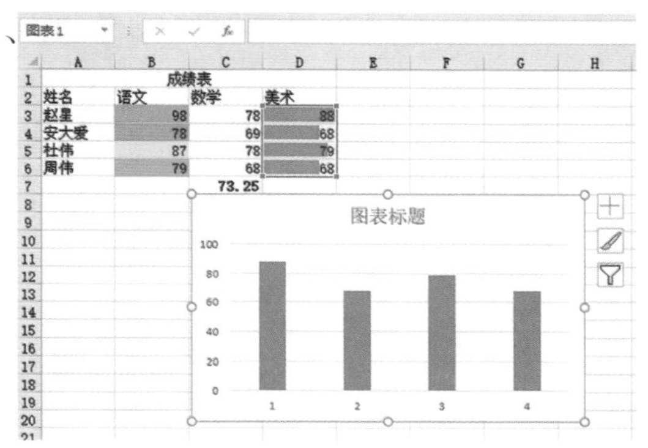

✦ 8.4.4 使用推荐图表

Excel 2021 中的“推荐的图表”功能可以根据表格中的数据内容帮助用户创建合适的图表，具体操作步骤如下。

（1）打开表格文件后，选中表格区域，切换到“插入”选项卡，单击“图表”组中的“推荐的图表”按钮。

(2) 弹出“插入图表”对话框，在“推荐的图表”选项中选择合适的图表，单击“确定”按钮即可。

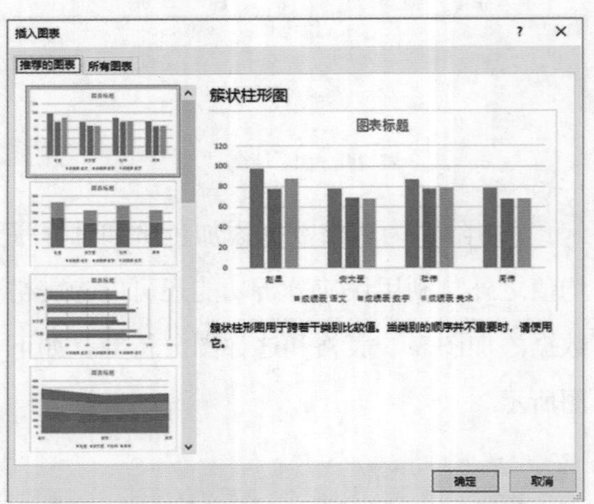

(3) 查看图表效果。

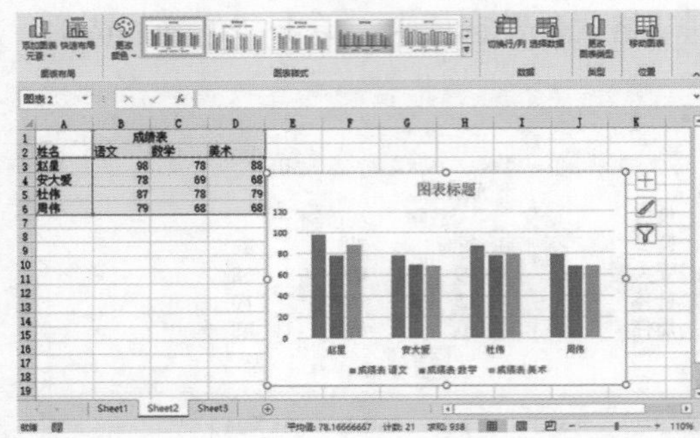

第三部分

PPT 应用

第九章　幻灯片的基本操作

概述

PowerPoint主要用于演示文稿的制作，制作演示文稿实际上是对多张幻灯片进行编辑后再将它们组织到一起。利用PowerPoint能够制作集图片、声音和视频等多媒体元素于一身的演示文稿。

9.1 制作企业宣传演示文稿

PowerPoint 简称 PPT，正在成为人们办公和生活的重要组成部分，在企业宣传、教育培训、会议报告等领域占据着越来越重要的地位。本节将介绍 PPT 的一些基本操作。

✦ 9.1.1 演示文稿的基本操作

在制作企业宣传演示文稿之前，先通过简单的例子了解、掌握演示文稿的基本操作，主要包括演示文稿的创建和保存。

1. 创建演示文稿

(1) 启动 PowerPoint 2021，进入 PowerPoint 创建界面，在右侧界面中单击“空白演示文稿”选项。

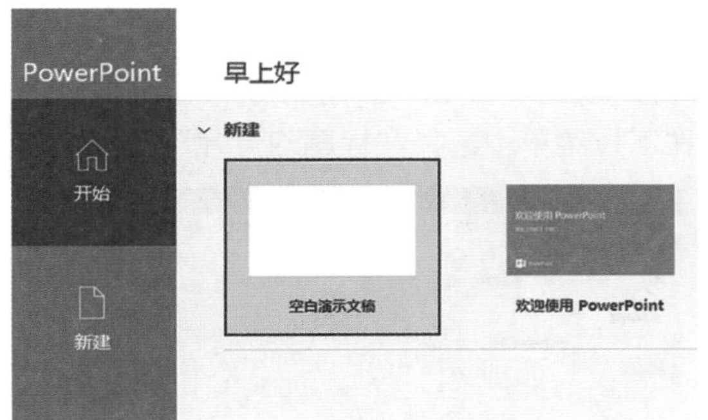

(2) 进入 PPT 的编辑界面，查看新建的空白演示文稿。

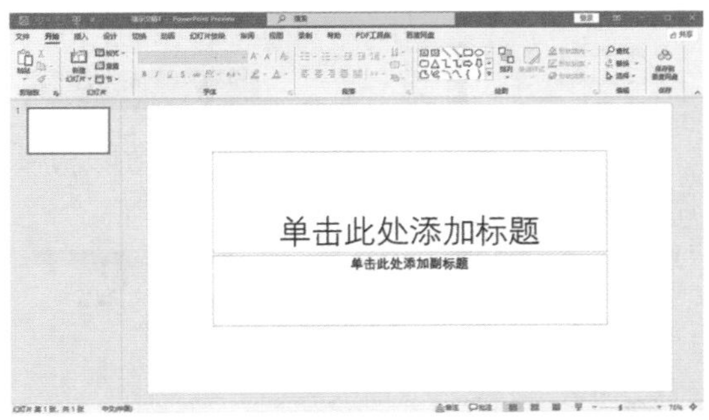

如果已经启动了 PowerPoint 2021，可以单击“文件”选项卡，在弹出的界面左侧选择“新建”选项，单击右侧“新建”界面中的“空白演示文稿”选项，即可创建一个空白演示文稿。

2. 保存演示文稿

(1) 单击“快速访问工具栏”中的“保存”按钮。

(2) 进入“另存为”界面，选择“这台电脑”选项，然后单击“浏览”按钮。

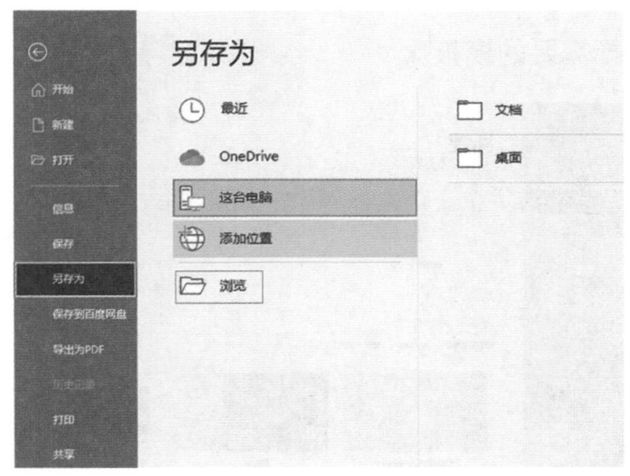

(3) 弹出“另存为”对话框，选择合适的位置保存文件，设置“文件名”为“演示文稿 1”，单击“保存”按钮。

(4) 返回 PPT 的编辑界面，此时演示文稿被保存为标题为“演示文稿 1”的文件。

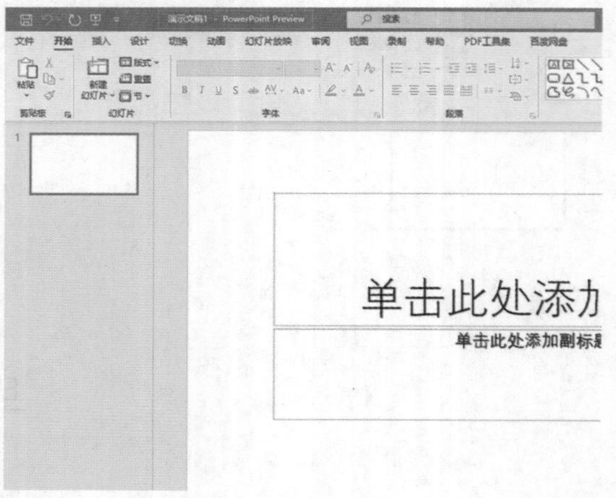

3. 使用 PPT 模板

(1) 单击“文件”选项卡，在打开的界面中选择“新建”选项，在右侧的界面中选择需要的模板。

(2) 下载模板，查看幻灯片模板。

✦ 9.1.2 幻灯片的基本操作

幻灯片的基本操作包括新建、删除、编辑、移动等。

1. 新建和删除幻灯片

(1) 在幻灯片窗口中，选中要在其后插入的幻灯片，切换到“插入”选项卡，在“幻灯片”组中，单击“新建幻灯片”下拉按钮，在下拉菜单中选择“标题幻灯片”选项。

(2) 此时幻灯片中插入了一张新的幻灯片，并且样式与模板样式一致。

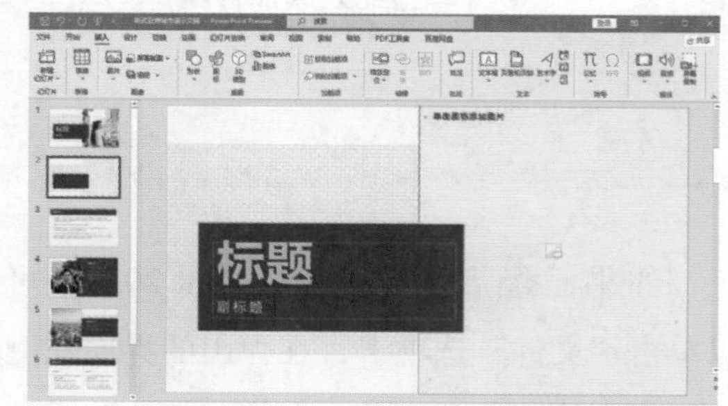

(3) 鼠标右键单击要删除的幻灯片，在弹出的快捷菜单中，选择“删除幻灯片”选项，即可删除该幻灯片。

(4) 查看效果。

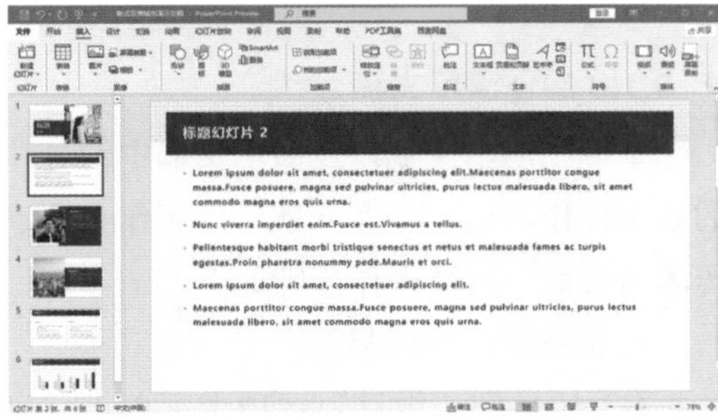

2. 编辑幻灯片

(1) 单击“单击此处添加标题”文本框，输入“电子产品”。

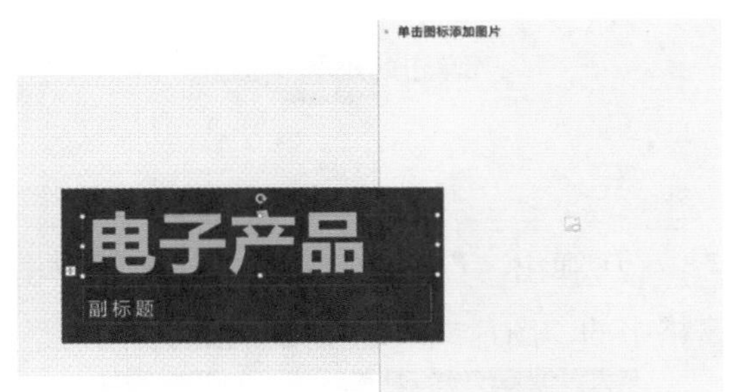

(2) 单击下方的文本框，在文本框中输入文本。

3. 移动和复制幻灯片

(1) 选中要移动的幻灯片，按住鼠标左键不放，拖动幻灯片的位置。

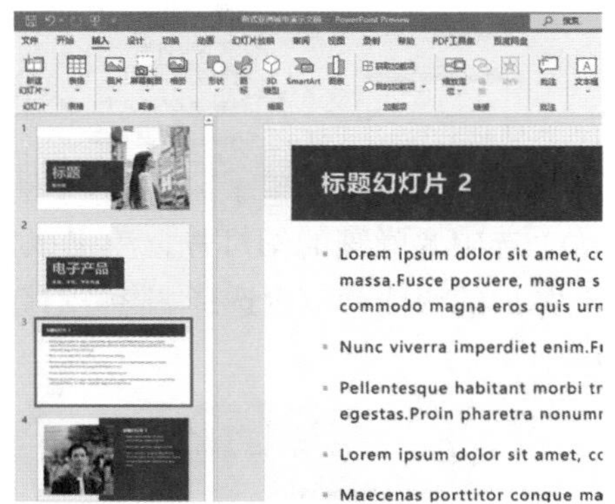

(2) 拖动到合适的位置后，松开鼠标，即可完成幻灯片的移动。

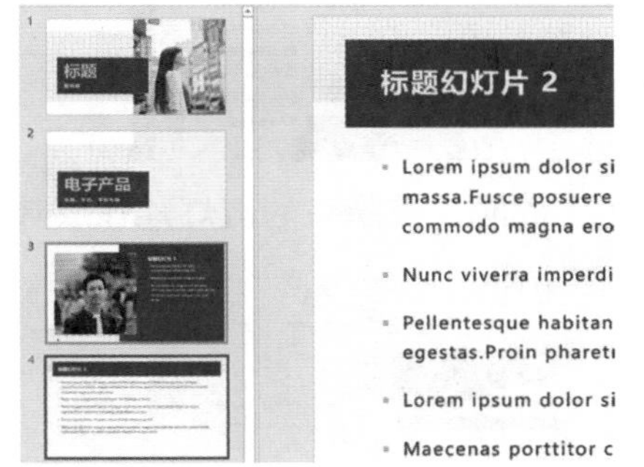

(3) 在需要复制的幻灯片上单击鼠标右键，在弹出的快捷菜单中选择“复制幻灯片”选项。

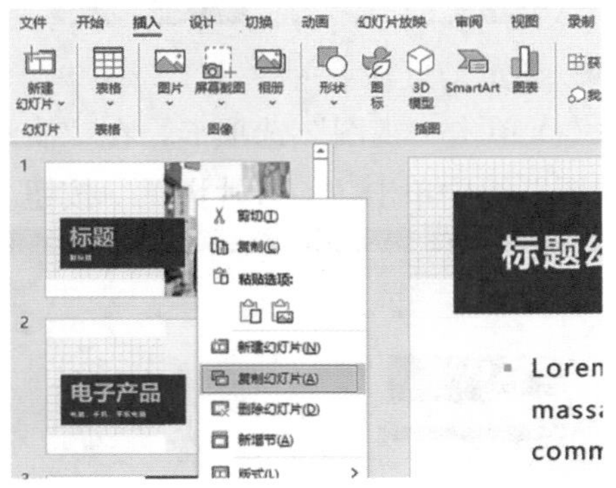

(4) 查看复制的幻灯片。

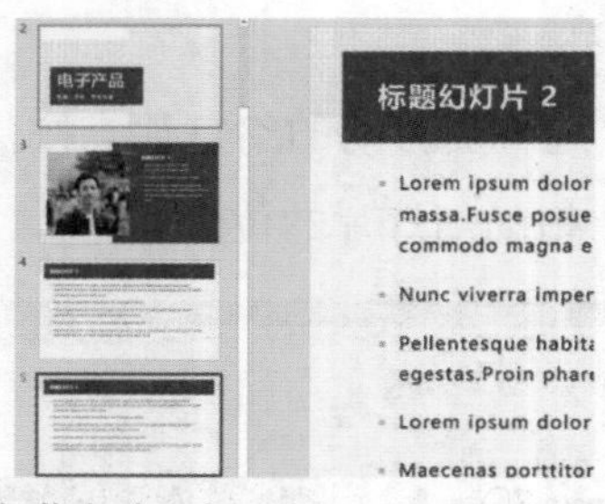

4. 隐藏幻灯片

(1) 选中要隐藏的幻灯片，单击鼠标右键，在弹出的快捷菜单中选择“隐藏幻灯片”选项。

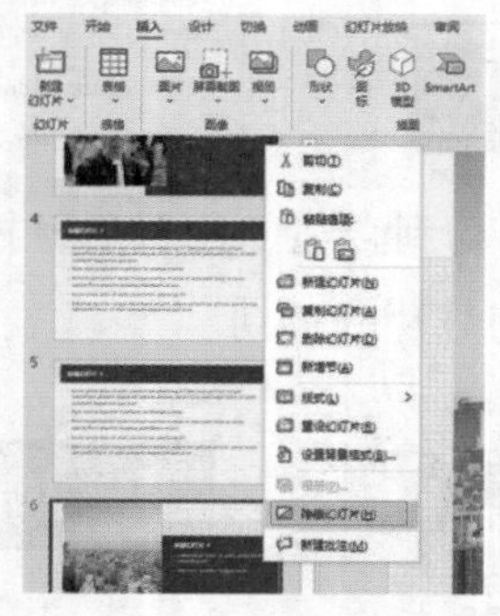

(2) 此时，被隐藏的幻灯片在放映时不会显示出来。

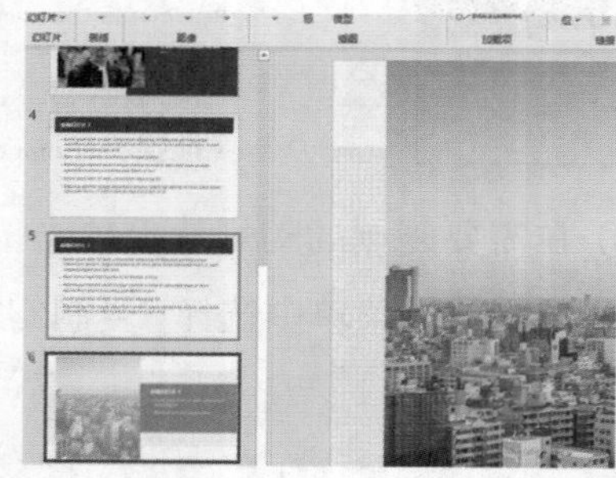

5. 浏览幻灯片

(1) 单击“视图”选项卡，在“演示文稿视图”组中单击“幻灯片浏览”按钮。

(2) 此时切换到幻灯片界面，可以看到幻灯片的缩略图。

✦ 9.1.3 制作演示文稿

掌握了演示文稿以及演示文稿中幻灯片的基本操作之后，接下来就可以制作企业宣传演示文稿，具体操作步骤如下。

1. 制作演示文稿封面

(1) 切换到“设计”选项卡，单击“自定义”组中的“设置背景格式”按钮。

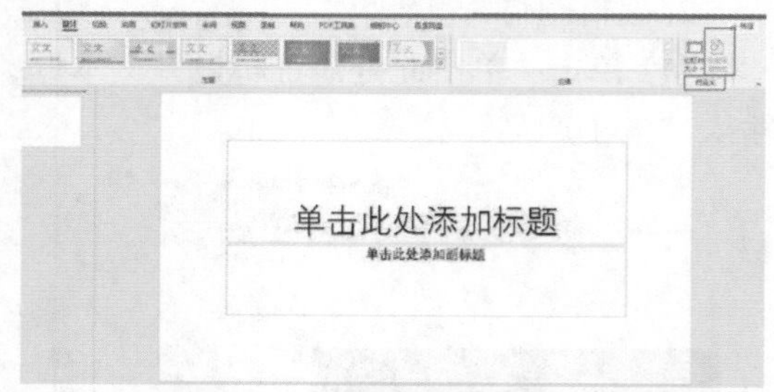

(2) 弹出“设置背景格式”窗格，单击窗格中的“图片或纹理填充”按钮。

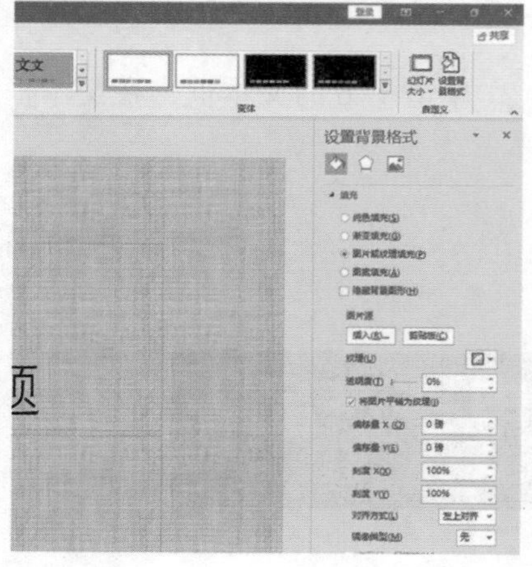

(3) 单击图片源下方的“插入”按钮。弹出“插入图片”对话框，单击“来自文件”按钮。

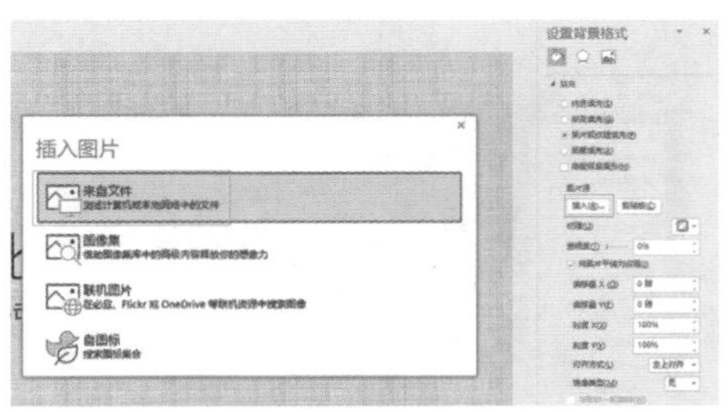

(4) 在文件夹中选中需要插入的背景图片，单击“插入”按钮。

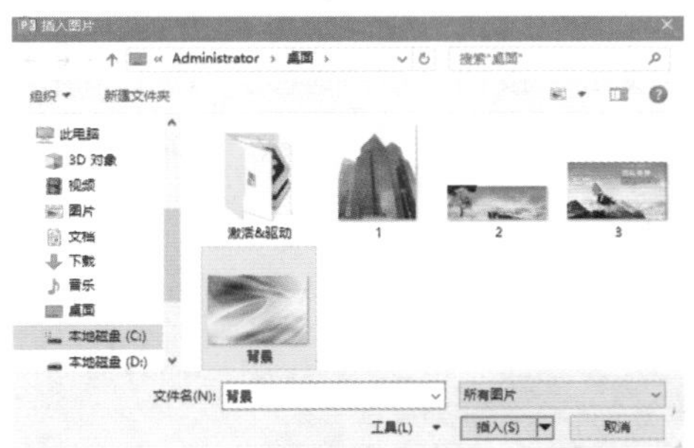

(5) 返回 PPT 的编辑界面，查看效果。

(6) 在标题文本框中输入“旭日农业”，选中标题文本，切换到“开始”选项卡，在“字体”组中将“字体”设置为“黑体”，“字号”设置为“96”，“字体颜色”设置为“红色”并加粗显示。

(7) 选中副标题文本框，按下“Delete”键，删除副标题文本。

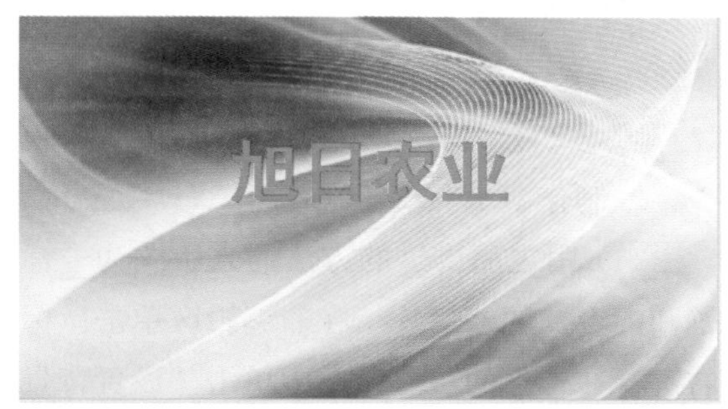

(8) 选中标题文本框，按住鼠标左键，拖动文本框至合适位置，松开鼠标，即可将标题文本移动到合适的位置。

(9) 选中标题文本，单击鼠标右键，在弹出的快捷菜单中选择“设置文字效果格式”选项。

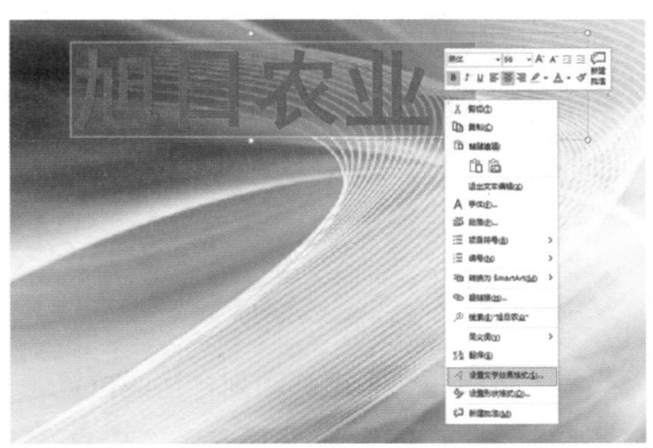

(10) 此时 PPT 的编辑界面的右侧弹出“设置形状格式”窗格，单击“文字效果”按钮，在下栏中设置标题文本的效果。

第三部分 PPT 应用

2. 制作演示文稿正文

(1) 用之前讲过的方法插入版式为“标题和内容”的幻灯片。在非编辑区单击鼠标右键，在弹出的快捷菜单中单击“设置背景格式”选项，弹出“设置背景格式”窗格，为新建的幻灯片设置相同的背景。

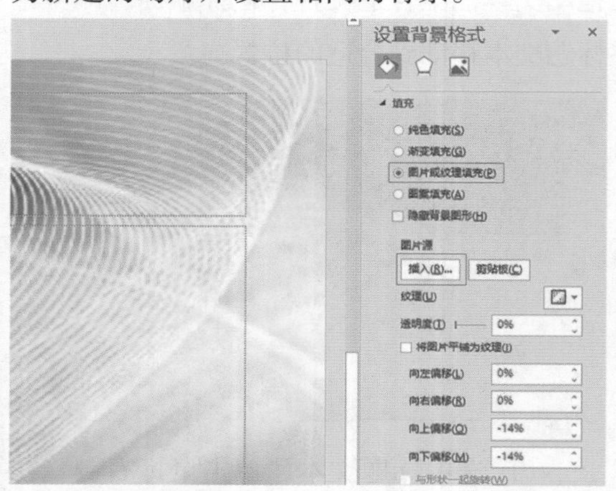

(2) 在标题文本框中输入标题文本，并对文本的字体、字号、颜色进行设置。

(3) 将标题文本框移动到合适的位置。

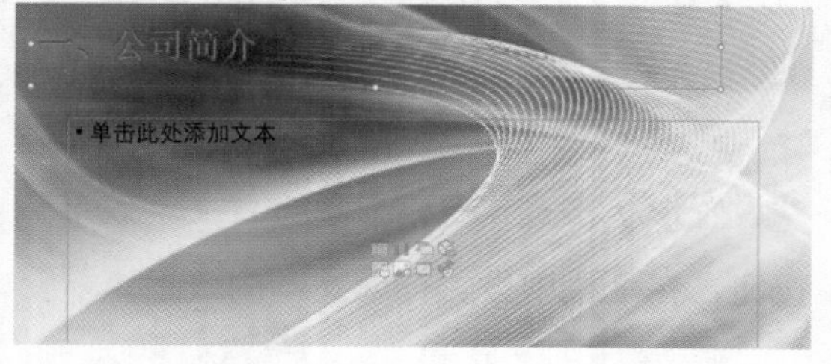

(4) 选中标题文本框，单击鼠标右键，在弹出的快捷菜单中选择“设置形状格式”选项。

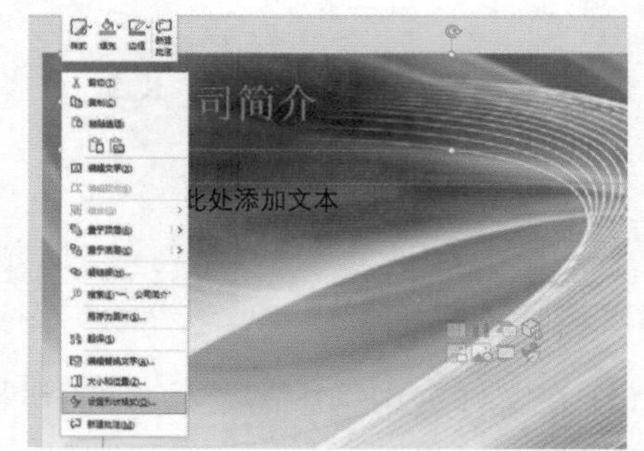

(5) 弹出“设置形状格式”窗格，单击“填充与线条”按钮，在“填充”栏下单击“渐变填充”按钮，接着设置关于渐变填充的相关项目。

(6) 在内容文本框中输入内容文本，并设置内容文本的字体、颜色、字号等。

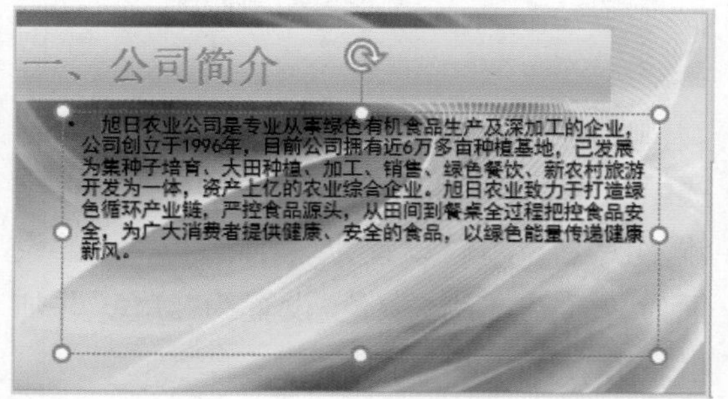

(7) 为了方便幻灯片排版，调整内容文本框的大小以及位置。将光标放在文本框左侧的控制点上，当光标变为双向箭头时，按住鼠标左键，拖动控制点将文本框调整至合适的大小。

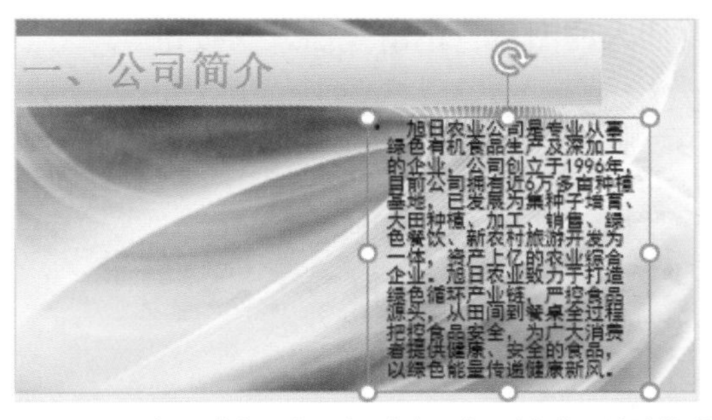

(8) 在“插入”选项卡下，单击“图像”组中的“图片”按钮。

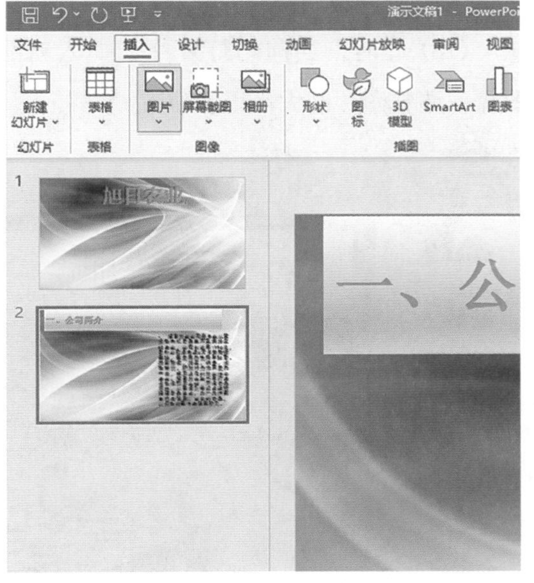

(9) 弹出“插入图片”对话框，选中要插入的图片，再单击“插入”按钮，即可完成图片的插入操作。

(10) 选中插入的图片，当光标变为十字形时，按住鼠标左键，将图片拖动到合适的位置，松开鼠标，完成图片的移动。

(11) 将光标放在图片的控制点上，使用鼠标拖动控制点调整图片的大小。

(12) 复制第二张幻灯片。

(13) 在第三张幻灯片中，更改文本框中的内容。

(14) 在左侧幻灯片预览视图中，右击第三张幻灯片，在弹出的快捷菜单中单击“复制”按钮。

第三部分 PPT 应用

(15) 在幻灯片预览视图中的第三张幻灯片下方单击鼠标右键，在弹出的快捷菜单中选择“保留源格式”粘贴选项。

(16) 在第四张幻灯片中，在图片上单击鼠标右键，在弹出的快捷菜单中选择“更改图片”选项，在弹出的子菜单中选择“来自文件”选项。

(17) 弹出“插入图片”对话框，选中要插入的图片，单击“插入”按钮。

(18) 此时，当前幻灯片中会插入新的图片，调整图片的大小以及位置。

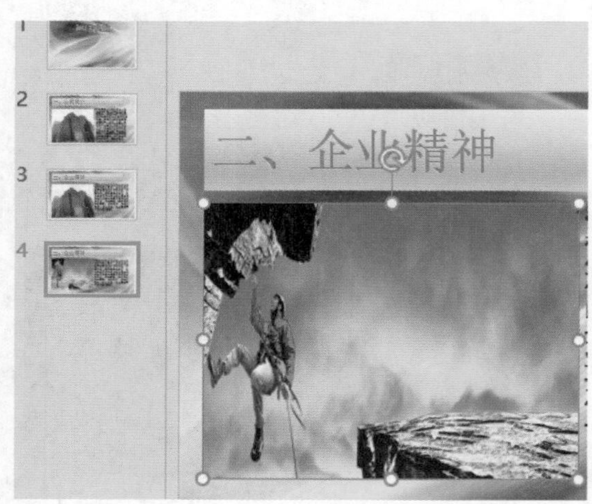

(19) 更改第四张幻灯片的文本内容，并调整文本框的大小以及位置。

(20) 按照上述方法制作第五张幻灯片。

(21) 在幻灯片预览视图中，将第一张幻灯片复制在第五张幻灯片之后。

(22) 将标题更改为“谢谢欣赏”，并调整文本框的位置。

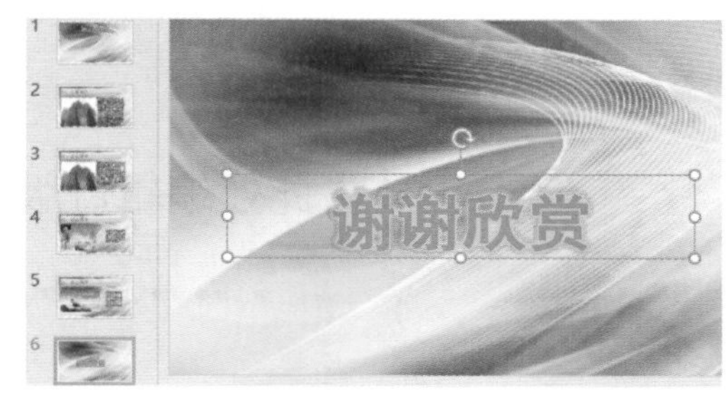

(23) 修改文本框内容的字体格式和文字效果。

9.2 制作班级文化演示文稿

班级文化是一种隐性的教育力量，表现出一个班级独特的精神风貌，构建良好的班级文化对提高班级管理水平、促进学生全面发展有很大的帮助。下面以班级文化演示文稿为例，介绍幻灯片的一些基本操作。

✦ 9.2.1 制作母版幻灯片

制作母版幻灯片是为了实现演示文稿的内容、背景、颜色等效果以及风格的统一，具体操作步骤如下。

1. 设计母版幻灯片样式

(1) 单击“文件”选项卡，在打开的界面中选择“新建”选项，单击右侧的“新建”界面中的“空白演示文稿”选项，新建一个空白演示文稿。切换到“视图”选项卡，在“母版视图”组中，单击“幻灯片母版”按钮。

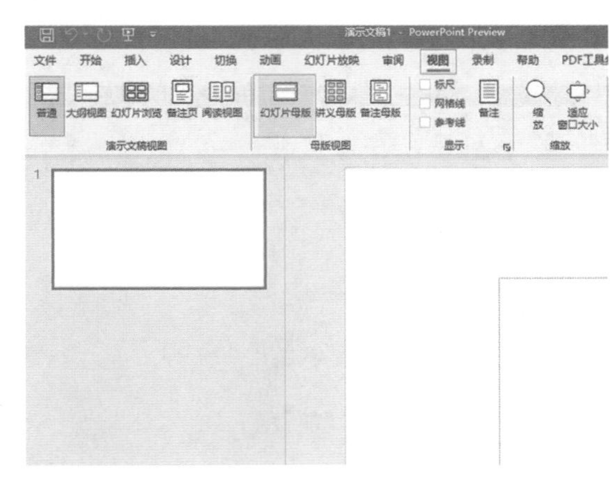

(2) 系统自动打开母版视图操作界面。

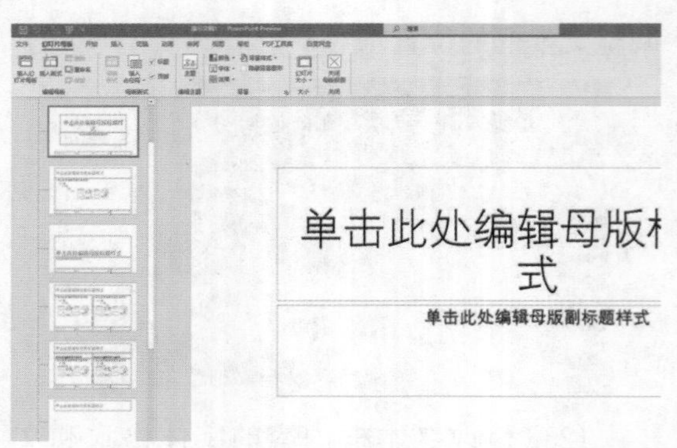

(3) 使用“Delete”键，删除该母版原有的版式。

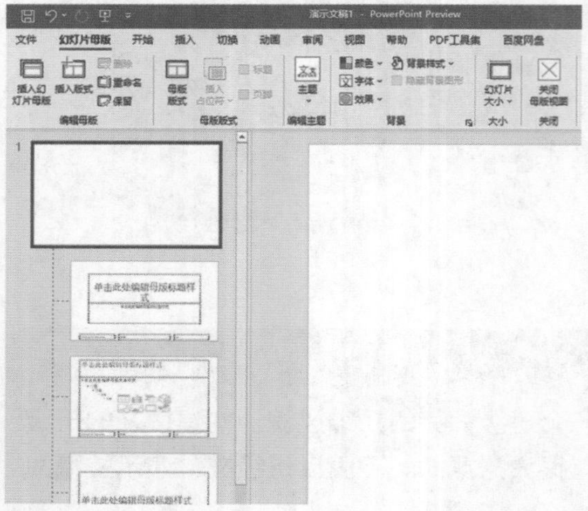

(4) 切换到“插入”选项卡，单击“插图”组中的“形状”按钮。

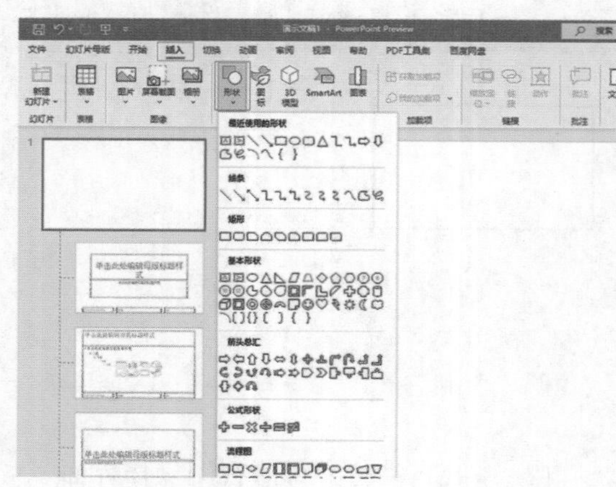

(5) 在下拉菜单中选择“矩形：圆角”选项，调整其位置。

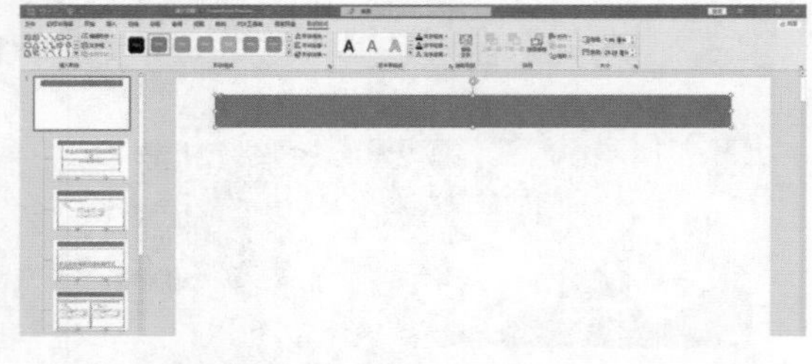

(6) 选中该矩形，切换到“格式”选项卡，在“形状样式”组中，单击“形状填充”按钮，在弹出的下拉列表中选择“红色”。

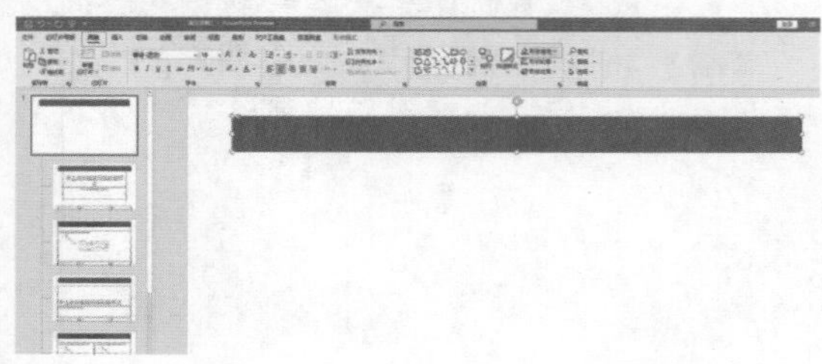

(7) 切换到“插入”选项卡，单击“图像”组中的“图片”按钮，在弹出的“插入图片”对话框中选择要插入的图片，单击“插入”按钮。

(8) 调整插入图片的位置以及大小。

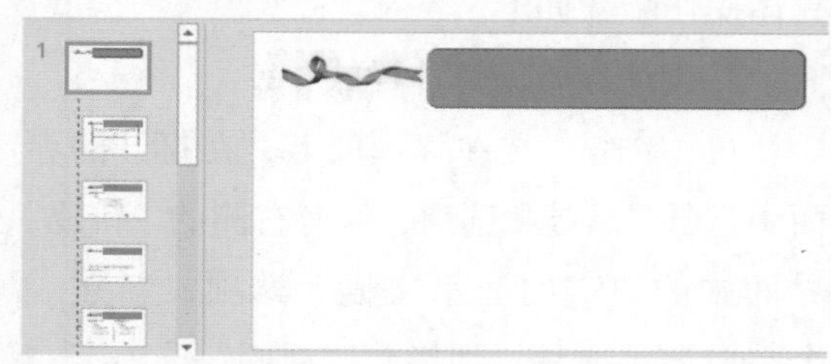

(9) 切换到“插入”选项卡，单击“文本”组中的“文本框”下拉按钮，在下拉列表中选择“绘制横排文本框”选项。

Word Excel PPT 办公应用实操大全

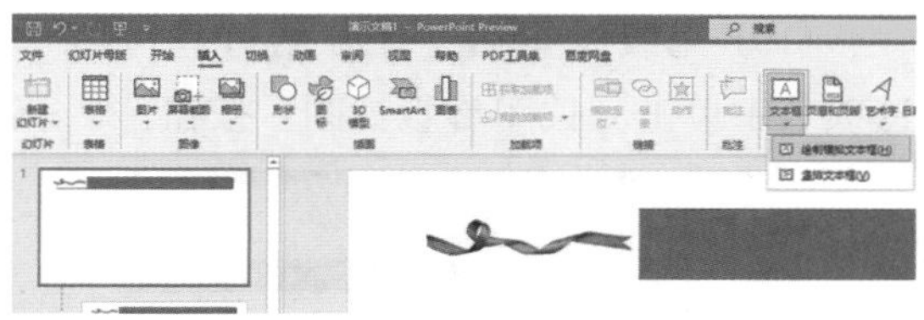

(10) 绘制文本框，并调整文本框的位置。

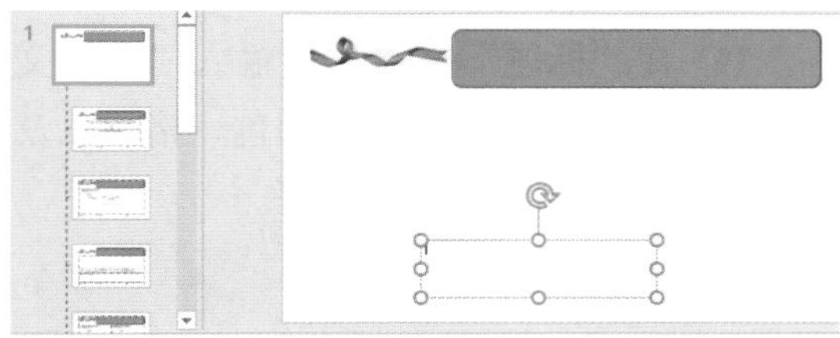

(11) 在文本框中输入“六年级二班”，并对文字的格式进行设置。

(12) 切换到“空白版式”母版，将母版中的原有版式删除。

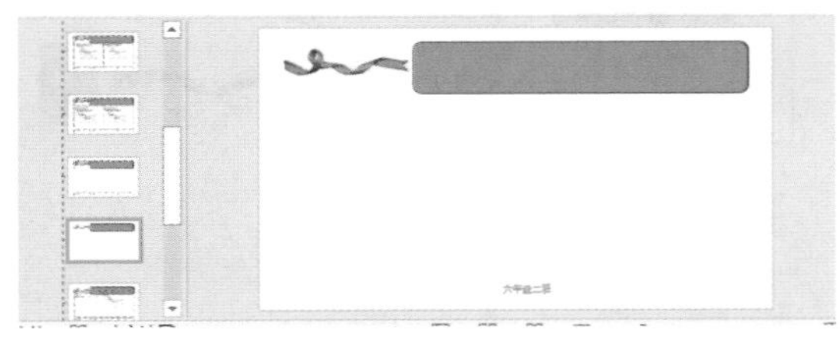

(13) 切换到“幻灯片母版”选项卡，单击“母版版式”组中的“插入占位符”下拉按钮，在下拉列表中选择“文本”选项。

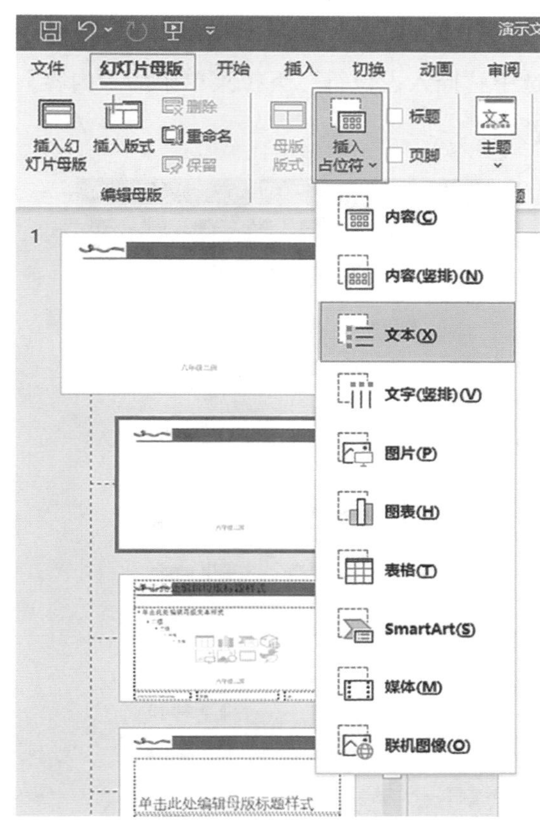

(14) 在当前母版中绘制文本占位符。

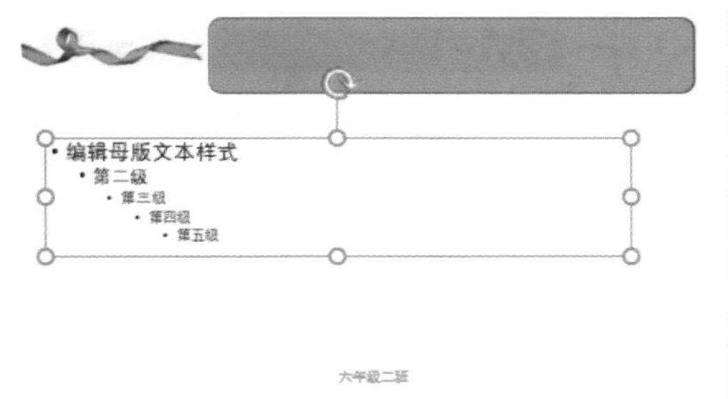

(15) 选中占位符，切换到“开始”选项卡，在“字体”组中，设置文本的字体、字号以及颜色等。

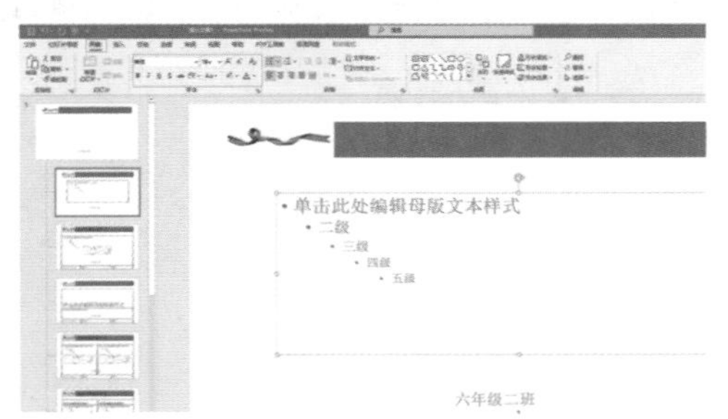

第三部分 PPT 应用

(16) 切换到“幻灯片母版”选项卡，选中“插入占位符”下拉菜单中的“内容”选项。

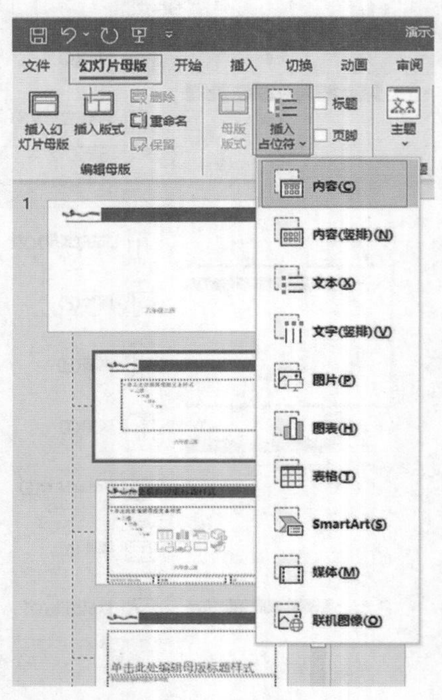

(17) 在当前母版中绘制占位符。

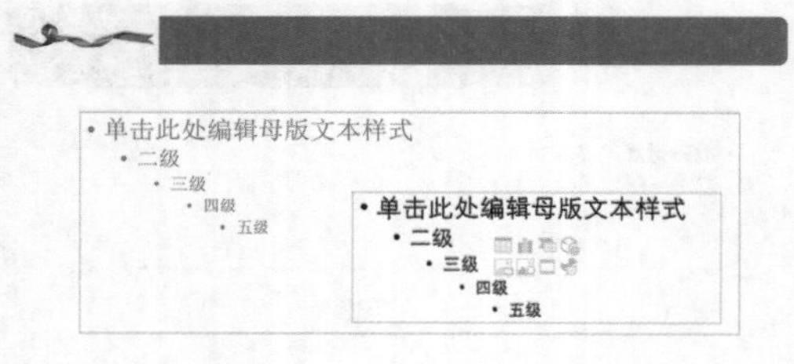

(18) 用同样的方法设置该占位符的文本格式。

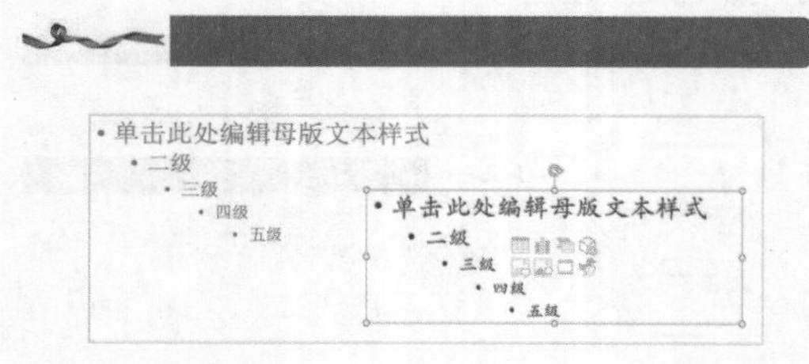

(19) 完成设置后，在“幻灯片母版”选项卡中单击“关闭母版视图”按钮。

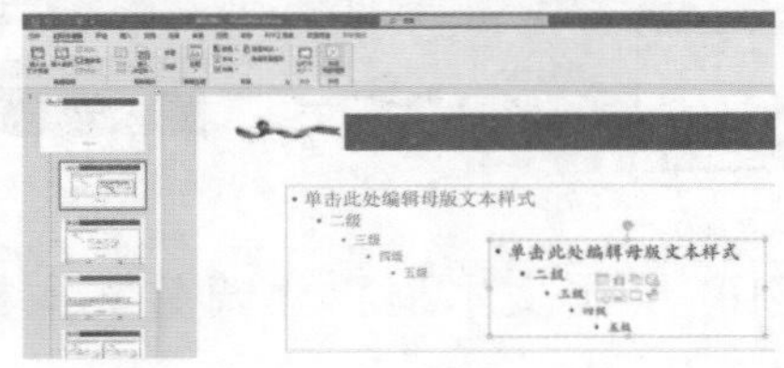

2. 编辑幻灯片封面内容

(1) 在“标题”文本框中输入“班级文化”，并设置文本的字体、颜色、格式以及文字效果，删除副标题文本框。

(2) 切换到“插入”选项卡，在“插图”组中单击“形状”下拉按钮，在下拉菜单中选择“星与旗帜”选项中的“波形”。

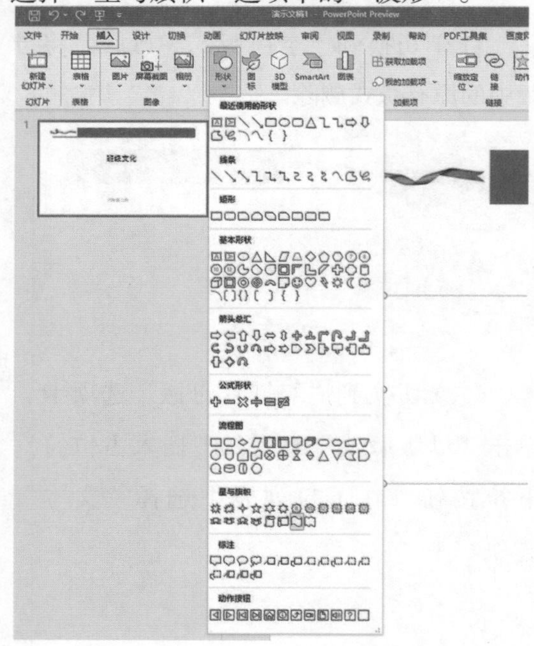

(3) 在当前幻灯片中绘制出形状，选中该形状，在“形状格式”选项卡中，单击“形状样式”组中的“形状填充”下拉按钮，在下拉列表中选择“图片”选项。

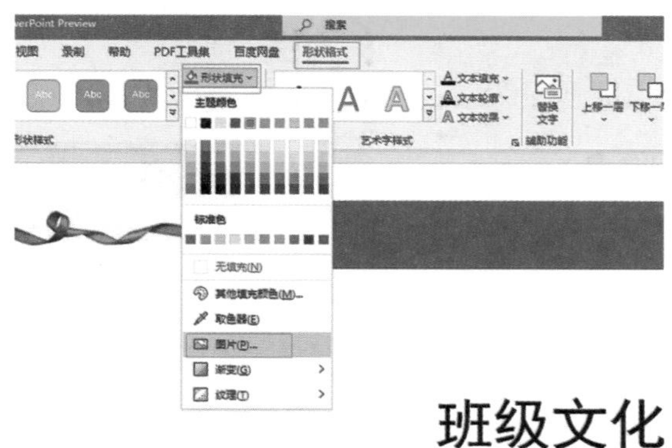

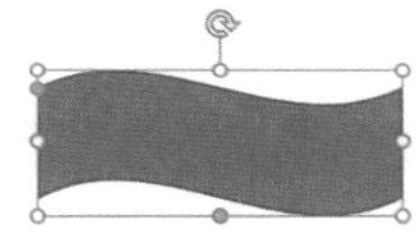

(4) 弹出“插入图片”对话框，选中插入的图片，单击“插入”按钮。

(5) 选中插入的图片，单击鼠标右键，此时，界面右侧弹出“设置图片格式”窗格，单击“填充与线条”按钮，在“线条”组中单击“无线条”按钮。

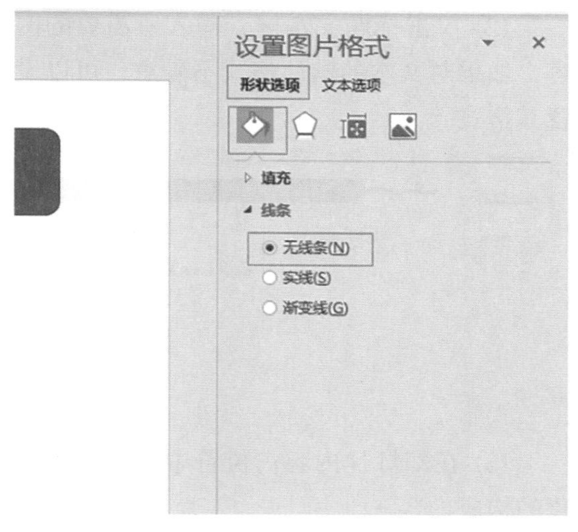

(6) 调整形状的位置。

3. 编辑幻灯片正文内容

编辑幻灯片正文内容的具体操作步骤如下。

(1) 单击“开始”选项卡，在“幻灯片”组中单击“新建幻灯片”下拉按钮，在下拉列表中选择“标题幻灯片”版式。

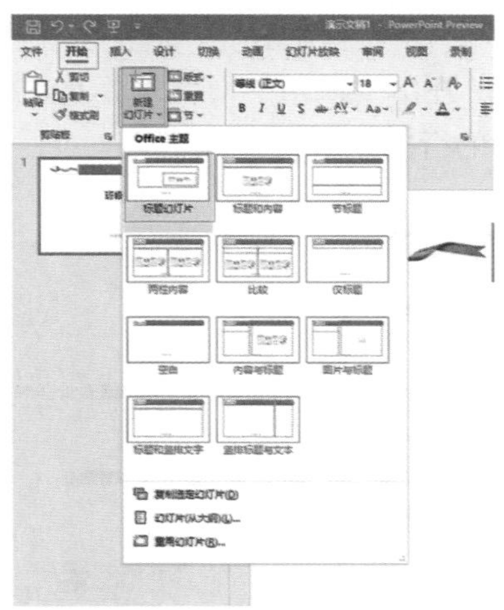

(2) 单击标题文本框，输入所需要的内容，如果对文本的默认格式不满意，可以设置其格式。

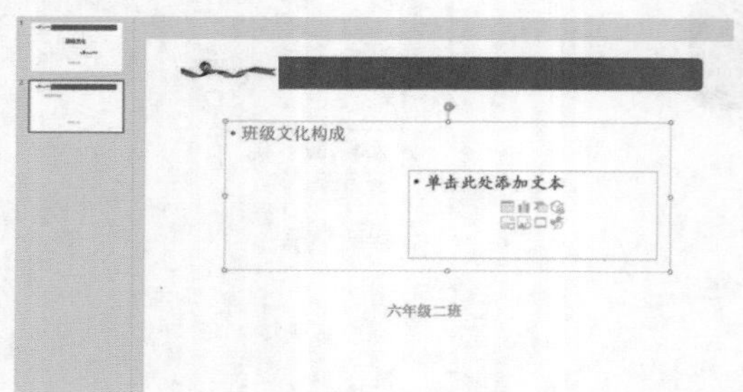

(3) 在幻灯片内容占位符中输入班级文化的构成内容。

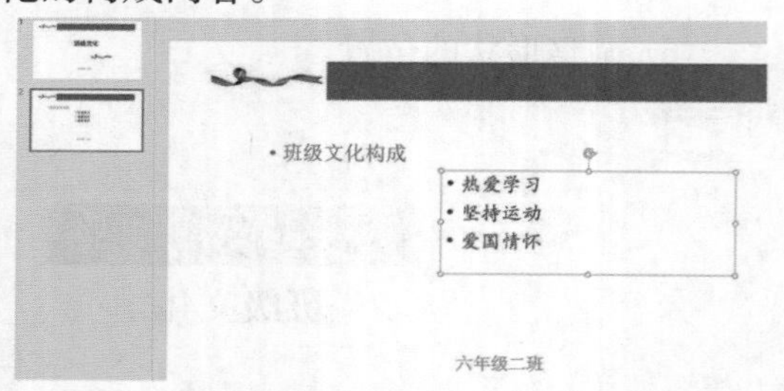

(4) 选中文本内容，单击鼠标右键，在弹出的快捷菜单中选择“段落”选项。

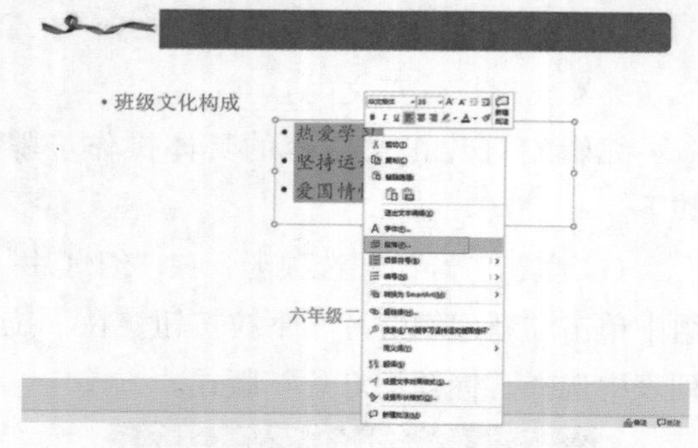

(5) 弹出“段落”对话框，在对话框中对文本的行间距进行设置。

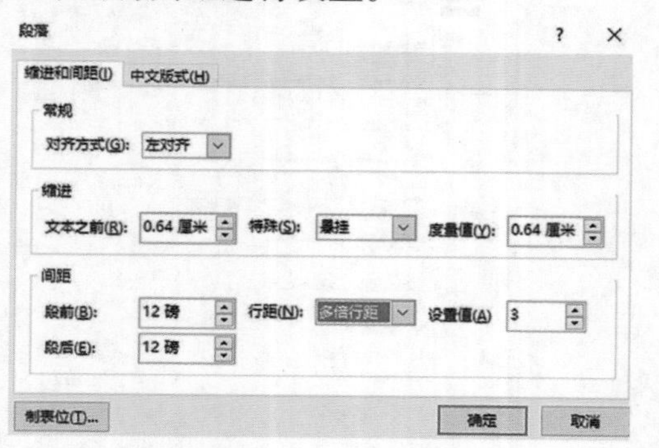

(6) 选中文本内容，切换到“开始”选项卡，在“段落”组中单击“项目符号”下拉按钮，在下拉列表中选择合适的符号样式。

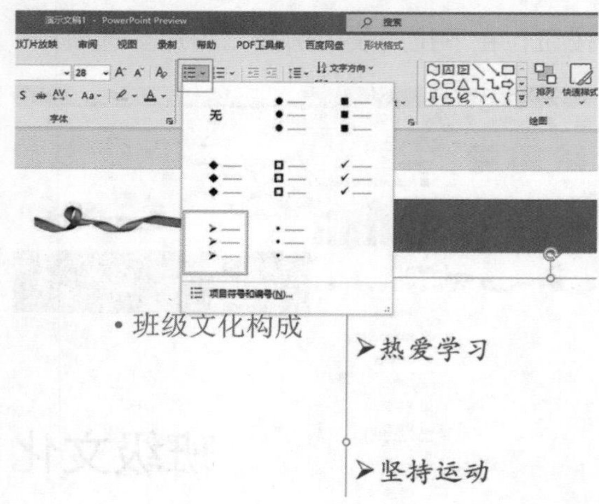

(7) 将占位符调整到合适的位置。

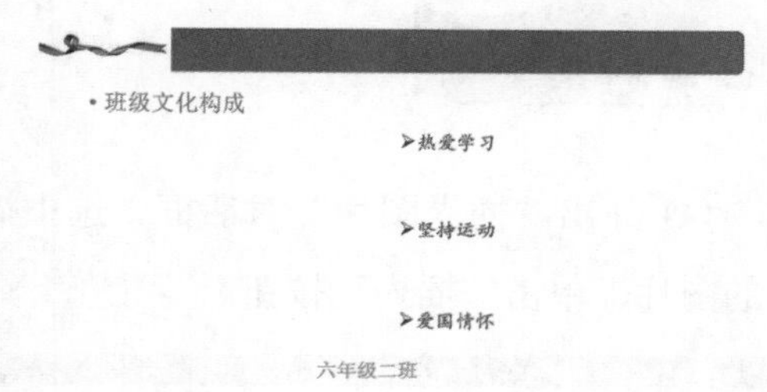

(8) 在“幻灯片”组中再次单击“新建幻灯片”下拉按钮，在下拉列表中选择“图片与标题”版式。

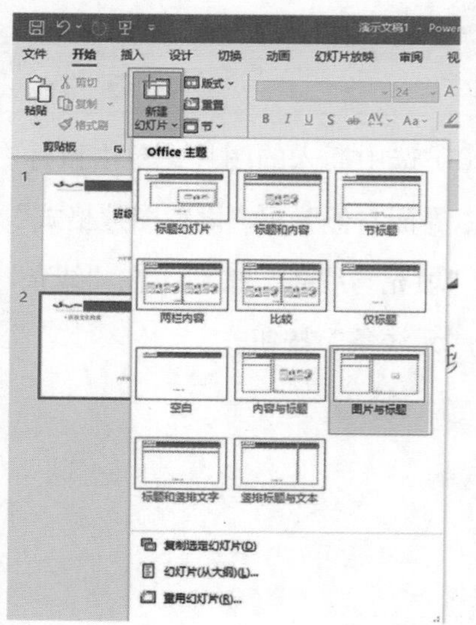

(9) 查看新建的幻灯片。

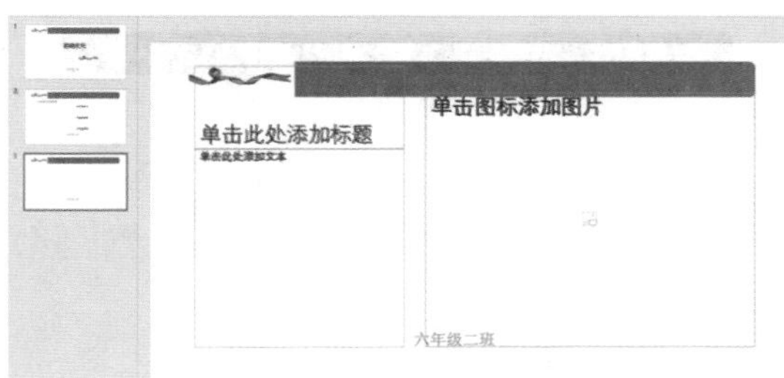

(10) 在新建的幻灯片中输入文本内容，并调整文本的格式。

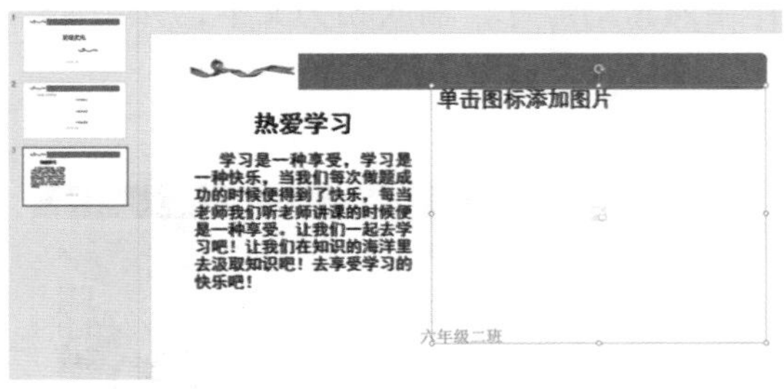

(11) 单击右侧占位符的“图片”图标按钮，弹出“插入图片”对话框，选择图片，再单击“插入”按钮即可。

(12) 调整图片的位置以及大小。

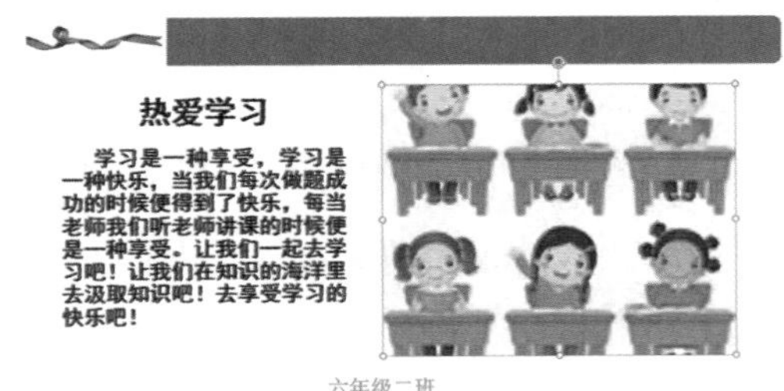

(13) 利用同样的方法，插入“图片与标题”版式，并输入标题文本和内容文本，并对输入的文本格式进行调整。

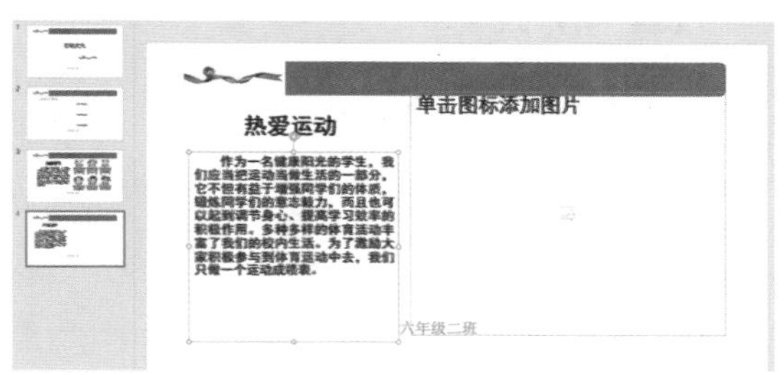

(14) 同样单击幻灯片中的“图片”图标按钮，为幻灯片插入图片，调整图片的位置以及大小。

(15) 再次插入“标题幻灯片”版式作为第五张幻灯片，并输入标题文本。

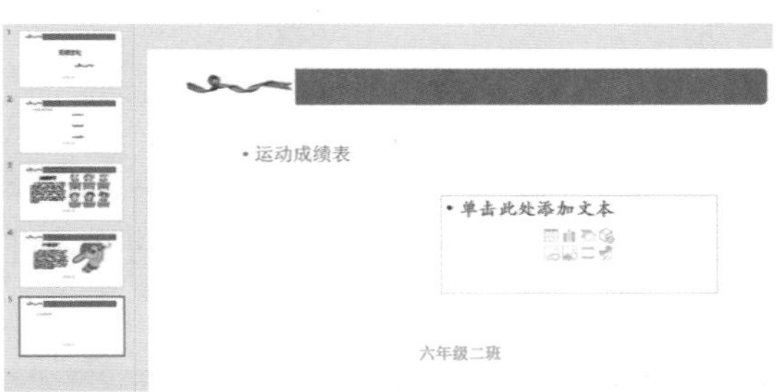

(16) 单击内容占位符中的“插入表格”图标按钮。

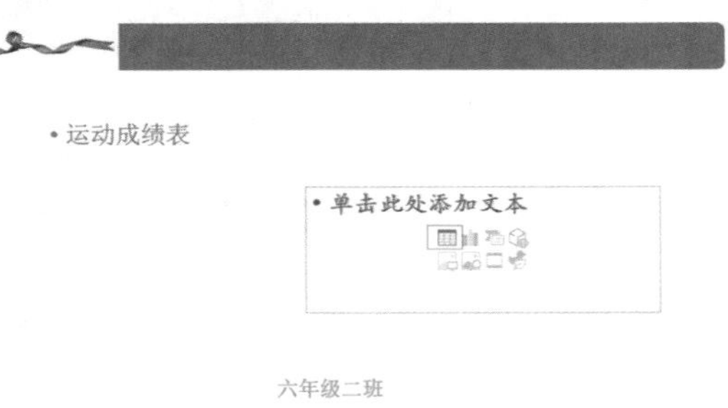

(17) 弹出“插入表格”对话框，在对话框中输入行和列的值，单击“确定”按钮。

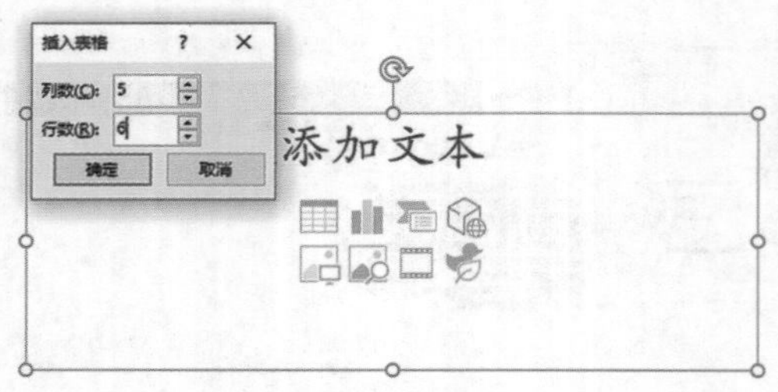

(18) 对于在幻灯片中插入的表格，用户依然可以对其进行合并单元格、拆分单元格以及插入或删除行和列的操作，利用之前介绍过的知识对表格进行修改。

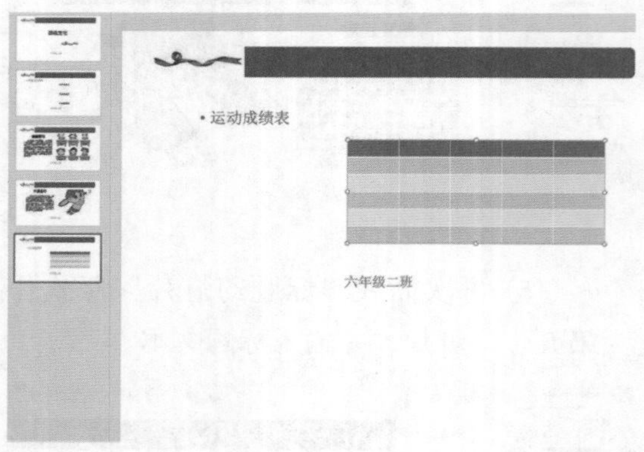

(19) 在表格中输入需要的文本，并在“表设计”选项卡中对表格中文本的格式进行调整。

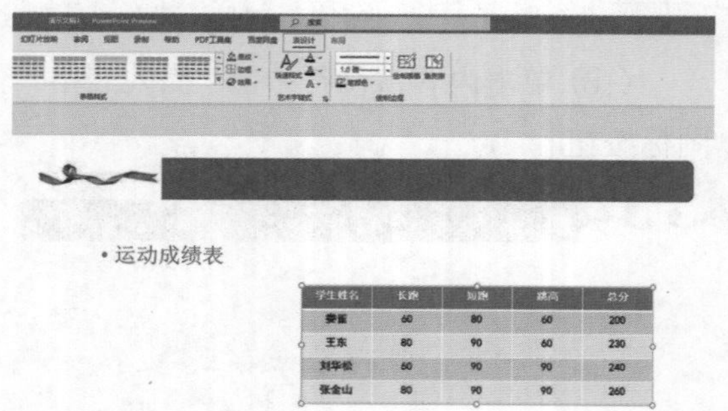

(20) 切换到“表设计”选项卡，对表格的样式进行设置。

学生姓名	长跑	短跑	跳高	总分
娄雀	60	80	60	200
王东	80	90	60	230
刘华松	60	90	90	240
张金山	80	90	90	260

六年级二班

(21) 使用“图片与标题”母版版式制作第六张幻灯片，输入相关文本，并添加图片。

(22) 选中图片，单击“图片格式”下拉按钮，在下拉列表中选择合适的样式。

(23) 使用“标题幻灯片”母版制作第七张幻灯片，输入标题文本，在内容占位符中单击“插入”选项卡中的“SmartArt”图形图标按钮。

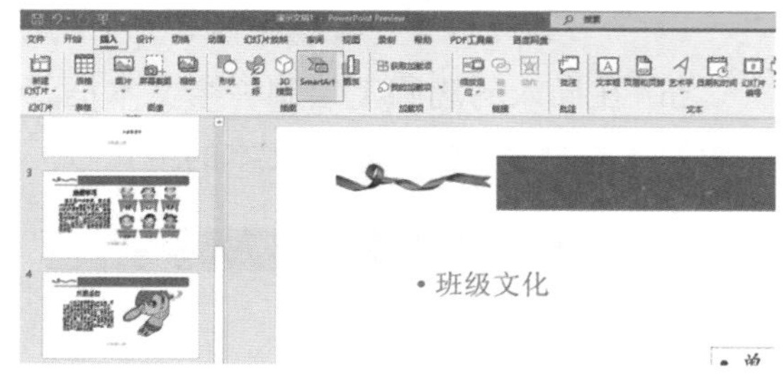

(24) 弹出“选择 SmartArt”图形对话框，选择“关系”选项，再选择合适的关系样式，最后单击“确定”按钮。

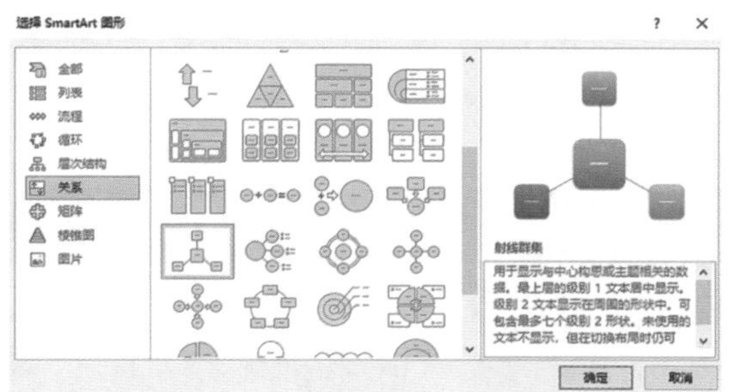

(25) 此时幻灯片中已经插入了刚才选中的 SmartArt 图形。

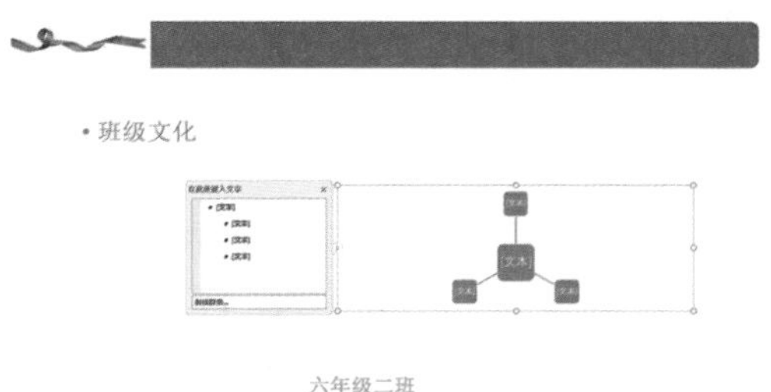

(26) 单击 SmartArt 图形中的“文本”，输入相应的内容。

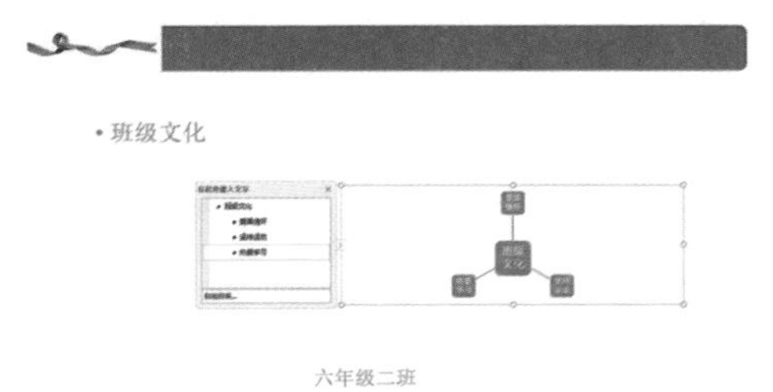

4. 编辑幻灯片结尾内容

(1) 使用“空白”母版创建第八张幻灯片，并删除幻灯片中标题和内容占位符。切换到“插入”选项卡，在“插图”组中单击“形状”下拉按钮，在下拉列表中选择“椭圆”选项，之后在幻灯片中插入一个椭圆形。

(2) 选中插入的椭圆形，单击“形状样式”组中的“形状填充”下拉按钮，选择“无填充”选项。

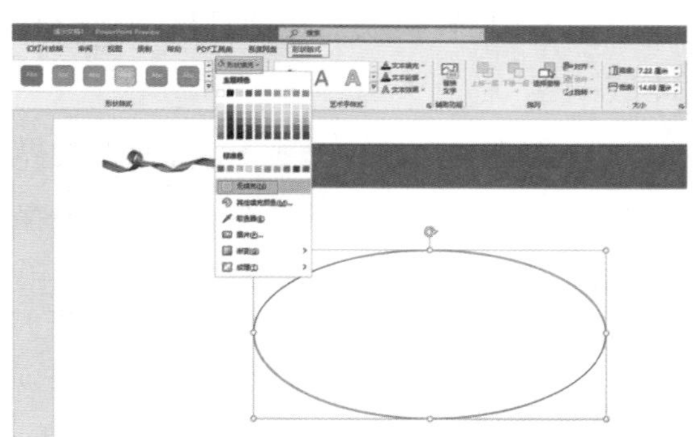

(3) 单击“形状轮廓”下拉按钮，在下拉列表中选择合适的颜色，并设置轮廓的粗细。

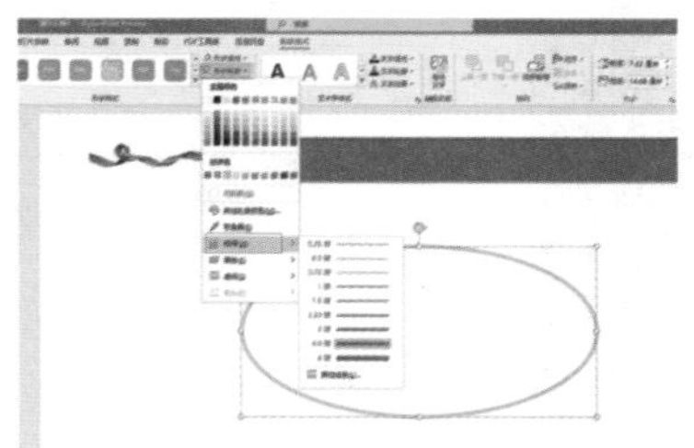

(4) 在“插入”选项卡下，单击“文本”组中的“文本框”下拉按钮，在弹出的下拉列表中选择“绘制横排文本框”选项。

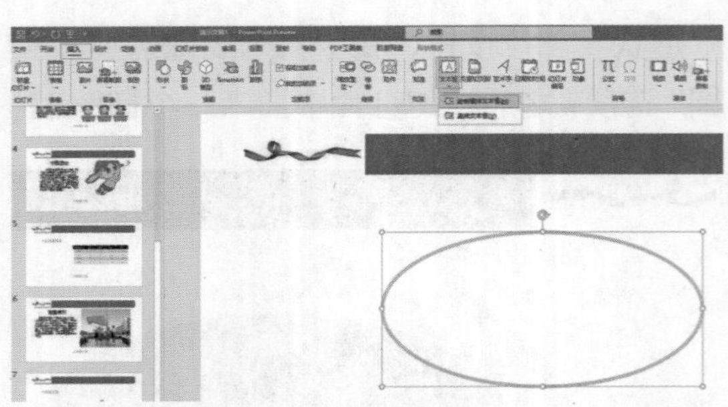

(5) 在插入的椭圆上绘制一个文本框，并输入文本内容，然后设置文本的格式。

9.3 PPT 小技巧

✦ 9.3.1 将幻灯片转换成图片

将幻灯片转换成图片的具体操作步骤如下。

(1) 单击“文件”选项卡，在打开的界面中选择“另存为”选项，在右侧的“另存为”界面中选中“这台电脑”选项，再单击“浏览”选项。

(2) 弹出“另存为”对话框，选择合适的保存位置，单击“保存类型”下拉按钮，选择“TIFF Tag 图像文件格式”选项，单击“保存”按钮。

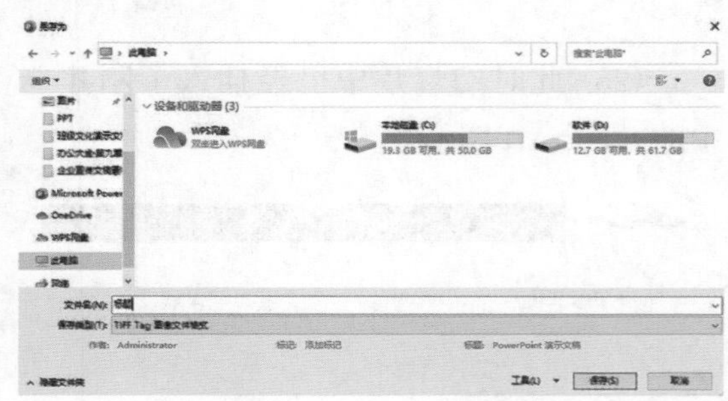

(3) 弹出“Microsoft PowerPoint”对话框，单击“所有幻灯片”按钮。

(4) 弹出“Microsoft PowerPoint”对话框，对话框提示用户转换后的图片存储的位置，单击“确定”按钮。

(5) 打开保存图片的文件夹，可以看到所有的图片。

✦ 9.3.2 打印指定的幻灯片

PowerPoint 2021 为用户提供了打印幻灯片的功能，用户可以将制作的全部幻灯片打印出来，也可以打印指定的幻灯片，具体操作步骤如下。

(1) 单击“文件”选项卡，在打开的界面中单击“打印”按钮，在右侧“设置”栏中，单击“打印全部幻灯片”下拉按钮，选中“自定义范围”选项。

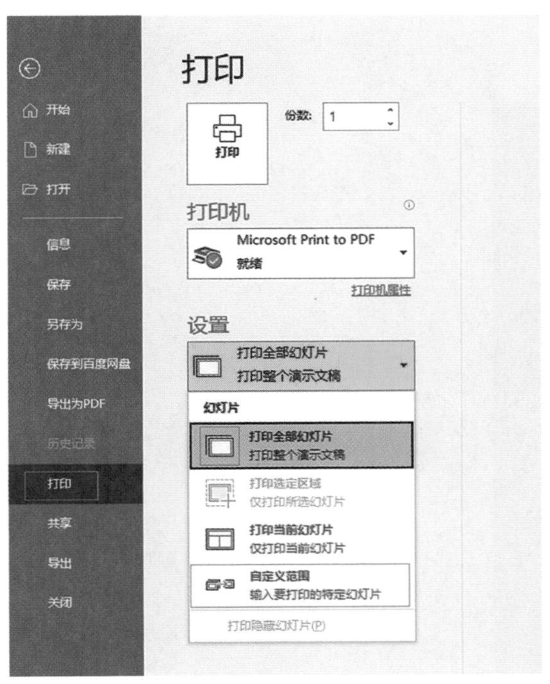

(2) 在“幻灯片”文本框中输入幻灯片的编号或者幻灯片范围，即可查看指定幻灯片的打印效果。

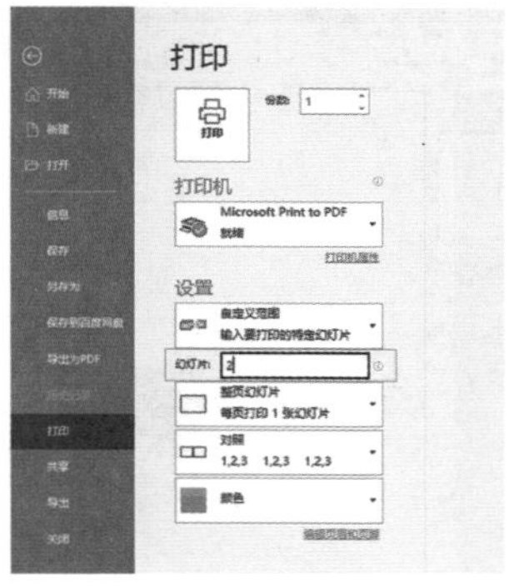

✦ 9.3.3 为幻灯片添加日期和时间

(1) 在演示文稿中，选中幻灯片，切换到“插入”选项卡，单击“文本”组中的“时间和日期”按钮。

(2) 弹出“页眉和页脚”对话框，在“幻灯片”选项下勾选“日期和时间”复选框，单击“全部应用”按钮。

✦ 9.3.4 更改文字方向

用户在制作演示文稿时，为了幻灯片内容版式的多样化，增强幻灯片的吸引力，可以改变文字的方向以达到此目的，具体操作步骤如下。

(1) 选中文字，切换到“开始”选项卡，单击“段落”组中的“文字方向”下拉按钮，

选择合适的选项。

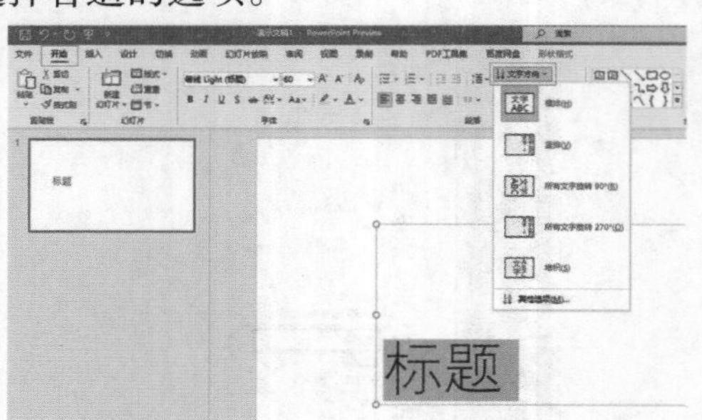

(2) 查看效果。

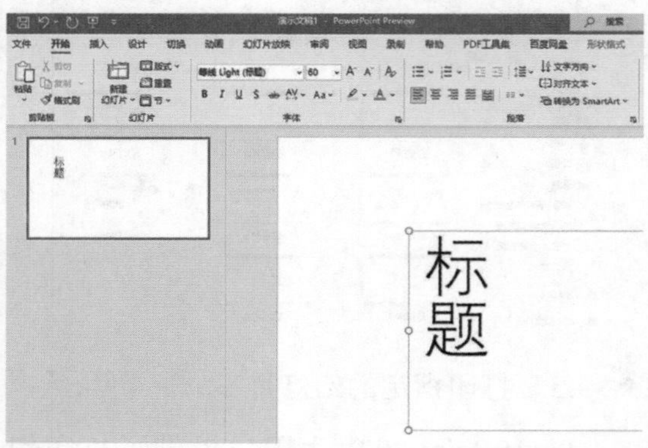

第十章 设置多媒体与动画

概述

为了使演示文稿具有更高的互动性和吸引力，用户可以为幻灯片添加音频、视频文件，制作动画效果以及幻灯片之间的切换效果。与静态文稿比起来，动态文稿的表现形式更加丰富。本章介绍如何使用这些知识点制作出一个表现手法多样、画面感强的幻灯片。

10.1 制作电影赏析演示文稿

下面将以电影赏析演示文稿为例，介绍如何在演示文稿中创建超链接以及添加音频、视频文件的操作方法。

✦ 10.1.1 设置幻灯片超链接

在 PowerPoint 2021 中，超链接分为内部超链接和外部超链接。本节将对两种超链接的功能与用法进行详细介绍。

1. 设置内部超链接

创建内部超链接的具体操作步骤如下。

(1) 打开“电影赏析”文件，选中“歌舞片”文本，切换到“插入”选项卡，在“链接”组中单击“链接”按钮。

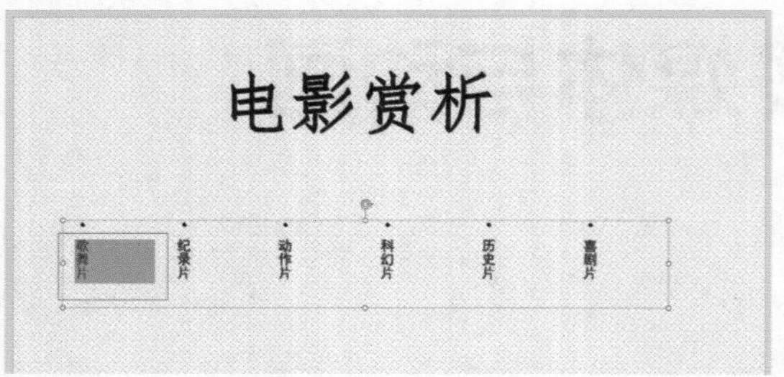

(2) 弹出“插入超链接”对话框，在“链接到”栏中单击“本文档中的位置”按钮，在“请选择文档中的位置”栏中选择“2. 歌舞片”选项，最后单击“确定”按钮。

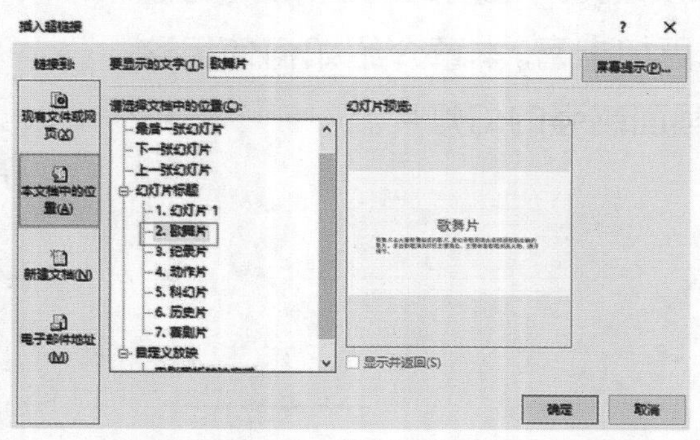

(3) 返回幻灯片中，可以发现“歌舞片”文本的字体颜色变为了蓝色，当光标放在文本上时，系统会提示该链接的信息。

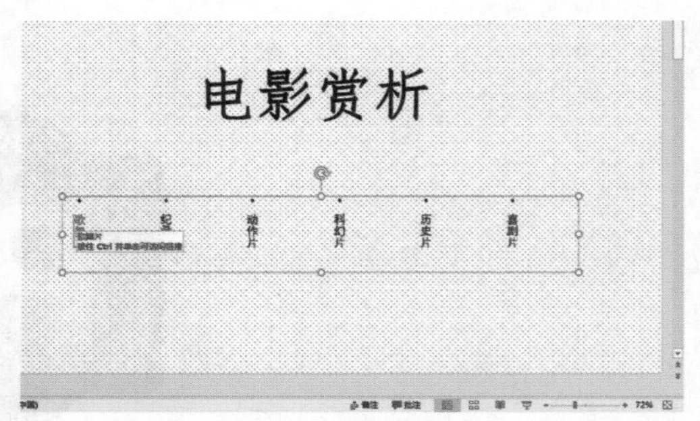

(4) 按照上述方法为当前幻灯片中除了“动作片”文本之外的其他文本设置超链接。

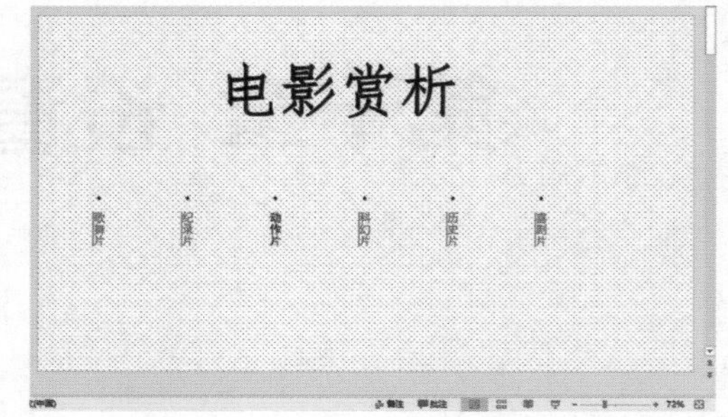

(5) 单击“幻灯片放映”按钮或者按“F5”快捷键放映该幻灯片，将光标放在设置了超链接的文本上，可以发现光标变成了手指形状，此时单击该文本即可跳转到相应的幻灯片中，之后该链接文本的颜色会发生改变。

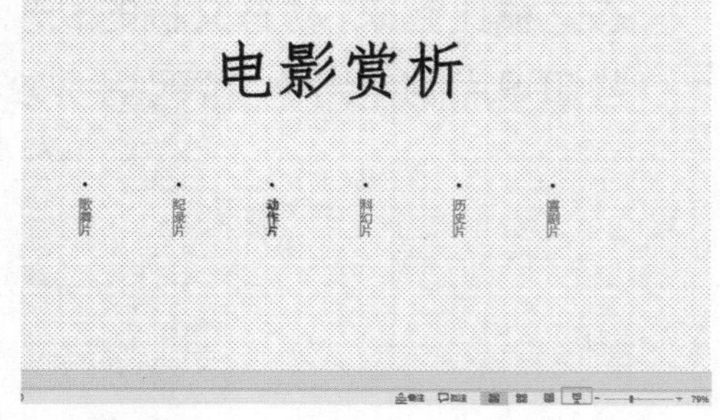

2. 设置外部超链接

将当前幻灯片中的内容链接到网页中，可以采用设置外部超链接的方法，具体操作步骤如下。

(1) 选中“动作片”文本，切换到“插入”选项卡，单击“链接”组中的“链接”按钮，弹出“插入超链接”对话框，在“链接到”栏中单击“现有文件或网页”按钮。

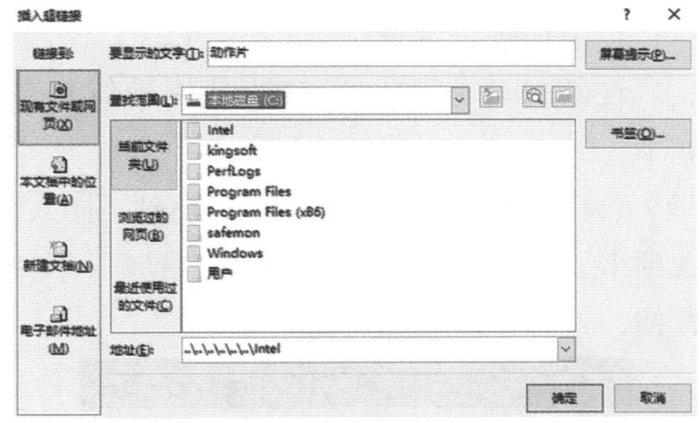

(2) 在“地址”文本框中输入网页地址。

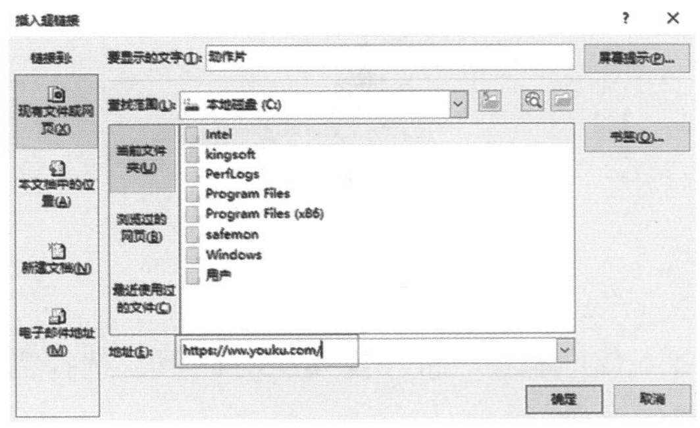

(3) 单击“确定”按钮，返回幻灯片中，将光标放在“动作片”文本上系统会提示该链接的信息。

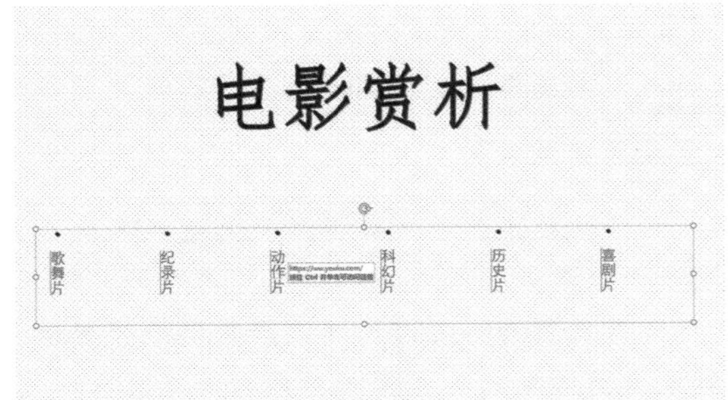

3. 创建动作按钮

设置动作按钮，是为某个对象设置相关动作，当用户单击它时执行相应的操作，具体操作步骤如下。

(1) 切换到“纪录片”幻灯片中，插入需要的“返回”按钮图片，并调整图片的位置以及大小。

纪录片

纪录片是以真实生活为创作素材，以真人真事为表现对象,并对其进行艺术的加工与展现的，以展现真实为本质，并用真实引发人们思考的电影或电视艺术形式。纪录片的核心为真实。

(2) 选中该图片，切换到“图片格式”选项卡，在“调整”组中单击“删除背景”按钮。

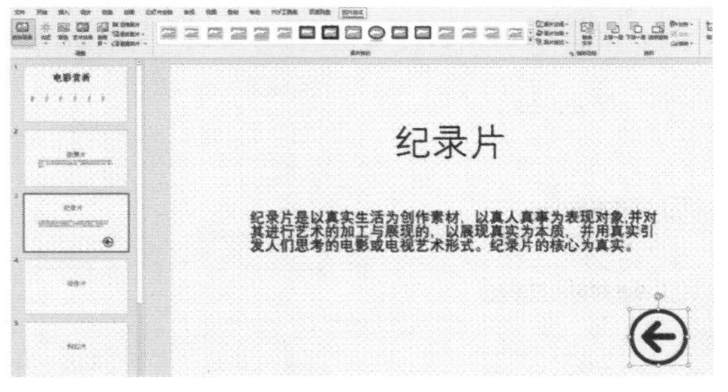

(3) 在弹出的界面中单击“标记要保留的区域”按钮，在图片中选择要保留的区域。最后单击“保留更改”按钮，删除图片的背景。

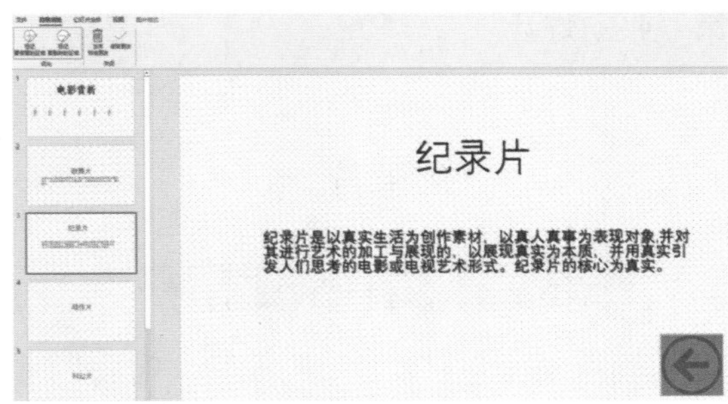

(4) 选中图片，切换到“插入”选项卡，单击“链接”组中的“动作”按钮。

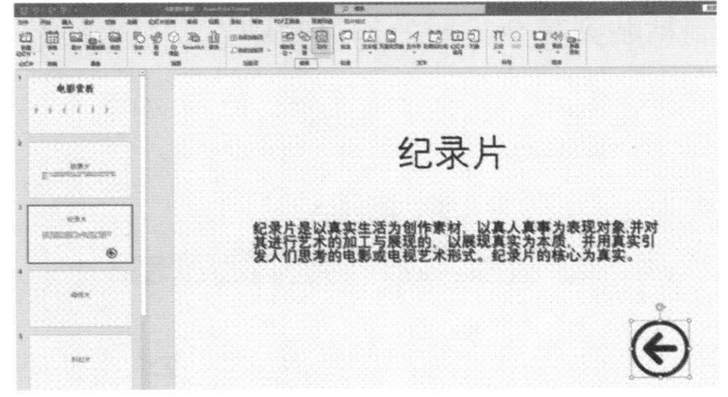

（5）弹出“操作设置”对话框，勾选“超链接到”单选框，在其下拉列表中选择“第一张幻灯片”选项。

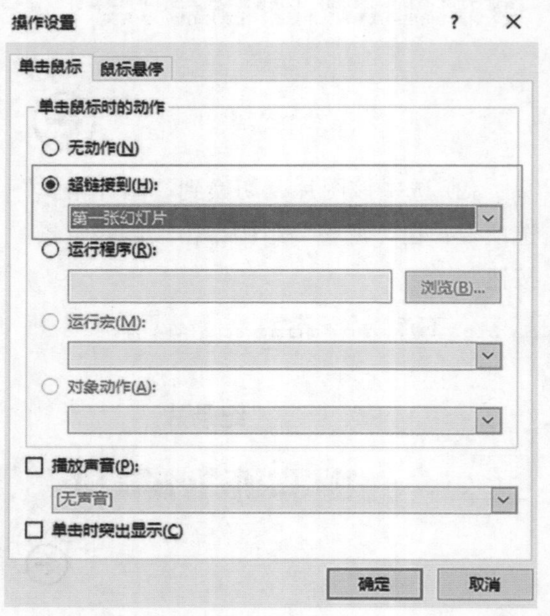

（6）单击“确定”按钮，此时，若在幻灯片放映时将光标放在该“返回”按钮图片上，光标将变为手指形状，单击则会跳转到第一张幻灯片。

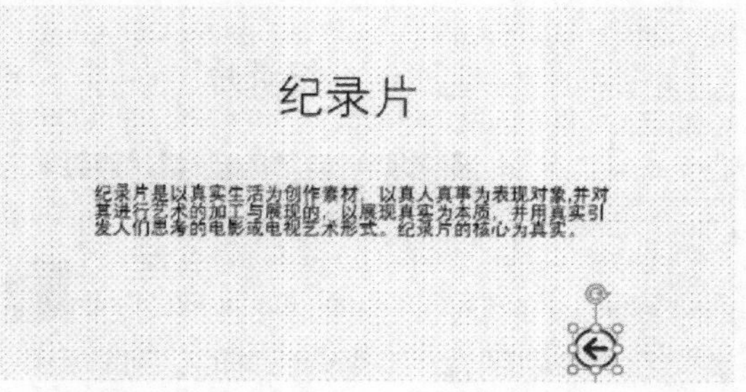

（7）选中该“返回”按钮图片，将其复制粘贴到其余需要的幻灯片中。

✦ 10.1.2 添加音频与视频

在幻灯片中插入音频与视频能使演示文稿的内容更加丰富多彩，也更能吸引观众的注意力。

1. 添加背景音乐

在幻灯片中添加音频的具体操作步骤如下。

（1）选中第一张幻灯片，切换到“插入”选项卡，在“媒体”组中单击“音频”下拉按钮，选择“PC 上的音频”选项。

（2）弹出“插入音频”对话框，选择需要的音乐。

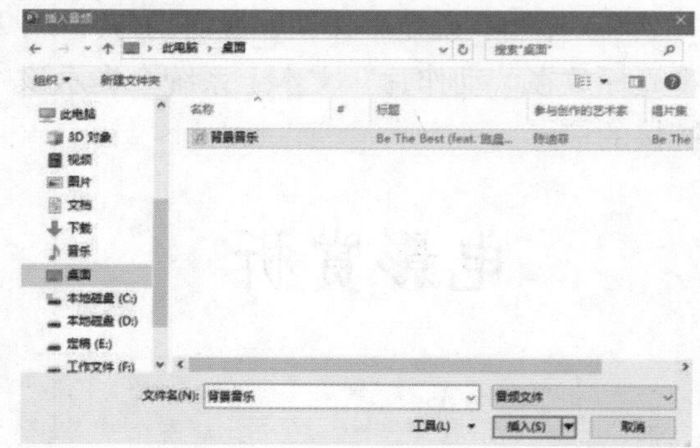

（3）选中需要的音乐后，单击“插入”按钮，此时的幻灯片中已经添加了该音频文件。

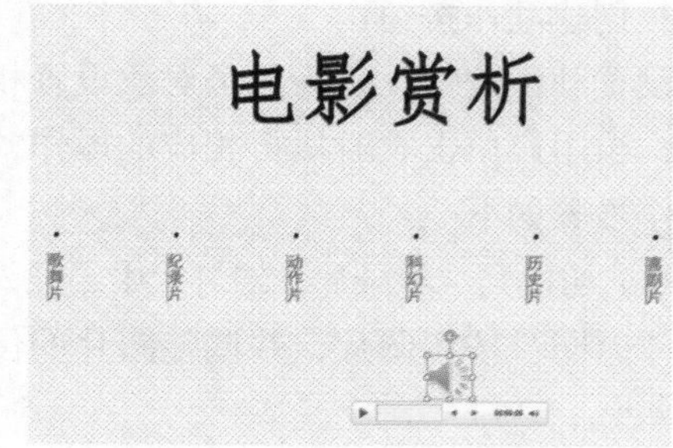

（4）选中音频文件，切换到“音频工具－播放”选项卡，在“音频选项”组中单击“开始”下拉按钮，选择“自动”选项。

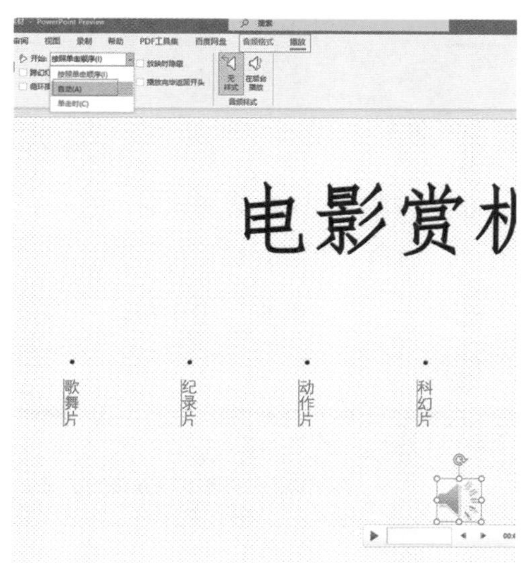

（5）然后在“音频选项”组中设置其播放时的音量以及播放类型等。

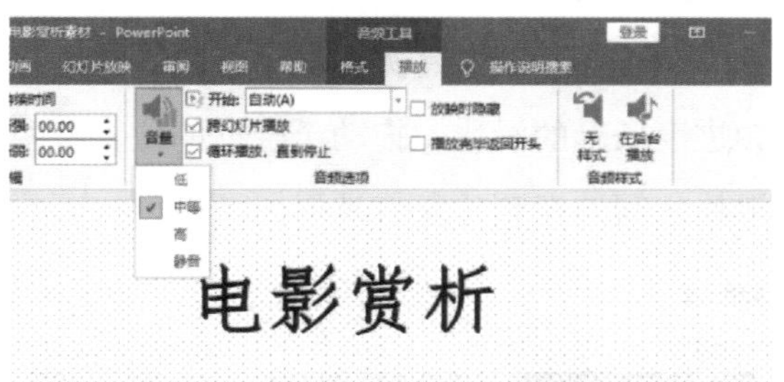

（6）如果音频文件播放的时间不满足需要，用户还可以对文件进行剪辑。在“编辑”组中，单击“剪裁音频”按钮，弹出“剪裁音频”对话框，用鼠标拖动进度条的滑块至合适位置，松开鼠标即可完成对音频文件的剪裁。

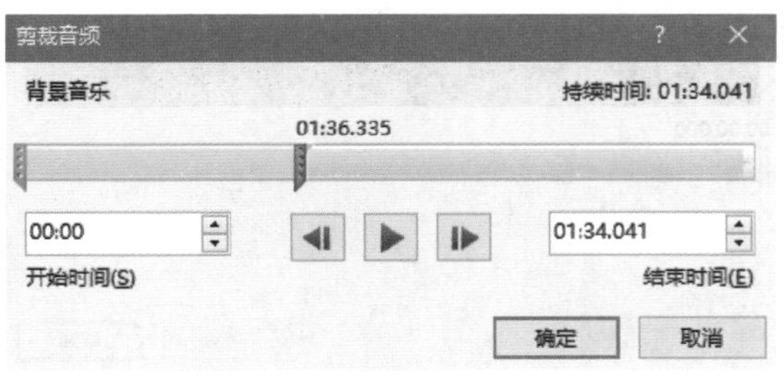

（7）选中音频文件，切换到“音频格式”选项卡，在“图片样式”组中为其设置合适的样式。

（8）将音频文件调整至合适的位置。

2. 添加视频文件

在幻灯片中添加视频文件可以增强幻灯片在视觉上的感染效果。

（1）在“科幻片”幻灯片上单击鼠标右键，在弹出的快捷菜单中选择“复制幻灯片”选项，插入一张新的幻灯片，删除新幻灯片中的内容。

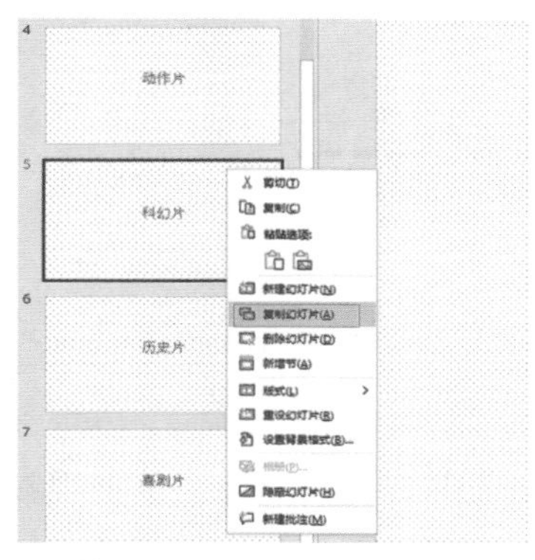

（2）切换到“插入”选项卡，在“媒体”组中单击“视频”下拉按钮，在下拉菜单中

选择“插入视频自 – 此设备”选项。

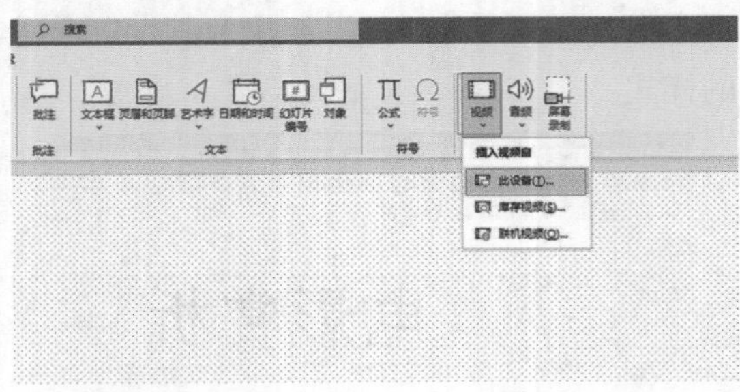

(3) 弹出“插入视频文件”对话框，选中要插入的视频文件。

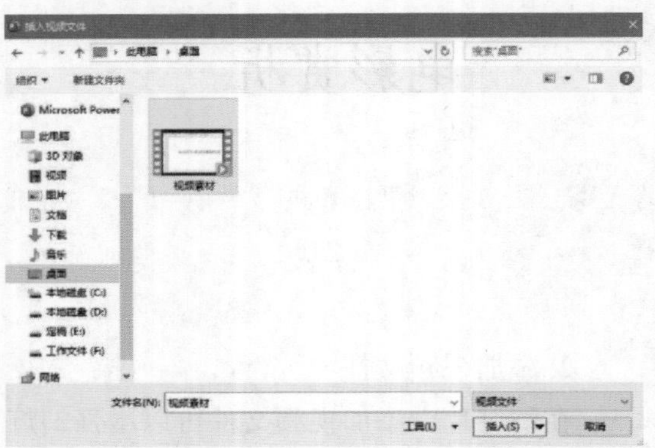

(4) 单击“插入”按钮，如果插入的视频文件过大，系统会提示用户正在插入媒体，需要等待一段时间。视频文件插入幻灯片之后，调整其位置以及大小。

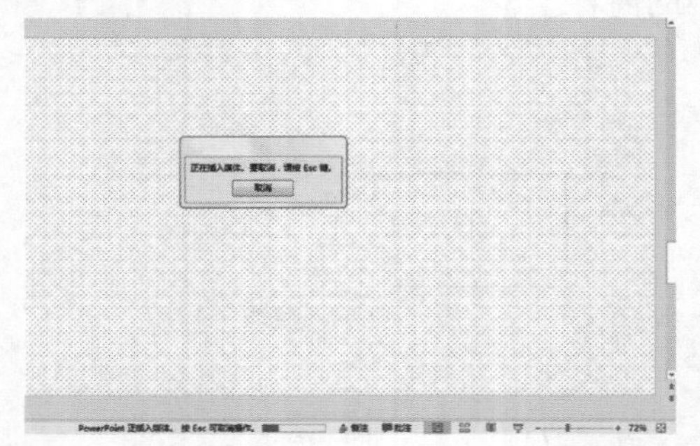

(5) 选中该视频文件，单击视频下方播放器中的“播放”按钮即可播放视频，再次单击该按钮即可暂停播放视频。

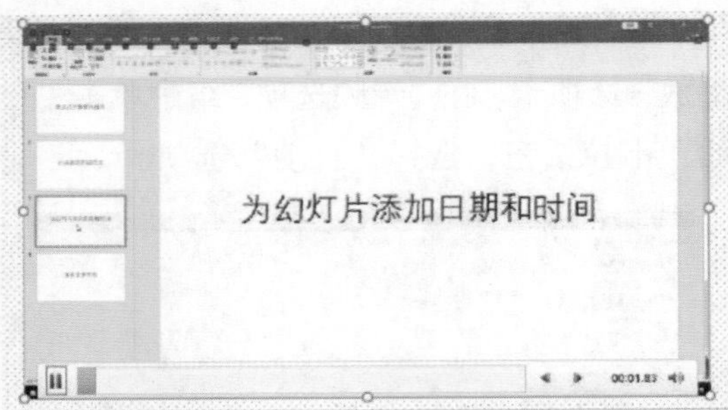

(6) 如果插入的视频播放时间过长，可对其进行剪裁。选中视频文件，切换到“播放”选项卡，在“编辑”组中单击“剪裁视频”按钮。

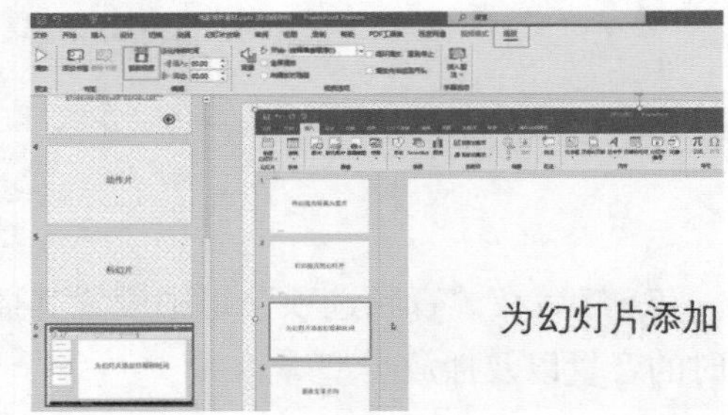

(7) 弹出“剪裁视频”对话框，选中视频进度条上的滑块，拖动至合适的位置，两滑块之间的视频片段将被保留下来。

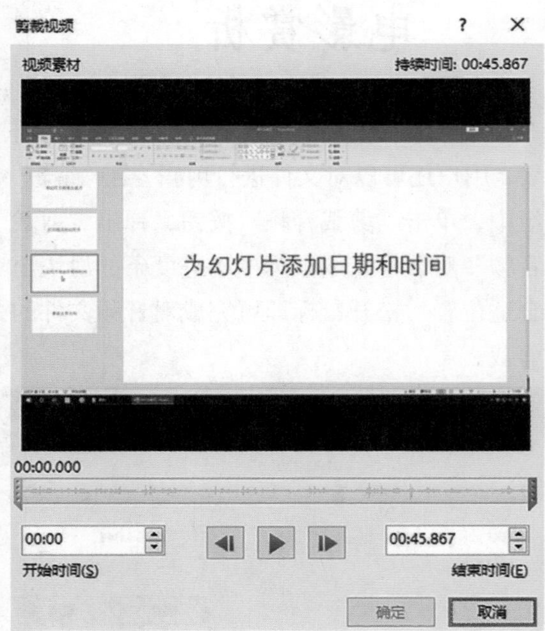

(8) 切换到“播放”选项卡，在“视频选项”组中单击“开始”文本框中的下拉按钮，在下拉列表中选中“自动”选项，勾选“全屏播放”按钮，再勾选“循环播放，直到停止”按钮，最后设置视频的音量。

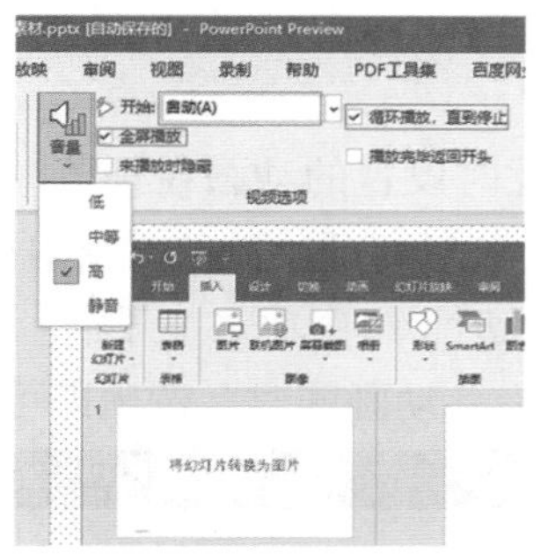

(9) 切换到“视频格式”选项卡，单击“视频样式”组中的“其他”下拉按钮，在下拉列表中选择合适的样式。

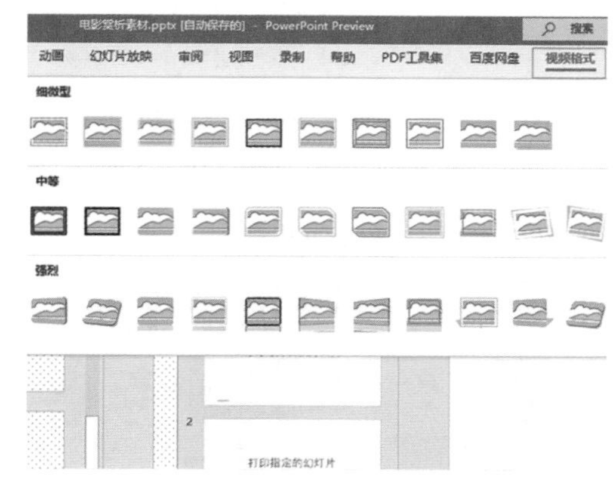

10.2 制作景区宣传演示文稿

本节将以制作景区宣传演示文稿为例，介绍如何制作动态演示文稿中的动画效果以及幻灯片之间的切换效果。

✦ 10.2.1 设置幻灯片中的动画效果

1. 制作封面和内容的动画效果

给幻灯片中的文本、文本框以及图片等对象添加动画效果，可使其以不同的动态方式出现在屏幕中，具体操作步骤如下。

(1) 打开“景区宣传”演示文稿，在第一张幻灯片中，选中标题文本框，切换到“动画”选项卡，在“动画”组中单击“动画”下拉按钮，在下拉列表中选择合适的样式。

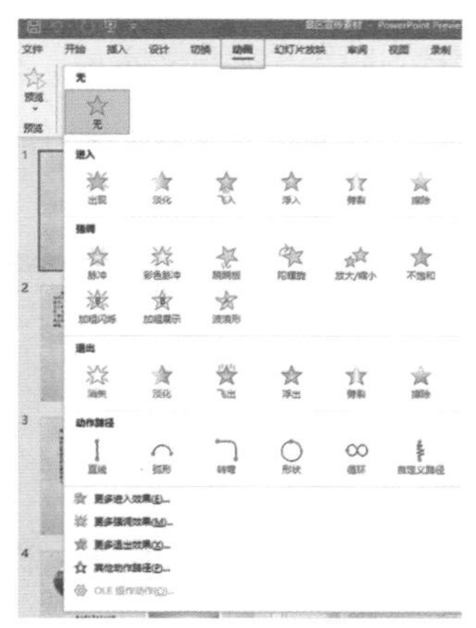

(2) 添加完动画后，幻灯片中标题文本框会自动添加该动画的序号“1”。

(3) 单击“动画样式”时，系统会自动展示该动画效果。单击“预览”组中的“预览”按钮也可对动画效果进行预览。

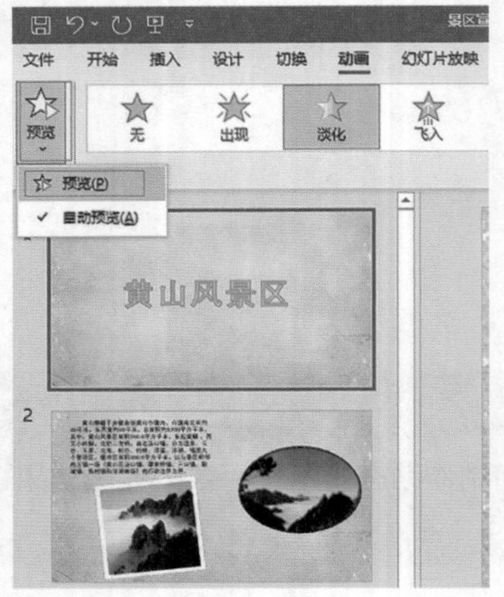

(4) 继续选中该标题文本框，在“动画”组中，单击“效果选项”下拉按钮，在下拉菜单中选择合适的效果样式。

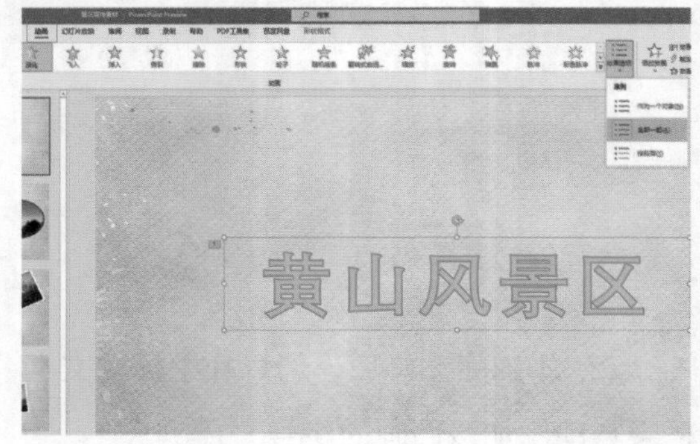

(5) 选中标题动画，在“计时”组中，设置动画的持续时间。

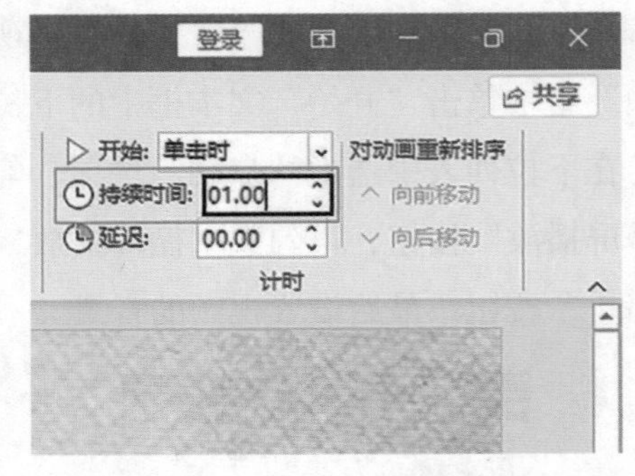

(6) 此时设置的动画在预览时单击鼠标才会执行，若想要开始放映时就执行该动画，可以在“计时”组中单击“开始”下拉按钮，选择“与上一动画同时”选项即可。

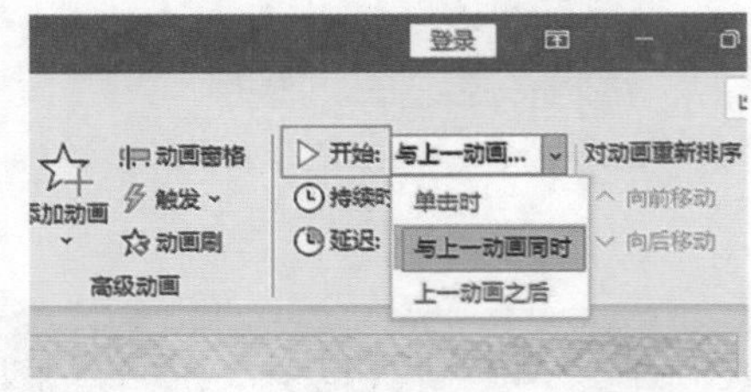

(7) 单击“幻灯片放映”按钮，查看动画效果，查看完毕后按“ESC”键退出播放。

(8) 切换到第二张幻灯片，选中左边的图片。

(9) 单击“动画”选项卡下的“动画”组中的下拉按钮，在下拉列表中选择合适的动画样式。

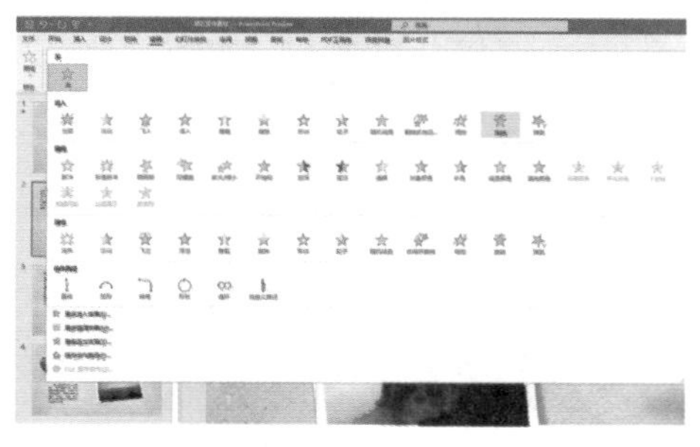

(10) 创建了动画之后，返回幻灯片可以看到该图片左上角会显示动画的序号“1”。

(11) 选中右边的图片，同样单击“动画”组中的下拉按钮，选择“更多进入效果”选项。

(12) 弹出“更改进入效果”对话框，选择合适的进入效果样式。

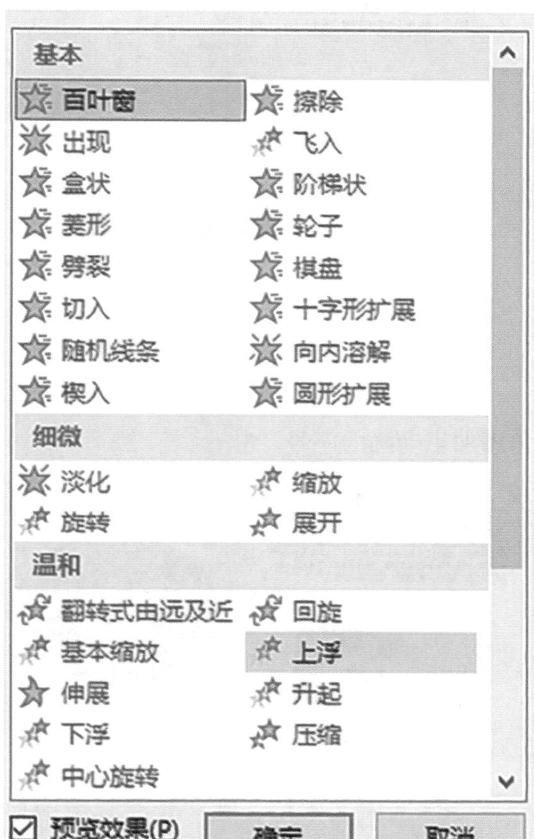

(13) 单击“确定”按钮，返回幻灯片中，可以发现该图片左上角显示了动画的序列号“2”。

(14) 选中当前幻灯片中的文本框，在“动画”组中为其设置合适的动画效果。

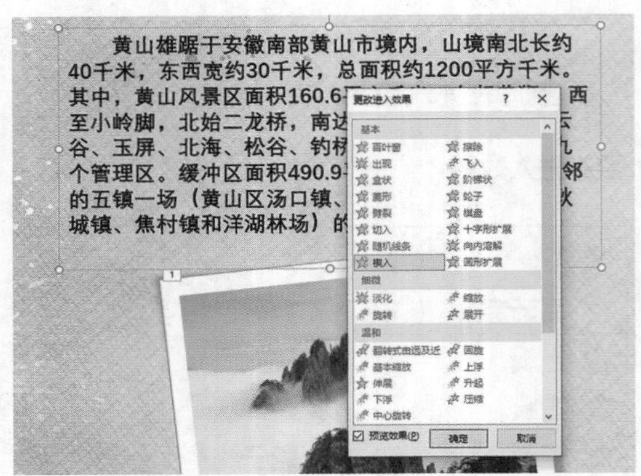

(15) 返回幻灯片可以看到文本框左上角添加了动画的序号“3”。

(16) 选中文本框，在“计时”组中单击“开始”下拉按钮，选择“与上一动画同时”选项。

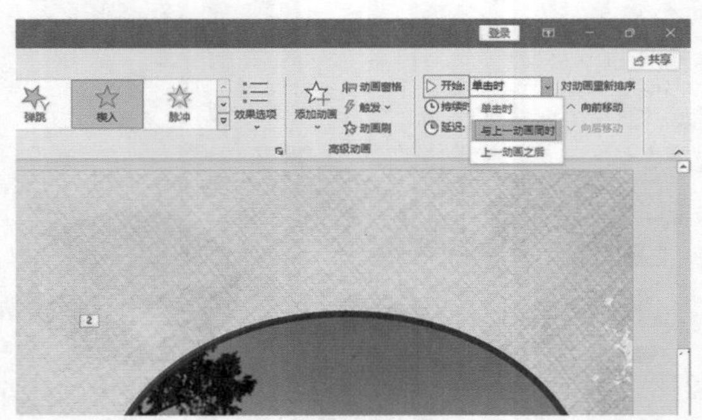

(17) 选中右边的图片，同样在“计时”组中单击“开始”下拉按钮，选择“与上一动画同时”选项。

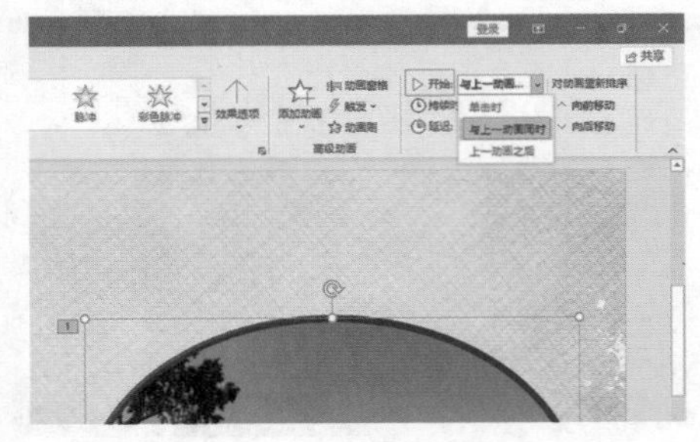

(18) 设置完当前幻灯片的动画以及相应的参数之后，单击“幻灯片放映”按钮，查看动画效果。

(19) 切换到第三张幻灯片，选中在下方的图片，单击“动画”选项卡，在“动画”组中选择“飞入”动画样式。

(20) 同样在“动画”组中，单击“效果选项”下拉按钮，选择“自右上部”选项。

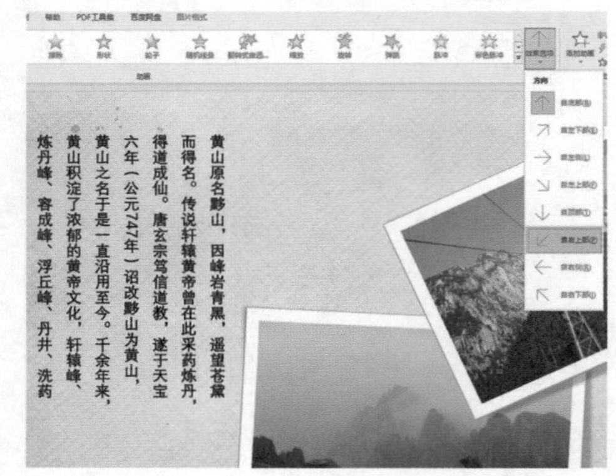

(21) 选中该图片，在“计时”组中，单击“开始”下拉按钮，在下拉列表中选择“上一动画之后”选项，将“持续时间”设置为1秒。

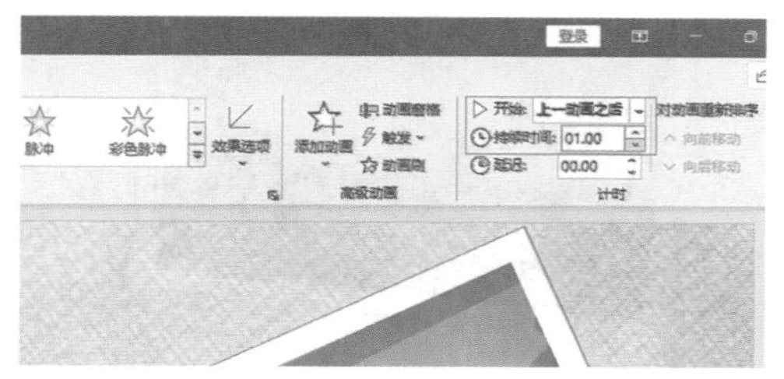

(22) 选中右上方的图片，为其设置“形状”动画样式，将“效果选项”设置为“方框”。

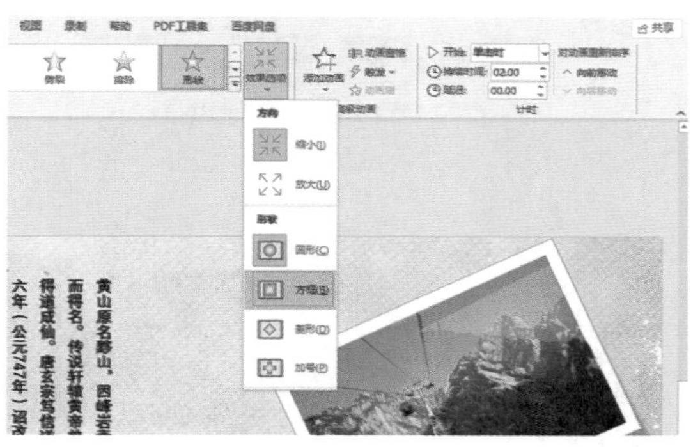

(23) 选中该图片，在“计时”组中，单击“开始”下拉按钮，在下拉列表中选择“上一动画之后”选项，将“持续时间”设置为1秒。

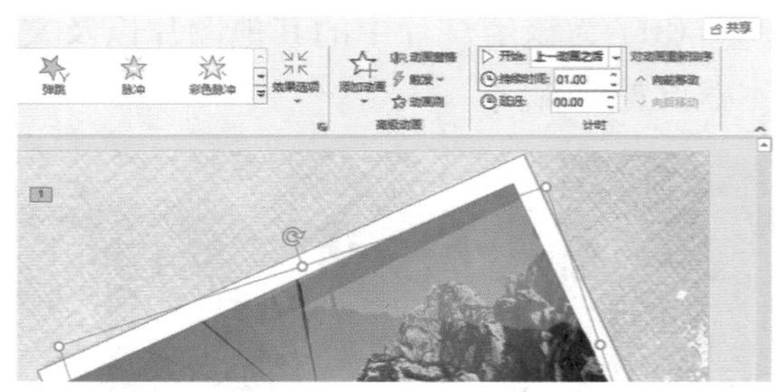

(24) 选中文本框，在“动画”组中，将文本框的动画样式设置为“缩放”。

(25) 单击“效果选项”下拉按钮，选择“幻灯片中心”选项，再选择“全部一起”选项。

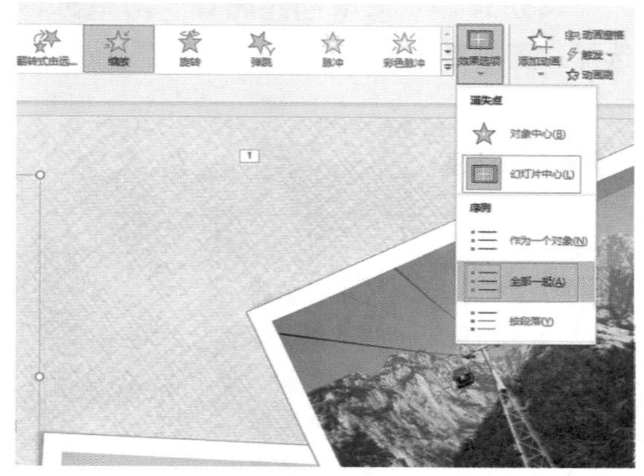

(26) 在“计时”组中，单击“开始”下拉按钮，在下拉列表中选择“上一动画之后”选项，将“持续时间”设置为1.5秒。

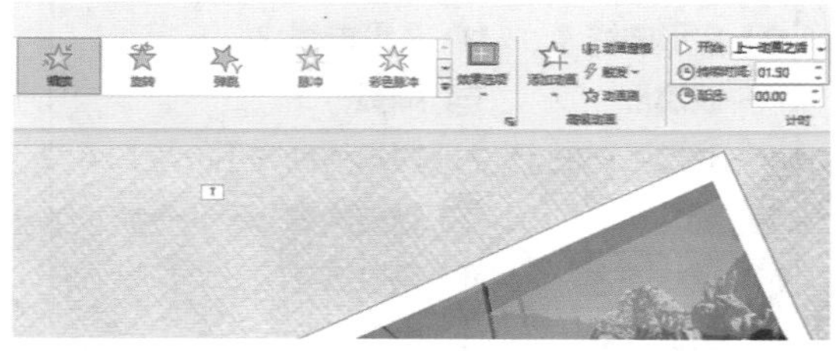

(27) 在第四张幻灯片中，选中右侧的图片，切换到“动画”选项卡，单击“动画”组中的“其他”下拉按钮，在下拉列表中单击“其他动作路径”按钮。

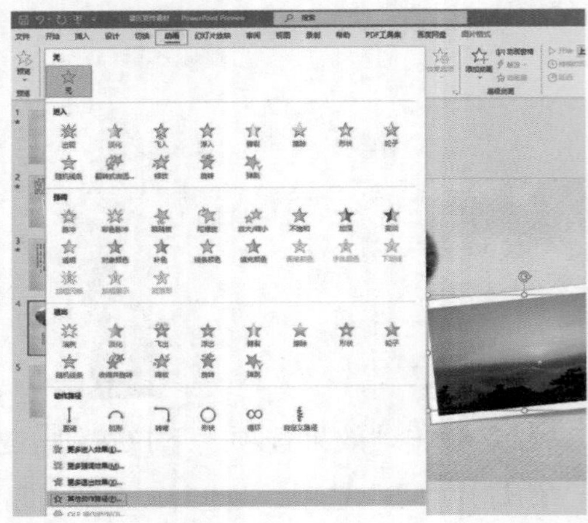

(28) 弹出“更改动作路径”对话框，选择“正方形”选项，单击“确定”按钮。

(29) 返回幻灯片中，系统会自动显示动作路径，选中图片，按住鼠标左键不放，将其拖拽至合适的位置，同时用户也可以调整图片的大小。

(30) 在“计时”组中，在“开始”下拉列表中选择“上一动画之后”选项。

(31) 为该幻灯片中的其他图片以及文本框设置动画。

Word Excel PPT 办公应用实操大全

2. 设置结尾幻灯片动画

(1) 在第五张幻灯片中，选中其中的文本框，为其设置“基本缩放”动画效果。

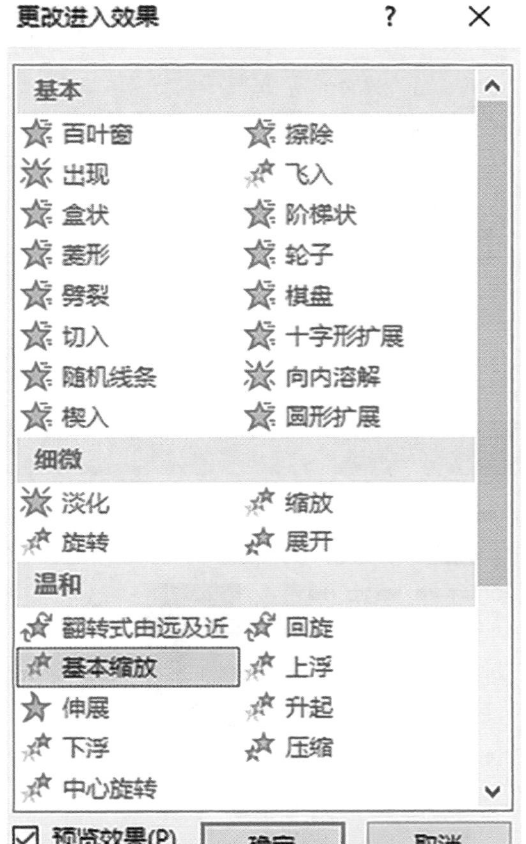

(2) 继续选中该文本框，在“高级动画”组中单击“添加动画”下拉按钮，在下拉列表中选择“波浪形”选项。

(3) 在“计时”组中，单击“开始”下拉按钮，在下拉列表中选择“与上一动画同时”选项，将“持续时间”设置为 1.5 秒。

✦ 10.2.2 设置幻灯片之间的切换效果

制作动态演示文稿除了可以为幻灯片的内容添加动画之外，还可以在幻灯片之间添加切换效果，使幻灯片的表现手法更加多样。

1. 设置封面幻灯片切换效果

(1) 选中第一张幻灯片，切换到“切换”选项卡，在“切换到此幻灯片”组中选择“涡流”样式。

(2) 在“切换到此幻灯片”组中，单击“效果选项”下拉按钮，在下拉菜单中选择合适的样式。

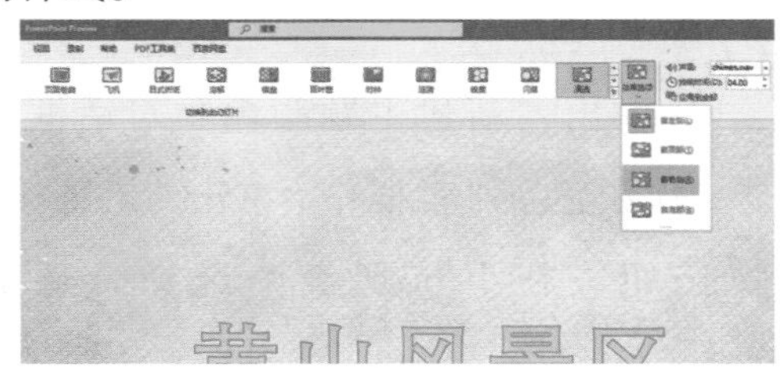

(3) 在“计时”组中，单击“声音”下拉按钮，在下拉列表中选择“风铃”选项，将“持续时间”设置为 6 秒。

2. 为剩余幻灯片设置切换效果

按照上述方法为剩余幻灯片设置切换效果。

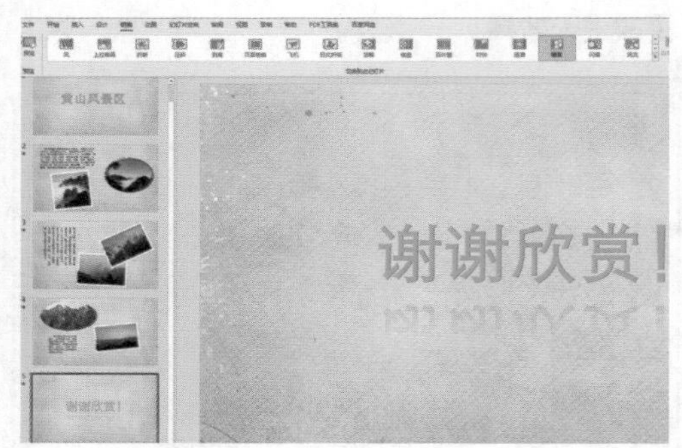

10.3 制作动态演示文稿小技巧

✦ 10.3.1 设置超链接访问前后的颜色

(1) 在 PPT 中切换到“设计”选项卡，单击“变体”组中的下拉按钮，在下拉列表中选择“颜色”选项，在子菜单中选择“自定义颜色”选项。

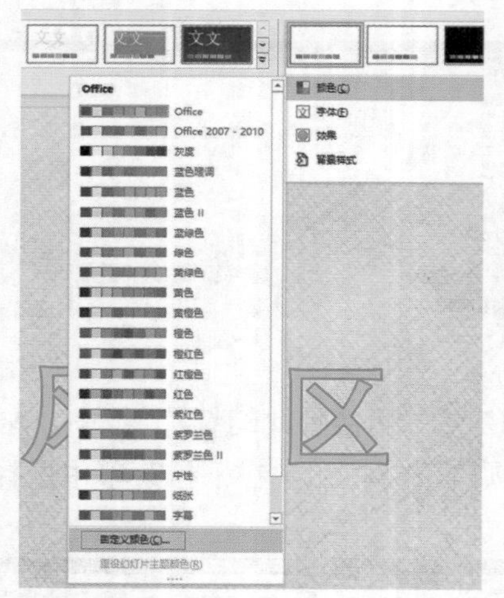

(2) 弹出“新建主题颜色”对话框，在“主题颜色”列表框中，单击“超链接”下拉按钮，在下拉列表中选择合适的颜色。

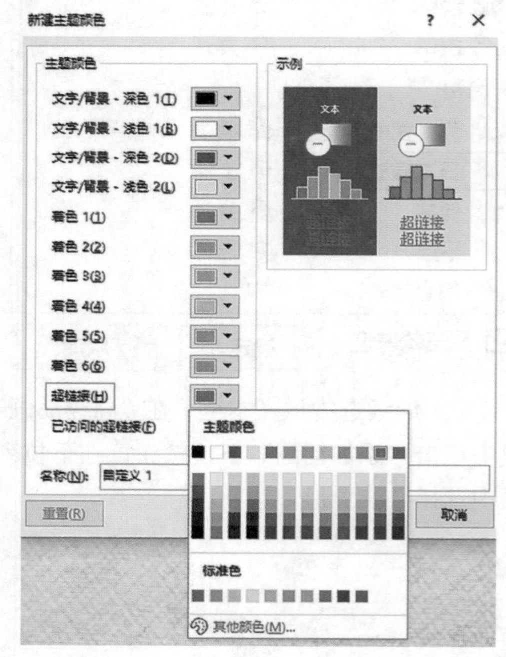

(3) 用同样的方法设置“已访问的超链接”的颜色。在“主题颜色”列表框中，单击“已访问的超链接”下拉按钮，在下拉列表中选择合适的颜色。

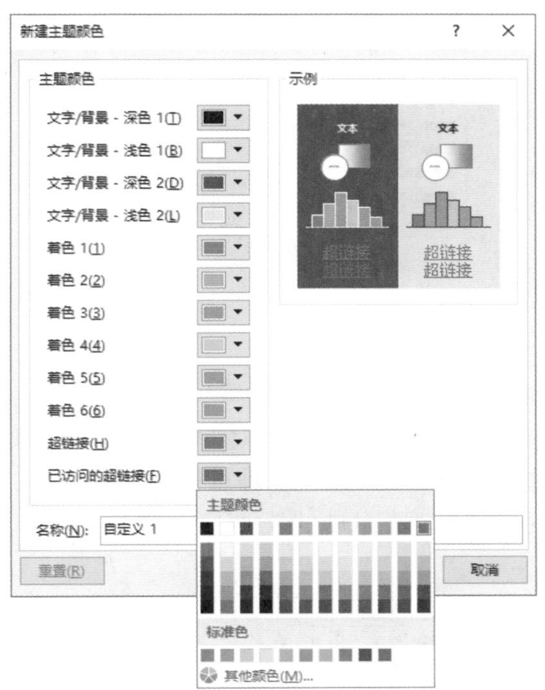

✦ 10.3.2 快速复制动画

若演示文稿内有多个对象需要设置同一动画效果，可以将此动画效果复制，然后再应用到其他对象上。

(1) 选中包含动画效果的对象，在“动画”选项卡下，双击“高级动画”组中的“动画刷”按钮。

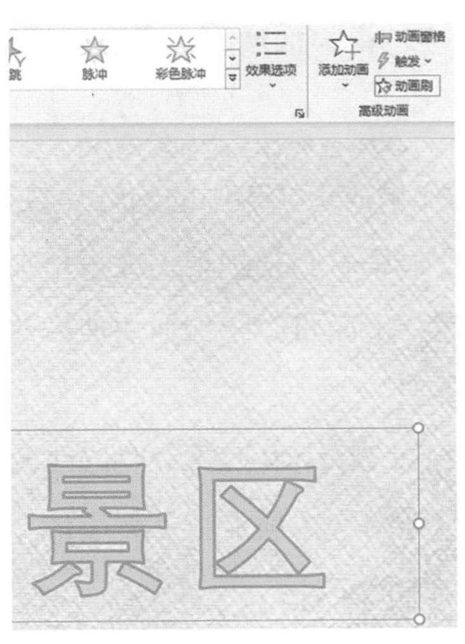

(2) 此时，光标变为刷子形状，单击需要设置此动画效果的对象，即可将该动画效果应用到当前对象上。此方法也可用于将当前文稿中的动画效果应用在其他文稿的对象上。

✦ 10.3.3 自定义动画

除了 PowerPoint 2021 内置的路径动画效果之外，用户也可以为对象设置自定义的路径动画效果，具体操作步骤如下。

(1) 为对象添加完路径动画之后，在“动画”组中单击“自定义路径”按钮。

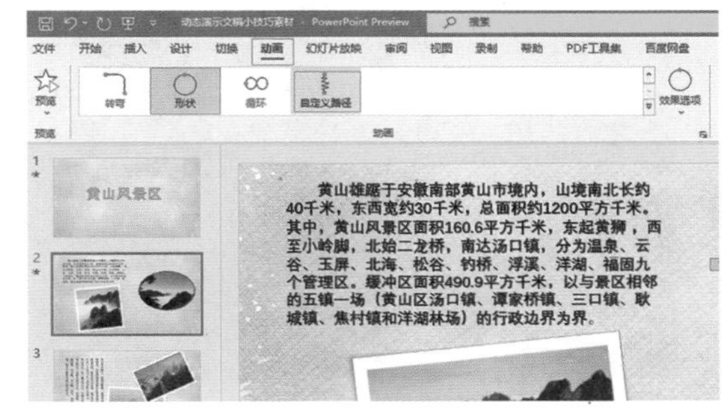

(2) 当光标变为十字形状时，用户即可在幻灯片中绘制动画的路径。

✦ 10.3.4 快速设置幻灯片之间的切换效果

切换到“切换”选项卡，单击“计时”组中的“应用到全部”按钮，即可将当前切换效果应用到所有幻灯片之间的切换。

✦ 10.3.5 设置连续放映的动画效果

为幻灯片中的对象设置动画效果后，该

动画效果会按照系统默认的方式进行演示，这样的情况动画只自动播放一次，但有时需要将动画效果设置为连续重复放映的效果，这就需要用户进行一些设置，具体操作步骤如下。

(1) 切换到“动画”选项卡，单击“高级动画”组中的“动画窗格”，在弹出的“动画窗格”中，单击该动画选项右侧的下拉按钮，或者在“动画窗格”中用鼠标右键单击该动画名称。

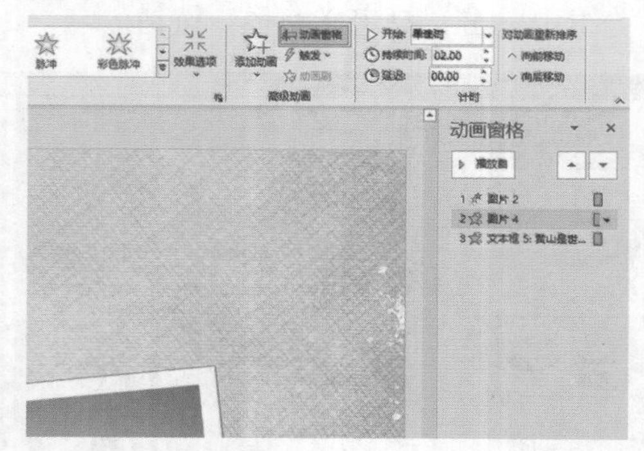

(2) 在弹出的下拉菜单中选择“计时”选项，弹出对应的动画名称对话框。

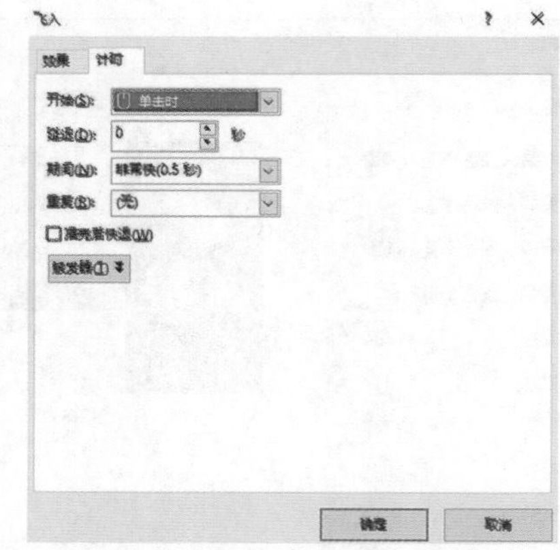

(3) 在“重复”下拉列表框中选择“直到下一次单击”选项，即可将该动画设置为一直不断重复放映的效果。

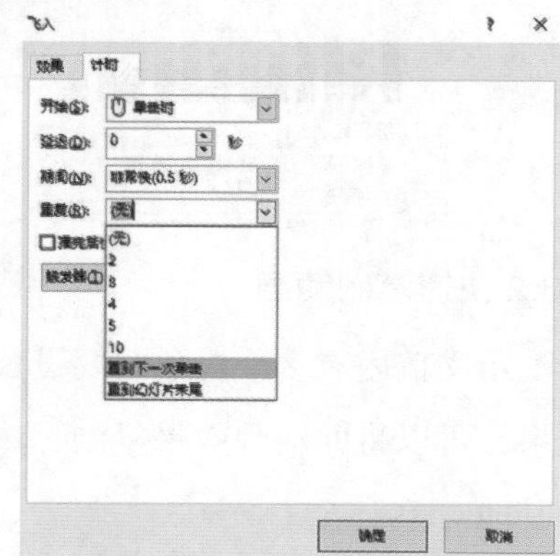

Word Excel PPT 办公应用实操大全

10.4 设置幻灯片中对象的小技巧

在制作演示文稿的时候，要想使最终完成的幻灯片表达得更加清晰，视觉效果更加吸引人，就需要对幻灯片中的各类对象进行美化设计。

✦ 10.4.1 处理幻灯片中的文字

幻灯片中的文字是向观众传达作者意图、表达制作主题和中心思想的重要手段，因而我们有必要掌握快速修改文字以及正确保存文字的方法。

1. 修改文字

用户可以采用一张一张修改文字的方法，但是如果演示文稿中的幻灯片数量较多，那么这个过程就会很烦琐，大大增加了用户的工作量，下面将介绍如何快速修改幻灯片中的文字。

(1) 在幻灯片中，选中要修改的文字，切换到“开始”选项卡，在“字体”组中查看选中文本的字体。

(2) 在“编辑”组中单击“替换”下拉按钮，选择“替换字体”选项。

(3) 弹出“替换字体”对话框，单击“替换”文本框下拉按钮，选择“等线”选项，在“替换为”下拉列表中选择“黑体”选项。

(4) 单击“替换”按钮，此时幻灯片中当前文本的字体已经被替换为“黑体”。

(5) 完成后单击“关闭”按钮即可。

2. 保存文字

假如用户在制作幻灯片时使用了下载安装的字体，那么如果将此演示文稿放在没有安装此字体的计算机上查看时，系统就会用默认的字体代替文本原有的字体，这显然不能满足用户的要求，下面将介绍解决这类问题的办法。

(1) 单击“文件”选项卡，在打开的界面中选择“另存为”选项，在右侧选择“这台电脑”选项，然后单击“浏览”按钮。

(2) 弹出“另存为”对话框，选择好保存位置，单击“工具”下拉按钮，在下拉列表中选择“保存选项”选项。

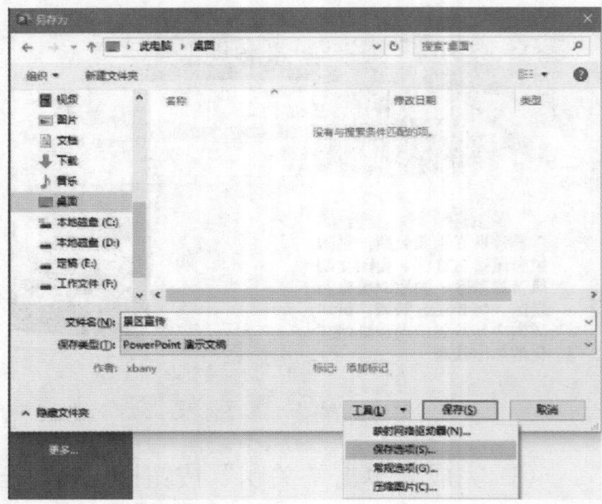

(3) 弹出“PowerPoint 选项”对话框，单击“保存”选项，在“共享此演示文稿时保持保真度”栏中，勾选“将字体嵌入文件”按钮。

(4) 单击“确定”按钮，返回“另存为”对话框，单击“保存”按钮即可。

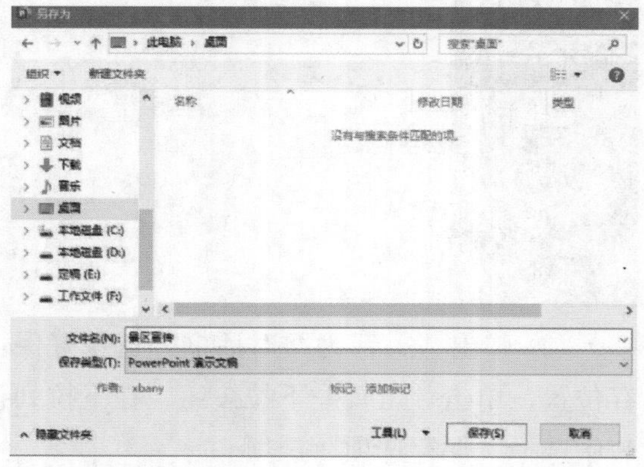

✦ 10.4.2 处理幻灯片中的图片

在幻灯片中添加图片更容易达到吸引观众注意力的效果，也能使演示文稿的表现手法更加多样。

1. 设置图片样式

(1) PowerPoint 2021 自带了许多图片样式，用户可以在 PowerPoint 2021 中直接使用这些图片样式。选中幻灯片中的图片，切换到“图片格式”选项卡，在“图片样式”组中选择合适的样式。

(2) 查看效果。

2. 设置图片效果

(1) 选中需要设置图片效果的图片，切换到“图片格式”选项卡，在“调整”组中，单击“艺术效果”下拉按钮，在下拉列表中选择合适的效果。

(2) 单击“校正”下拉按钮，在下拉列表中选择合适的校正选项。

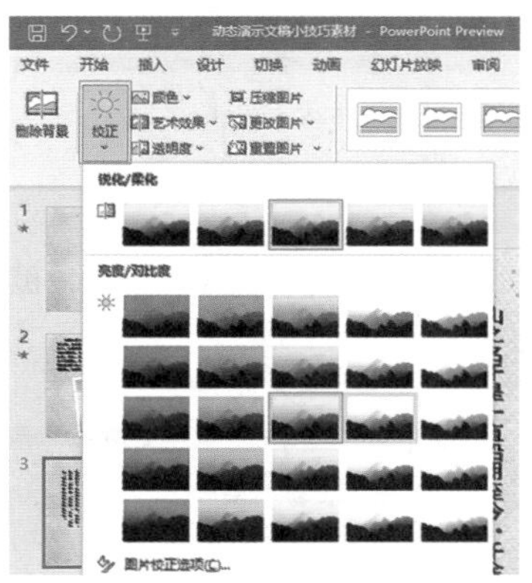

3. 组合图片

(1) 按住“Shift”键，同时选中需要组合的图片，在“图片格式”选项卡下，单击“排列”组中的“组合”下拉按钮，在下拉列表中选择“组合”按钮。

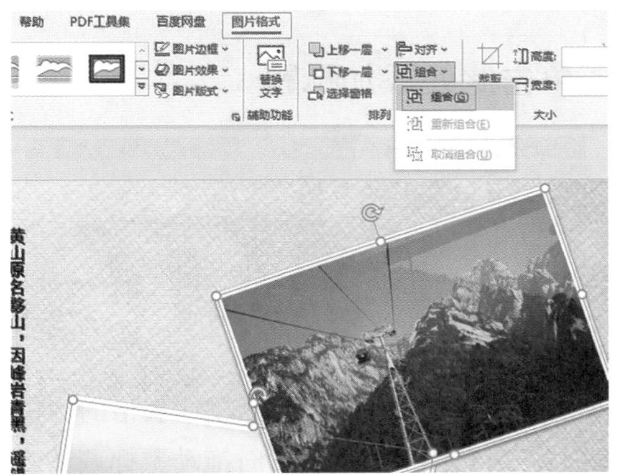

(2) 此时，选中的图片就组合成了一个整体。

✦ 10.4.3 处理幻灯片中的表格

在幻灯片中可以使用表格，以使幻灯片中的内容更加整齐规范。

1. 插入表格

(1) 单击幻灯片中的“插入表格”按钮。

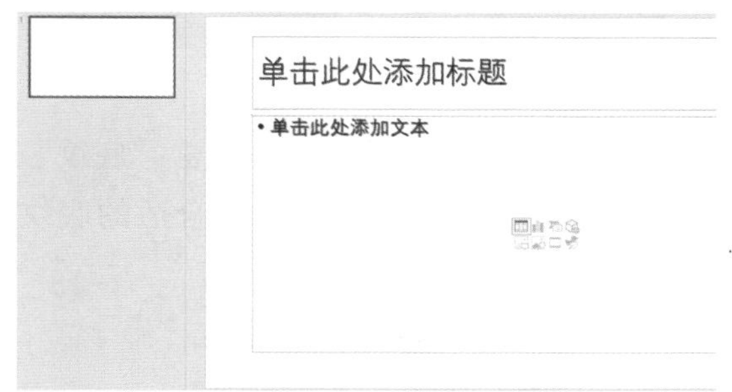

(2) 弹出“插入表格”对话框，在“列数”文本框中输入“4”，在“行数”文本框中输入“6”，单击“确定”按钮。

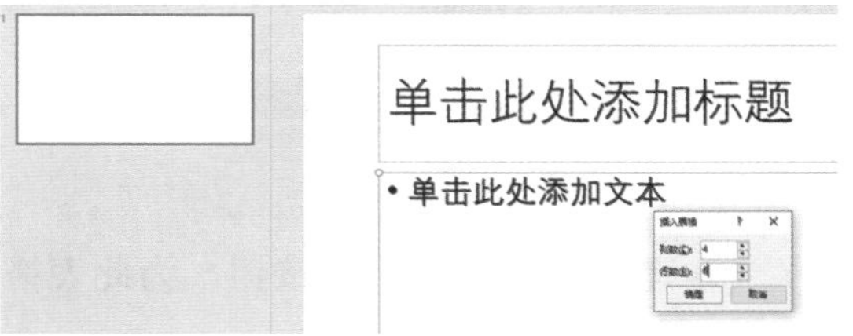

(3) 返回幻灯片工作界面，此时幻灯片中插入了一个 6 行 4 列的表格。

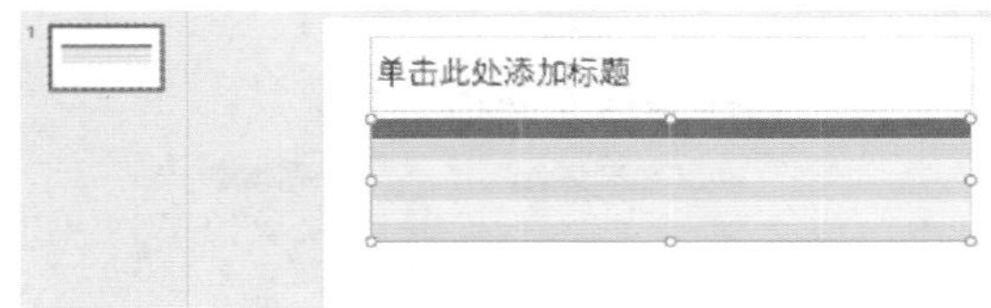

(4) 此时，用户可以在表格中输入需要的内容。

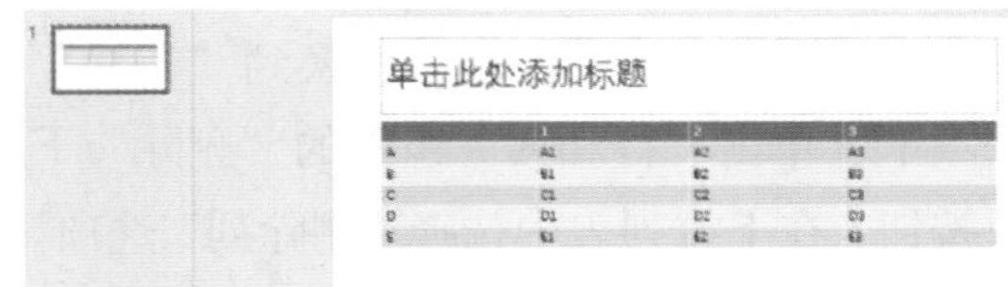

2. 修饰表格

(1) 选中插入的表格，切换到“表设计”选项卡，在“表格样式”组中为其设置合适的样式。

第三部分 PPT应用

单击此处添加标题

	1	2	3
A	A1	A2	A3
B	B1	B2	B3
C	C1	C2	C3
D	D1	D2	D3
E	E1	E2	E3

(2) 在“表格样式”组中单击“底纹”下拉按钮，在下拉列表中选择合适的底纹样式。

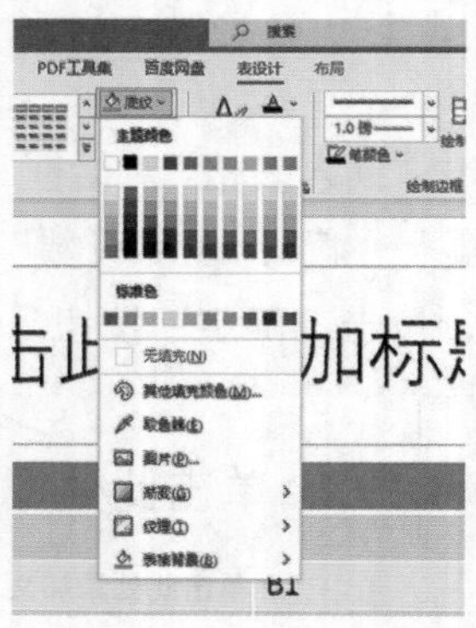

(3) 单击“效果”下拉按钮，为此表格设置合适的效果样式。

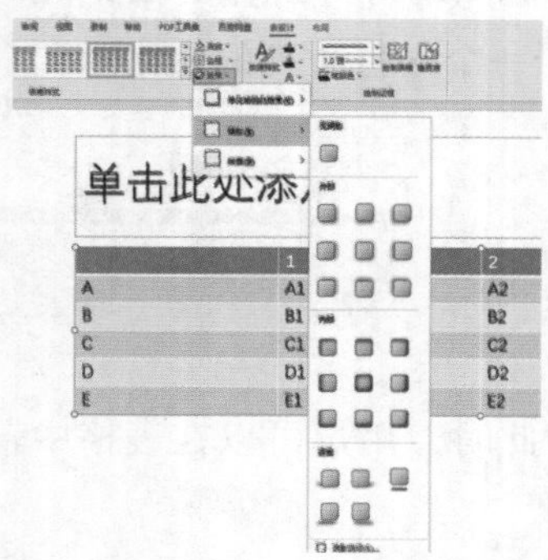

(4) 选中表格第四列，切换到“布局”选项卡，单击“行和列”组中的“删除”下拉按钮，在下拉列表中选择“删除列”选项。

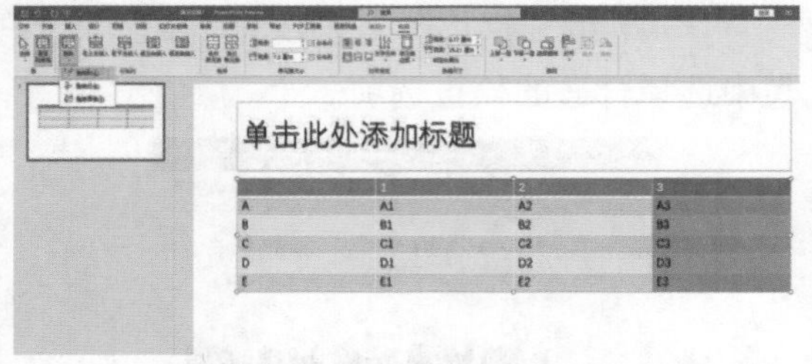

(5) 此时，表格的第四列已经被删除。

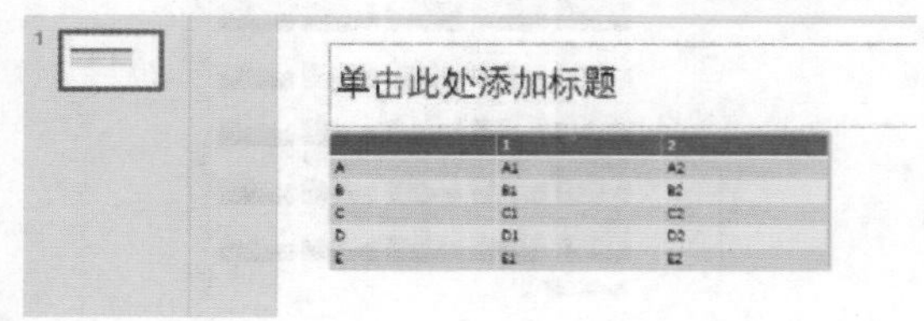

(6) 选中表格，在“布局”选项卡下的“对齐方式”组中，单击“居中”按钮，将表格中的文本都设置为居中对齐。

单击此处添加标题

	1	2
A	A1	A2
B	B1	B2
C	C1	C2
D	D1	D2
E	E1	E2

(7) 选中表格，将光标放在表格的边框线上，当光标变为十字形时拖动鼠标调整表格的位置，至此表格的设置基本完成。

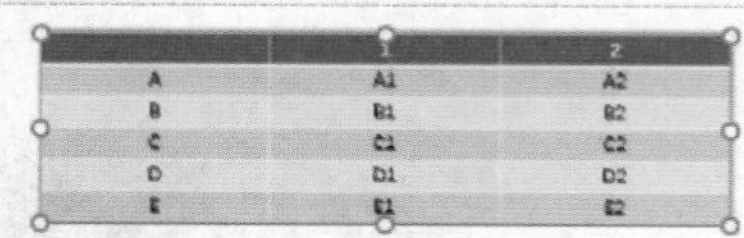

第十一章　设置演示文稿的演示效果

概述

对于用户来说，制作与美化演示文稿的最终目的是将演示文稿中的幻灯片展示给观众。前面章节所讲的幻灯片放映方式只能满足基本的放映操作。如果需要演示文稿按要求进行放映，就需要对演示文稿的放映类型以及放映方式进行设置。本章涉及的内容有设置放映方式和打包放映幻灯片等。

11.1 放映电影赏析演示文稿

本节以“电影赏析”演示文稿为例，介绍如何对幻灯片进行放映设置。

✦ 11.1.1 幻灯片的放映设置

用户可以根据幻灯片的放映类型对幻灯片的放映进行设置。

(1) 打开“电影赏析”演示文稿，切换到“幻灯片放映”选项卡，在“设置”组中，单击“设置幻灯片放映”按钮。

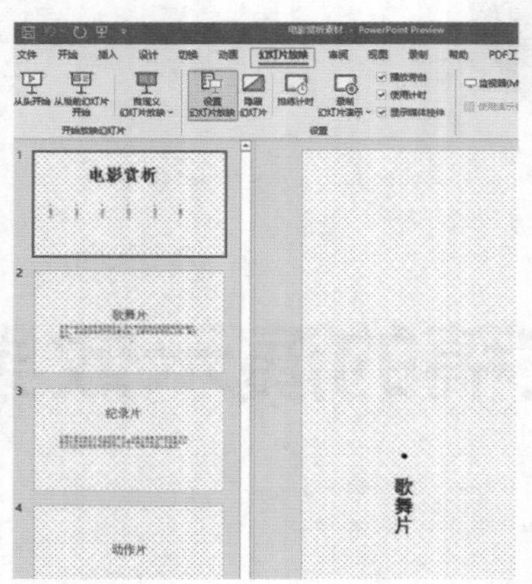

(2) 弹出“设置放映方式”对话框，用户可以在对话框中选择需要的放映类型。例如，在“放映类型”栏中勾选“观众自行浏览（窗口）”按钮，演示文稿将以窗口形式放映。

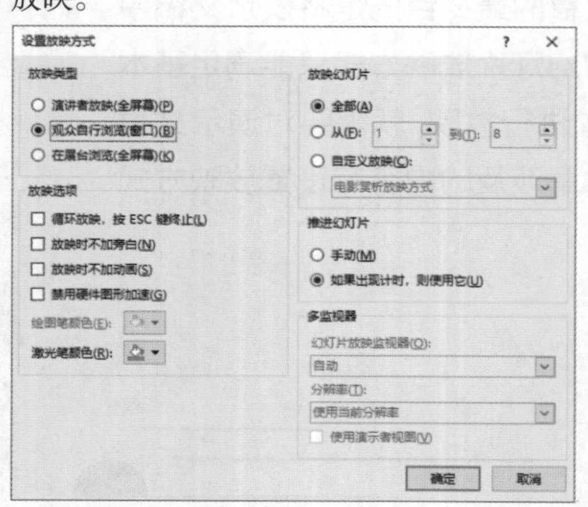

(3) 勾选“演讲者放映（全屏幕）”按钮，演示文稿将以全屏幕形式放映。

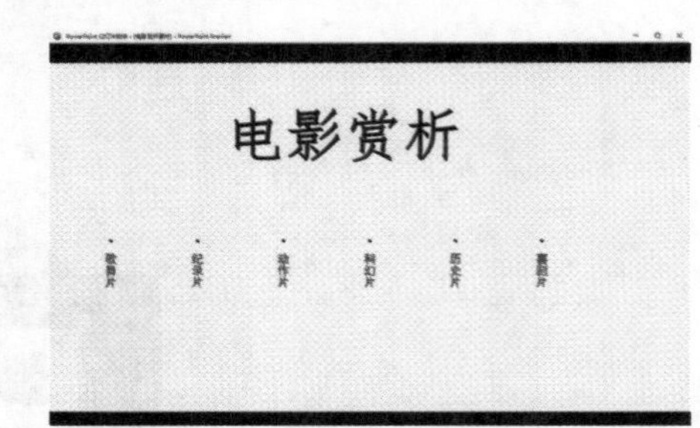

(4) 如果希望幻灯片在不需要人为控制的情况下自动播放，可以勾选“在展台浏览（全屏幕）”按钮。

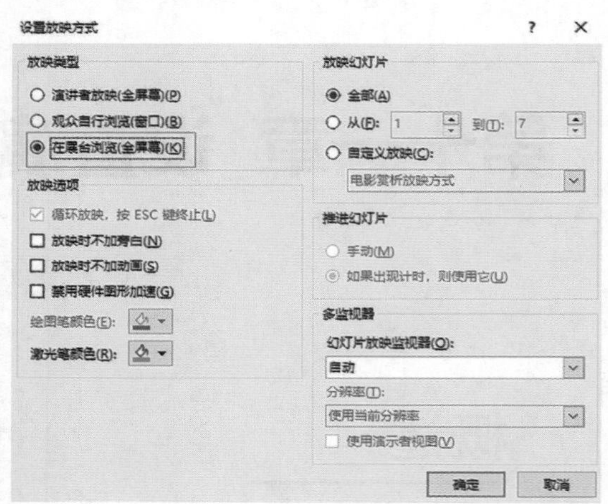

(5) 在“放映选项”栏中勾选“循环放映，按 ESC 键终止”按钮；之后在放映演示文稿时，用户按下“ESC”键即可退出放映。

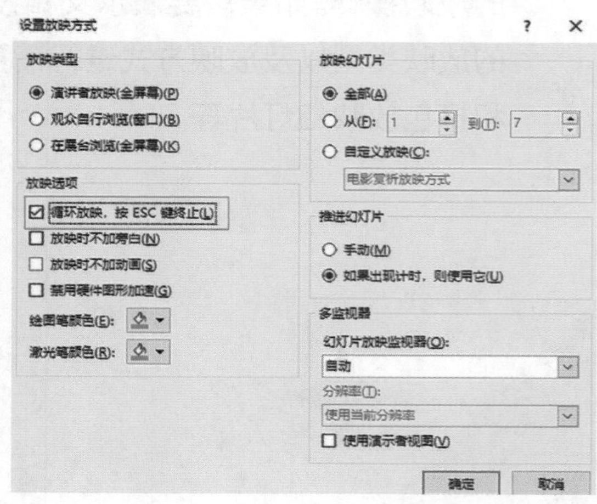

(6) 在“放映幻灯片”栏中，用户可以设置幻灯片的放映范围。放映范围默认是“全部”选项，即放映全部幻灯片。用户可以勾选“从 ** 到 **”按钮，从而设置只放映指定范围内的幻灯片。

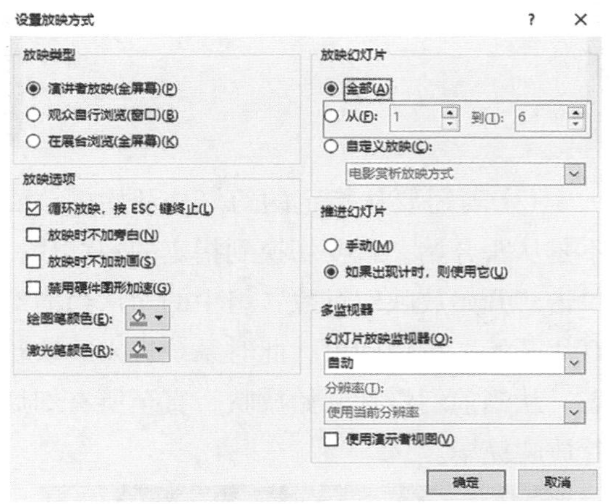

✦ 11.1.2 使用排练计时功能

排练计时功能是设置每张幻灯片在屏幕上的停留时间，在设置自动放映幻灯片之前，用户可以利用此功能设置幻灯片的自动切换时间，具体操作步骤如下。

(1) 在“幻灯片放映”选项卡下，单击“设置”组中的“排练计时”按钮。

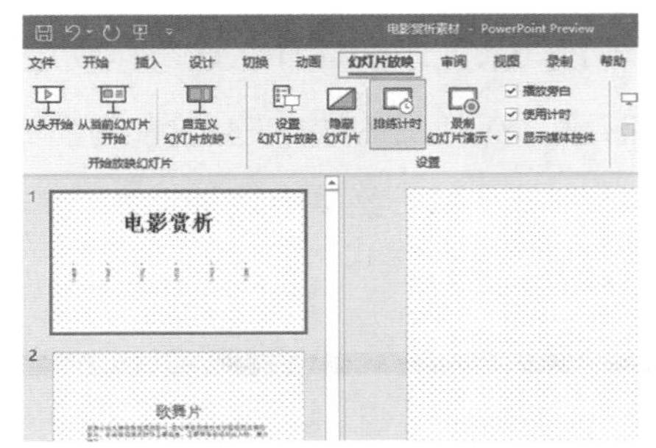

(2) 此时，幻灯片进入放映状态，放映界面左上角出现“录制”对话框，文本框中的数字记录了当前幻灯片的放映时间。

(3) 选中“录制”对话框，按住鼠标左键，将对话框拖动至合适位置，单击“下一项”按钮，为第二张幻灯片记录播放时间。

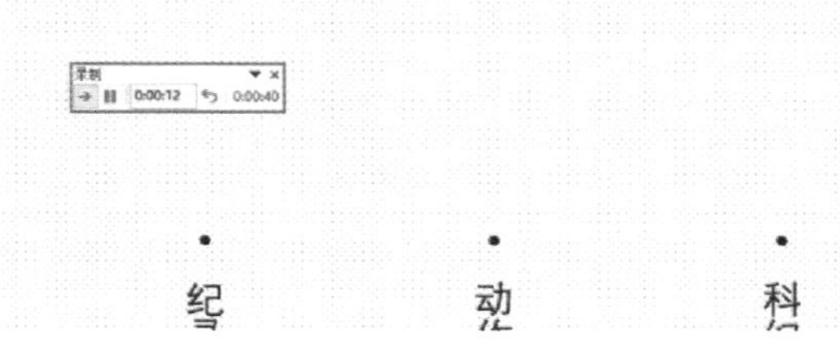

(4) 单击“暂停录制”按钮，弹出“Microsoft PowerPoint”提示框，单击“继续录制”按钮，即可继续记录放映时间。

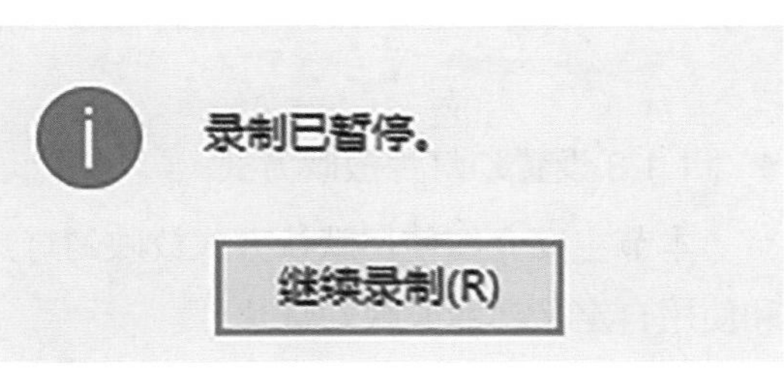

(5) 单击“重复”按钮，系统会重新开始计时。

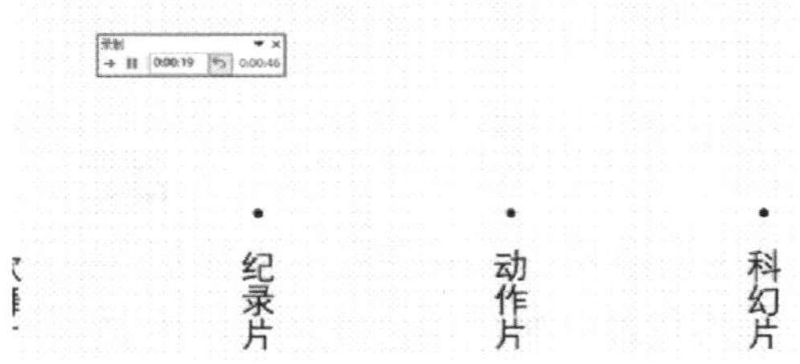

（6）记录每张幻灯片的放映时间，为最后一张幻灯片记录完放映时间后，系统会弹出提示框，提示用户幻灯片放映总共需要的时间，单击“是”按钮即可保存所有记录的时间。

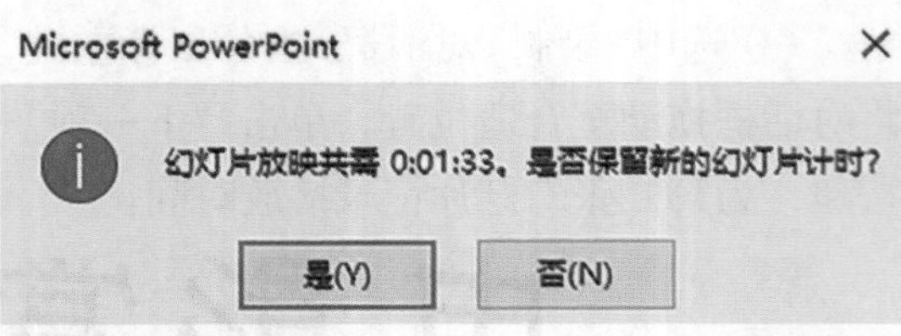

（7）切换到“视图”选项卡，在“演示文稿视图”组中，单击“幻灯片浏览”按钮，在幻灯片浏览视图中，每张幻灯片右下角都会显示与之对应的放映时间，在该演示文稿放映时，每张幻灯片都会按照其对应的时间进行播放。

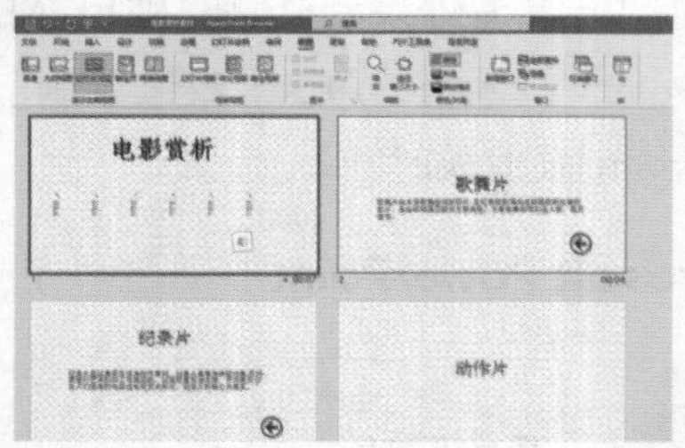

✦ 11.1.3 设置幻灯片放映方式

本节主要介绍使用默认方式放映幻灯片和使用自定义功能放映幻灯片。

1. 默认放映方式

（1）切换到“幻灯片放映”选项卡，在“开始放映幻灯片”组中，单击“从头开始”按钮。

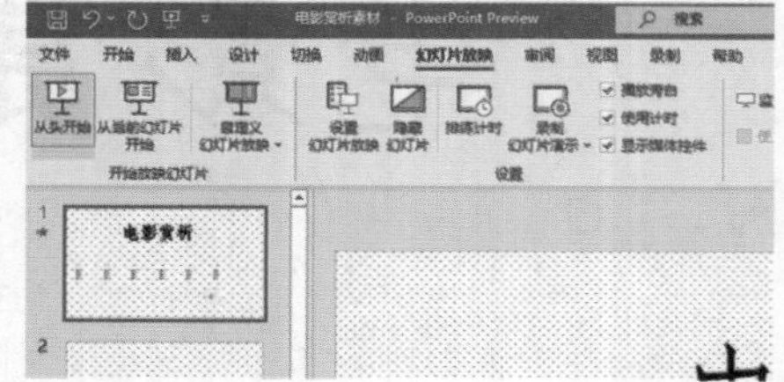

（2）此时演示文稿会处于播放状态，从第一张幻灯片开始放映，按照幻灯片次序和记录的时间依次放映幻灯片，按“ESC”键可退出放映状态。

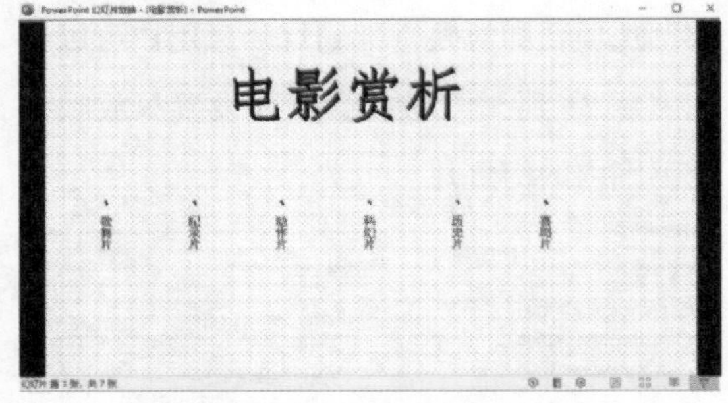

（3）若需要从指定的幻灯片开始播放而不是从头开始，就要切换到指定的幻灯片，单击“开始放映幻灯片”组中的“从当前幻灯片开始”按钮即可。此时系统进入放映状态，从当前幻灯片开始放映，直至所有幻灯片放映完毕。

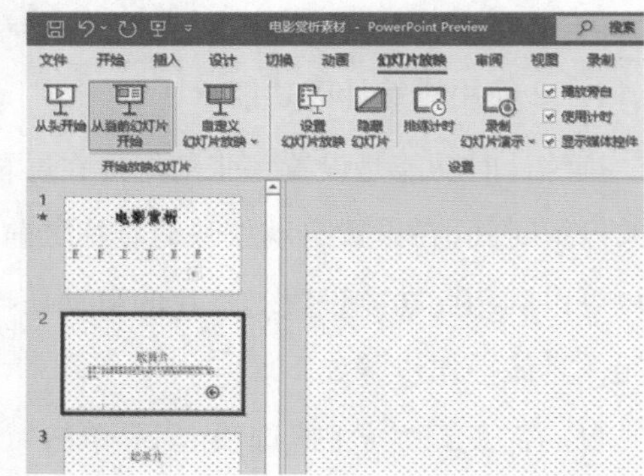

（4）在放映过程中，有时需要从当前幻灯片跳转到某一张幻灯片，这时只需要单击鼠标右键，在弹出的菜单中选择“定位至幻灯片”选项，在子菜单中选择需要跳转到的幻灯片即可。

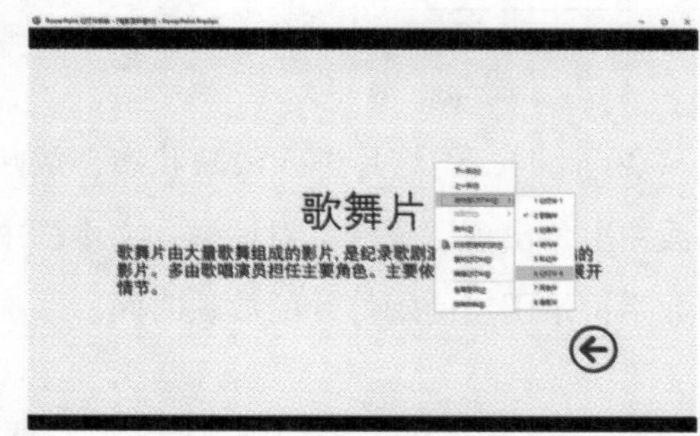

2. 自定义幻灯片放映方式

自定义幻灯片放映方式需要用到“自定义幻灯片放映”功能，具体操作步骤如下。

(1) 切换到“幻灯片放映”选项卡，在“开始放映幻灯片”组中单击“自定义幻灯片放映”下拉按钮，在下拉列表中选择“自定义放映”选项。

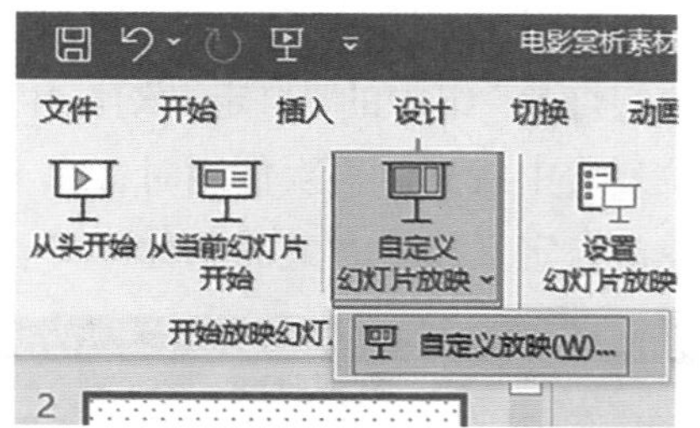

(2) 弹出“自定义放映”对话框，单击“新建”按钮。

(3) 弹出“定义自定义放映”对话框，在“幻灯片放映名称”文本框中输入名称。

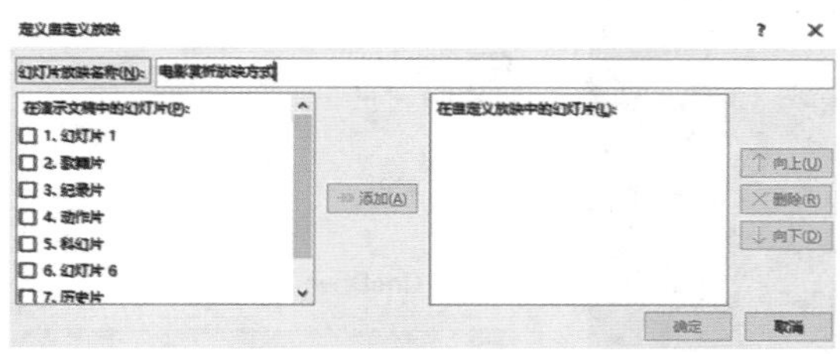

(4) 在“在演示文稿中的幻灯片”栏中，勾选要放映的幻灯片。

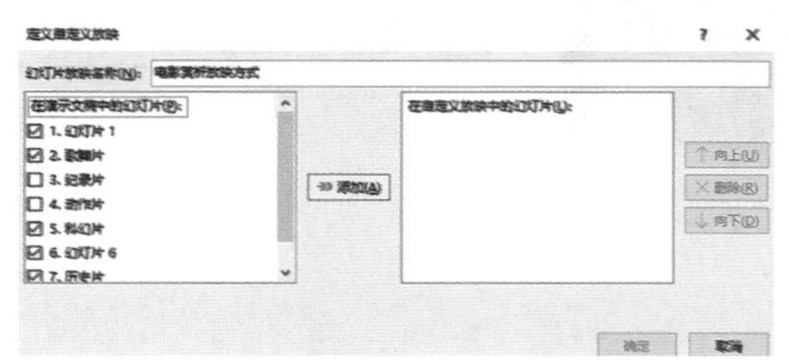

(5) 单击“添加”按钮，将被选中的幻灯片添加至“在自定义放映中的幻灯片”栏中。

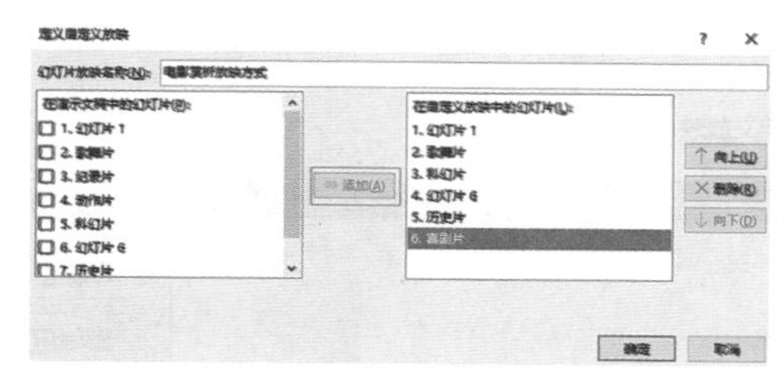

(6) 选中“在自定义放映中的幻灯片”栏中的某一张幻灯片，单击右侧的“删除”按钮，即可将选中的幻灯片从“在自定义放映中的幻灯片”栏中删除。

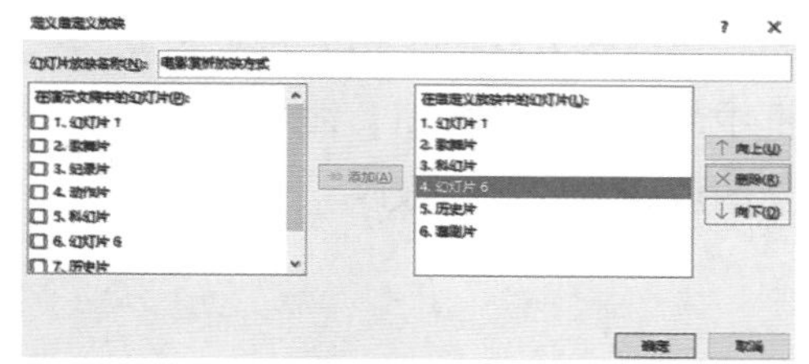

(7) 在“在自定义放映中的幻灯片”栏中选中某一张幻灯片，单击右侧的“向上”或者“向下”按钮，即可调整放映顺序。

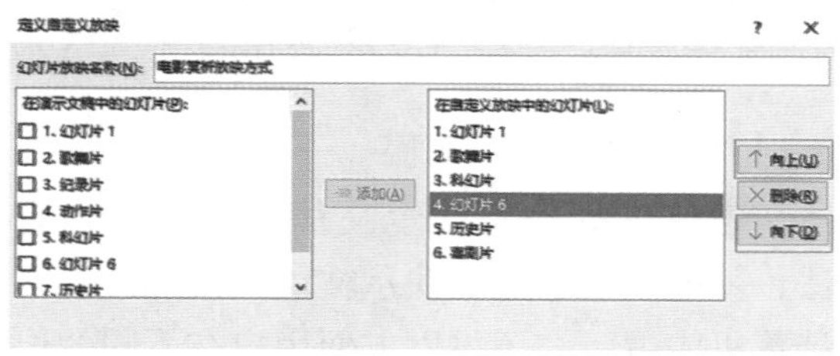

(8) 单击“确定”按钮，返回“自定义放映”对话框中，此时新建的文稿放映名称会显示在“自定义放映”栏中。

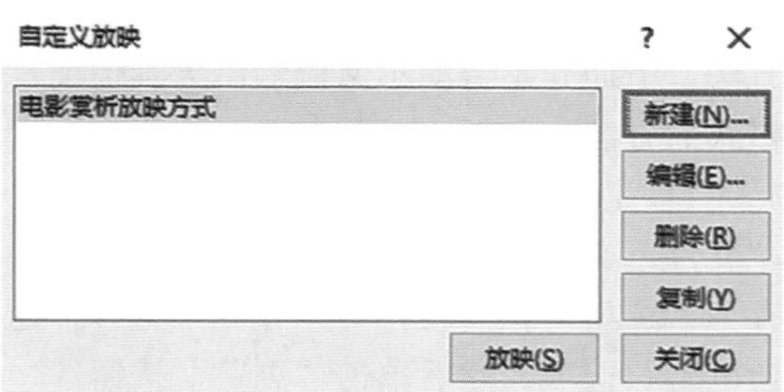

(9) 如果用户想要对新建的放映方式进行修改，可在选中该放映名称之后，单击“编辑”按钮，打开“自定义放映”对话框，在该对话框中进行调整。

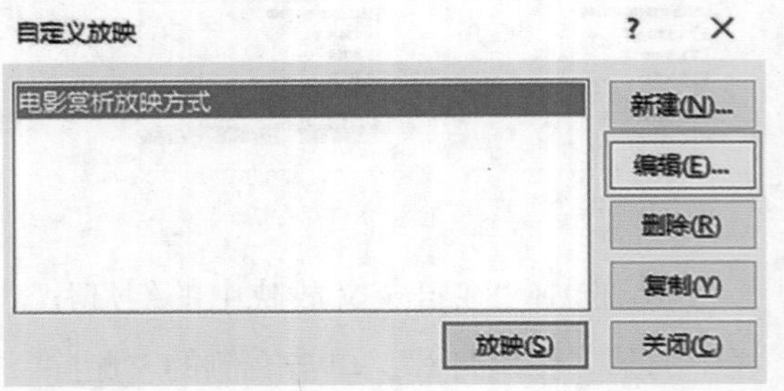

(10) 如果用户对当前放映方式不满意，可在选中该放映名称之后，单击“删除”按钮删除该放映方式。单击“自定义放映”对话框中的“放映”按钮，演示文稿会按照自定义的放映方式进行放映。

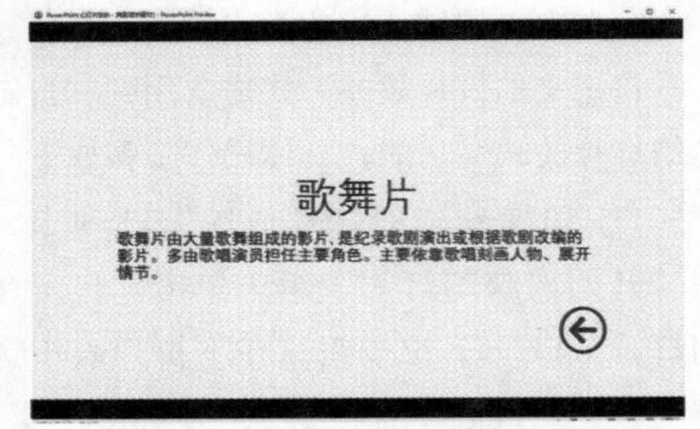

(11) 用户自定义的放映方式可以在“开始放映幻灯片”组中的“自定义幻灯片放映”的下拉列表中找到。再次使用时，在下拉列表中单击自定义放映方式的名称即可。

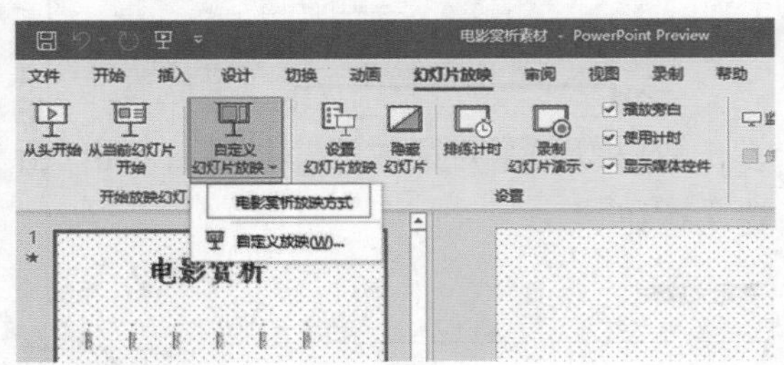

11.2 演示文稿的输出和打包

在实际工作当中，用户经常需要将演示文稿放到其他电脑上进行播放，这时可能会出现文稿里的一些数据丢失或失效的情况。本节以“景区宣传”演示文稿为例，介绍如何输出演示文稿和打包演示文稿。

✦ 11.2.1 输出演示文稿

熟练掌握输出演示文稿的各种操作方法，就能使制作好的演示文稿不仅能直接在计算机中展示，还可以方便用户在不同的位置或环境中使用。

1. 输出为图片格式

在前面第九章的时候，已经介绍过将演示文稿保存为“TIFF Tag 图像文件格式”的方法，下面介绍将演示文稿输出为其他图片格式的方法。

(1) 打开“景区宣传”演示文稿，单击“文件”选项卡，在打开的界面中选择“另存为”选项，在“另存为”界面中选择“这台电脑”选项，然后单击“浏览”按钮。

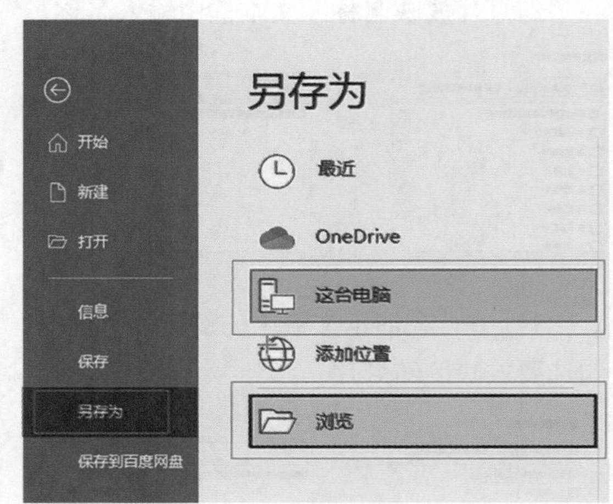

（2）弹出“另存为”对话框，单击“保存类型”下拉按钮，在下拉列表中选择图片格式。

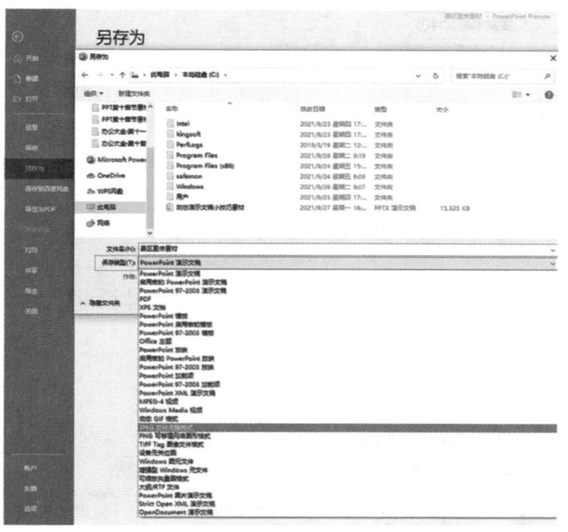

（3）单击“保存”按钮，系统会弹出提示框，提示用户选择需要输出为图片的幻灯片，用户根据需要选择相应的选项即可。

（4）打开保存图片的文件夹，查看效果。

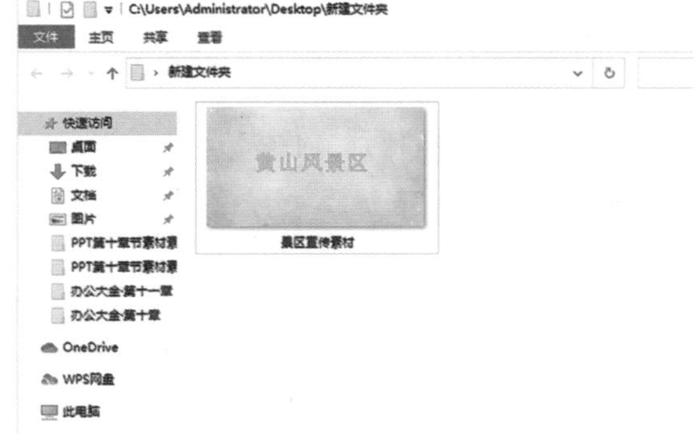

2. 输出为 PDF 格式

将演示文稿输出为 PDF 格式的具体操作步骤如下。

（1）按上述步骤打开“另存为”对话框，在“保存类型”下拉列表中，选择“PDF”选项。

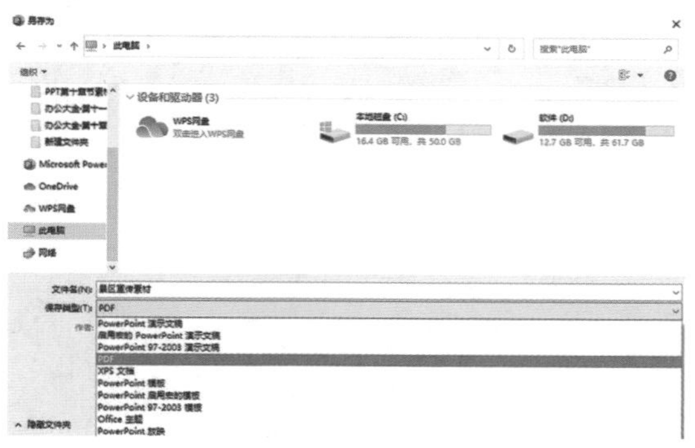

（2）单击“保存”按钮，即可完成输出操作。

3. 打印演示文稿

第九章中已经介绍过打印演示文稿的一些基本操作，下面将介绍一些打印演示文稿时用到的常规操作。

（1）切换到“设计”选项卡，在“自定义”组中单击“幻灯片大小”下拉按钮，在下拉列表中选择“自定义幻灯片大小”选项。

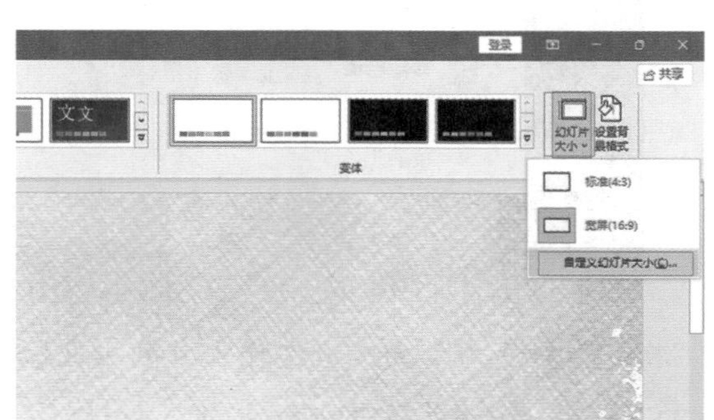

（2）弹出“幻灯片大小”对话框，将“幻

灯片大小”设置为“宽屏”，单击“确定”按钮。

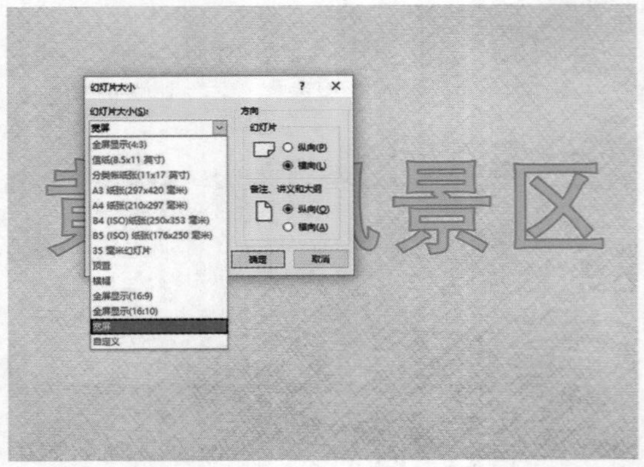

(3) 单击“文件”选项卡，在打开的界面中选择“打印”选项，用前面讲过的方法完成打印操作。

✦ 11.2.2 打包演示文稿

打包演示文稿的具体操作步骤如下。

(1) 单击“文件”选项卡，在打开的界面中选择“导出”选项，在“导出”界面中选择“将演示文稿打包成 CD”选项，再单击界面右侧的“打包成 CD”按钮。

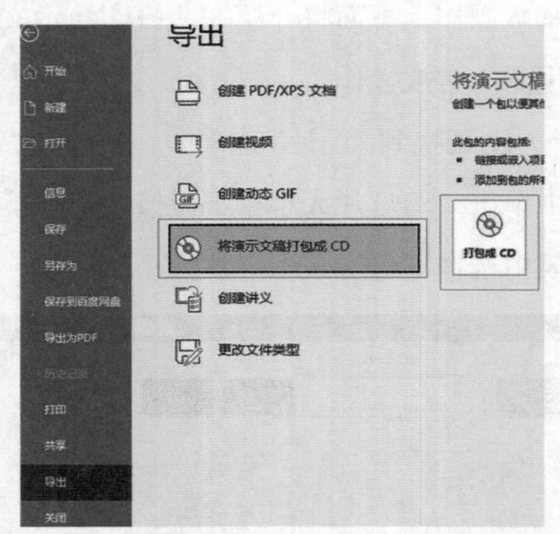

(2) 弹出“打包成 CD”对话框，在“将 CD 命名为”文本框中输入“演示文稿 CD”，然后单击“复制到文件夹”按钮。

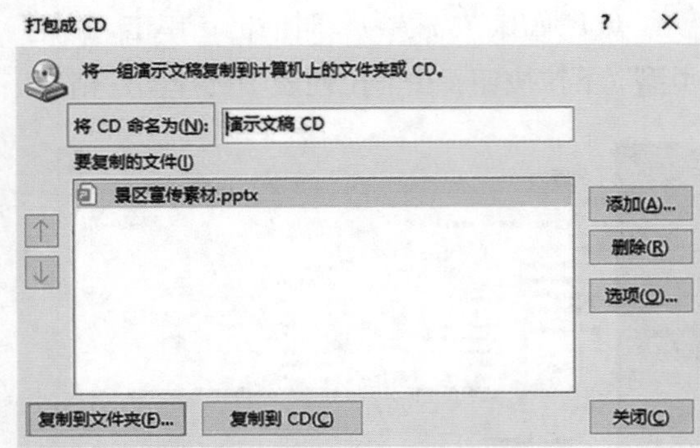

(3) 弹出“复制到文件夹”对话框，单击“浏览”按钮。

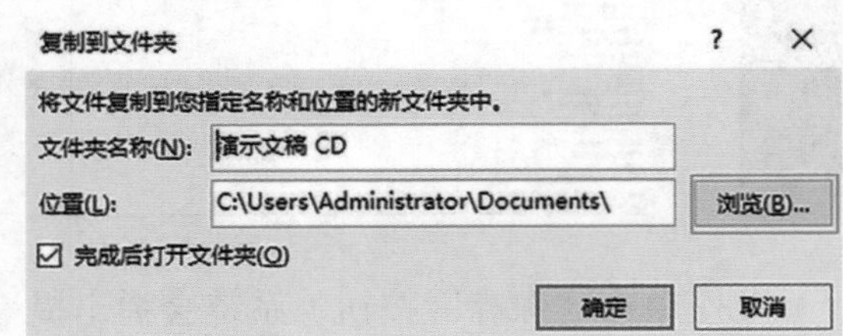

(4) 弹出“选择位置”对话框，选择好文件保存的位置，单击“选择”按钮。

(5) 返回“复制到文件夹”对话框，单击“确定”按钮，随后系统会弹出提示框，单击“是”按钮。

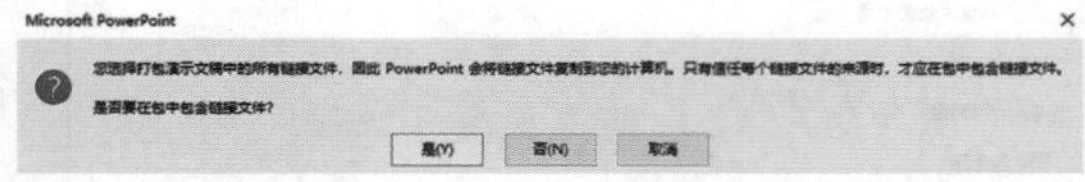

(6) 稍等片刻，系统复制完文件后，会自动打开相应的文件夹。如下图所示，已经完成了打包操作。

(7) 打开“PresentationPackage”文件夹，双击“PresentationPackage.html”文件，打开对应网页，下载播放器并安装后，即可播放该演示文稿。

11.3 制作 PPT 小技巧

✦ 11.3.1 为超链接对象设置提示信息

当鼠标指向超链接时，屏幕会自动出现提示文字。除了默认的提示信息外，用户还可以在 PPT 中设置自己想要的提示信息，具体操作步骤如下。

选中要插入超链接的对象，在“插入”选项卡下单击“链接”组中的“链接”按钮，弹出“插入超链接”对话框，单击“屏幕提示”按钮，弹出“设置超链接屏幕提示”对话框，在“屏幕提示文字”文本框中输入需要的文本内容。

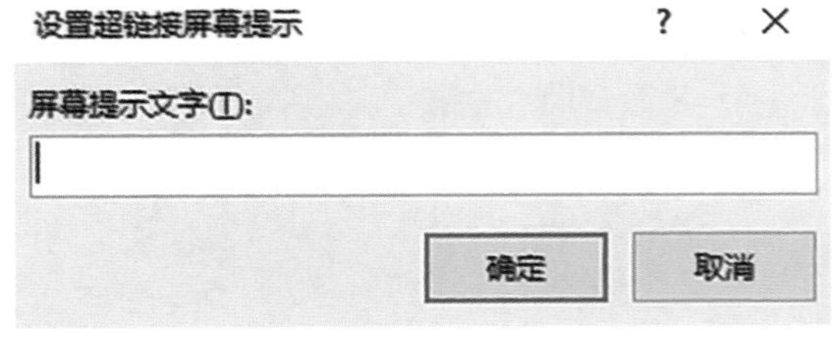

✦ 11.3.2 设置动画参数

在“动画”选项卡下，单击“高级动画”组中的“动画窗格”按钮，在“动画窗格”中，选中某一动画，单击其下拉按钮，在弹出的下拉菜单中，用户可选择设置选项。

✦ 11.3.3 插入录音音频

在制作演示文稿时，有时会需要对某一项内容进行讲解，此时就用到了录音功能。为幻灯片添加录音的具体操作步骤如下。

(1) 在“插入”选项卡下单击“媒体”组中的“音频”下拉按钮，在下拉列表中选择“录制音频”选项。

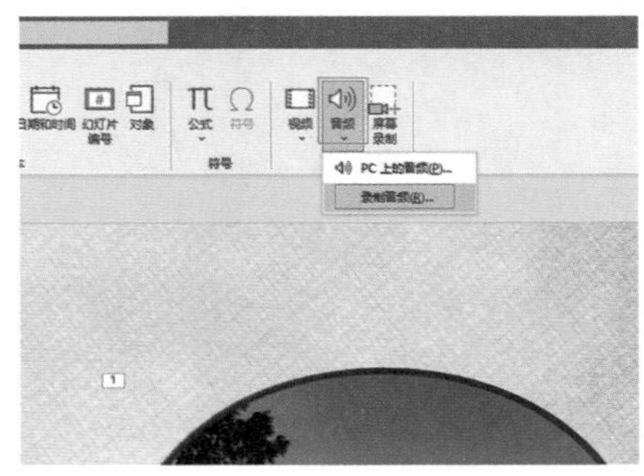

(2) 弹出“录制声音”对话框，单击“录制”按钮开始录音，单击“停止”完成录音，再单击“确定”按钮即可插入录音。

✦ 11.3.4 使用激光笔

激光笔又名指星笔、手持激光器等，多用于指示作用而得名，拥有非常显而易见的可见光束。激光笔经常被用在课堂教学中，起到指示黑板内容的作用。在 PPT 中使用激光笔的具体操作步骤如下。

1. 调用激光笔

在放映幻灯片时，按住“Ctrl”键，同时按住鼠标左键，这时光标会变成一个激光笔照射状态的红圈。

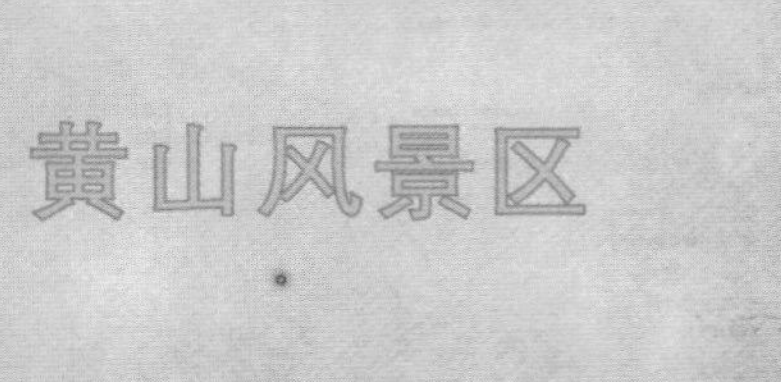

2. 设置激光笔颜色

在“幻灯片放映”选项卡下，单击“设置”组中的“设置幻灯片放映”按钮，打开“设置放映方式”对话框，单击“激光笔颜色”下拉按钮，选择合适的颜色。

Word Excel PPT 办公应用实操大全

第十二章 Office三软件协同办公

概述

在日常学习以及办公过程中，用户经常需要在Word、Excel以及PPT中来回切换使用。这个时候使用Office协同办公功能会大大提高用户的办公效率。

12.1 Word 和 Excel 之间协同办公

用户可以通过 Office 协同办公功能，在 Word 中使用 Excel 表格，或者在 Excel 中使用 Word 数据。

✦ 12.1.1 在 Word 中使用 Excel 表格

在 Word 中使用 Excel 表格的方法如下。

1. 复制粘贴

(1) 选中 Excel 中的表格数据，单击鼠标右键，在弹出的快捷菜单中选择“复制”选项，或者选中表格数据，按下“Ctrl+C”快捷键直接进行复制。

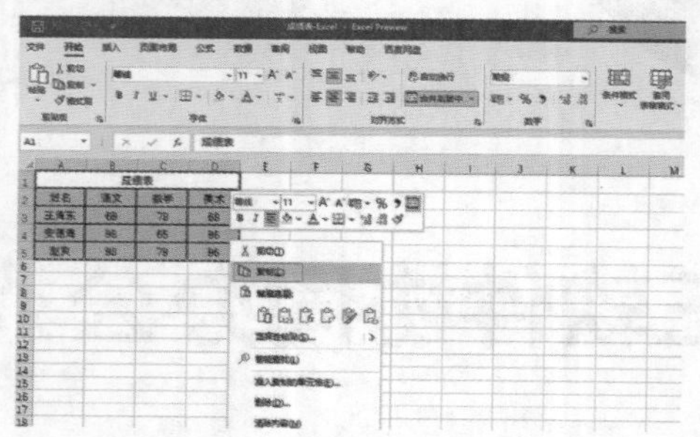

(2) 打开 Word 文档，鼠标右键单击空白处，在弹出的快捷菜单中选择“保留源格式”粘贴选项。

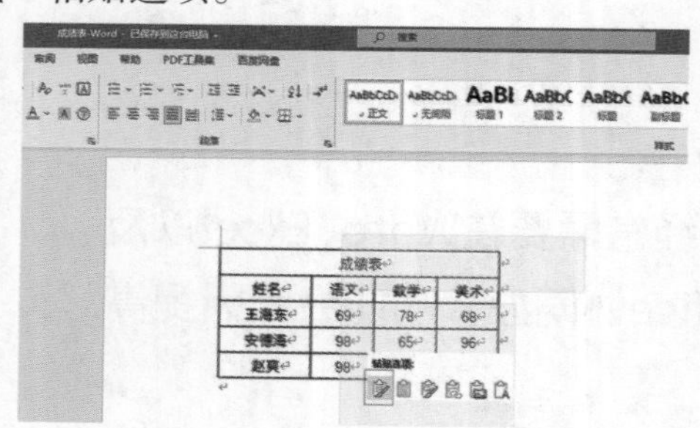

(3) 在 Word 文档中调整表格以及表格中的文本格式。

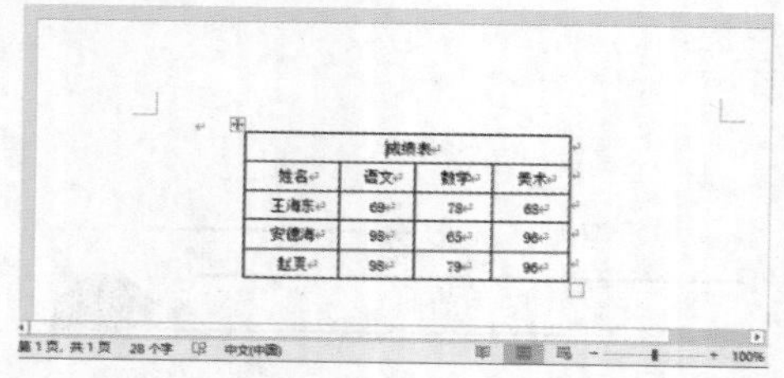

2. 插入表格

在 Word 中如果要使用 Excel 表格中的各种功能，可以通过插入表格来实现。

(1) 打开 Word 文档，切换到“插入”选项卡，单击“文本”组中的“对象”下拉按钮，在下拉列表中选择“对象”选项。

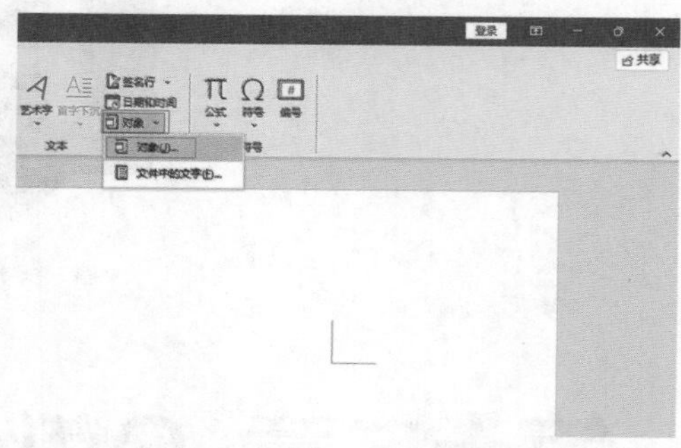

(2) 弹出“对象”对话框，切换到“由文件创建”选项，单击“文件名”文本框右侧的“浏览”按钮。

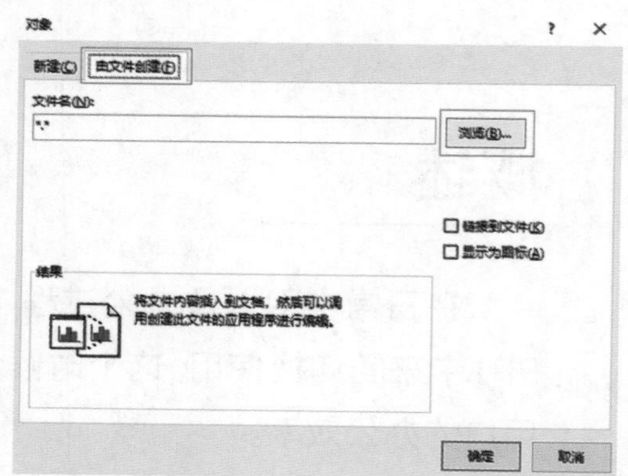

(3) 打开“浏览”对话框，选择要插入的文档，单击“插入”按钮。

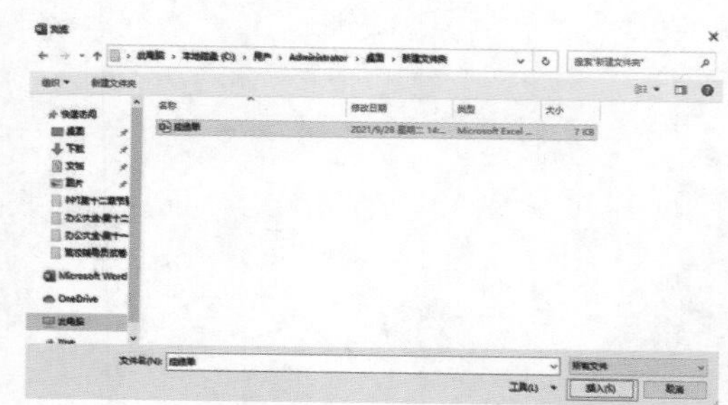

(4) 返回“对象”对话框，单击“确定”按钮。

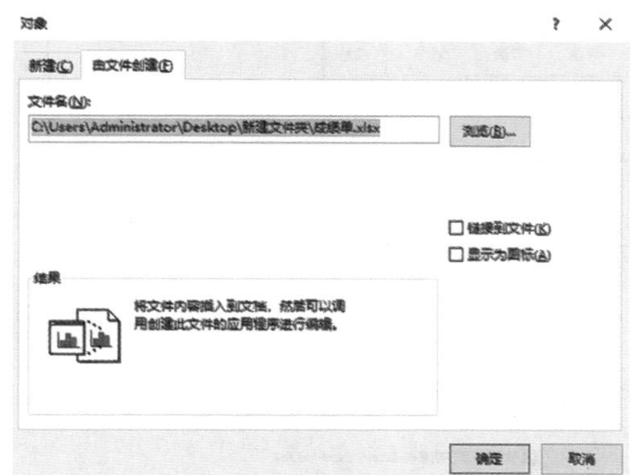

(5) 返回 Word 文档中，查看插入的表格。与复制粘贴到 Word 文档中的 Excel 表格不同，此时插入的表格所具有的功能和在 Excel 中的完全一致。

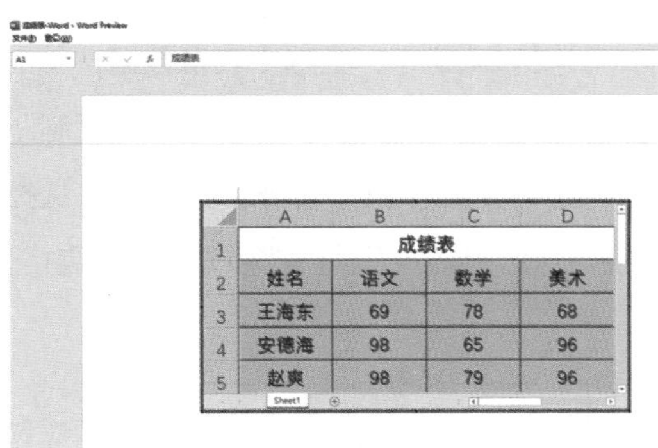

成绩表			
姓名	语文	数学	美术
王海东	69	78	68
安德海	98	65	96
赵爽	98	79	96

(6) 双击插入的表格即可进入编辑状态。单击空白处即可退出编辑状态。

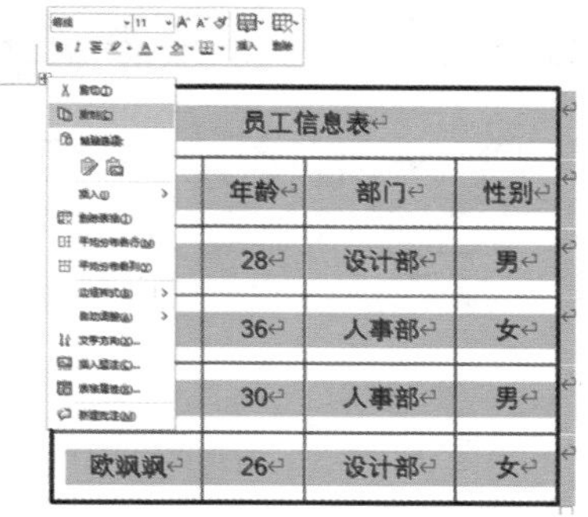

成绩表			
姓名	语文	数学	美术
王海东	69	78	68
安德海	98	65	96
赵爽	98	79	96

✦ 12.1.2 在 Excel 中使用 Word 数据

在 Excel 中使用 Word 数据的具体操作步骤如下。

1. 复制粘贴

(1) 打开“员工信息表”文档，全选中表格，单击鼠标右键，在弹出的快捷菜单中选择“复制”选项。

(2) 在 Excel 中，选择某一单元格单击鼠标右键，在弹出的快捷菜单中选择“保留源格式”粘贴选项。

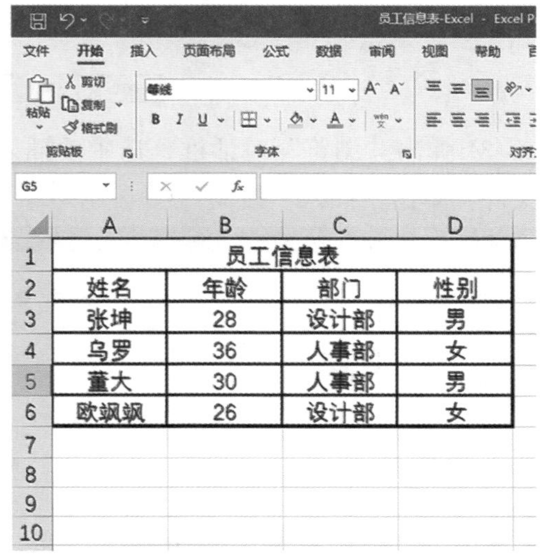

(3) 对插入的表格进行调整。

员工信息表			
姓名	年龄	部门	性别
张坤	28	设计部	男
乌罗	36	人事部	女
董大	30	人事部	男
欧飒飒	26	设计部	女

2. 插入 Word 中的表格

（1）在 Excel 中，选中某一单元格，这里选择“A1”单元格，切换到“插入”选项卡，在“文本”组中，单击“对象”按钮。

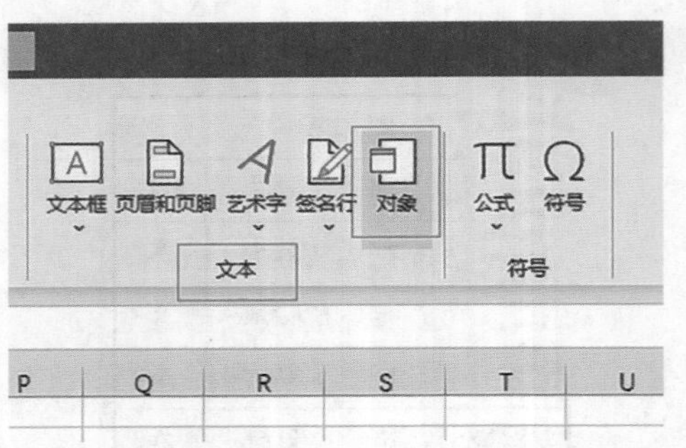

（2）弹出“对象”对话框，切换到“由文件创建”选项，单击“文件名”文本框右侧的“浏览”按钮。

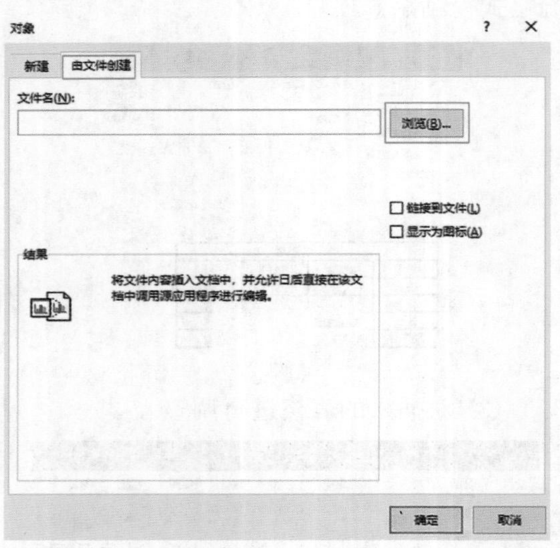

（3）弹出“浏览”对话框，选中要插入的文件，单击“插入”按钮。

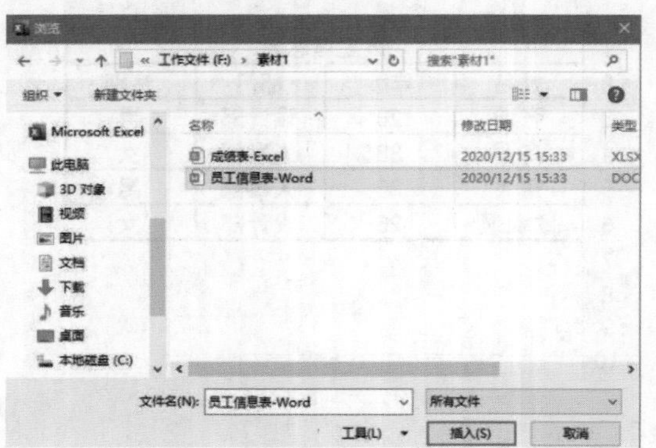

（4）插入完成后，对表格进行调整。

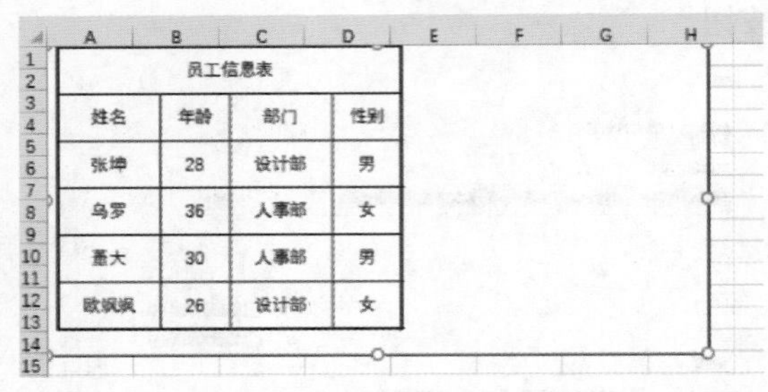

员工信息表			
姓名	年龄	部门	性别
张坤	28	设计部	男
乌罗	36	人事部	女
聂大	30	人事部	男
欧飒飒	26	设计部	女

（5）双击表格，进入编辑状态，表格具有的编辑功能和在 Word 中的一致。

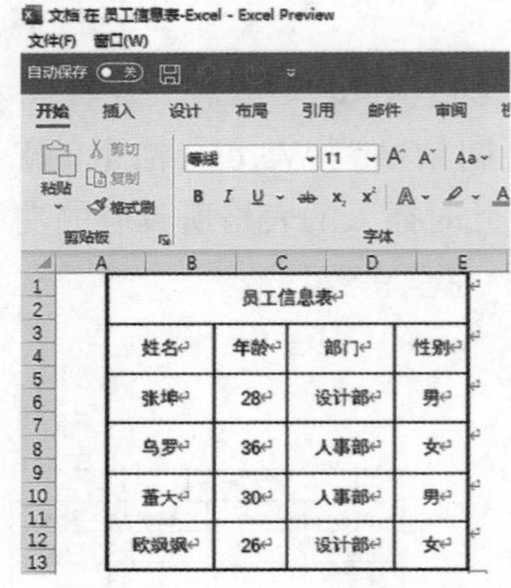

员工信息表			
姓名	年龄	部门	性别
张坤	28	设计部	男
乌罗	36	人事部	女
聂大	30	人事部	男
欧飒飒	26	设计部	女

✦ 12.1.3 同步更新数据

同步更新数据是为了实现 Word 与 Excel 中的数据同步，即当源数据发生变更时，引用了该数据的文档也要随之改变。

1. 使用复制粘贴

（1）在 Excel 中，全选中表格数据，单击鼠标右键，在弹出的快捷菜单中选择“复制”选项；在 Word 文档中，单击鼠标右键，选择“链接与保留源格式”粘贴选项，并调整表格。

成绩表			
姓名	语文	数学	美术
王海东	69	78	68
安德海	98	65	96
赵爽	98	79	96

（2）在 Excel 中更改源数据。

	A	B	C	D
1	成绩表			
2	姓名	语文	数学	美术
3	王海东	69	78	68
4	安德海	98	66	96
5	赵爽	98	79	96

（3）返回 Word 文档中，在任意空白处单击鼠标右键，在弹出的快捷菜单中选择“更新链接”选项。

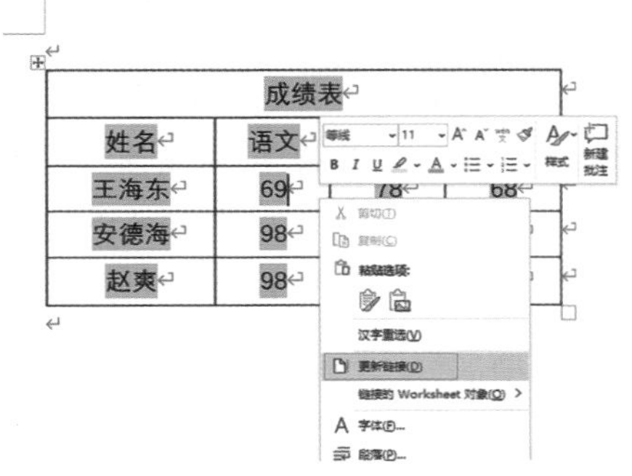

（4）此时，Word 文档中的表格内容也会随着 Excel 中源数据的改变而改变。

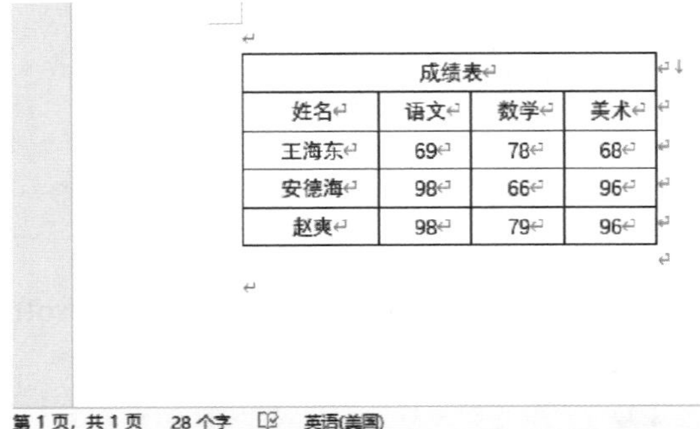

成绩表			
姓名	语文	数学	美术
王海东	69	78	68
安德海	98	66	96
赵爽	98	79	96

第 1 页，共 1 页 28 个字 英语(美国)

2. 使用选择性粘贴

使用“选择性粘贴”同步数据的具体操作步骤如下。

（1）打开“体育测试成绩”文档，复制表格数据，在 Excel 中，选择“选择性粘贴”选项。

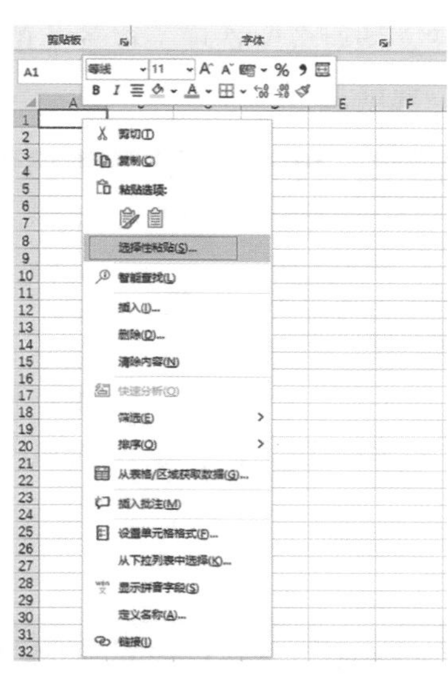

（2）弹出“选择性粘贴”对话框，勾选“粘贴链接”按钮，在“方式”栏中选择“Microsoft Word 文档对象”选项，最后单击“确定”按钮。

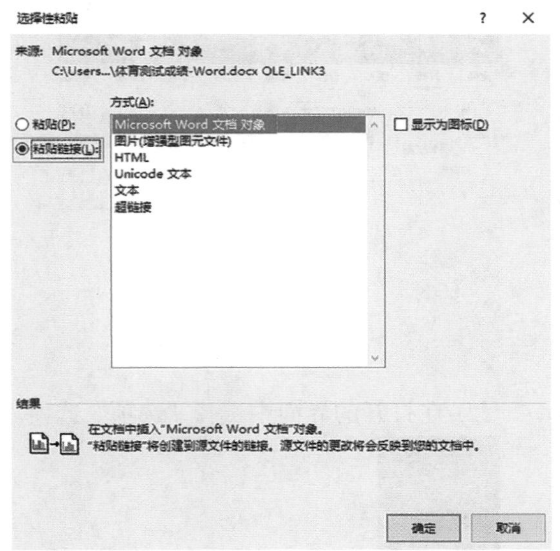

（3）查看效果。

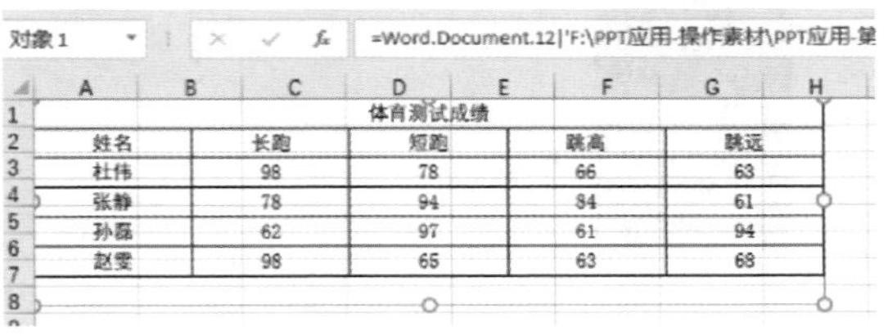

体育测试成绩				
姓名	长跑	短跑	跳高	跳远
杜伟	98	78	66	63
张静	78	94	84	61
孙磊	62	97	61	94
赵雯	98	65	63	68

（4）单击鼠标右键，在弹出的快捷菜单

中选择“文档对象”选项，在子菜单中选择“编辑”选项。

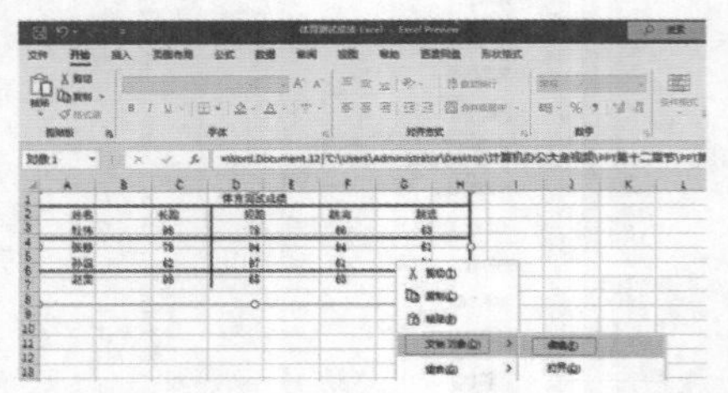

(5) 返回 Word 中，修改 Word 中的表格内容。

体育测试成绩				
姓名	长跑	短跑	跳高	跳远
杜伟	98	78	66	63
张静	78	94	84	66
孙磊	62	97	61	94
赵雯	98	65	63	68

(6) 此时返回 Excel 中查看数据，发现已经更新。

	A	B	C	D	E	F	G	H
1				体育测试成绩				
2	姓名		长跑	短跑		跳高	跳远	
3	杜伟		98	78		66	63	
4	张静		78	94		84	66	
5	孙磊		62	97		61	94	
6	赵雯		98	65		63	68	
7								
8								

12.2 Word 与 PPT 之间协同办公

运用 Word 与 PPT 之间的协同办公功能，可以大大提高用户的工作效率。

✦ 12.2.1 使用 Word 制作 PPT 演示文稿

1. 使用发送到 PPT 功能

(1) 打开 Word 文档，单击“文件”选项卡。

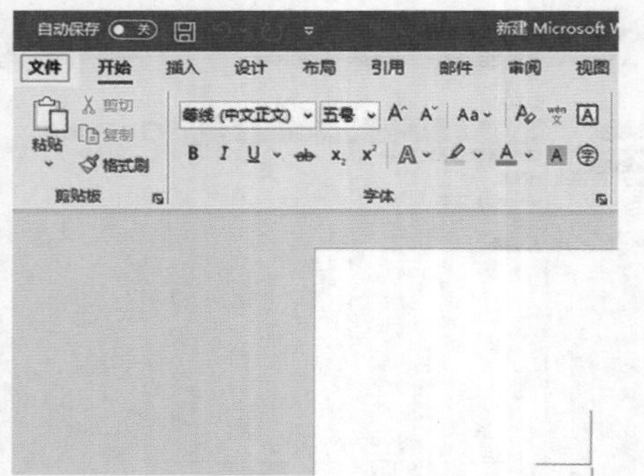

(2) 在打开的界面中选择“选项”选项。

(3) 弹出“Word 选项”对话框，选择“快速访问工具栏”选项，单击“从下列位置选择命令”下拉按钮，选择“不在功能区中的命令”选项。

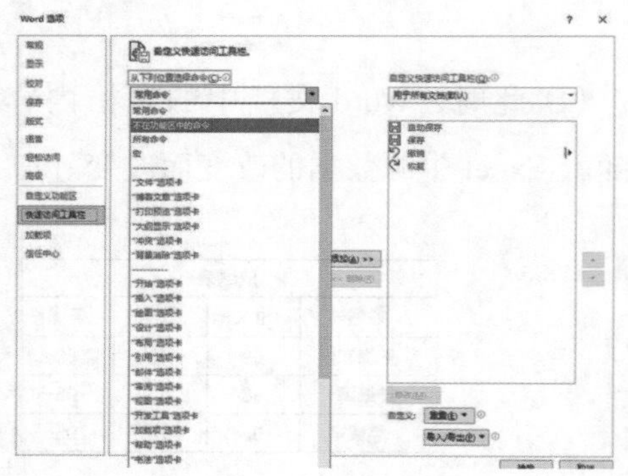

(4) 在列表中选择“发送到 Microsoft PowerPoint”选项。

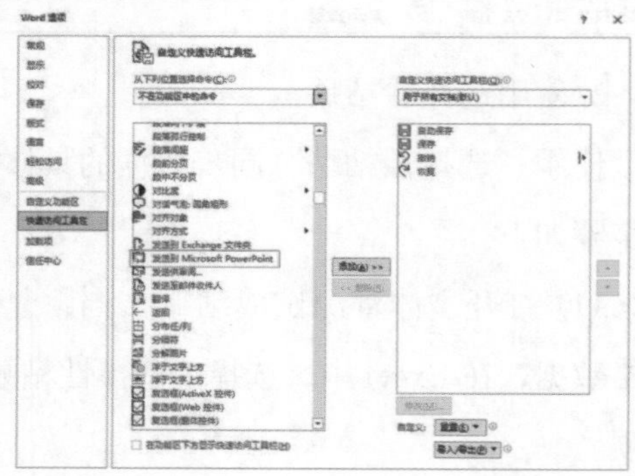

Word Excel PPT 办公应用实操大全

（5）单击“添加”按钮。

（6）单击“确定”按钮，在“快速访问工具栏”中找到并单击“发送到 Microsoft PowerPoint”按钮。

（7）此时 PPT 自动打开，Word 文档已经转换为了幻灯片。

2. 在 PPT 中导入 Word 文档

在 PPT 中导入 Word 文档的具体操作步骤如下。

（1）打开 PPT，在“插入”选项卡下，单击“新建幻灯片”下拉按钮，在下拉列表中选择“幻灯片（从大纲）”选项。

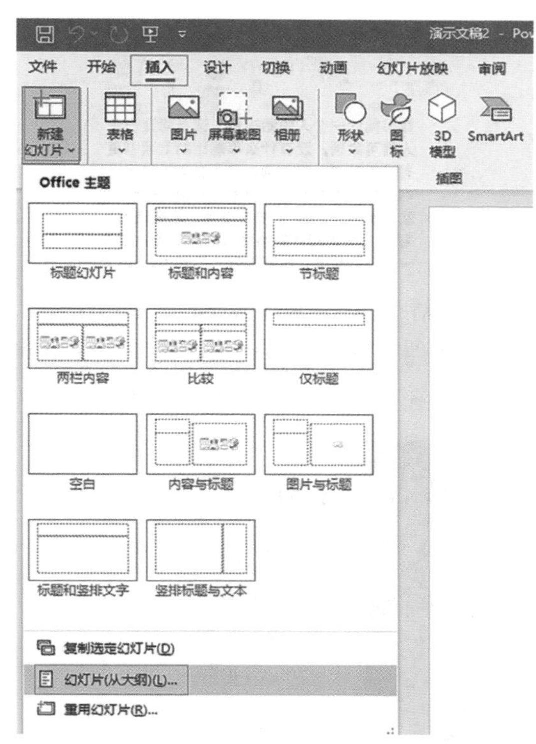

（2）弹出“插入大纲”对话框，选择文件，单击“插入”按钮。

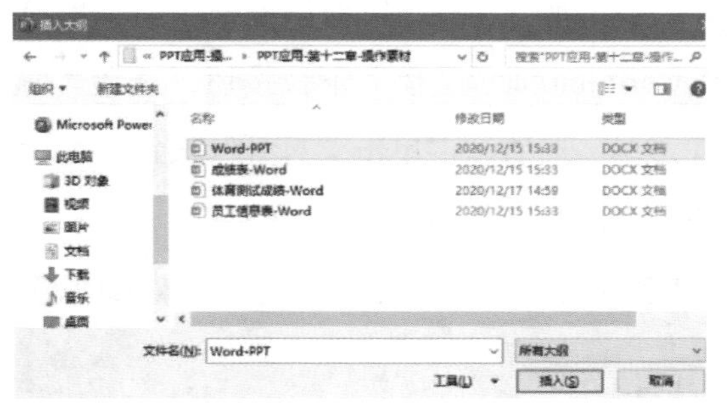

（3）查看效果。

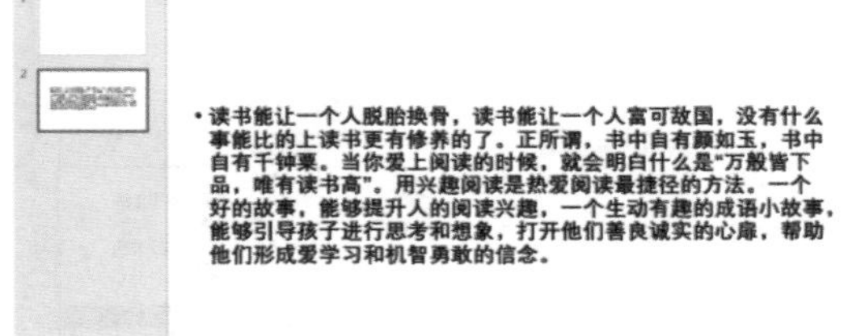

3. 使用“打开”功能

（1）新建一个 Word 文档，使用大纲视图编辑后保存。

(2) 新建一个 PPT 文稿，在 PPT 中，单击“文件”选项卡，在打开的界面中选择“打开”选项，单击“浏览”按钮。

(3) 弹出“打开”对话框，单击“所有 PowerPoint 演示文稿”下拉按钮，选择“所有大纲”选项，再单击“打开”按钮，之后 PPT 将自动打开 Word 大纲文件。

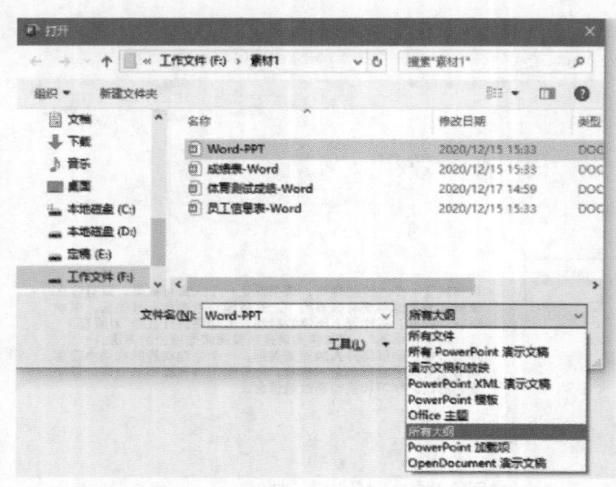

✦ 12.2.2 将 PPT 文稿转换为 Word 文档

将 PPT 文稿转换为 Word 文档的方法如下。

1. 使用发送命令

(1) 打开演示文稿，单击“文件”选项卡，在打开的界面中选择“选项”选项，打开“PowerPoint 选项”对话框。

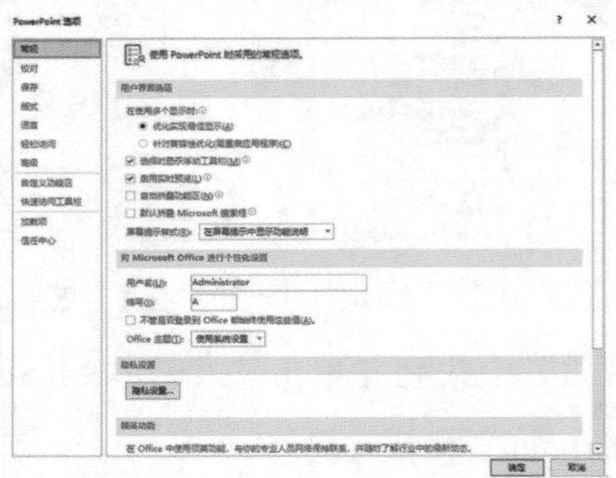

(2) 选择“快速访问工具栏”选项，在“不在功能区中的命令”选项下，单击“在 Microsoft Word 中创建讲义”选项。

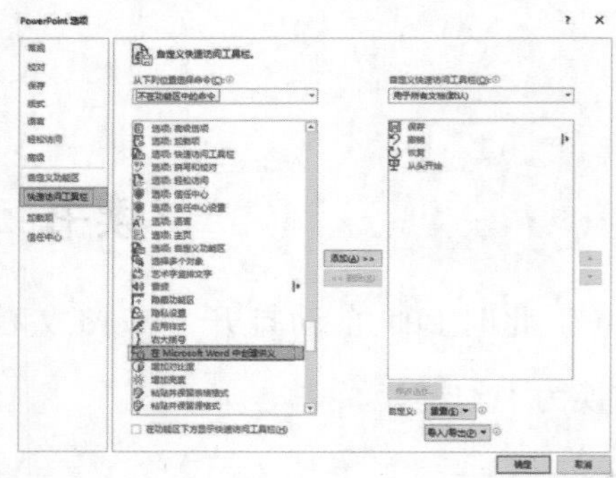

(3) 单击“添加”按钮，然后再单击“确定”按钮。

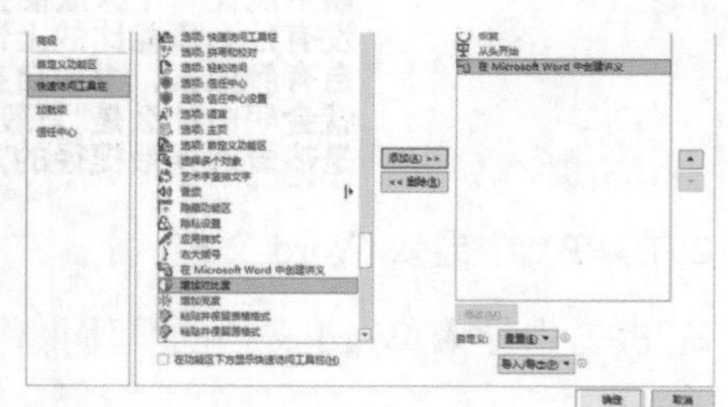

(4) 返回编辑界面，在“快速访问工具栏”中找到并单击“在 Microsoft Word 中创建讲义”按钮。

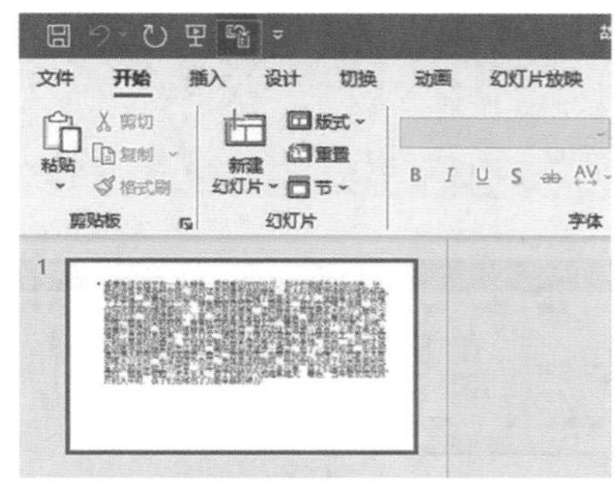

(5) 弹出“发送到 Microsoft Word”对话框，勾选“只使用大纲”按钮，单击“确定”按钮。

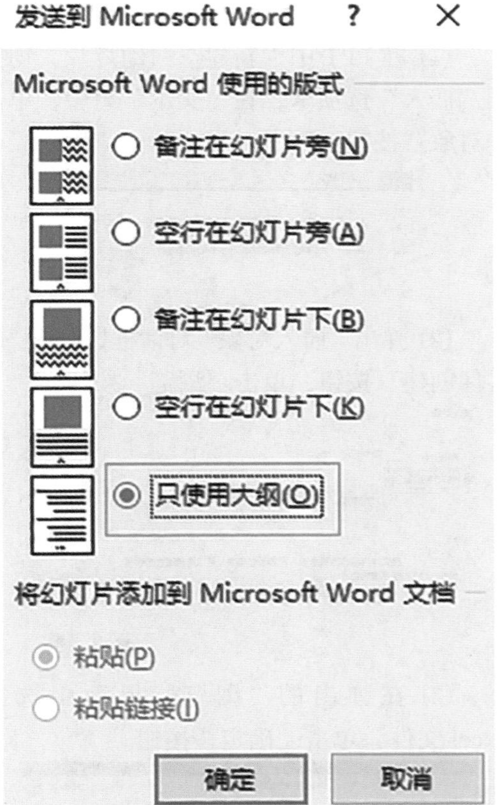

(6) 调整文档格式，查看效果。

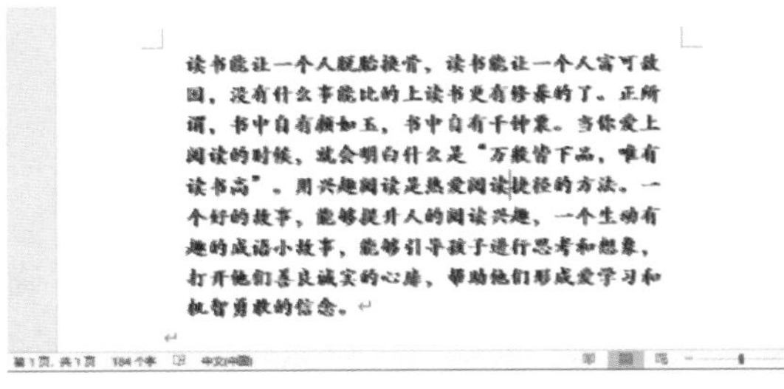

读书能让一个人脱胎换骨，读书能让一个人富可敌国，没有什么事能比的上读书更有修养的了。正所谓，书中自有颜如玉，书中自有千钟粟。当你爱上阅读的时候，就会明白什么是“万般皆下品，唯有读书高”。用兴趣阅读是热爱阅读捷径的方法。一个好的故事，能够提升人的阅读兴趣，一个生动有趣的成语小故事，能够引导孩子进行思考和想象，打开他们善良诚实的心扉，帮助他们形成爱学习和机智勇敢的信念。

2. 使用插入对象功能

在 Word 文档中可以快速插入 PPT 文稿，具体操作步骤如下。

(1) 在 Word 文档中，切换到“插入”选项卡，在“文本”组中，单击“对象”按钮。

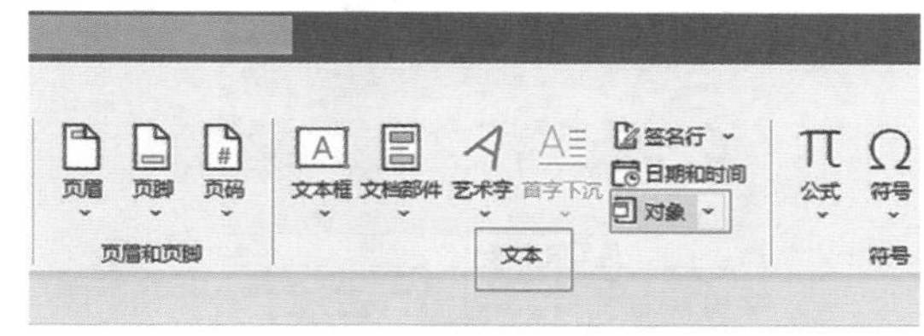

(2) 弹出“对象”对话框，在“由文件创建”选项下，单击“文件名”文本框右侧的“浏览”按钮。在弹出的“浏览”对话框中选择所需的 PPT 文稿，单击“插入”按钮。

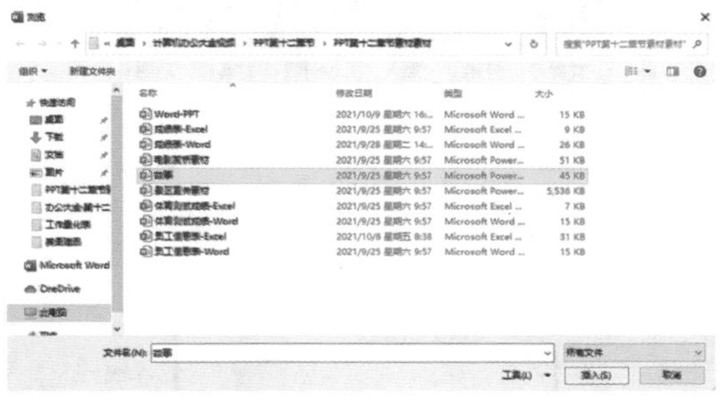

(3) 返回“对象”对话框，单击“确定”按钮。此时 Word 文档中已经插入了 PPT 文稿，双击该界面可启动放映功能。

12.3 Excel 与 PPT 之间协同办公

下面介绍将 Excel 中的表格数据插入 PPT 中的方法。

✦ 12.3.1 使用选择性粘贴功能

(1) 在 Excel 表格中复制所需的数据。

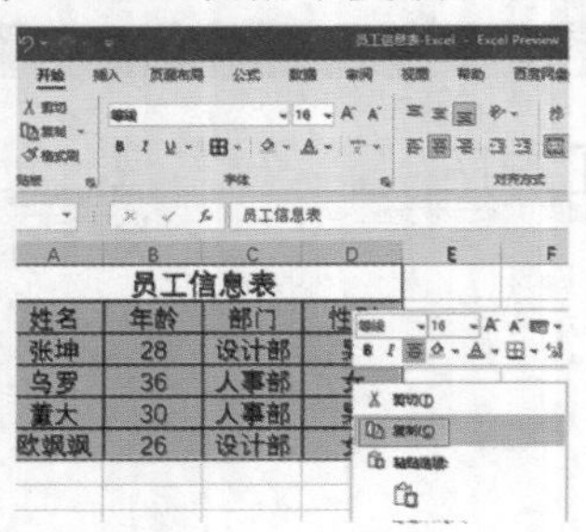

(2) 在 PPT 中，新建空白幻灯片，切换到“开始”选项卡，单击“剪切板”组中的“粘贴”下拉按钮，在下拉列表中选择“选择性粘贴”选项。

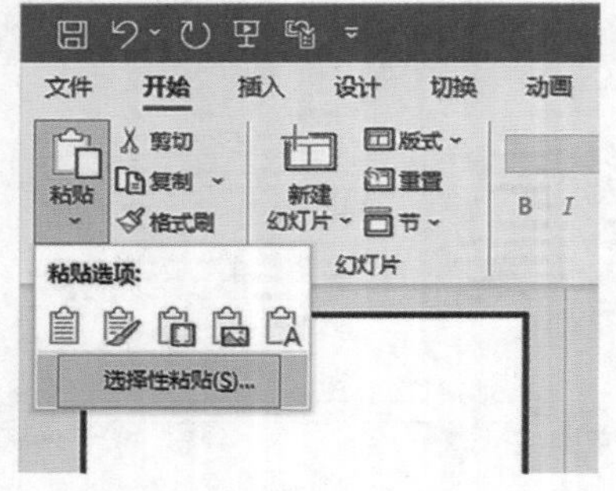

(3) 弹出“选择性粘贴”对话框，选择“Microsoft Excel 工作表对象”选项，单击“确定”按钮。

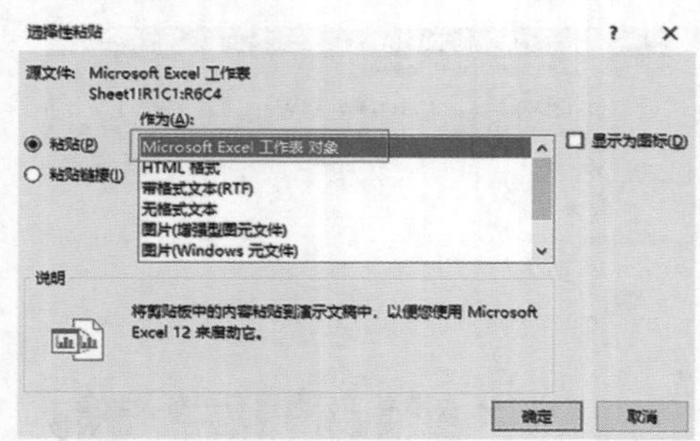

(4) 此时，幻灯片中已经插入了指定的 Excel 表格，双击表格可进入编辑状态，单击空白处可退出编辑状态。

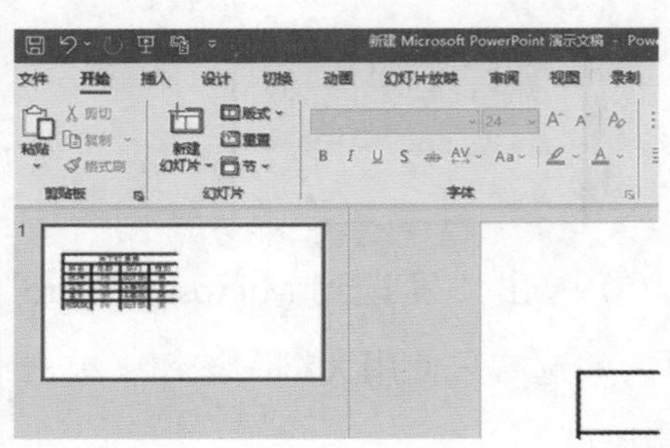

✦ 12.3.2 在 PPT 中插入 Excel 表格

(1) 在 PPT 中，新建空白幻灯片，切换到“插入”选项卡，在“文本”组中，单击“对象”按钮。

(2) 弹出“插入对象”对话框，勾选“由文件创建”按钮，单击“浏览”按钮。

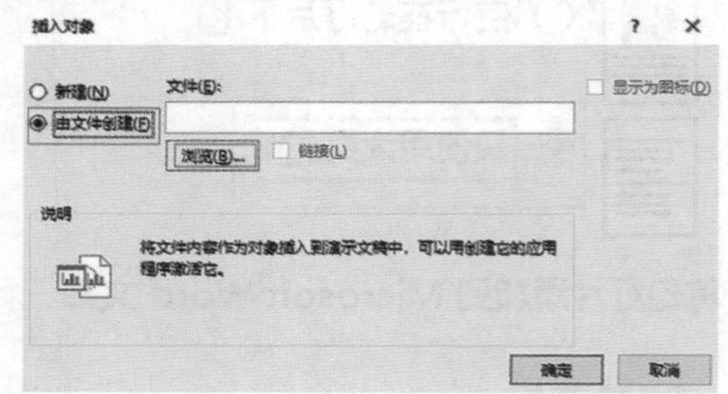

(3) 在弹出的“浏览”界面中选择 Excel 文件，单击“确定”按钮。

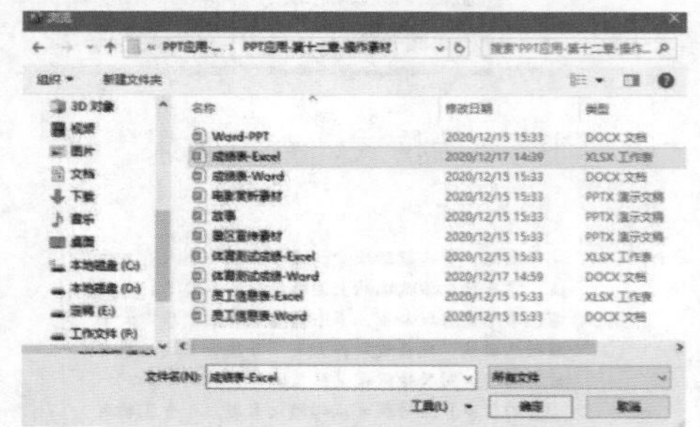

(4) 返回“插入对象”对话框，单击“确定”按钮。

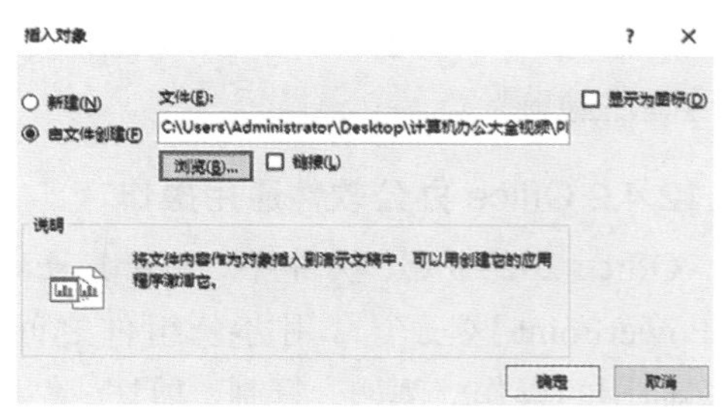

(5) 此时 PPT 中已经插入了表格数据。

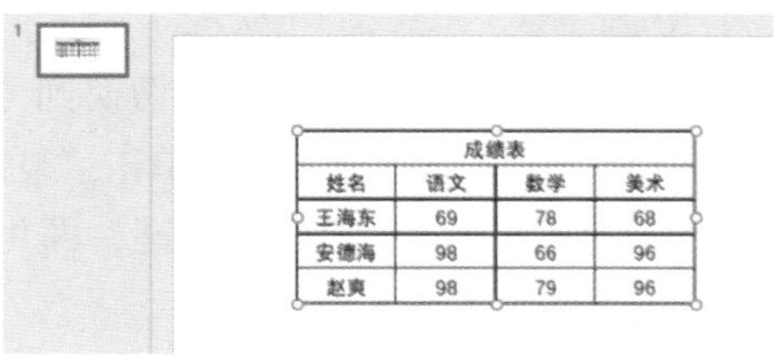

成绩表			
姓名	语文	数学	美术
王海东	69	78	68
安德海	98	66	96
赵爽	98	79	96

(6) 双击插入的表格，即可调出 Excel 操作界面对该表格进行编辑。单击空白处即可退出编辑状态。

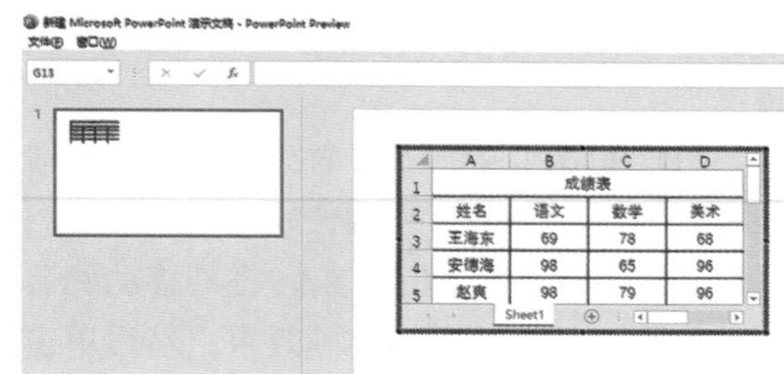

成绩表			
姓名	语文	数学	美术
王海东	69	78	68
安德海	98	65	96
赵爽	98	79	96

12.4 Office 办公软件小技巧

✦ 12.4.1 PPT 小技巧

1. 为幻灯片插入页码

(1) 切换到“插入”选项卡，单击“文本”组中的“幻灯片编号”按钮。

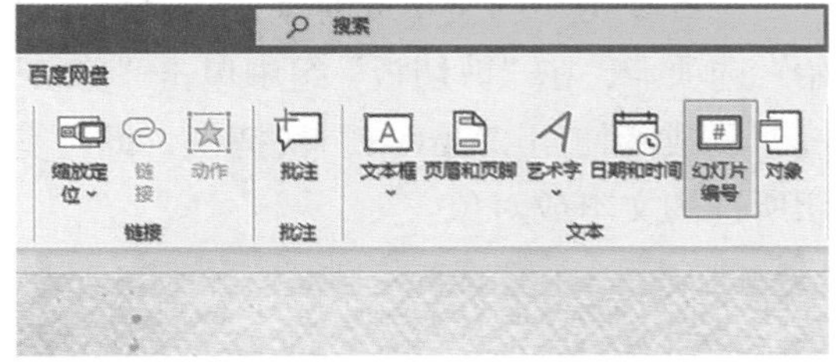

(2) 弹出“页眉和页脚”对话框，勾选“幻灯片编号”复选框。

(3) 切换到“备注和讲义”选项，勾选“页码”复选框，单击“全部应用”按钮。

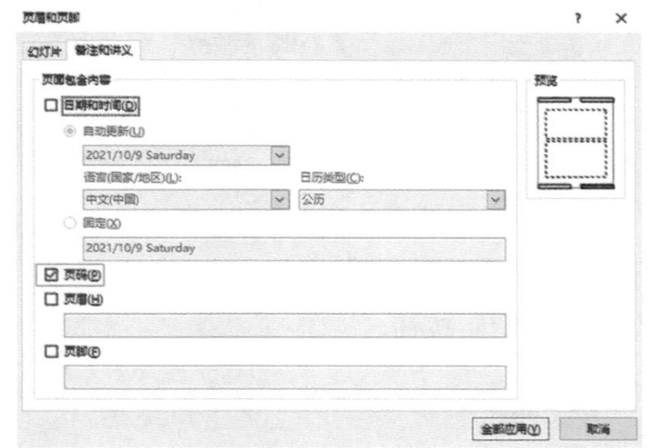

(4) 查看幻灯片页码。

2. 在同一位置连续放映多个对象动画

在同一位置连续放映多个对象动画是指，在幻灯片中放映一个对象后，在该位置继续放映第二个对象的动画，而第一个对象将消失。

(1) 在幻灯片中将两个及两个以上的对象设置为相同大小，并重叠放在同一位置。

(2) 选择最上方的对象，将其移动到合适的位置，并为其添加动画效果，然后单击“高级动画”组中的“动画窗格”按钮，在“动画窗格”中，单击该动画的下拉按钮，在下拉列表中选择“效果选项”，弹出对应的动画名称对话框。

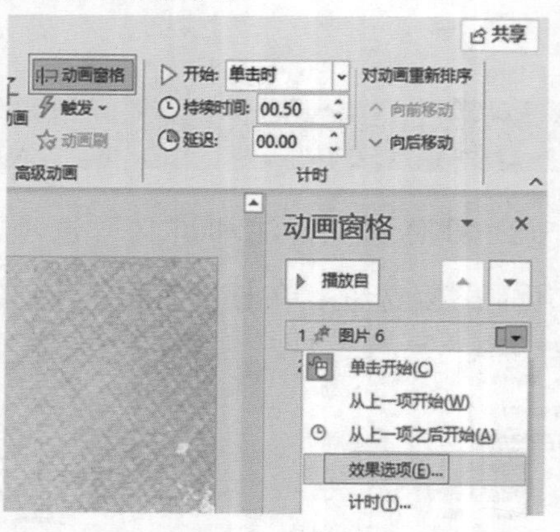

(3) 单击“动画播放后”下拉按钮，在下拉列表中选择“播放动画后隐藏”选项，单击“确定”按钮。

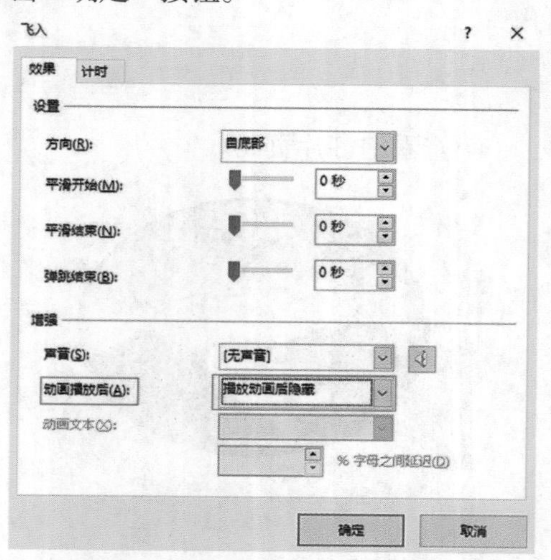

(4) 然后依次将剩余对象移动到第一个对象的位置，以相同方法将对象设置为“播放动画后隐藏”。

✦ 12.4.2 Office 办公软件通用操作

Office 2021 办公软件中，Word、Excel 和 PowerPoint 这三个常用办公组件之间有很多通用的操作。例如，复制、剪切、粘贴、撤销等。

1. 复制

选择要复制的文本或对象，切换到“开始”选项卡，在“剪贴板”组中单击“复制”按钮，或者使用“Ctrl+C”快捷键，即可复制所选的文本或对象。

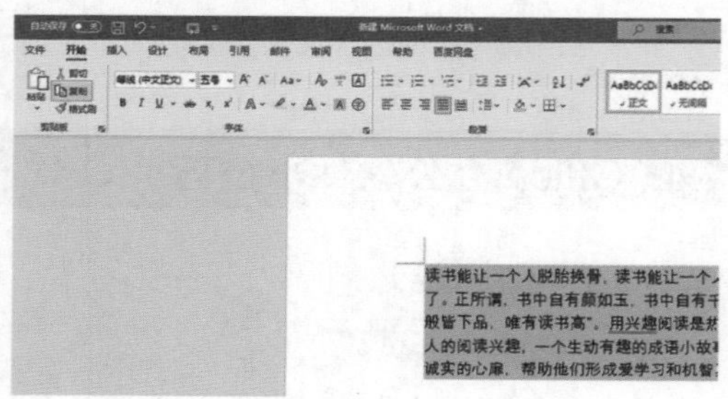

2. 剪切

选择要剪切的文本或对象，切换到“开始”选项卡，在“剪切板”组中单击“剪切”按钮，或者使用“Ctrl+X”快捷键，即可剪切所选的文本或对象。

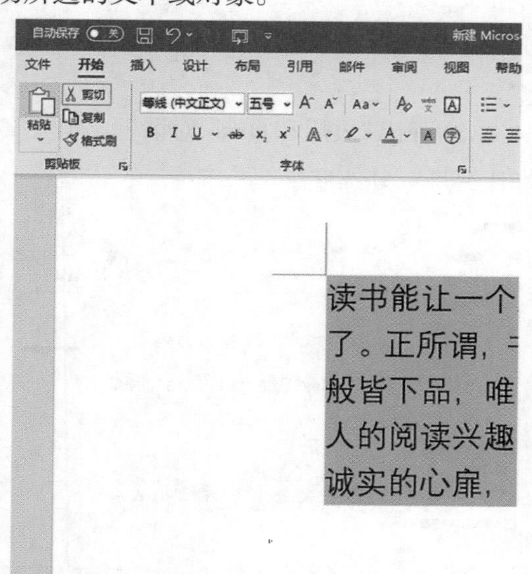

3. 粘贴

将所选的对象复制或剪切后，将光标定位在需要粘贴对象的位置，在“开始”选项卡下的“剪贴板”组中单击“粘贴”按钮，或者使用“Ctrl+V”快捷键，将对象粘贴到选中的位置。

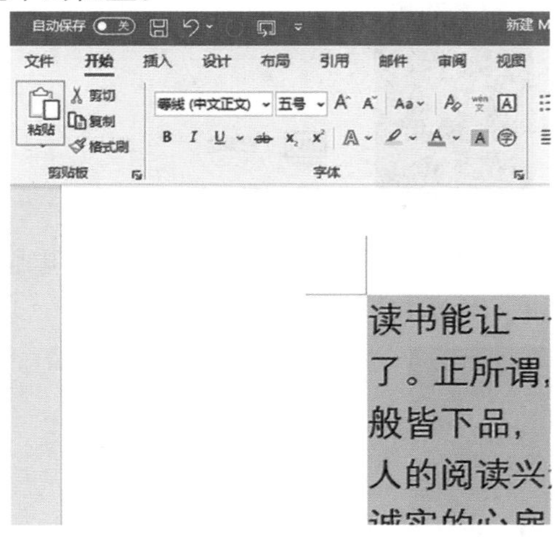

4. 撤销

当用户执行了错误的操作后，可以单击“快速访问工具栏”中的“撤销”按钮，或者使用“Ctrl+Z”快捷键，撤销上一步的操作。

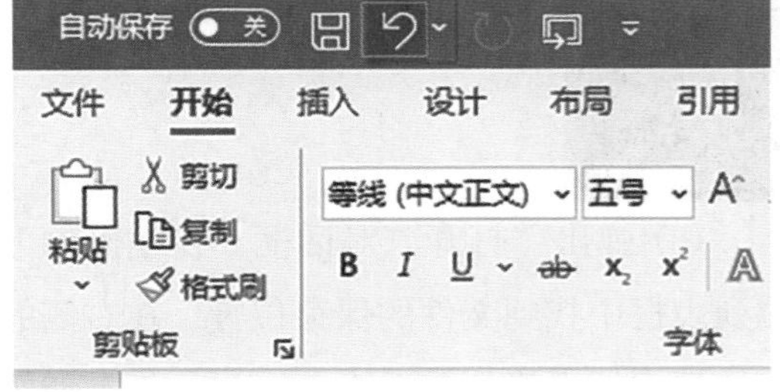

5. 恢复

(1) 当执行了撤销操作后，用户可以单击“快速访问工具栏”中的“自定义快速访问工具栏”下拉按钮。

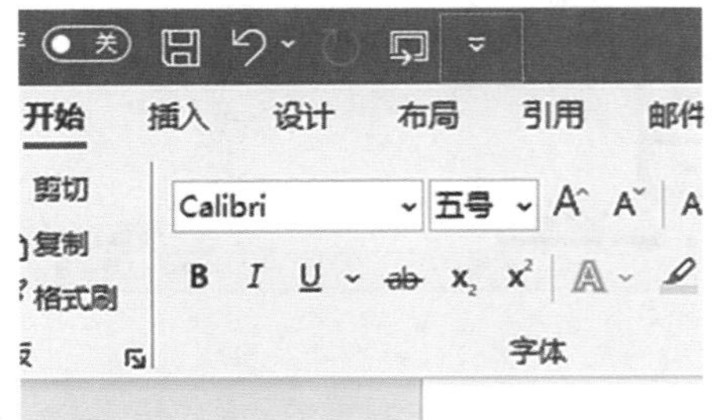

(2) 在下拉列表中选择“恢复”选项，或者使用“Ctrl+Y”快捷键，恢复上一步撤销的操作。

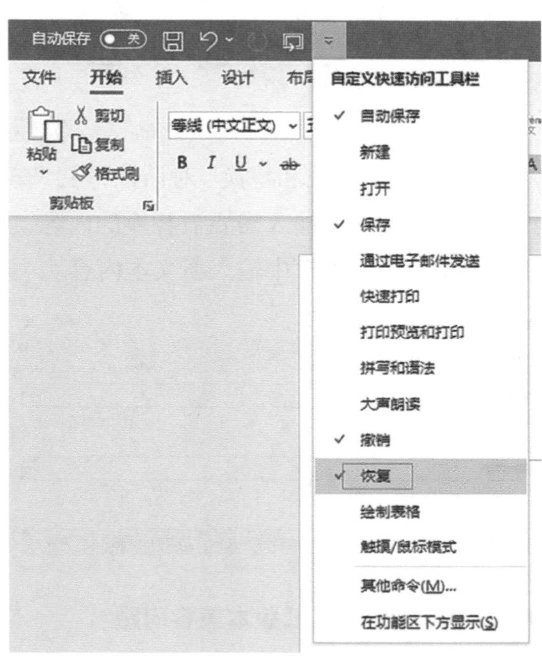

6. 查找

当用户需要在文档中查找某些内容时，可以在“开始”选项卡下的“编辑”组中单击“查找”按钮以启动查找功能。

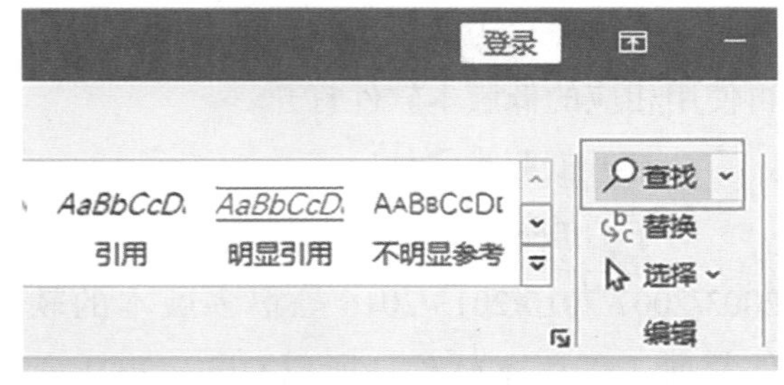

7. 替换

(1) 当用户需要在文档中替换某部分内容时，可以使用Word的替换功能。切换到“开始”选项卡，在“编辑”组中单击“替换”按钮。

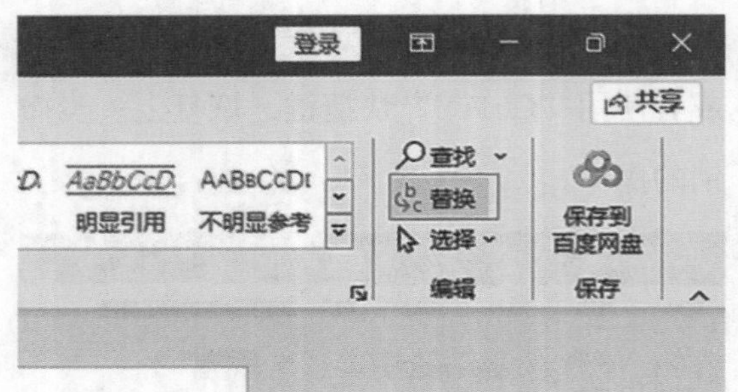

(2) 弹出“查找和替换”对话框，在“查找内容”文本框中输入需要被替换的内容，在“替换为”文本框中输入新文本内容。

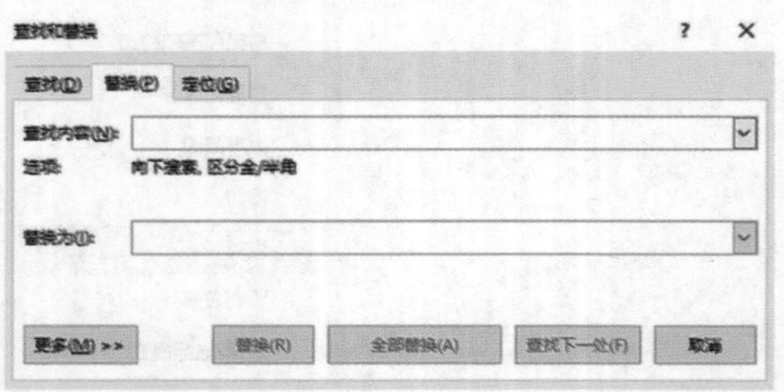

✦ 12.4.3 Office 高低版本兼容问题

一般情况下，Office 所有软件都支持高版本兼容低版本，即在 Office 所有高版本软件中，都能打开和编辑对应的低版本软件的文件。但是，如果要用低版本软件打开对应的高版本软件的文件时，需要先用高版本软件将该文件保存为低版本软件的文件类型，再使用相应的低版本软件打开。

1. 打开低版本文件

对于 Office 软件的 2021 版来说，Office 2003/2007/2010/2013/2016 等很多版本的软件都属于低版本软件，所以 Office 2021 所有的软件都可以打开对应的低版本软件所生成的文件。接下来将介绍如何在 Word 2021 中打开 Word 2007 的文件，具体操作步骤如下。

(1) 打开 Word 2021 软件，在打开的界面右下方单击“更多文档”按钮。

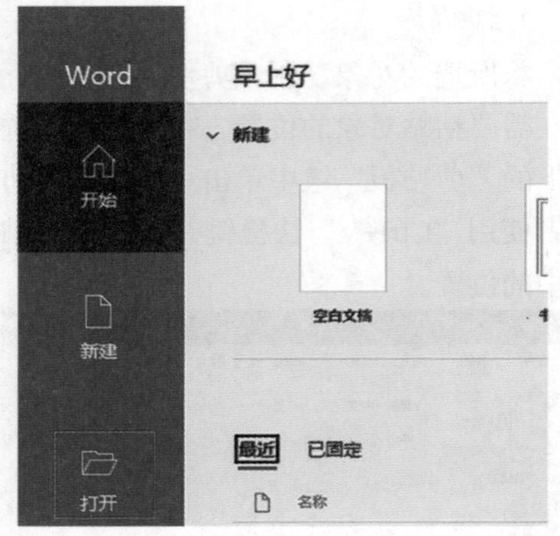

(2) 进入“打开”界面，单击“这台电脑”按钮，再单击“浏览”按钮。

(3) 弹出“打开”对话框，在左侧的下拉列表框中找到文件的保存位置，在右侧的下拉列表框中找到并选中 Word 2007 类型的文档，单击“打开”按钮。

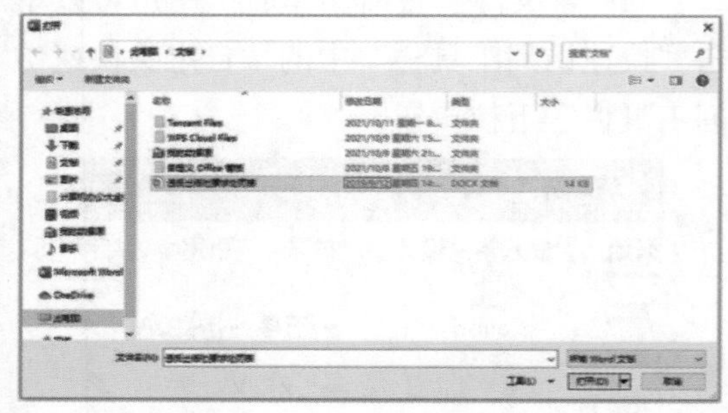

（4）此时，在 Word 2021 中已经打开了 Word 2007 类型的文档。标题栏中显示“兼容模式”字样。

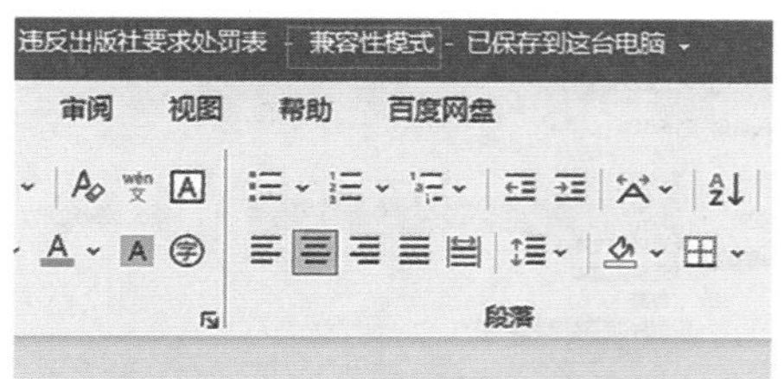

2. 打开高版本文件

对于没有安装 Office 2021，但安装了低版本 Office 组件的用户来说，也可以使用低版本的软件打开高版本软件的文件。这时需要先在高版本软件中将文件保存为低版本软件的文件类型。下面介绍如何在 Excel 2007 中打开 Excel 2021 的文件，具体操作步骤如下。

（1）使用 Excel 2021 打开一个表格文件，单击“文件”选项卡，在打开的界面左侧单击“另存为”选项，在右侧“另存为”界面中单击选择“这台电脑”选项，再单击“浏览”按钮。

（2）弹出“另存为”对话框，选择好文件保存位置后，单击“保存类型”下拉按钮，在下拉列表中选择“Excel 97-2003 工作簿”选项，单击“保存”按钮。

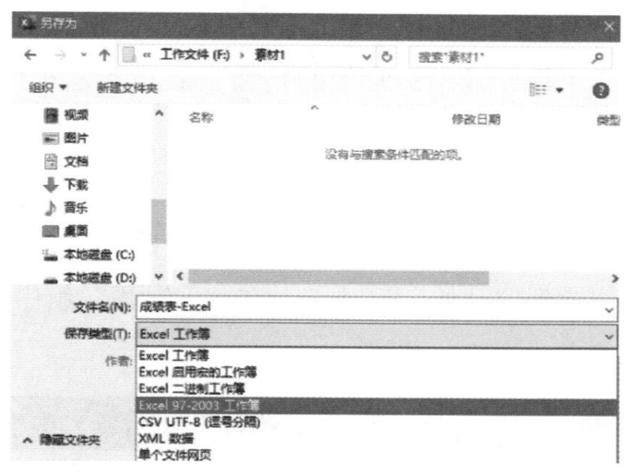

（3）启动 Excel 2007，就可以打开刚才所保存的低版本的文件。

注意：在 Office 2007/2010/2013/2016/2019 这五个版本的软件中，低版本的组件都能够打开高版本对应软件类型的文件，如 Word 2007 能够打开 Word 2021 的文件，但是高版本软件的某些功能不能在低版本中使用。另外，Office 97/2003 这两个版本的软件不能打开前面所说的五个高版本的文件，需要转换为低版本软件对应的文件才可以。在使用低版本软件打开并编辑高版本对应软件的文件时，文件的一些功能将会出现缺失的情况，可能达不到预期的文档效果，所以在条件允许的情况下，最好使用高版本软件打开文件并进行编辑。

✦ 12.4.4 Office 软件协同办公小技巧

Office 软件协同办公指的是 Word 文档中能够插入 Excel 工作簿和 PPT 演示文稿，Excel 工作簿中能够插入 Word 文档和 PPT

演示文稿，PPT 演示文稿中也能够插入 Word 文档和 Excel 工作簿，三者互相协同办公处理数据。

1. Word 与其他 Office 软件协作

Word 能够和 Office 中的大部分软件协同工作，其中最常用的是和 Excel 以及 PPT 之间的协同办公。

（1）嵌入 Excel 表格。

①在 Excel 2021 中，选中其中的表格，切换到“开始”选项卡，在“剪贴板”组中单击“复制”按钮。

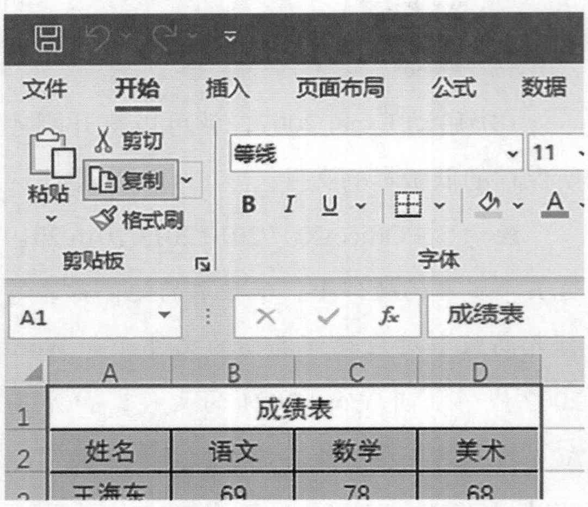

②在 Word 2021 中，新建一个空白文档，切换到“开始”选项卡，在“剪贴板”组中单击“粘贴”下拉按钮，在下拉列表中选择“选择性粘贴”选项。

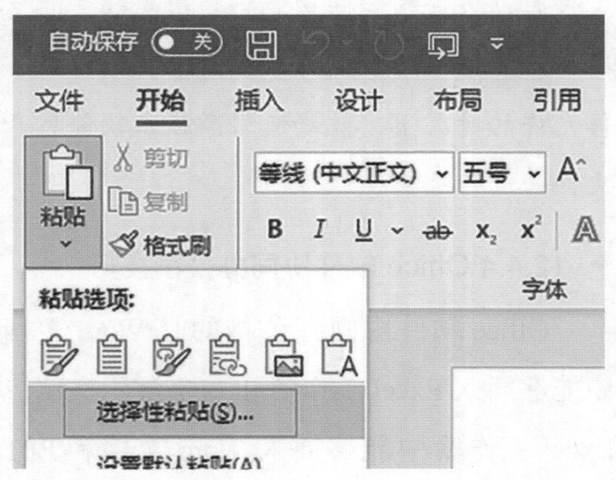

③弹出“选择性粘贴”对话框，在“形式”列表框中选择“Microsoft Excel 工作表对象”选项，单击“确定”按钮。

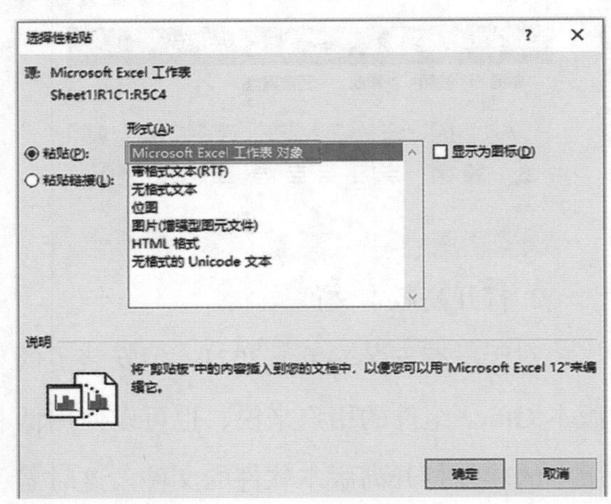

④此时 Excel 表格被粘贴到了 Word 文档中，双击该表格，将弹出 Excel 2021 工作界面，可以像在 Excel 中一样对表格进行编辑，单击表格外的空白处可退出编辑状态。

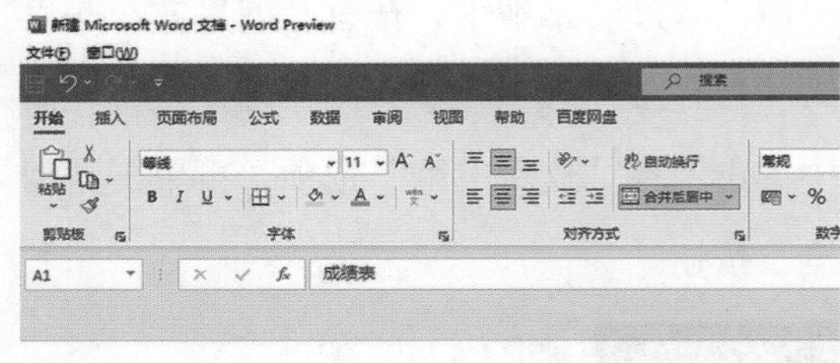

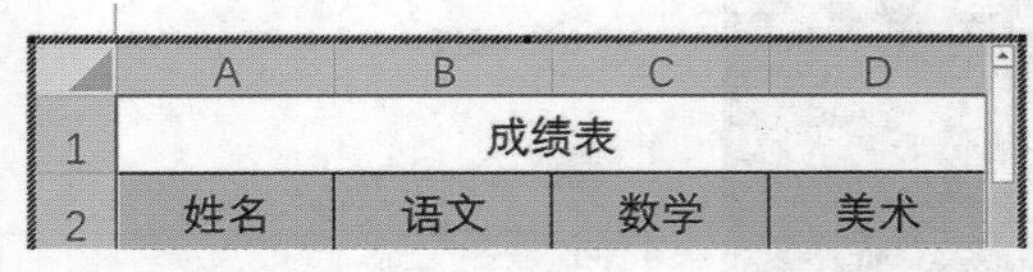

（2）复制与粘贴表格。

复制与粘贴表格分为粘贴为表格和粘贴为文本两种形式。

①粘贴为表格。

a. 此方法在前面章节中已经介绍过了，

选中并复制表格，为了方便区分，在复制前可以为表格添加内外边框。

b. 在 Word 文档中，单击鼠标右键，在弹出的快捷菜单中选择“粘贴”选项，即可将 Excel 中的表格粘贴到 Word 文档中。

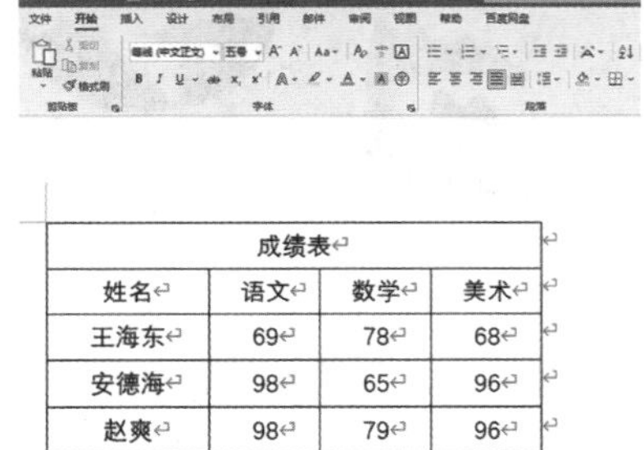

②粘贴为文本。

a. 复制完表格后，在 Word 文档中单击鼠标右键，在弹出的快捷菜单中选择“只保留文本”粘贴选项。

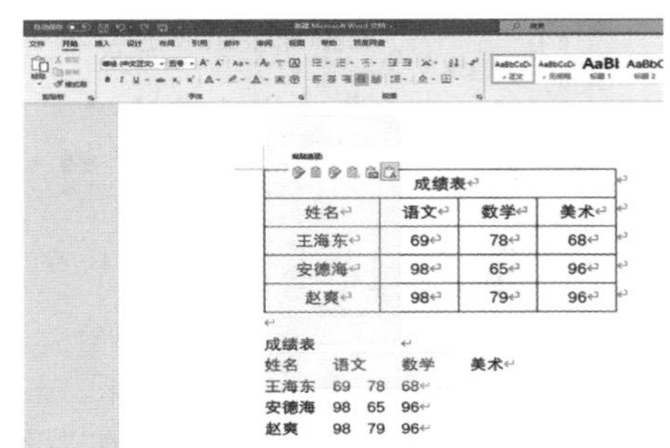

b. 查看效果，可以发现仅将 Excel 中的表格内容粘贴到 Word 文档中。

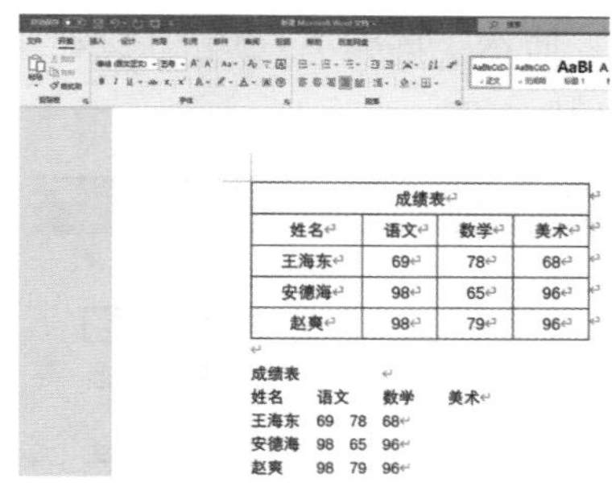

c. 或者打开“选择性粘贴”对话框，选择“无格式文本”选项后，单击“确定”按钮完成粘贴。

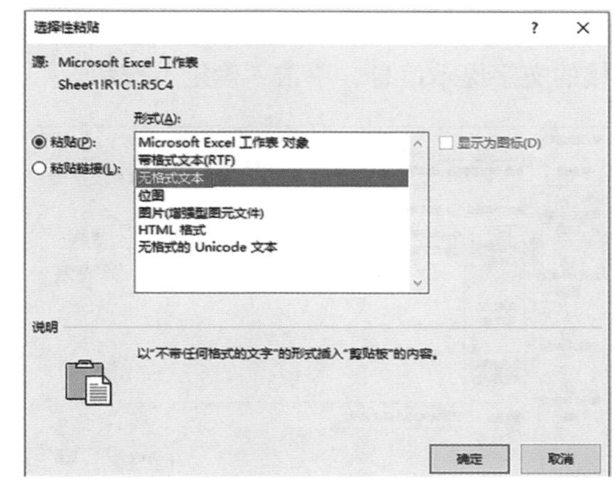

d. 调整粘贴文本的格式。

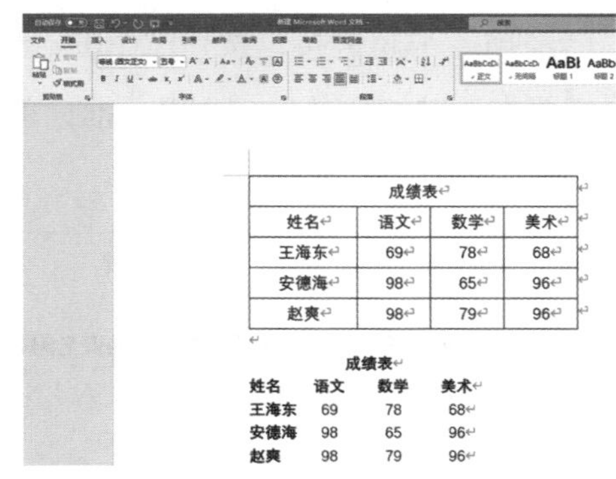

(3) 利用超链接插入 Excel 表格。

利用插入超链接的方式可以将整个表格所在的 Excel 文件以超链接的形式插入 Word 文档中，具体操作步骤如下。

①在 Word 2021 中，新建一个空白文档，

切换到“插入”选项卡，在“链接”组中单击“链接”按钮。

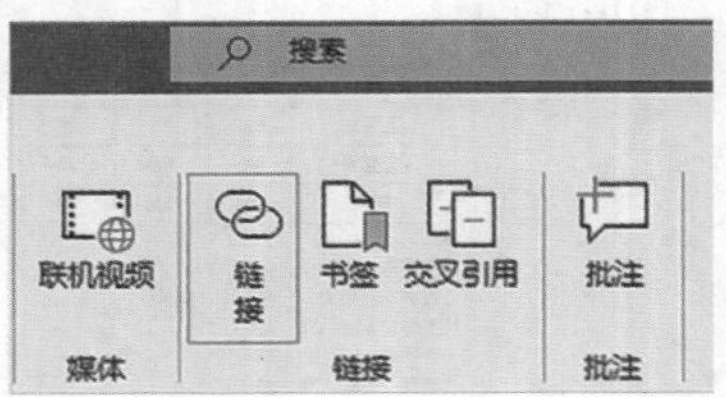

②弹出“插入超链接”对话框，在“链接到”栏中选中“现有文件或网页”选项，在右侧的列表框中选择需要打开的 Excel 文件，在“要显示的文字”文本框中输入超链接的文字提示信息，单击“确定”按钮。

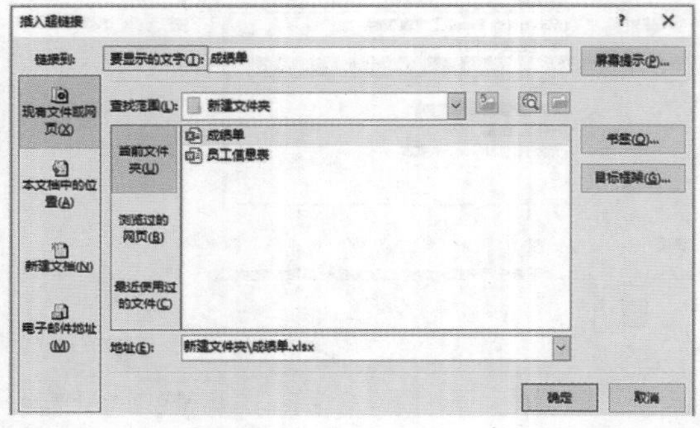

③返回 Word 文档中，可以发现此时文档中已经插入了超链接，按住“Ctrl”键同时鼠标单击该链接会弹出一个提示框，单击“是”按钮。

④稍等片刻即可打开该链接的表格文件。

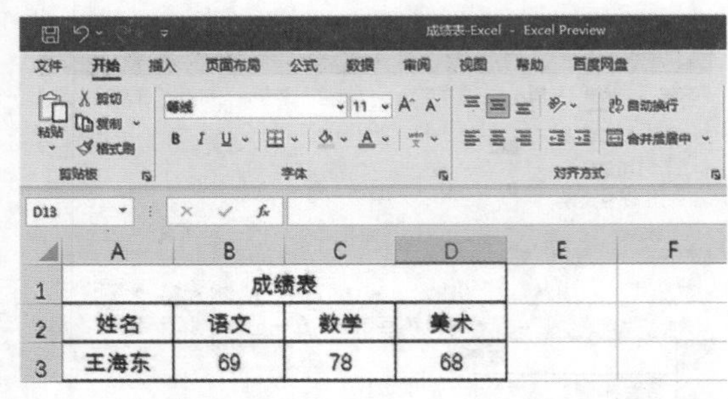

(4) 插入幻灯片。

①直接复制粘贴幻灯片。

在 PPT 中的幻灯片预览窗格中复制幻灯片，然后在 Word 文档中单击“粘贴”按钮。

②选择性粘贴幻灯片。

a. 在 PPT 中，复制完成幻灯片后，在 Word 文档中切换到“开始”选项卡，在“剪贴板”组中单击“粘贴”下拉按钮，在下拉列表中选择“选择性粘贴”选项。

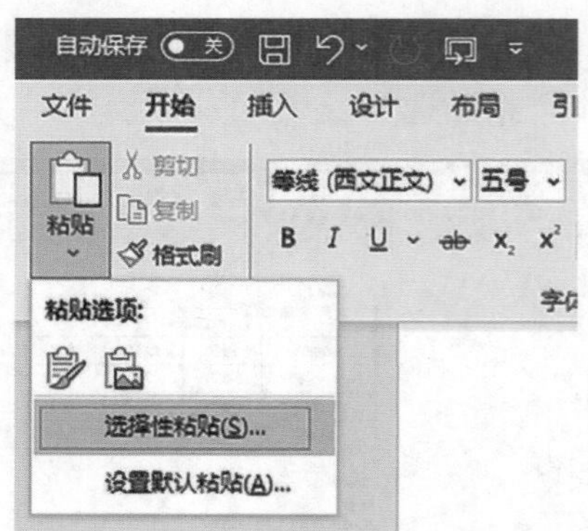

b. 弹出“选择性粘贴”对话框，在“形式”列表框中选择“Microsoft PowerPoint 幻灯片对象”选项，单击“确定”按钮。

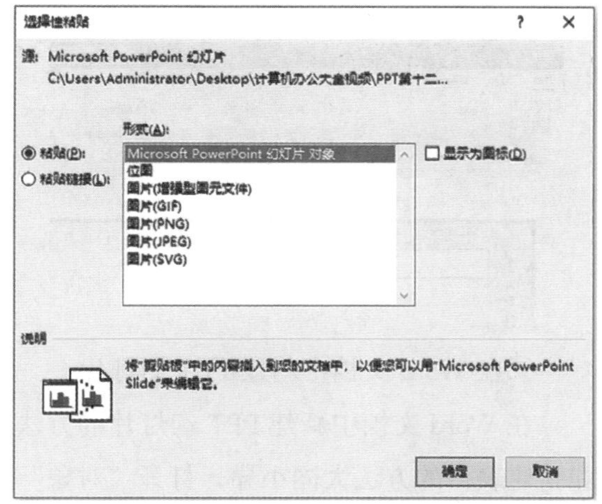

c. 此时，刚才所复制的幻灯片已经被嵌入 Word 文档中，双击该幻灯片，将出现 PowerPoint 2021 操作界面，可以对幻灯片进行编辑，功能与在 PPT 中的功能相同。单击幻灯片以外的空白处即可退出编辑状态。

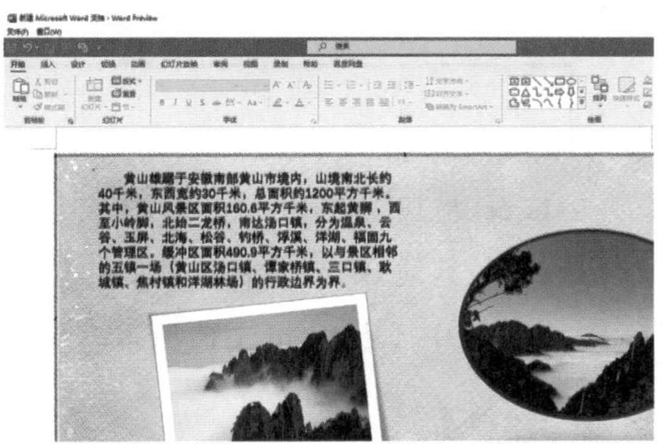

(5) 插入演示文稿。

在 Word 文档中插入演示文稿的具体操作步骤如下。

①在 Word 2021 中，切换到“插入”选项卡，在“文本”组中单击“对象”按钮。

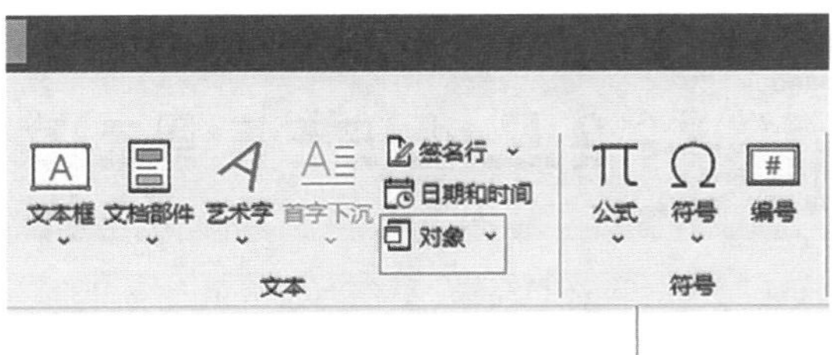

②弹出“对象”对话框，切换到“由文件创建”选项，单击“文件名”文本框右侧的“浏览”按钮。

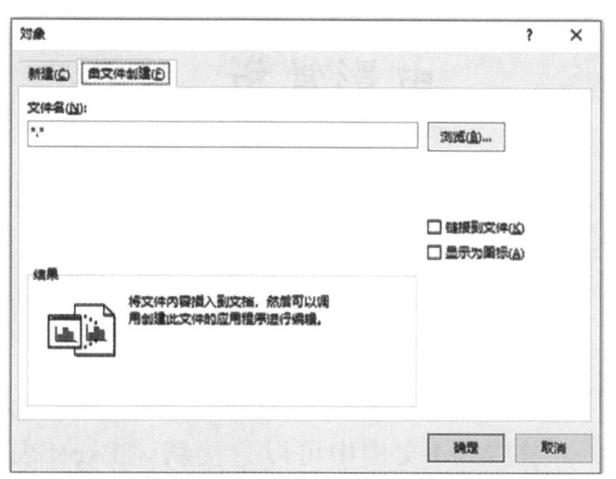

③弹出“浏览”对话框，在列表框中选中要插入的 PPT 演示文稿，单击“插入”按钮。

④返回“对象”对话框，单击“确定”按钮。

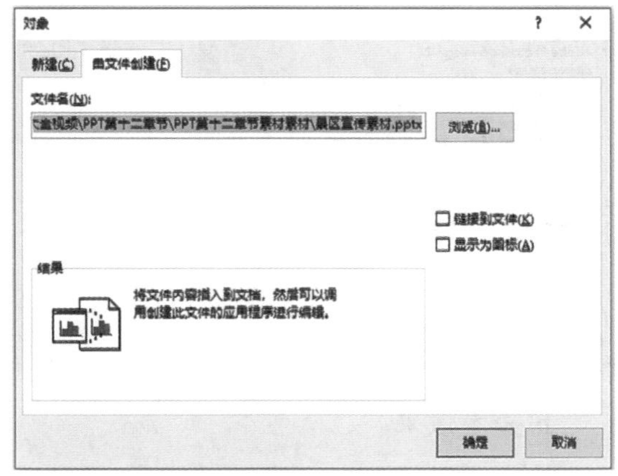

⑤此时文档中显示的是演示文稿的第一张幻灯片，双击该幻灯片将放映其所插入的演示文稿。

电影赏析

歌舞片 纪录片 动作片 科幻片 历史片 喜剧片

(6) 在 Word 文档中新建 Excel 表格和 PPT 幻灯片。

在 Word 文档中可以直接新建 Excel 表格和 PPT 幻灯片，并且用户还可以在 Word 中通过调用 Excel 和 PPT 分别对表格和幻灯片进行编辑。

①在 Word 文档中新建 Excel 表格。

a. 在 Word 2021 中，切换到“插入”选项卡，在“文本”组中单击“对象”按钮，弹出“对象”对话框，在“新建”选项下，在“对象类型”列表框中选择 Excel 表格对应的选项。单击“确定”按钮，即可在文档中创建新的 Excel 表格。

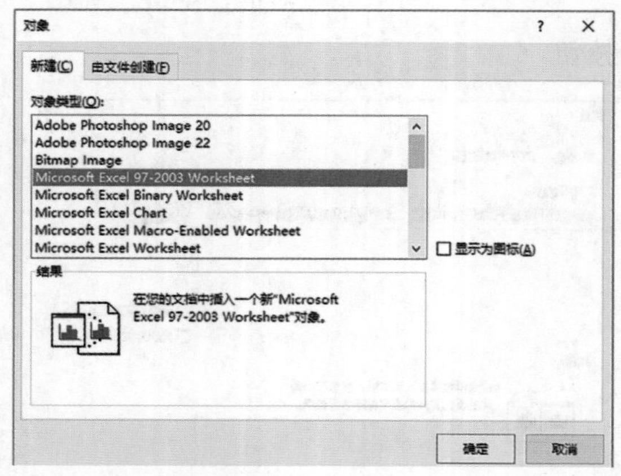

b. 查看效果。

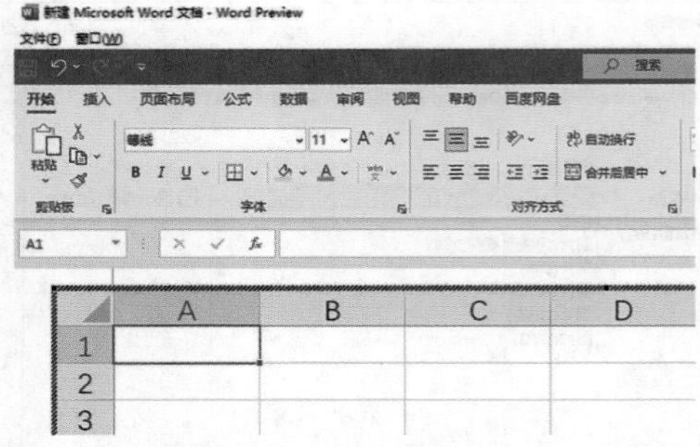

②在 Word 文档中新建 PPT 幻灯片。

在 Word 文档中新建 PPT 幻灯片的方法和新建表格的方法大同小异，打开“对象”对话框后，在“对象类型”列表框中选中 PPT 幻灯片对应的选项，单击“确定”按钮。

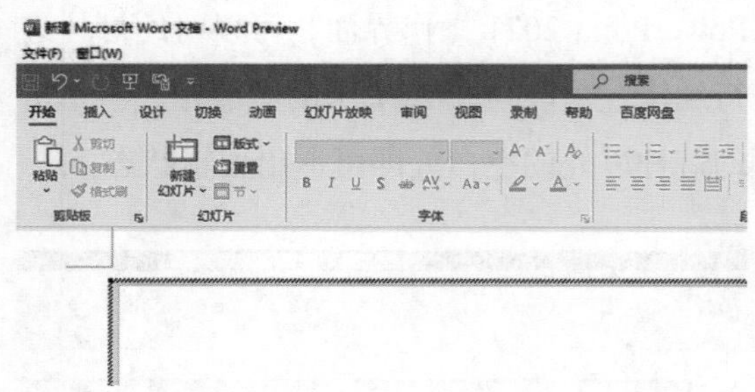

2. Excel 与其他 Office 软件协作

Excel 与其他 Office 软件之间协作包括在 Excel 表格中插入 Word 文档和 PPT 演示文稿等。

(1) 在 Excel 表格中使用超链接插入 Word 文档。

①在 Excel 2021 中新建一个空白工作簿，选中一个单元格，切换到“插入”选项卡，在“链接”组中单击“链接”按钮。

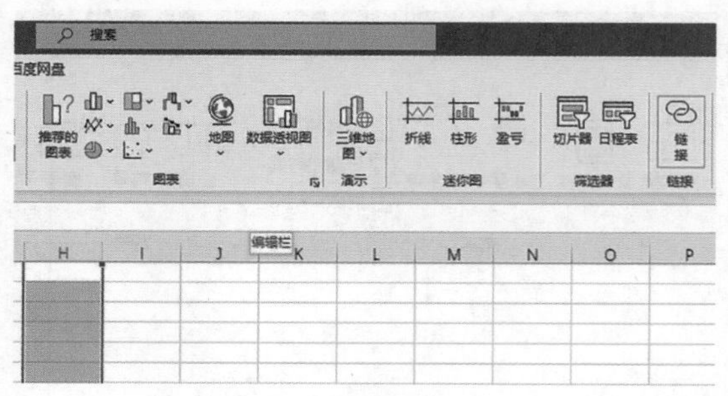

②弹出“插入超链接”对话框，在“链接到”栏中选择“现有文件或网页”选项，在“查找范围”下拉列表中找到 Word 文档的保存位置，在下方的列表框中选择要插入的文档，在“要显示的文字”文本框中输入文字提示信息，单击“确定”按钮。

③此时，选中的单元格中会显示超链接提示文字，单击该提示文字会启动 Word 2021 打开该文档。

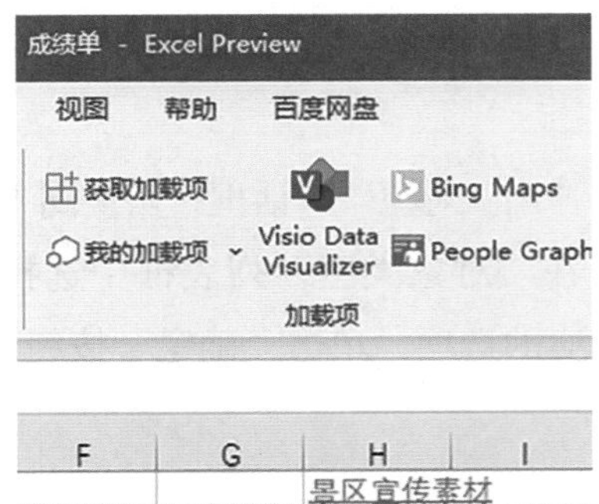

④另外可以将 Word 文档中的数据复制后粘贴到 Excel 表格中，这个方法在前面章节中介绍过了，此处不再赘述。

(2) 在 Excel 表格中插入幻灯片。

①复制粘贴法。

在 PPT 中的幻灯片预览窗格中复制幻灯片，然后在 Excel 表格中粘贴，此时幻灯片将被作为图片插入 Excel 表格中。

②插入演示文稿。

在 Excel 表格中插入演示文稿的方法如下。

a. 在 Excel 2021 中，切换到“插入”选项卡，在“文本”组中单击“对象”按钮。

b. 弹出“对象”对话框，切换到“由文件创建”选项，单击“文件名”文本框右侧的“浏览”按钮。

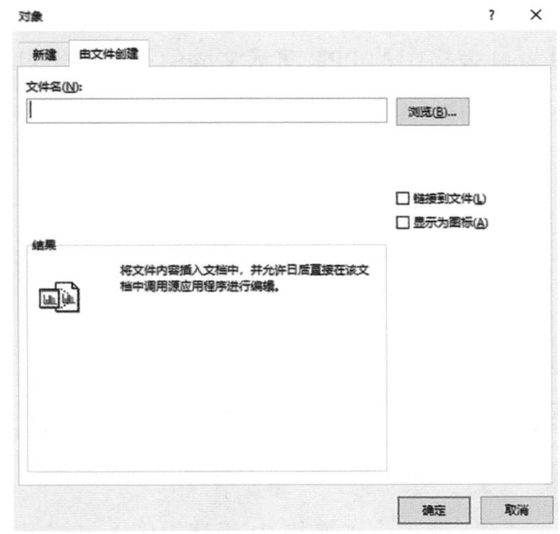

c. 弹出“浏览”对话框，打开文件保存的位置，并选中要打开的演示文稿文件，单

击“插入”按钮。

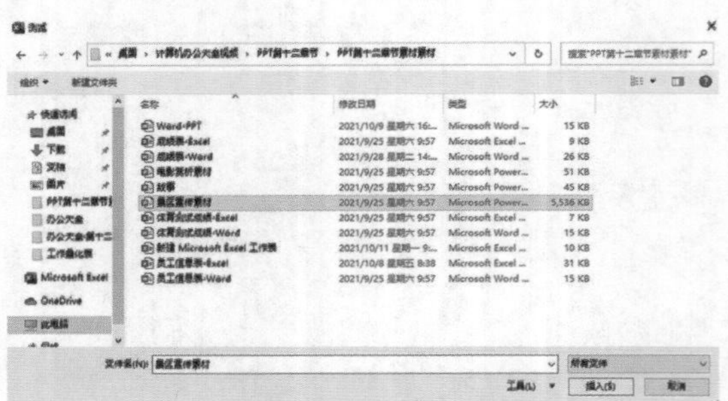

d. 返回“对象”对话框，单击“确定”按钮。

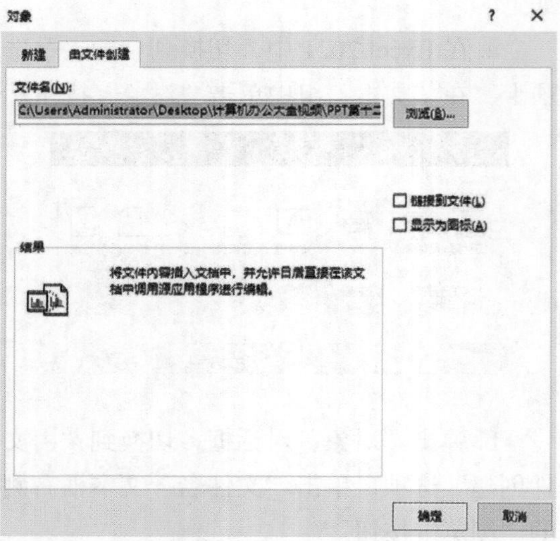

e. 返回 Excel 工作表中，可以看到插入 Excel 表格中的 PPT 演示文稿的第一张幻灯片。同样地，双击幻灯片将播放该演示文稿。

(3) 在 Excel 表格中新建 Word 文档和 PPT 演示文稿。

除了上述介绍的方法之外，在 Excel 表格中还可以直接新建 Word 文档和 PPT 演示文稿，并且用户还可以在 Excel 表格中通过调用 Word 和 PPT 对 Word 文档和 PPT 演示文稿进行编辑。

①新建 Word 文档。

在 Excel 表格中新建 Word 文档的具体操作步骤如下。

a. 打开 Excel 2021，新建一个空白工作簿，选中任意一个单元格，切换到“插入”选项卡，在“文本”组中单击“对象”按钮。

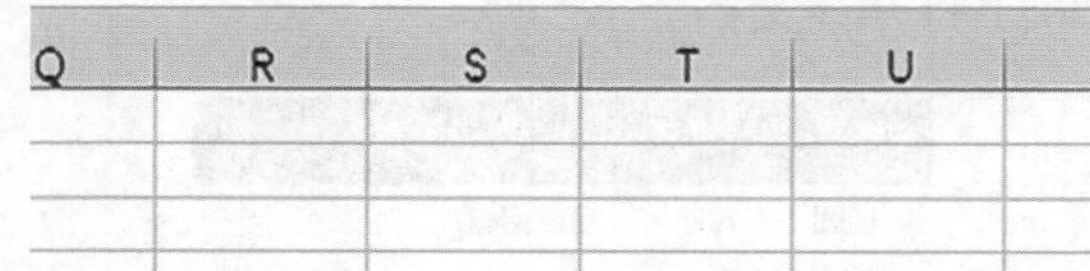

b. 弹出“对象”对话框，切换到“新建”选项，在“对象类型”列表框中选择 Word 文档对应的选项，单击“确定”按钮。

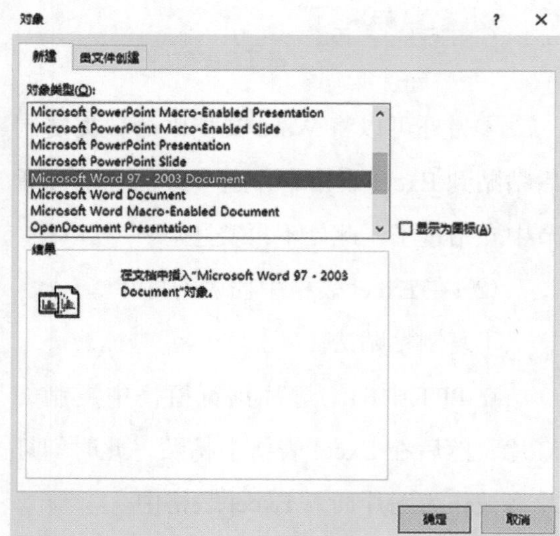

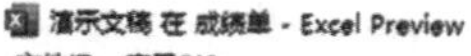

c. 返回 Excel 表格中，可以发现表格中已经插入了 Word 文档。

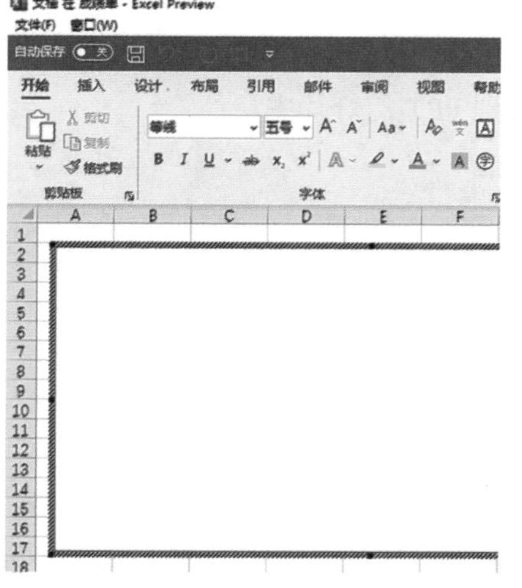

②新建 PPT 演示文稿。

在 Excel 表格中新建 PPT 演示文稿的方法和步骤跟新建 Word 文档的类似。

a. 打开“对象”对话框，切换到“新建”选项，在“对象类型”列表框中找到 PPT 演示文稿对应的选项，单击“确定”按钮。

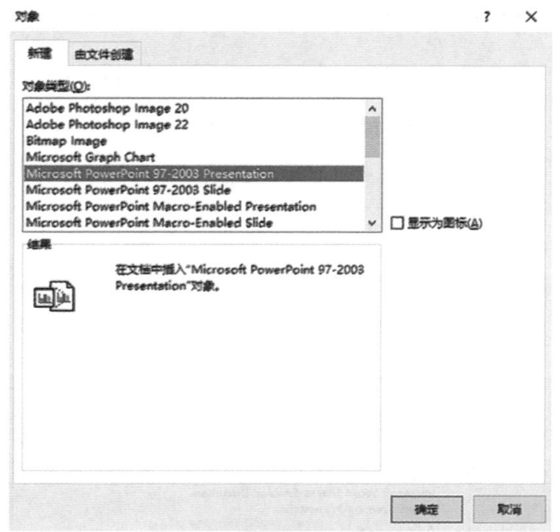

b. 返回 Excel 表格中，此时表格中已经插入了 PPT 幻灯片。

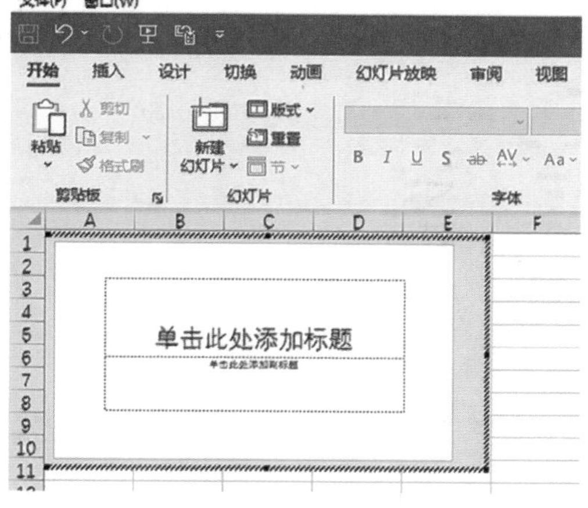

3. PowerPoint 与其他 Office 软件协作

PPT 与其他 Office 软件之间协作包括在 PPT 幻灯片中插入 Word 文档和 Excel 表格，方法如下。

(1) 插入 Word 文档。

在 PPT 中可以直接插入 Word 文档，具体操作步骤如下。

①在 PPT 中新建一个空白演示文稿，切换到“插入”选项卡，在“文本”组中单击“对象”按钮。

②弹出“插入对象”对话框，勾选“由文件创建”按钮，再单击“浏览”按钮。

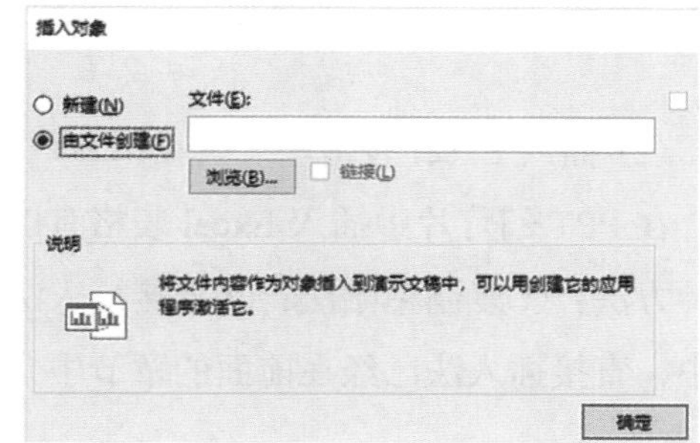

③弹出“浏览”对话框，选中需要插入的 Word 文档，单击“确定”按钮。

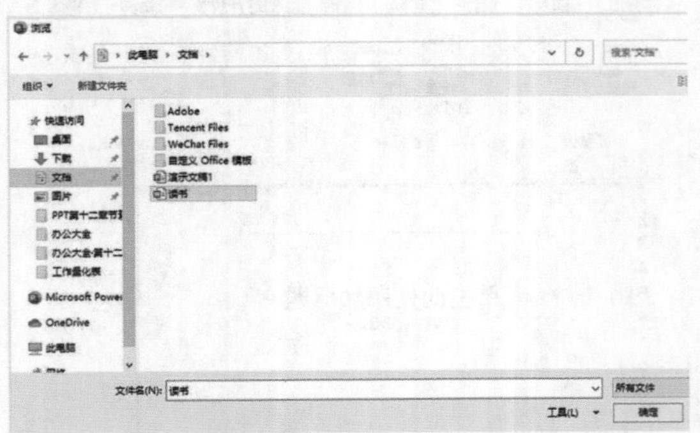

④返回“插入对象”对话框，单击“确定”按钮，完成插入 Word 文档的操作。

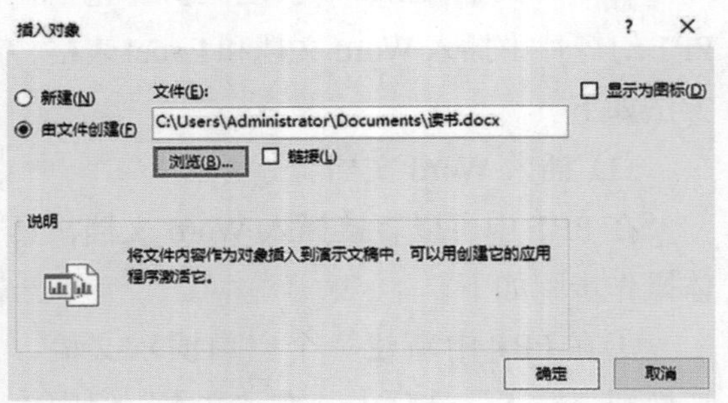

⑤返回 PPT 工作界面，查看插入的 Word 文档的封面，双击该封面即可对文档进行编辑。

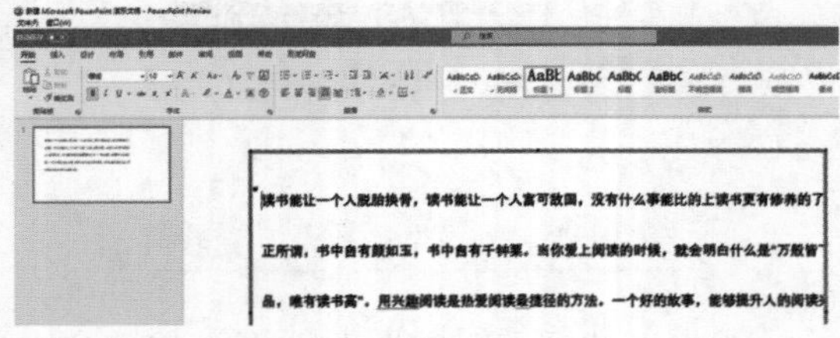

(2) 插入 Excel 表格。

在 PPT 幻灯片中插入 Excel 表格有以下几种方法：①复制粘贴法；②直接插入法。其中，直接插入法已经在前面的章节中介绍过了，此处不再赘述。复制粘贴法的具体操作步骤如下。

在 Excel 表格中复制表格，在 PPT 幻灯片中单击“粘贴”按钮，即可将复制的表格粘贴到 PPT 幻灯片中。

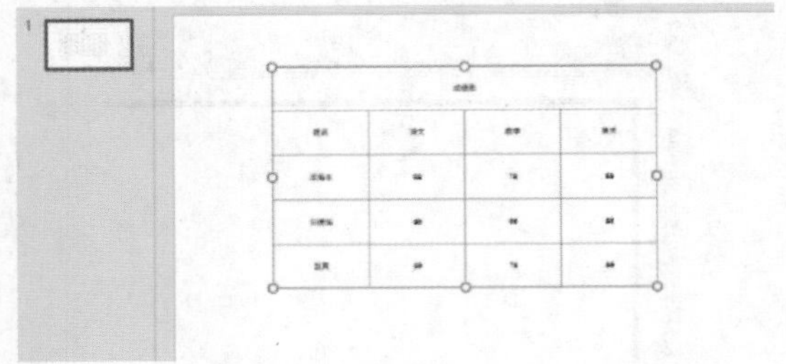

(3) 新建 Word 文档和 Excel 表格。

在 PPT 幻灯片中可以直接新建 Word 文档和 Excel 表格，并且用户还可以在 PPT 中通过调用 Word 和 Excel 分别对文档和表格进行编辑。

①新建 Word 文档。

a. 在 PPT 中，切换到“插入”选项卡，在“文本”组中单击“对象”按钮。

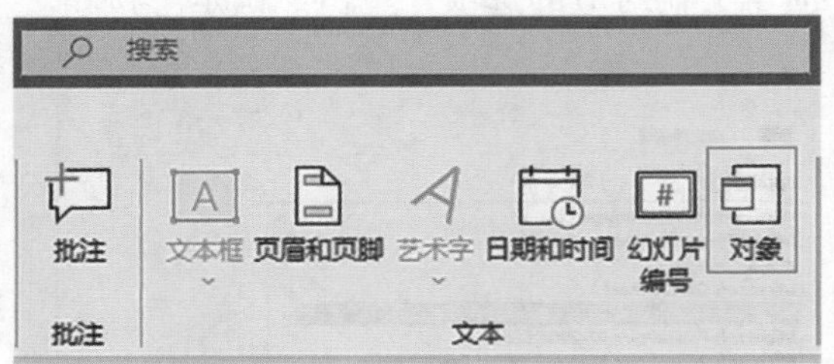

b. 弹出“对象”对话框，勾选“新建”按钮，在“对象类型”列表框中选择 Word 文档对应的选项，单击“确定”按钮。

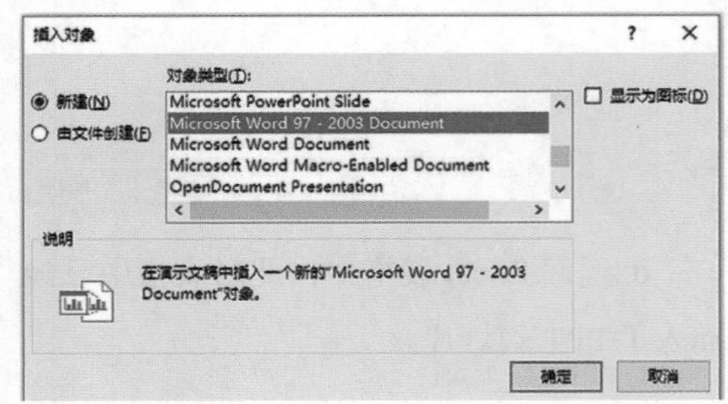

Word Excel PPT 办公应用实操大全

c. 返回 PPT 工作界面，可以看到 PPT 幻灯片中已经新建了 Word 文档。双击该文档可调用 Word 对其进行编辑，单击文档以外的空白处可退出编辑状态。

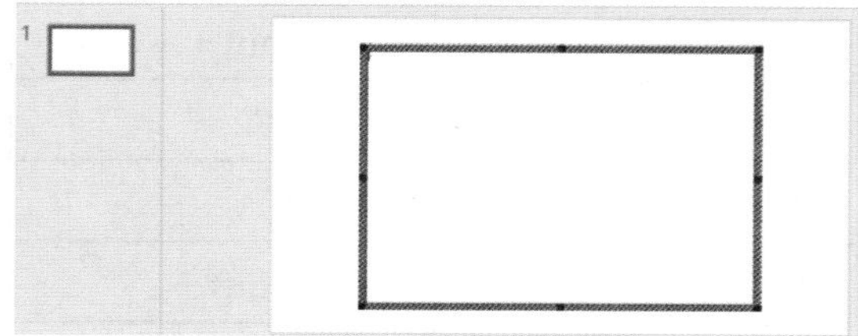

②新建 Excel 表格。

a. 在 PPT 幻灯片中新建 Excel 表格的方法与新建Word文档的方法相似，打开“对象”对话框，勾选“新建”按钮，在“对象类型”列表框中选择 Excel 表格对应的选项，单击“确定”按钮。

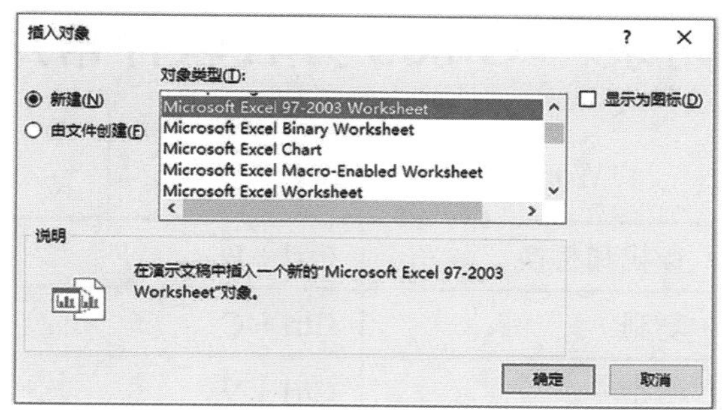

b. 返回 PPT 工作界面，此时 PPT 幻灯片中已经新建了一个 Excel 表格。双击该表格可调用 Excel 对其进行编辑，单击表格以外的空白处可退出编辑状态。

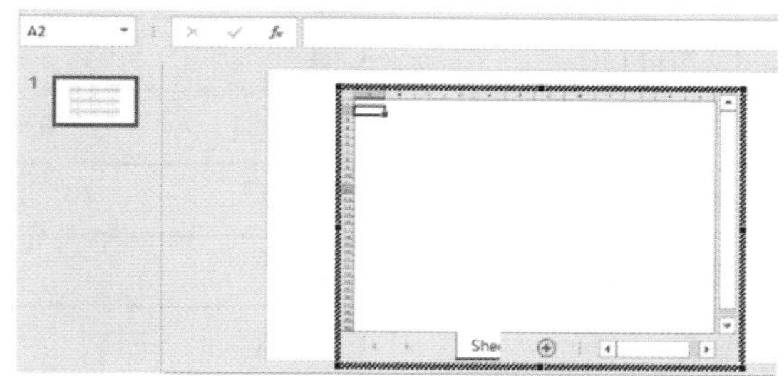

附录：Office 办公软件常用快捷键

1. Word 中常用快捷键

查找和替换	Ctrl + F
复制	Ctrl + C
粘贴	Ctrl + V
撤销	Ctrl +Z
恢复	Ctrl + Y
字体加粗	Ctrl + B
单倍行距	Ctrl + 1
1.5 倍行距	Ctrl +5
展开 / 折叠功能区	Ctrl + F1
双倍行距	Ctrl +2
删除段落样式	Ctrl +Q
剪切	Ctrl +X
保存文档	Ctrl +S
打开文档	Ctrl + O
分散对齐	Ctrl + Shift + D
段落居中	Ctrl+ E

2. Excel 中常用快捷键

查找和替换	Shift + F5
选中整列	Ctrl + 空格
选中整行	Shift+ 空格
输入日期	Ctrl +;
定义名称	Ctrl+ F3
隐藏选定的列	Ctrl +0
单元格中换行	Alt + Enter

续表

拼写检查	F7
应用常规数字格式	Ctrl +Shift + ~
编辑单元格批注	Shift + F2
隐藏选中行	Ctrl +9
插入当前时间	Ctrl + Shift + :
选中整张工作表	Ctrl+A
移动到文件首 / 尾	Ctrl + Home/ End

3. PPT 中常用快捷键

应用粗体字体	Ctrl+B
应用斜体字体	Ctrl +I
应用上标格式	Ctrl + Shift + 等号
应用下标格式	Ctrl + 等号
段落两端对齐	Ctrl +J
段落右对齐	Ctrl +R
段落左对齐	Ctrl +L
段落居中对齐	Ctrl +E
复制格式	Ctrl + Shift +C
粘贴格式	Ctrl + Shift + V
插入超链接	Ctrl+K
增大字号	Ctrl + Shift + >
减小字号	Ctrl + Shift + <
隐藏或显示功能区	Ctrl + F1
更改字母大小写	Shift + F3
应用下划线	Ctrl +U